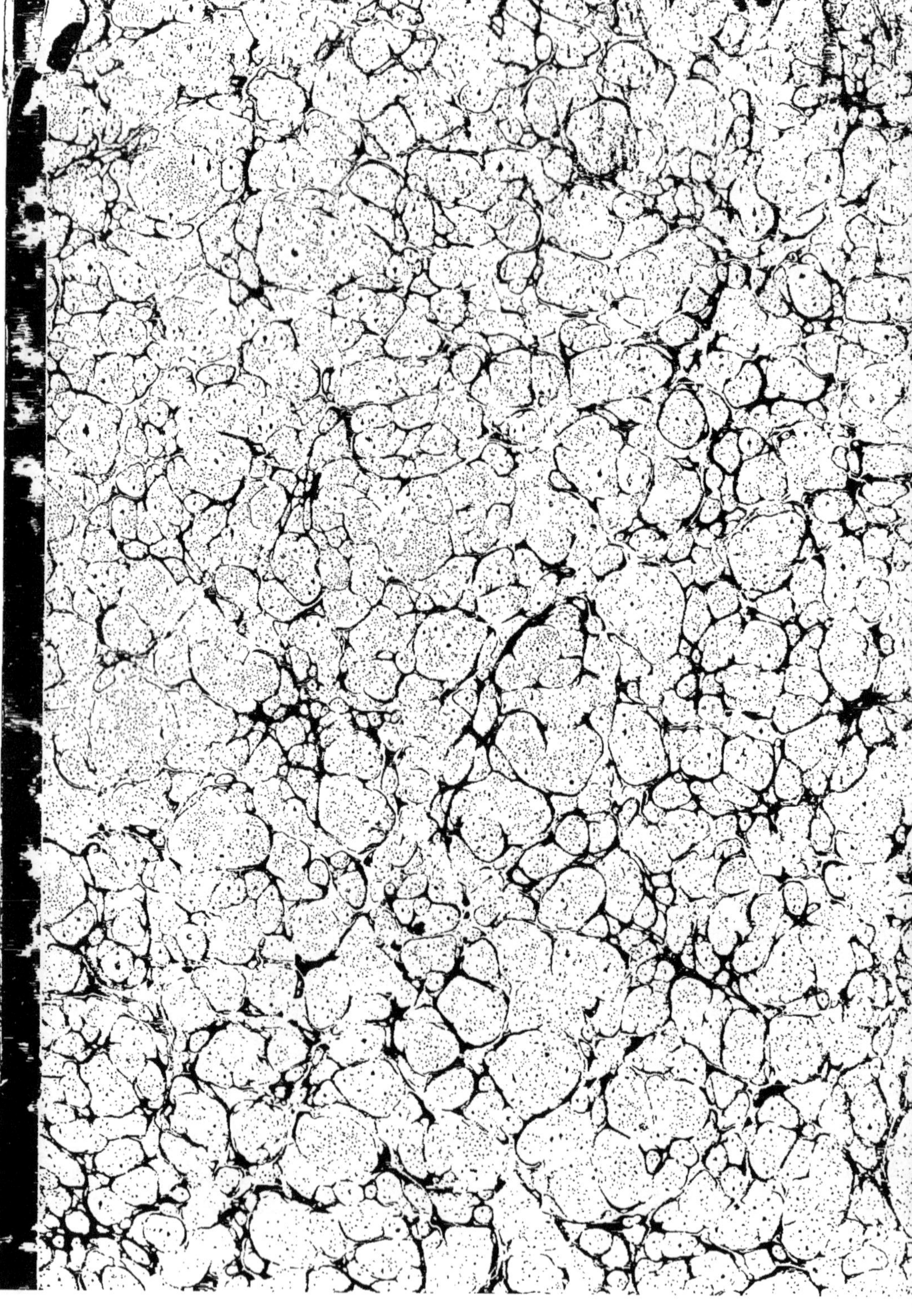

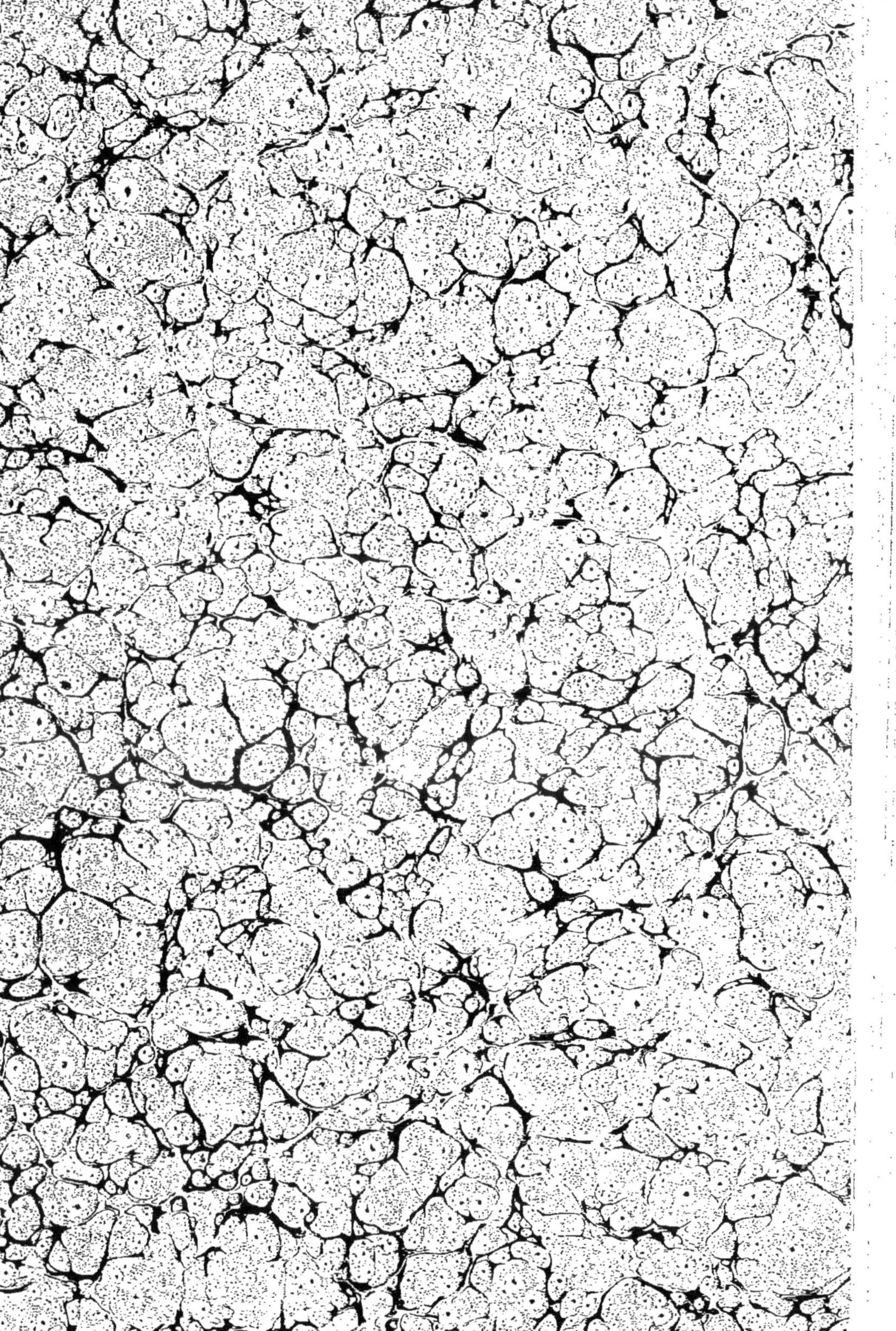

V

ÉLÉMENS

DE

CALCUL DIFFÉRENTIEL

ET DE

CALCUL INTÉGRAL.

IMPRIMERIE DE BACHELIER,
rue du Jardinet, nº 12.

ÉLÉMENS

DE

CALCUL DIFFÉRENTIEL

ET DE

CALCUL INTÉGRAL;

PAR J.-L. BOUCHARLAT,

Docteur ès-Sciences, ancien Professeur de Mathématiques transcendantes aux Écoles militaires, et Membre des Académies royales de Bordeaux, de Lyon, de Marseille, de Rouen, de Toulouse, d'Orléans, de Dijon, de Caen et de Nancy ; de celles du Gard, de la Somme et de Vaucluse ; de la Société Philotechnique, de l'Athénée des Arts, de la Société académique de la Loire-Inférieure, et des Sociétés des Sciences, Belles-Lettres et Arts de Tours, de Mâcon, de Cambrai et de Strasbourg, etc.

CINQUIÈME ÉDITION.

PARIS,

BACHELIER, IMPRIMEUR-LIBRAIRE
POUR LES MATHÉMATIQUES,
QUAI DES AUGUSTINS, Nº 55.

—

1838

PRÉFACE.

Il est, dans l'histoire des connaissances humaines, des époques où le génie, après s'être élevé aux plus hautes conceptions, semble quelque temps arrêté dans son vol pour prendre bientôt un nouvel essor, et se signaler par l'une de ces découvertes qui changent la face de la science.

C'est ainsi que Descartes, par l'application de l'Algèbre à la Géométrie, se fraya une route inconnue à ses prédécesseurs, et que Newton et Leibnitz étonnèrent l'Europe savante par l'invention d'une analyse bien supérieure à la Géométrie de Descartes.

Jamais découverte n'honora plus l'esprit humain : l'infini, cet être idéal, parut soumis au calcul, et opérer des prodiges. En vain quelques philosophes voulurent révoquer en doute l'exactitude d'une analyse aussi singulière; ils ne purent en contester les résultats, et ne firent qu'exciter les géomètres à méditer davantage sur la vraie métaphysique des nouveaux calculs. Newton, le premier, pénétra ce mystère, en considérant le Calcul différentiel comme la méthode des pre-

mières et dernières raisons des quantités, ou autrement, comme la méthode des limites de leurs
rapports. D'Alembert reconnut dans les idées de
Newton la vraie métaphysique du calcul infinitésimal, et prouva que, par la méthode des limites, on peut donner une explication satisfaisante de celle des fluxions dégagée de toute
considération de mouvement, chose étrangère au
Calcul différentiel. Postérieurement à d'Alembert,
plusieurs géomètres, et entre autres Cousin, ont
exposé dans leurs écrits la méthode des limites;
mais ce n'est qu'après eux qu'elle a été mise dans
tout son jour, et qu'on a dissipé entièrement les
doutes qui pouvaient naître de la métaphysique
spécieuse de la méthode des infiniment petits,
méthode qui peut être regardée comme une espèce d'abréviation de celle des limites.

La méthode des infiniment petits, sous ce rapport, n'est plus qu'un moyen expéditif de trouver
les différentielles des diverses fonctions; elle grave
ces différentielles dans notre mémoire, par des figures géométriques réduites au dernier degré de
simplicité, et qui parlent plus à l'imagination que
des idées abstraites; enfin, cette méthode devient
indispensable dans les hautes parties de la Mécanique et de l'Astronomie, où, sans son secours,
la résolution des problèmes deviendrait souvent
d'une extrême complication; aussi nos grands
géomètres, dans les parties les plus relevées de

leurs écrits, ne craignent pas d'y recourir. Nul moyen n'est plus sûr pour nous faire distinguer les quantités qui, suivant l'ordre d'infinis auxquels elles appartiennent, doivent être rejetées d'un calcul ou y être conservées.

Cette méthode, dans sa métaphysique même, eut autrefois d'ardens défenseurs, parce que si l'on ne s'écarte pas d'une certaine série de propositions, tout paraît avoir la rigueur mathématique, et semble découler naturellement d'un principe fondamental.

Ce principe a été regardé jusqu'à présent comme une espèce d'axiome; mais le point de vue sous lequel il nous fait considérer l'infini, nous présentant des conséquences difficiles à admettre, j'ai cru devoir le démontrer, en donnant pour base à la méthode des infiniment petits un autre principe qui, également fondé sur les notions que nous avons de l'infini, satisfait plus la raison par l'idée de limite qu'il renferme tacitement.

Si la méthode des limites complète celle des infiniment petits, en rectifiant ce qu'il peut y avoir de défectueux dans cette dernière, la méthode de Lagrange complète à son tour celle des limites, en rattachant les coefficiens différentiels à la pure Algèbre.

On peut donc considérer ces trois méthodes comme n'en formant pour ainsi dire qu'une seule; aussi, en les comparant, reconnaît-on que les principes qui en découlent leur sont communs, et qu'il ne faut, pour les entendre toutes, qu'ajouter très peu de chose à celle des limites. La Méthode de Lagrange se réduit alors, en quelque sorte, à un théorème que j'ai rendu extrêmement facile par les modifications que je lui ai fait subir.

Comme dans mes autres ouvrages en Mathématiques, j'ai développé toutes les opérations, persuadé que ce n'est pas en dédaignant d'entrer dans de semblables détails, qu'un auteur paraîtra doué de plus vastes conceptions, et qu'il ne doit être jugé que par la manière dont il expose ses idées, et par les aperçus plus ou moins nouveaux renfermés dans ses écrits.

Une telle extension donnée aux calculs devait nécessairement rétrécir l'espace réservé à l'exposition de la partie philosophique de l'ouvrage. J'ai cherché à surmonter cette difficulté par beaucoup de précision, et l'on verra que je me suis constamment attaché à rendre raison des procédés analytiques, à suivre la marche d'invention, et à m'élever progressivement des idées les plus simples aux résultats les plus généraux.

J'ai souvent fait précéder une théorie par des réflexions qui tendent à en faciliter l'intelligence, et j'ai toujours évité d'adopter, sans démonstration, ces formules d'origine inconnue, dont on ne peut justifier l'emploi que par le résultat auquel on parvient.

A la suite du Calcul intégral, j'ai traité de celui des différences finies, qui est d'une si grande utilité dans la théorie des suites. L'ordre et les tableaux que j'ai introduits dans cette matière abstruse, doivent sans doute contribuer à en rendre l'ensemble facile à saisir. J'ai expliqué avec soin la méthode d'interpolation de Newton; et, par des considérations puisées dans le fond du sujet, je suis parvenu aisément aux formules que Lagrange a trouvées pour parvenir au même but. Je donne ensuite le beau théorème d'Euler, par lequel l'intégrale de forme finie d'une fonction dépend de ses cœfficiens différentiels; et je fais connaître l'analogie qui existe entre les différences et les puissances.

Je passe de là au Calcul des variations, dont je démontre les théorèmes principaux avec une grande généralité, ce qui me fournit les moyens de lever plusieurs difficultés qui peuvent nous arrêter dans ce calcul.

Enfin, j'ai rejeté dans les notes deux nouvelles démonstrations de la règle d'Euler, pour ramener un problème de maxima ou minima relatifs à un problème de maxima ou minima absolus.

Le calcul des variations a toujours passé pour très abstrait; je pense cependant que, comme on l'a fait pour d'autres théories, on finira par le dépouiller de tout ce qu'il a d'épineux. L'obscurité, en Mathématiques, ne provient pas

pas seulement d'un ordre de propositions mal établi, mais dérive encore des lacunes qui, même dans le meilleur plan, peuvent arrêter la marche de la pensée. Voilà l'écueil que j'ai voulu éviter, en cherchant à lier entre elles des propositions isolées par des démonstrations dont l'urgence se faisait sentir.

Le calcul infinitésimal se composant de diverses théories qui souvent sont indépendantes les unes des autres, j'ai cru devoir indiquer par de plus fins caractères les matières qui peuvent être supprimées à une première lecture. Par là, ceux qui ne veulent entreprendre qu'une étude peu approfondie de la haute Géométrie auront la faculté de ne parcourir que les parties les plus élémentaires de cet ouvrage; tandis que ceux qui désirent acquérir des connaissances plus étendues, après s'être familiarisés davantage avec les principes, parcourront avec plus de fruit les autres parties.

Quant aux notes qui terminent cet Ouvrage, elles se composent de quelques démonstrations nouvelles, et de choses qui auraient pu entraîner des longueurs, si elles n'eussent été traitées à part. Mais ce qui en forme la partie la plus intéressante, ce sont quelques théories importantes que j'ai beaucoup modifiées pour les rendre plus intelligibles et plus complètes.

TABLE DES MATIÈRES.

CALCUL DIFFÉRENTIEL.

CALCUL INTÉGRAL.

FIN DE LA TABLE DES MATIÈRES.

Errata.

Page 25, ligne 9, au lieu de $\frac{b^2}{1.2}$, *lisez* $\frac{b^3}{1.2}$

    59,   21, au lieu de m surpasse n, *lisez* n surpasse m

    334,   8, au lieu de $\left(x+\frac{dFc}{dc}\right)dc$, *lisez* $\left(x+\frac{dFc}{dc}\right)dc=0$

    346,   9 et 10, *mettez* C' e C'' entre les crochets

ÉLÉMENS
DE CALCUL DIFFÉRENTIEL

ET

DE CALCUL INTÉGRAL.

CALCUL DIFFÉRENTIEL.

De la différenciation des quantités algébriques.

1. On dit qu'*une variable est fonction d'une autre variable*, lorsque la première est égale à une certaine expression analytique composée de la seconde ; par exemple , y est une fonction de x dans les équations suivantes :

$$y = \sqrt{a^2 - x^2}, \quad y = x^3 - 3bx^2, \quad y = \frac{x^2}{a}, \quad y = b + cx^2.$$

2. Considérons une fonction dans son état d'accroissement , en vertu de celui de la variable qu'elle renferme : toute fonction d'une variable x pouvant être représentée par l'ordonnée d'une courbe BMM′, fig. 1, soient AP $= x$ et PM $= y$, les coordonnées d'un point M de cette courbe, et supposons que l'abscisse AP reçoive un accroissement PP′ $= h$; l'ordonnée PM deviendra P′M′ $= y'$. Pour obtenir la valeur de cette nouvelle ordonnée, on voit donc qu'il faut changer x en $x + h$ dans l'équation de la courbe ; et la valeur que cette équation déterminera alors pour y sera celle de y'.

Par exemple, si l'on avait l'équation $y = mx^2$, on obtiendrait y' en changeant x en $x + h$ et y en y', et l'on aurait

Fig. 1.

$$y' = m(x + h)^2,$$

ou, en développant,

$$y' = mx^2 + 2mxh + mh^2.$$

3. Prenons maintenant l'équation

$$y = x^3 \ldots (1),$$

et supposons que y devienne y' lorsque x devient $x + h$; nous aurons donc

$$y' = (x + h)^3 :$$

et, en exécutant l'opération indiquée,

$$y' = x^3 + 3x^2h + 3xh^2 + h^3 :$$

si de cette équation nous retranchons l'équation (1), il restera

$$y' - y = 3x^2h + 3xh^2 + h^3 ;$$

et en divisant par h,

$$\frac{y' - y}{h} = 3x^2 + 3xh + h^2 \ldots (2).$$

Voyons ce que ce résultat nous apprend : $y' - y$ représente l'accroissement de la fonction y en vertu de l'accroissement h donné à x, puisque cette différence $y' - y$ est celle du nouvel état de grandeur de y à son état primitif.

D'une autre part, l'accroissement de x étant h, il suit de là que l'expression $\frac{y' - y}{h}$ est le rapport de l'accroissement de la fonction y à celui de la variable x. En considérant le second membre de l'équation (2), on voit que ce rapport diminue d'autant plus que h diminue, et que lorsque h devient nul, ce rapport se réduit à $3x^2$.

Ce terme $3x^2$ est donc la limite du rapport $\frac{y' - y}{h}$: c'est vers ce terme qu'il tend lorsqu'on fait diminuer h.

4. Dans l'hypothèse de $h = 0$ l'accroissement de y deve-

nant aussi nul, $\dfrac{y'-y}{h}$ se réduit à $\dfrac{0}{0}$, et par conséquent l'équation (2) devient

$$\frac{0}{0} = 3x^2 \ldots \ (3).$$

Cette équation n'a rien d'absurde, parce que l'Algèbre nous apprend que $\dfrac{0}{0}$ peut représenter toutes sortes de quantités (*). D'ailleurs on conçoit que puisqu'en divisant les deux termes d'une fraction par un même nombre, cette fraction ne change pas de valeur, il en résulte que la petitesse des termes d'une fraction n'influe en rien sur sa valeur, et que par conséquent elle peut rester la même lorsque ses termes sont parvenus au dernier degré de petitesse, c'est-à-dire sont devenus nuls.

La fraction $\dfrac{0}{0}$, qui se trouve dans l'équation (3), est un symbole qui a remplacé le rapport de l'accroissement de la fonction à celui de la variable : comme ce symbole ne laisse aucune trace de cette variable, représentons-le par $\dfrac{dy}{dx}$;

(*) Pour le reconnaître, il suffit de considérer les équations du premier degré ; en effet, tout ce qu'on nous demande dans celle-ci, $y = ax + b$, c'est de trouver pour y une valeur composée du produit d'un certain nombre x par a, et de la quantité b. Or, ce nombre x est tout-à-fait arbitraire ; il peut être égal à 1, à 2, à 3, ou à toute autre quantité numérique : et les résultats $a + b$, $2a + b$, $3a + b$, etc., qu'on obtiendra ainsi, seront toujours des valeurs convenables de y. Il n'en serait pas de même si l'on avait une seconde équation $y = a'x + b'$ entre x et y ; car, en éliminant y, on trouverait $x = \dfrac{b'-b}{a-a'}$, valeur qui n'est plus arbitraire, et qui devient $\dfrac{0}{0}$ dans le cas où l'on a $b' = b$ et $a = a'$; mais alors les deux équations se réduisent à cette seule $y = ax + b$, et la valeur de x, comme on vient de le voir, devient une quantité indéterminée qui se présente sous la forme $\dfrac{0}{0}$.

alors $\dfrac{dy}{dx}$ nous rappellera que la fonction était y et que là variable était x (*). Mais dy et dx ne seront pas moins des quantités nulles, et nous aurons

$$\frac{dy}{dx} = 3x^2 \ldots \quad (4).$$

$\dfrac{dy}{dx}$ ou plutôt sa valeur $3x^2$ est le coefficient différentiel de la fonction y.

Remarquons que $\dfrac{dy}{dx}$ étant le signe qui représente la limite $3x^2$ [comme le montre l'équation (4)], dx doit toujours être placé sous dy. Cependant, pour faciliter les opérations de l'Algèbre, on peut momentanément faire évanouir le dénominateur de l'équation (4), et l'on a $dy = 3x^2 dx$. Cette expression $3x^2 dx$ est ce qu'on appelle la *différentielle* de la fonction y.

5. Cherchons encore la différentielle de la fonction $a + 3x^2$. Pour cet effet, il faut donc dans l'équation $y = a + 3x^2$, faire $x = x + h$; et, en changeant y en y', cette équation deviendra

$$y' = a + 3x^2 + 6xh + 3h^2;$$

donc $\dfrac{y' - y}{h} = 6x + 3h$; égalant h à zéro, il nous vient $\dfrac{dy}{dx} = 6x$: donc la différentielle cherchée est $dy = 6x\,dx$.

6. Pour troisième exemple, cherchons la différentielle de $y = ax^3 - b^3$: faisons $x = x + h$, et substituant nous avons

$$y' = ax^3 + 3ax^2 h + 3axh^2 + ah^3 - b^3;$$

(*) Ce n'est pas la première fois que, dans l'analyse, un signe rattache une quantité à celle dont elle tire son origine. C'est ainsi que $\sqrt{2}$, qui représente $1,4142136\ldots$, nous indique que ce nombre dérive de 2, par une suite d'opérations.

donc
$$\frac{y'-y}{h} = 3ax^2 + 3axh + ah^2 ;$$

passant à la limite, on a
$$\frac{dy}{dx} = 3ax^2.$$

Tel est le coefficient différentiel de la fonction proposée ; la différentielle sera $dy = 3ax^2 dx$.

7. Proposons-nous de trouver encore la différentielle de $y = \dfrac{1-x^3}{1-x}$: effectuant la division, on trouve $y = 1 + x + x^2$; mettant $x + h$ à la place de x, et y' à celle de y, on obtient
$$y' = 1 + x + h + x^2 + 2hx + h^2,$$

et en ordonnant par rapport à h,
$$y' = 1 + x + x^2 + (2x + 1)h + h^2 ;$$
donc
$$\frac{y'-y}{h} = 2x + 1 + h ;$$

passant à la limite, on a $\dfrac{dy}{dx} = 2x + 1$; donc la différentielle

de $\dfrac{1-x^3}{1-x}$ est $(2x + 1)\,dx$.

8. Prenons encore pour exemple
$$y = (x^2 - 2a^2)\,(x^2 - 3a^2) ;$$

développant, on a
$$y = x^4 - 5a^2x^2 + 6a^4 ;$$

substituant $x + h$ à x et y' à y, et ordonnant ensuite par rapport à h, il vient
$$y' = x^4 - 5a^2x^2 + 6a^4 + (4x^3 - 10a^2x)\,h$$
$$+ (6x^2 - 5a^2)\,h^2 + 4xh^3 + h^4 ;$$

donc

$$\frac{y'-y}{h} = 4x^3 - 10a^2x + (6x^2 - 5a^2)h + 4xh^2 + h^3 :$$

passant à la limite, on a

$$\frac{dy}{dx} = 4x^3 - 10a^2x ;$$

et en multipliant par dx, on trouve que la différentielle est

$$dy = (4x^3 - 10a^2x)\,dx.$$

9. L'expression dx est elle-même la différentielle de x ; car soit $y = x$, on a $y' = x + h$; donc $y' - y = h$, et par conséquent $\frac{y'-y}{h} = 1$. Comme la quantité h n'entre pas dans le second membre de cette équation, on voit que pour passer à la limite, il suffit de changer $\frac{y'-y}{h}$ en $\frac{dy}{dx}$; ce qui donne $\frac{dy}{dx} = 1$; donc, dans notre hypothèse, $dy = dx$.

10. On trouvera de même que la différentielle de ax est adx ; mais si l'on avait $y = ax + b$, on obtiendrait encore adx pour la différentielle. D'où il suit qu'une constante b qui n'est point affectée de x, ne donne aucun terme à la différenciation, ou, autrement dit, n'a point de différentielle.

On peut d'ailleurs considérer que si l'on a $y = b$, c'est le cas où a est nul dans l'équation $y = ax + b$, et où par conséquent, $\frac{dy}{dx} = a$ se réduisant à $\frac{dy}{dx} = 0$, il n'y a ni limite ni différentielle.

11. Il est à observer que quelquefois l'accroissement de la variable est négatif ; dans ce cas, il faut substituer $x - h$ à x, et opérer comme précédemment.

Ainsi, pour trouver la différentielle de ax^3 lorsque l'accroissement est négatif, on remplacera x par $x - h$, et l'on aura

$$y' = ax^3 - 3ax^2h + 3axh^2 - ah^3 ;$$

donc

$$\frac{y' - y}{h} = - 3ax^2 + 3axh - ah^2 :$$

passant à la limite, on aura $\dfrac{\mathrm{d}y}{\mathrm{d}x} = - 3ax^2$, et par conséquent $\mathrm{d}y = - 3ax^2\mathrm{d}x$.

On voit que cela revient à supposer $\mathrm{d}x$ négatif dans la différentielle de y calculée dans l'hypothèse d'un accroissement positif.

12. Avant que d'aller plus loin, faisons une remarque essentielle, c'est que dans une équation dont le second membre est une fonction de x, et que pour cette raison nous représenterons généralement par $y = fx$, si l'on change x en $x + h$, et qu'après avoir ordonné par rapport aux puissances de h, on trouve le développement suivant

$$y' = \mathrm{A} + \mathrm{B}h + \mathrm{C}h^2 + \mathrm{D}h^3 + \text{etc.,}$$

on doit toujours avoir $y = \mathrm{A}$. En effet, si l'on fait $h = 0$, le second membre se réduit à A ; à l'égard du premier membre, comme nous n'avons accentué y que pour marquer que y éprouvait un certain changement lorsque x devenait $x + h$, il faudra lorsque h sera nul, que nous supprimions l'accent de y, et l'équation (2) se réduira alors à

$$y = \mathrm{A}.$$

13. Ceci va nous donner les moyens de généraliser le procédé de la différenciation. En effet, si dans l'équation $y = fx$, dans laquelle on est censé connaître l'expression représentée par fx, on a mis $x + h$ à la place de x, et qu'après avoir ordonné par rapport aux puissances de h,

on ait pu obtenir le développement suivant

$$y' = A + Bh + Ch^2 + Dh^3 + \text{etc.},$$

ou plutôt, d'après l'article précédent,

$$y' = y + Bh + Ch^2 + \text{etc.},$$

on aura

$$y' - y = Bh + Ch^2 + \text{etc.};$$

donc

$$\frac{y' - y}{h} = B + Ch + \text{etc.};$$

et en passant à la limite, $\dfrac{dy}{dx} = B$. Ce qui nous apprend que le coefficient différentiel est égal au coefficient du terme qui contient la première puissance de h dans le développement de $f(x + h)$ ordonné par rapport aux puissances ascendantes de h.

14. Si au lieu d'une fonction y qui change d'état en vertu de l'accroissement donné à la variable x qu'elle renferme, on a deux fonctions y et z de cette même variable x, et que l'on sache trouver en particulier les différentielles de chacune de ces fonctions, il sera facile par la démonstration suivante, d'en conclure la différentielle du produit zy de ces fonctions. En effet, si l'on substitue $x + h$ à la place de x dans y et dans z, on obtiendra deux développemens qui, étant ordonnés par rapport aux puissances de h, pourront être représentés ainsi :

$$y' = y + Ah + Bh^2 + \text{etc.}\dots \quad (5),$$
$$z' = z + A'h + B'h^2 + \text{etc.}\dots \quad (6);$$

passant à la limite, on trouvera

$$\frac{dy}{dx} = A, \quad \frac{dz}{dx} = A' \dots \quad (7);$$

multipliant les équations (5) et (6) l'une par l'autre, nous obtiendrons

$$z'y' = zy + \mathrm{A}zh + \mathrm{B}zh^2 + \text{etc.}$$
$$+ \mathrm{A}'yh + \mathrm{AA}'h^2 + \text{etc.}$$
$$+ \mathrm{B}'yh^2 + \text{etc.} ;$$

donc

$$\frac{z'y' - zy}{h} = \mathrm{A}z + \mathrm{A}'y + (\mathrm{B}z + \mathrm{AA}' + \mathrm{B}'y)\,h + \text{etc.} ;$$

passant à la limite, et indiquant par un point l'expression qui doit être différenciée, on obtiendra

$$\frac{\mathrm{d}.zy}{\mathrm{d}x} = \mathrm{A}z + \mathrm{A}'y ;$$

mettant au lieu de A et de A' leurs valeurs données par les équations (7), il viendra

$$\frac{\mathrm{d}.zy}{\mathrm{d}x} = \frac{z\mathrm{d}y}{\mathrm{d}x} + \frac{y\mathrm{d}z}{\mathrm{d}x} ,$$

et en supprimant le diviseur commun $\mathrm{d}x$,

$$\mathrm{d}.zy = z\mathrm{d}y + y\mathrm{d}z.$$

Ainsi, pour trouver la différentielle d'un produit de deux variables, il faut multiplier chacune par la différentielle de l'autre, et ajouter les produits.

15. Au moyen de cette règle, on trouvera facilement la différentielle d'un produit de trois variables.

Soit, par exemple, yzu : faisons $yz = t$, nous aurons donc $\mathrm{d}.yzu = \mathrm{d}.tu$.

Or, d'après ce qui précède,

$$\mathrm{d}.tu = t\mathrm{d}u + u\mathrm{d}t \dots \quad (8) ;$$

et puisque $t = yz$, on a $\mathrm{d}t = y\mathrm{d}z + z\mathrm{d}y$; mettant donc ces valeurs de t et de $\mathrm{d}t$ dans l'équation (8), elle se changera en $\mathrm{d}.yzu = yz\mathrm{d}u + uy\mathrm{d}z + uz\mathrm{d}y$.

On voit que la même règle subsiste encore pour un produit de trois variables, c'est-à-dire qu'*il faut écrire le produit* yzu, *et remplacer successivement chaque variable par sa différentielle, et ajouter ces produits.*

La même règle a lieu pour un plus grand nombre de variables.

16. La différentielle d'une fraction $\frac{z}{y}$ est $\frac{y\,dz - z\,dy}{y^2}$; car supposons $\frac{z}{y} = t$, nous avons $z = yt$; donc, art. 14, $dz = y\,dt + t\,dy$; d'où nous tirons $y\,dt = dz - t\,dy$; mettant dans le second membre la valeur de t, il vient $y\,dt = dz - \frac{z}{y}\,dy$; réduisant au même dénominateur, et divisant ensuite par y, on a

$$dt = \frac{y\,dz - z\,dy}{y^2} \quad \text{ou} \quad d.\frac{z}{y} = \frac{y\,dz - z\,dy}{y^2}.$$

17. Si dans l'équation d.$yzu = yz\,du + yu\,dz + zu\,dy$, art. 15, on divise tous les termes par yzu, on obtiendra

$$\frac{d.yzu}{yzu} = \frac{du}{u} + \frac{dz}{z} + \frac{dy}{y}.$$

En général, en divisant la différentielle d'un produit d'un nombre quelconque de variables par ce produit, on trouvera

$$\frac{d.xyztu, \text{ etc.}}{xyztu, \text{ etc.}} = \frac{dx}{x} + \frac{dy}{y} + \frac{dz}{z} + \frac{dt}{t} + \frac{du}{u}, \text{ etc.}\dots\dots(9).$$

Si x, y, z, t, u, etc., sont égaux à x et en nombre m, on aura dans le second membre de cette équation un nombre m de termes égaux à $\frac{dx}{x}$; ce second membre se changera donc en $\frac{m\,dx}{x}$, et l'équation (9) deviendra

$$\frac{d.x^m}{x^m} = m\frac{dx}{x},$$

et en multipliant par x^m, on aura

$$d.x^m = mx^{m-1}dx.$$

18. D'où l'on peut conclure cette règle : *lorsqu'une variable est élevée à une puissance* m, *pour avoir la différentielle, il faut,* 1°. *changer l'exposant en coefficient ;* 2°. *affecter* la variable *d'un exposant moindre d'une unité ;* 3°. *multiplier ensuite ce produit par* dx.

19. Si l'exposant était fractionnaire ou négatif, la même règle aurait lieu. Pour démontrer ce premier cas, soit $y = x^{\frac{p}{q}}$; en élevant les deux membres à la puissance q, on aura $y^q = x^p$; donc, art. 18, $qy^{q-1}dy = px^{p-1}dx$; d'où l'on tire

$$dy = \frac{p}{q}\frac{x^{p-1}}{y^{q-1}}dx ;$$

et comme x^{p-1} peut se mettre sous la forme $\frac{x^p}{x}$, et que de même $y^{q-1} = \frac{y^q}{y}$, en substituant ces valeurs, on a

$$dy = \frac{p}{q}\frac{x^p y}{y^q x}dx ;$$

et à cause de $x^p = y^q$, l'équation précédente se réduit à

$$dy = \frac{p}{q}\frac{y}{x}dx ;$$

mettant enfin pour y sa valeur, on obtient

$$dy = \frac{p}{q}\frac{x^{\frac{p}{q}}}{x}dx ;$$

et en faisant passer le diviseur x en exposant, on a

$$dy = \frac{p}{q}x^{\frac{p}{q}-1}dx,$$

ce qui est la même chose que la différentielle de $y = x^{\frac{1}{q}}$ qu'on aurait obtenue en faisant usage de la règle du n° 18.

Pour démontrer le cas où l'exposant est négatif, soit $y = x^{-p}$, ce qui revient à $y = \dfrac{1}{x^p}$; différenciant par la règle des fractions, art. 16, nous aurons

$$d y = \frac{x^p d . 1 - 1 . d x^p}{x^p \times x^p};$$

et comme l'unité n'a point de différentielle, étant une constante, art. 10, cette expression se réduit à $d y = -\dfrac{d . x^p}{x^{2p}}$; effectuant la différenciation indiquée, art. 18, on aura $d y = -\dfrac{p x^{p-1} d x}{x^{2p}}$, et en retranchant l'exposant $2p$ de l'exposant $p - 1$, il vient enfin $d y = - p x^{-p-1} d x$, ainsi qu'on l'aurait trouvé en faisant usage de la règle du n° 18. Concluons donc que cette règle a lieu, quel que soit l'exposant de x, c'est-à-dire pour un exposant entier, négatif ou fractionnaire.

20. On peut parvenir immédiatement à la différentielle de x^m par la considération du binome, de la manière suivante : faisant $x = x + h$, dans $y = x^m$, on obtient

$$y' = (x + h)^m,$$

et en développant par la formule du binome, on trouve

$$y' = x^m + m x^{m-1} h + m . \frac{m-1}{2} x^{m-2} h^2 + m . \frac{m-1}{2} . \frac{m-2}{3} x^{m-3} h^3 + \text{etc.};$$

retranchant de cette équation la précédente, et divisant par h, il reste

$$\frac{y' - y}{h} = m x^{m-1} + m . \frac{m-1}{2} x^{m-2} h + m . \frac{m-1}{2} . \frac{m-2}{3} x^{m-3} h^2 + \text{etc.}$$

Passant à la limite, en faisant $h = 0$, on obtient

$$\frac{d y}{d x} = m x^{m-1}, \quad \text{donc} \quad d y = m x^{m-1} d x,$$

et en remettant la valeur de y, on a

$$d . x^m = m x^{m-1} d x.$$

21. Si l'on remplace les radicaux par des exposans frac-tionnaires, la règle du n° 18 pourra donc servir à diffé-rentier ces sortes de quantités. Par exemple, pour trouver la différentielle de $\sqrt{z}$; on écrira $z^{\frac{1}{2}}$, dont la différentielle sera $\frac{1}{2} z^{-\frac{1}{2}} \, dz = \frac{dz}{2\sqrt{z}}$, ce qui nous apprend que, *pour avoir la différentielle de la racine carrée d'une quantité va-riable, il faut diviser la différentielle de cette quantité par le double du radical.*

De la différenciation d'une somme de fonctions.

22. Pour différentier une quantité qui renferme plu-sieurs termes, le procédé serait bien long s'il fallait tou-jours tenir la marche que nous avons suivie, en cherchant d'abord la valeur de y' pour en déduire ensuite celle de $\frac{y'-y}{h}$, et passer à la limite, en faisant $h = 0$. Heureuse-ment que lorsqu'on sait différentier en particulier chaque terme, on peut suivre une voie plus simple, en vertu d'un théorème qui se réduit à cette proposition : la *diffé-rentielle d'une somme de fonctions est égale à la somme des différentielles de ces fonctions.*

Pour le démontrer, soient donc f, F, φ, etc., les signes indicatifs de ces diverses fonctions dont y se compose, et supposons que nous ayons

$$y = fx + Fx + \varphi x + \text{etc.},$$

dont il faille chercher la différentielle.

Si nous mettons $x + h$ à la place de x dans ces fonc-tions; comme par hypothèse, on sait les développer cha-cune en particulier suivant les puissances de h, nous pourrons représenter le résultat par

$$y' = fx + Ah + A'h^2 + \text{etc.},$$
$$+ Fx + Bh + B'h^2 + \text{etc.},$$
$$+ \varphi x + Ch + C'h^2 + \text{etc.};$$

rassemblant les termes multipliés par les mêmes puissances de h, et retranchant y, nous trouverons

$$y' - y = (A + B + C)\, h + (A' + B' + C')\, h^2 + \text{etc.};$$

passons à la limite,

$$\frac{dy}{dx} = A + B + C, \quad \text{et} \quad dy = Adx + Bdx + Cdx.$$

A, B, C étant les termes qui sont multipliés par la première puissance de h dans les développemens de $f(x + h)$, de $F(x + h)$, et de $\varphi(x + h)$, il en résulte que $Adx + Bdx + Cdx$ représentent la somme des différentielles des fonctions proposées.

23. Pour donner une application de ce théorème, supposons qu'on ait à trouver la différentielle de

$$y = ax^3 + b^2x^2 + e^4\sqrt{x};$$

nous savons, par l'article 10, que la différentielle de ax^3 est $a\,d.x^3$; et en exécutant, d'après l'article 18, la différenciation indiquée, il vient $a.3x^2dx$; et en mettant le coefficient numérique en dehors, on obtient $3ax^2dx$. En agissant de même à l'égard de la constante b^2, on trouvera que la différentielle de b^2x^2 est $2b^2xdx$; d'un autre côté, l'article 21 nous apprend que $e^4\sqrt{x}$ a pour différentielle, $e^4\dfrac{dx}{2\sqrt{x}}$. Ajoutant donc ces résultats, nous trouverons

$$dy = 3ax^2dx + 2b^2xdx + \frac{e^4dx}{2\sqrt{x}}.$$

24. En général, lorsque dans une expression que l'on veut différencier, une constante entre comme facteur d'une

fonction de x, il faut différencier comme si cette constante n'existait pas, et multiplier ensuite par cette constante.

25. Si, au contraire, une constante n'est point affectée d'une fonction de x, elle ne fournit, comme nous l'avons vu art. 10, aucun terme à la différentielle.

De la manière de faciliter la différenciation des fonctions compliquées , et d'éviter l'opération de l'élimination , lorsque la fonction y n'est pas immédiatement exprimée au moyen de la variable x.

26. Quelquefois la fonction y et la variable x ne sont pas données par une même équation. Par exemple, si l'on avait les deux équations des formes suivantes $y = fu$, et $u = \varphi x$, le premier moyen qui se présenterait pour obtenir le coefficient différentiel $\dfrac{dy}{dx}$ serait d'éliminer u entre ces deux équations, pour pouvoir y appliquer le procédé de la différenciation ; mais, sans avoir recours à cette opération préliminaire, on peut obtenir immédiatement le coefficient différentiel $\dfrac{dy}{dx}$: c'est ce qui va être l'objet de la démonstration suivante.

Supposons donc que dans l'équation $u = \varphi x$, on mette $x + h$ à la place de x et qu'alors u devienne $u' = u + k$, c'est-à-dire se compose de la fonction primitive et d'un certain accroissement (art. 12) que nous représenterons par k ; admettons encore qu'en substituant ensuite $u + k$ à la place de u dans l'équation $y = fu$, la fonction y devienne y' ; si, en développant ces fonctions de u et de x par rapport aux puissances de leurs accroissemens, la substitution de $x + h$ à la place de x dans la fonction u, nous donne

$$u' = u + qh + q'h^2 + q''h^3 + \text{etc.} ;$$

et que la substitution de $u + k$ à la place de u dans la fonction y, nous donne

$$y' = y + pk + p'k^2 + p''k^3 + \text{etc.},$$

on obtiendra

$$\left.\begin{aligned}
\frac{u' - u}{h} &= q + q'h + q''h^2 + \text{etc.} \\
\frac{y' - y}{k} &= p + p'k + p''k^2 + \text{etc.}
\end{aligned}\right\} \quad \dots\dots (10).$$

Multipliant ces équations terme à terme, on aura

$$\frac{y'-y}{k} \cdot \frac{u'-u}{h} = (p+p'k+p''k^2+\text{etc.})\,(q+q'h+q''h^2+\text{etc.}).$$

Le premier membre de cette équation peut se réduire ; car l'accroissement de u étant représenté par k, est donc égal à $u'-u$; par conséquent au lieu de $\dfrac{y'-y}{k} \cdot \dfrac{u'-u}{h}$, nous pouvons écrire $\dfrac{y'-y}{h}$; et en mettant $x'-x$ à la place de h, l'équation précédente devient

$$\frac{y'-y}{x'-x} = (q+q'h+q''h^2+\text{etc.})\,(p+p'k+p''k^2+\text{etc.})\dots(11).$$

Lorsque h est nul, k s'évanouit aussi (puisque u n'a pris l'accroissement k que parce que x est devenu $x+h$) ; par conséquent dans le cas où $h = 0$, qui est celui de la limite, l'équation (11) se change en

$$\frac{dy}{dx} = pq \dots (12).$$

Pour déterminer p et q, il faut supposer h et k nuls dans les équations (10), et ces équations donnent

$$\frac{dy}{du} = p, \quad \frac{du}{dx} = q.$$

Substituant ces valeurs de p et de q dans l'équation (12), on obtiendra

$$\frac{dy}{dx} = \frac{dy}{du}\frac{du}{dx} \dots \ (13).$$

Ce résultat nous apprend que si l'on a deux équations $y = fu$ et $u = \varphi x$, et qu'on en tire les valeurs des coefficiens différentiels $\dfrac{dy}{du}$ et $\dfrac{du}{dx}$, il suffira de multiplier ces valeurs entre elles pour avoir celle de $\dfrac{dy}{dx}$.

27. Si l'on a, par exemple, les équations $y = 3u^4$ et $u = x^3 + ax^2$; on trouvera

$$\frac{dy}{du} = 6u, \quad \frac{du}{dx} = 3x^2 + 2ax;$$

donc, en multipliant ces équations terme à terme, on obtiendra

$$\frac{dy}{dx} = 6u(3x^2 + 2ax) = 6\,(x^3 + ax^2)(3x^2 + 2ax).$$

28. La formule (13) est d'un grand usage pour différencier des quantités compliquées; donnons-en quelques applications.

1°. Cherchons la différentielle de

$$y = \frac{1}{\sqrt{1 + x^2}};$$

cela se réduit à trouver le coefficient différentiel $\dfrac{dy}{dx}$. Pour cet effet, faisons $1 + x^2 = u$, alors $y = \dfrac{1}{\sqrt{u}} = u^{-\frac{1}{2}}$, et les équations $y = fu$ et $u = \varphi x$, art. 26, sont donc représentées ici par $y = u^{-\frac{1}{2}}$, et par $u = 1 + x^2$.

Élém. de Calc. diff.   2

Différentiant ces équations, art. 18, et divisant la première par du, et la seconde par dx, on trouve

$$\frac{dy}{du} = -\frac{1}{2}u^{-\frac{3}{2}} = -\frac{1}{2}(1+x^2)^{-\frac{3}{2}}, \quad \frac{du}{dx} = 2x;$$

multipliant ces coefficiens différentiels entre eux, on a

$$\frac{dy}{dx} = -x(1+x^2)^{-\frac{3}{2}} = \frac{-x}{\sqrt{(1+x^2)^3}};$$

donc

$$dy = \frac{-xdx}{\sqrt{(1+x^2)^3}} \ldots \ (14).$$

Soit encore $y = (a+bx^m)^n$; pour trouver la différentielle, faisons $a+bx^m = u$; nous aurons les équations $y = u^n$, $u = a + bx^m$; donc

$$\frac{dy}{du} = nu^{n-1} = n(a+bx^m)^{n-1}, \quad \frac{du}{dx} = bmx^{m-1};$$

multipliant entre eux ces coefficiens différentiels, on obtiendra

$$\frac{dy}{dx} = bmnx^{m-1}(a+bx^m)^{n-1}.$$

29. Pour troisième exemple, soit

$$y = \left(a + \sqrt{b - \frac{c}{x^2}}\right)^4;$$

supposons

$$b - \frac{c}{x^2} = u;$$

donc

$$y = (a + \sqrt{u})^4 \ldots \ (15);$$

différenciant l'équation précédente, nous avons

$$du = \frac{2cxdx}{x^4};$$

donc

$$\frac{du}{dx} = \frac{2c}{x^3}.$$

L'équation (15) donne

$$dy = 4\,(a + \sqrt{u})^3\, d\,(a + \sqrt{u}) = 4\,(a + \sqrt{u})^3\,\frac{du}{2\sqrt{u}};$$

et en mettant pour u sa valeur, il vient

$$\frac{dy}{du} = \frac{2\left(a + \sqrt{b - \dfrac{c}{x^2}}\,\right)^3}{\sqrt{b - \dfrac{c}{x^2}}}\,;$$

multipliant ces coefficiens différentiels entre eux , on a

$$\frac{dy}{dx} = \frac{\dfrac{4c}{x^3}\left(a + \sqrt{b - \dfrac{c}{x^2}}\,\right)^3}{\sqrt{b - \dfrac{c}{x^2}}}.$$

On pourrait prendre encore pour exemple

$$y = (a + \sqrt{x})^3\,,\ \text{et l'on trouverait } \frac{dy}{dx} = \frac{3\,(a + \sqrt{x})^2}{2\sqrt{x}}.$$

Des différentielles successives.

30. Soit y une fonction de x; si elle est différenciée, on trouvera un résultat de la forme $p\,dx$ (p étant une quantité qui peut renfermer x); si p renferme x, nous pourrons aussi différencier p, et obtenir un résultat représenté par $q\,dx$; opérant de même par rapport à q , le résultat $r\,dx$ sera encore de la même forme, ainsi de suite. $p\,dx$, $q\,dx$, $r\,dx$, etc., sont les différentielles successives de y. Par exemple, si l'on a $y = ax^3$, on trouvera $dy = 3ax^2 dx$; donc $p = 3ax^2$. Différenciant de nouveau, on a $dp = 6ax\,dx$;

donc $q = 6ax$. Différenciant encore, $dq = 6adx$; donc $r = 6a$. Ici la différenciation ne peut plus avoir lieu, puisque $6a$ est une constante.

Les équations

$$dy = pdx \text{ donnent, en divisant par } dx, \ \frac{dy}{dx} = p,$$

$$dp = qdx \dots\dots\dots\dots\dots\dots\dots \frac{dp}{dx} = q,$$

$$dq = rdx \dots\dots\dots\dots\dots\dots\dots \frac{dq}{dx} = r,$$

etc.   etc.

q étant obtenu par deux différenciations successives, et en divisant chaque fois par dx, nous représenterons cette opération par $\frac{d^2 y}{dx^2}$, et nous aurons $\frac{d^2 y}{dx^2} = q$; de même en différenciant de nouveau et en divisant par dx, nous aurons $\frac{d^3 y}{dx^3} = r$; ainsi de suite.

dy est la différentielle première de y;
$d^2 y$ en est la différentielle seconde;
$d^3 y$ en est la différentielle troisième;
etc.

Théorème de Mac-Laurin (*).

31. Soit y une fonction de x; ordonnons-la par rapport à x, et supposons

$$y = A + Bx + Cx^2 + Dx^3 + Ex^4 + \text{etc}\dots\dots \ (16),$$

nous aurons en différenciant et en divisant par dx,

(*) Ce théorème, comme le fait observer M. Peacock, avait été trouvé par Stirling, dès 1717, et par conséquent avant que Mac-Laurin en fît usage.

$$\frac{\mathrm{d}y}{\mathrm{d}x} = \mathrm{B} + 2\mathrm{C}x + \quad 3\mathrm{D}x^2 + \quad 4\mathrm{E}x^3 + \text{ etc.,}$$

$$\frac{\mathrm{d}^2 y}{\mathrm{d}x^2} = \ldots 2\mathrm{C} \quad + 2.3\mathrm{D}x \quad + 3.4\mathrm{E}x^2 + \text{ etc.,}$$

$$\frac{\mathrm{d}^3 y}{\mathrm{d}x^3} = \ldots\ldots\ldots 2.3\mathrm{D} \quad + 2.3.4\mathrm{E}x + \text{ etc.,}$$

etc.

Représentons par $\ (y)\ $ ce que devient $\ y\ $ quand $x = 0$,

$$\text{par} \left(\frac{\mathrm{d}y}{\mathrm{d}x}\right) \text{ ce que devient } \frac{\mathrm{d}y}{\mathrm{d}x} \text{ quand } x = 0,$$

$$\text{par} \left(\frac{\mathrm{d}^2 y}{\mathrm{d}x^2}\right) \text{ ce que devient } \frac{\mathrm{d}^2 y}{\mathrm{d}x^2} \text{ quand } x = 0,$$

ainsi de suite ; les équations précédentes nous **donneront**

$$(y) = \mathrm{A}, \quad \left(\frac{\mathrm{d}y}{\mathrm{d}x}\right) = \mathrm{B}, \quad \left(\frac{\mathrm{d}^2 y}{\mathrm{d}x^2}\right) = 2\mathrm{C}, \quad \left(\frac{\mathrm{d}^3 y}{\mathrm{d}x^3}\right) = 2.3\mathrm{D};$$

d'où nous tirerons

$$\mathrm{A} = (y), \quad \mathrm{B} = \left(\frac{\mathrm{d}y}{\mathrm{d}x}\right), \quad \mathrm{C} = \frac{1}{2}\left(\frac{\mathrm{d}^2 y}{\mathrm{d}x^2}\right), \quad \mathrm{D} = \frac{1}{2.3}\left(\frac{\mathrm{d}^3 y}{\mathrm{d}x^3}\right);$$

substituant ces valeurs dans l'équation (17), elle deviendra

$$y = (y) + \left(\frac{\mathrm{d}y}{\mathrm{d}x}\right)x + \frac{1}{2}\left(\frac{\mathrm{d}^2 y}{\mathrm{d}x^2}\right)x^2 + \frac{1}{2.3}\left(\frac{\mathrm{d}^3 y}{\mathrm{d}x^3}\right)x^3 \ldots (17);$$

telle est la formule de Mac-Laurin.

32. Pour première application, prenons $\ y = \dfrac{1}{a+x}$,

nous trouverons en différenciant par l'article (16),

$$\mathrm{d}y = \frac{(a+x)\,\mathrm{d}.1 - 1.\,\mathrm{d}(a+x)}{(a+x)^2} = -\frac{\mathrm{d}x}{(a+x)^2};$$

d'où nous conclurons $\dfrac{\mathrm{d}y}{\mathrm{d}x} = -\dfrac{1}{(a+x)^2};$

différenciant de nouveau, nous trouverons successivement

$$\frac{\mathrm{d}^2 y}{\mathrm{d}x^2} = \frac{2(a+x)}{(a+x)^4} = \frac{2}{(a+x)^3},$$

$$\frac{\mathrm{d}^3 y}{\mathrm{d}x^3} = -\frac{2.3\,(a+x)^2}{(a+x)^6} = -\frac{2.3}{(a+x)^4}, \text{ etc.}$$

Faisant donc $x = 0$ dans les valeurs de y, de $\dfrac{\mathrm{d}y}{\mathrm{d}x}$, de $\dfrac{\mathrm{d}^2 y}{\mathrm{d}x^2}$ de $\dfrac{\mathrm{d}^3 y}{\mathrm{d}x^3}$, etc., nous trouverons

$$(y) = \frac{1}{a}, \quad \left(\frac{\mathrm{d}y}{\mathrm{d}x}\right) = -\frac{1}{a^2}, \quad \left(\frac{\mathrm{d}^2 y}{\mathrm{d}x^2}\right) = \frac{2}{a^3}, \quad \left(\frac{\mathrm{d}^3 y}{\mathrm{d}x^3}\right) = -\frac{2.3}{a^4}, \text{etc.};$$

substituant ces valeurs et celle de y dans la formule (17), nous obtiendrons

$$\frac{1}{a+x} = \frac{1}{a} - \frac{x}{a^2} + \frac{x^2}{a^3} - \frac{x^3}{a^4} + \text{ etc.}$$

33. Pour seconde application, prenons $y = \sqrt{a^2 + bx}$ nous avons donc

$$y = (a^2 + bx)^{\frac{1}{2}},$$

$$\frac{\mathrm{d}y}{\mathrm{d}x} = \frac{1}{2}(a^2 + bx)^{-\frac{1}{2}} b = \frac{1}{2}\frac{b}{\sqrt{a^2 + bx}},$$

$$\frac{\mathrm{d}^2 y}{\mathrm{d}x^2} = -\frac{1}{2}\cdot\frac{1}{2}(a^2 + bx)^{-\frac{3}{2}} b^2 = -\frac{\frac{1}{2}\cdot\frac{1}{2} b^2}{\sqrt{(a^2 + bx)^3}},$$

$$\frac{\mathrm{d}^3 y}{\mathrm{d}x^3} = \frac{1}{2}\cdot\frac{1}{2}\cdot\frac{3}{2}(a^2 + bx)^{-\frac{5}{2}} b^3 = -\frac{\frac{1}{2}\cdot\frac{1}{2}\cdot\frac{3}{2} b^3}{\sqrt{(a^2 + bx)^5}} \text{ etc. :}$$

si nous faisons $x = 0$, ces valeurs deviendront

$$(y) = (a^2)^{\frac{1}{2}} = a, \quad \left(\frac{\mathrm{d}y}{\mathrm{d}x}\right) = \frac{1}{2}\cdot\frac{b}{a}, \quad \left(\frac{\mathrm{d}^2 y}{\mathrm{d}x^2}\right) = -\frac{\frac{1}{2}\cdot\frac{1}{2} b^2}{a^3}, \quad \left(\frac{\mathrm{d}^3 y}{\mathrm{d}x^3}\right) = \frac{\frac{1}{2}\cdot\frac{1}{2}\cdot\frac{3}{2} b^3}{a^5}, \text{etc}$$

substituant dans la formule (17) ces valeurs de (y), de

$\left(\dfrac{\mathrm{d}y}{\mathrm{d}x}\right)$, de $\left(\dfrac{\mathrm{d}^2y}{\mathrm{d}x^2}\right)$, de $\left(\dfrac{\mathrm{d}^3y}{\mathrm{d}x^3}\right)$, etc., on trouvera

$$\sqrt{a^2 + bx} = a + \frac{bx}{2a} - \frac{b^2x^2}{8a^3} + \frac{b^3x^3}{16a^5} - \text{etc.} \dots (18).$$

34. Pour troisième exemple, prenons $y = (a + x)^m$; nous trouverons en différenciant,

$$\frac{\mathrm{d}y}{\mathrm{d}x} = m\,(a + x)^{m-1},$$

$$\frac{\mathrm{d}^2y}{\mathrm{d}x^2} = m(m - 1)\,(a + x)^{m-2},$$

$$\frac{\mathrm{d}^3y}{\mathrm{d}x^3} = m\,(m - 1)\,(m - 2)\,(a + x)^{m-3} ; \text{ etc.}$$

Faisant $x = 0$, la valeur de y se réduit à a^m ; donc $(y) = a^m$, et les coefficiens différentiels ci-dessus deviennent

$$\left(\frac{\mathrm{d}y}{\mathrm{d}x}\right) = ma^{m-1}, \ \left(\frac{\mathrm{d}^2y}{\mathrm{d}x^2}\right) = m\,(m - 1)\,a^{m-2}, \ \left(\frac{\mathrm{d}^3y}{\mathrm{d}x^3}\right) =$$
$$m\,(m - 1)\,(m - 2)\,a^{m-3} ; \text{ etc.}$$

Substituant ces valeurs de (y), de $\left(\dfrac{\mathrm{d}y}{\mathrm{d}x}\right)$, de $\left(\dfrac{\mathrm{d}^2y}{\mathrm{d}x^2}\right)$, etc., dans l'équation (18), on trouve

$$(a + x)^m = a^m + ma^{m-1}\,x + m\,\frac{(m - 1)}{2}\,a^{m-2}\,x^2$$

$$+ m\,\frac{(m - 1)\,(m - 2)}{2 \ . \ 3}\,a^{m-3}\,x^3 + \text{etc.} \ [\textit{Note première} (^*).]$$

De la différenciation des quantités transcendantes.

35. Les quantités transcendantes sont celles qu'affectent des exposans variables, des logarithmes, des sinus, des cosinus, etc.

***

(*) *Voyez* les notes à la fin de l'ouvrage.

36. Proposons-nous de différencier d'abord a^x. Soit donc $y = a^x$, changeons x en $x + h$ et y en y'; cette équation deviendra $y' = a^{x+h}$ ou plutôt

$$y' = a^x a^h \ldots (19). \quad [\textit{Note seconde.}]$$

Il faut donc développer cette expression par rapport aux puissances de h et trouver ensuite les termes multipliés par la première; or, pour que a^h puisse se développer par la formule du binome, je ferai $a = 1 + b$, et par conséquent a^h deviendra

$$(1 + b)^h = 1 + h\frac{b}{1} + h(h-1)\frac{b^2}{1.2} + h(h-1)(h-2)\frac{b^3}{2.3}$$
$$+ h(h-1)(h-2)(h-3)\frac{b^4}{2.3.4} + \text{etc} \ldots (20).$$

On peut trouver les termes multipliés par la première puissance de h sans former tous les produits indiqués par le second membre de l'équation (20). Pour cela on s'apercevra d'abord que les termes qui contiennent la première puissance de h dans le second et dans le troisième terme de l'équation (20) sont $\frac{b}{1}h$ et $-\frac{b^2}{2}h$. A l'égard des autres, nous remarquerons que si dans un produit tel que $h(h-1)$ $(h-2)(h-3)$, etc., la partie $(h-1)(h-2)(h-3)$, etc., est composée de n facteurs, son développement, d'après la théorie des équations, sera de la forme $h^n + Ah^{n-1} + Bh^{n-2} \ldots + Mh + N$, c'est-à-dire qu'on aura

$$h(h-1)(h-2)(h-3)\ldots = h(h^n + Ah^{n-1} \ldots + Mh + N)\ldots (21),$$

ou, en exécutant l'opération indiquée dans le second membre, il vient

$$h(h-1)(h-2)(h-3)\ldots = h^{n+1} + Ah^n \ldots + Mh^2 + Nh,$$

et l'on voit que le terme qui contient la première puissance de h dans le produit $h(h-1)(h-2)(h-3)$, etc., sera Nh. Examinons maintenant comment se compose le coefficient N. Or, l'Algèbre nous apprend encore que dans un produit tel que $(h-1)(h-2)(h-3)$, etc., dont le développement est $h^n + h^{n-1} \ldots + Mh + N$, le dernier terme N de ce développement se compose du produit des secondes parties $-1, -2, -3$, etc., des binomes $h-1$, $h-2$, $h-3$, etc., c'est-à-dire qu'on a en général,

$$N = -1 \times -2 \times -3 \times -4, \text{ etc.}$$

Ainsi, en considérant le quatrième terme $\dfrac{b^2}{1.2}h(h-1)(h-2)$

de l'équation (20), nous voyons que le développement de la partie $(h-1)(h-2)$ qu'il renferme sera de la forme $h^2 + Ah + N$ et aura le produit -1×-2 pour valeur de N, par conséquent la partie affectée de la première puissance de h que nous fournira ce terme, sera

$$\frac{b^3}{2.3} \times (-1 \times -2)h = \frac{b^3}{3}h \,;$$

en considérant ensuite le cinquième terme de l'équation (20), on verra de même que le terme affecté de la première puissance de h qu'il renferme, doit être

$$\frac{b^4}{2.3.4} \times (-1 \times -2 \times -3)h = -\frac{b^4}{4}h \,;$$

et ainsi de suite, de sorte que nous aurons

$$(1+b)^h = 1 + \left(\frac{b}{1} - \frac{b^2}{2} + \frac{b^3}{3} - \frac{b^4}{4}, \text{etc.} \right)h + \textit{termes en } h^2, \textit{en } h^3, \text{etc.},$$

et en remplaçant $(1+b)$ par sa valeur a, on aura

$$a^h = 1 + \left(\frac{b}{1} - \frac{b^2}{2} + \frac{b^3}{3} - \frac{b^4}{4}, \text{etc.} \right)h + \textit{termes en } h^2, \textit{en } h^3, \text{etc.}$$

Représentons $\left(\dfrac{b}{1} - \dfrac{b^2}{2} + \dfrac{b^3}{3} - \dfrac{b^4}{4}, \text{etc.} \right)$, par A, on obtiendra

$$a^h = 1 + Ah + \textit{termes en } h^2, \textit{en } h^3, \text{etc.} \,;$$

par cette valeur, l'équation $y' = a^x a^h$, deviendra

$$y' = a^x + A a^x h + \text{termes en } h^2, \text{ en } h^3, \text{ etc.}$$

Si nous en retranchons l'équation primitive $y = a^x$, il restera $y' - y = A a^x h + \text{termes en } h^2, \text{ en } h^3$, etc. ; passant à la limite, on trouvera

$$\frac{dy}{dx} = A a^x \ldots \ (22),$$

et en mettant la valeur de y, on obtiendra

$$\frac{d \cdot a^x}{dx} = A a^x \ldots \ (23).$$

37. La constante A dépend de a ; car si dans l'équation

$$A = \left(\frac{b}{1} - \frac{b^2}{2} + \frac{b^3}{3} - \frac{b^4}{4}, \text{ etc.} \right),$$

on met pour b sa valeur $a - 1$, on trouvera

$$A = \frac{(a-1)}{1} - \frac{(a-1)^2}{2} + \frac{(a-1)^3}{3} - \frac{(a-1)^4}{4}, \text{ etc.} \ldots \ (24).$$

38. Pour déterminer la valeur de la constante A, cherchons, par le théorème de Mac-Laurin et à l'aide des équations (22) et (23), le développement de a^x ; nous avons donc

$$y = a^x,$$
$$\frac{dy}{dx} = A a^x,$$
$$\frac{d^2 y}{dx^2} = \frac{A d \cdot a^x}{dx} = A \frac{A a^x dx}{dx} = A^2 a^x,$$
$$\frac{d^3 y}{dx^3} \ldots \ldots \ldots = A^3 a^x, \text{ etc.}$$

Faisons, art. 31, $x = 0$, nous trouverons $(y) = a^0 = 1$, $\left(\frac{dy}{dx} \right) = A$, $\left(\frac{d^2 y}{dx^2} \right) = A^2$, $\left(\frac{d^3 y}{dx^3} \right) = A^3$, etc. Substituant ces valeurs dans l'équation (18), nous trouvons

$$a^x = 1 + \frac{Ax}{1} + \frac{A^2 x^2}{1.2} + \frac{A^3 x^3}{1.2.3} + \text{etc.} \dots \ (25) ;$$

faisons $x = \dfrac{1}{A}$, cette équation deviendra

$$a^{\frac{1}{A}} = 1 + 1 + \frac{1}{1.2} + \frac{1}{1.2.3} + \text{etc.} ;$$

nommons e le second membre de cette équation, elle se change en $a^{\frac{1}{A}} = e$; d'où l'on tire $a = e^A$; prenant les logarithmes, on a

$$\log a = \log e^A = A \log e ;$$

donc
$$A = \frac{\log a}{\log e} \dots \ (26).$$

Le nombre e, dont la valeur est donnée par l'équation
$$e = 1 + 1 + \frac{1}{1.2} + \frac{1}{1.2.3} + \text{etc.},$$
est la base que Néper choisit pour calculer ses tables de logarithmes.

Comme la série $1 + 1 + \dfrac{1}{1.2} + \text{etc.}$, est assez convergente, on peut se borner à prendre les douze premiers termes de cette suite, et alors on trouve que e vaut environ $2,7182818$. Si nous représentons par La le logarithme de a dans le système népérien, nous aurons donc $a = (2,7182818\dots)^{La}$, ou plus simplement $a = e^{La}$; donc $\log a = \log e^{La}$ et $\log a = La \log e$; d'où nous tirerons

$$\frac{\log a}{\log e} = La \dots \ (27) ;$$

ce qui réduit l'équation (26) à $A = La$, et par conséquent l'équation (23) donne

$$da^x = a^x \, dx . La \dots \ (28).$$

39. Lorsque la base quelconque a est remplacée par la base du système népérien, l'équation précédente devient

$$de^x = e^x dx . \mathrm{L}e\ ;$$

et comme en changeant a en e dans l'équation (27), il en résulte que $\mathrm{L}e$ est égal à l'unité, l'équation précédente se réduit à

$$de^x = e^x dx.$$

L'équation (25) nous fournit les moyens de trouver le développement de e^x. En effet, lorsque $a = e$, l'équation (26) se réduit à

$$\mathrm{A} = 1\ ;$$

substituant cette valeur de A dans l'équation (25), et changeant a en e, on obtient

$$e^x = 1 + \frac{x}{1} + \frac{x^2}{1.2} + \frac{x^3}{1.2.3} + \text{etc}\ldots\ (29).$$

Des différentielles logarithmiques.

40. Soit x le logarithme de y dans le système dont la base est a, on a $y = a^x$; et l'équation (22) nous donne $dy = \mathrm{A}a^x dx$; d'où l'on tire

$$dx = \frac{dy}{\mathrm{A}a^x} = \frac{dy}{\frac{\log a}{\log e} a^x} = \frac{dy}{a^x} \frac{\log e}{\log a}\ ;$$

et comme $a^x = y$, et que $x = \log y$, l'équation précédente devient

$$d.\log y = \frac{dy}{y} \frac{\log e}{\log a} \ldots\ (30).$$

Dans le cas où l'on prend les logarithmes dans le système népérien, la base a devient le nombre e (art. 38), par conséquent l'on a $\dfrac{\log e}{\log a} = \dfrac{\log e}{\log e} = 1$; donc alors

$$d.\log y = \frac{dy}{y}.$$

Des différentielles des sinus, cosinus et autres lignes trigonométriques, ou des différentielles des fonctions circulaires.

41. *L'arc est plus grand que le sinus, et plus petit que la tangente.*

Pour le démontrer, soit AB, fig. 2, un arc qui a BE pour sinus et DA pour tangente ; et prenons l'arc AB′ égal à l'arc AB. En considérant la corde BB′ comme une ligne droite, on en tire la conséquence qu'elle est plus courte que l'arc BAB′. Donc la droite BE, moitié de la corde BB′, est plus courte que l'arc BA, moitié de l'arc BAB′; d'où il résulte que le sinus est moindre que l'arc.

Fig. 2.

Pour démontrer que la tangente est plus grande que l'arc, nous avons

Aire du triangle DD′C $>$ *aire du secteur* BAB′C;

ou, en mettant les expressions géométriques de ces aires,

$$DD' \times \tfrac{1}{2}\,AC > \text{arc } BAB' \times \tfrac{1}{2}\,AC;$$

supprimant $\tfrac{1}{2}$ AC de part et d'autre, il reste

$$DD' > \text{arc } BAB',$$

et, en prenant la moitié, on a

$$\mathbf{DA} > \text{arc } BA.$$

42. Il résulte de ce qui précède que la limite du rapport du sinus à l'arc est l'unité ; car lorsque l'arc h représenté par AB devient nul, le sinus se confondant avec la tangente, à plus forte raison le sinus se confond avec l'arc qui est compris entre la tangente et le sinus; par conséquent on a, dans le cas de la limite, $\dfrac{\sin h}{\text{arc } h}$, ou plutôt $\dfrac{\sin h}{h} = 1$.

43. Pour trouver la différentielle du sinus dont l'arc

est x, supposons donc que cet arc reçoive un accroissement h; nous savons par la Trigonométrie que

$$\sin(x+h) = \sin x \cos h + \sin h \cos x \ldots \ldots (31).$$

Retranchant de cette fonction son état primitif, et divisant par l'accroissement h de la variable, nous aurons

$$\frac{\sin(x+h) - \sin x}{h} = \frac{\sin x \cos h + \sin h \cos x - \sin x}{h}.$$

Rassemblant entre des parenthèses les termes qui sont multipliés par $\sin x$ dans le deuxième membre, on trouvera

$$\frac{\sin(x+h) - \sin x}{h} = \frac{\sin x (\cos h - 1)}{h} + \frac{\sin h \cos x}{h} \ldots \ldots (32).$$

Quand h devient 0, $\cos h - 1$ devient aussi nul, et $\frac{\cos h - 1}{h}$ se réduit à $\frac{0}{0}$. Il convient donc de mettre ce terme sous une autre forme : pour cela l'équation $\cos^2 h + \sin^2 h = 1$ me donne $\cos^2 h - 1 = -\sin^2 h$, ou $(\cos h - 1)(\cos h + 1) = -\sin^2 h$; d'où je tire $\cos h - 1 = -\dfrac{\sin^2 h}{\cos h + 1}$, substituant cette valeur dans l'équation (32), cette équation devient

$$\frac{\sin(x+h) - \sin x}{h} = -\sin x \frac{\sin h}{\cos h + 1} \frac{\sin h}{h} + \cos x \frac{\sin h}{h} \ldots \ldots (33).$$

Dans le cas de $h = 0$, l'arc et le sinus se confondent, c'est-à-dire qu'on a $\dfrac{\sin h}{h} = 1$, d'un autre côté $\cos h = 1$, donc $\dfrac{\sin h}{\cos h + 1} = \dfrac{0}{2} = 0$: et l'équation (33) se réduit à

$$\frac{d . \sin x}{dx} = \cos x; \text{ d'où l'on déduit } d . \sin x = dx \cos x.$$

44. Dans cette démonstration, le rayon des tables a été pris pour unité; mais si l'on voulait la différentielle d'un sinus dont le rayon serait a, au lieu d'employer l'équa

tion (31), on se servirait de celle-ci :

$$\sin (x + h) = \frac{\sin x \cos h \quad \sin h \cos x}{a} \ldots (34).$$

Dans le résultat précédent, il faudrait donc restituer la constante a, ce qui donnerait $d.\sin x = \dfrac{dx \cos x}{a}$ pour la différentielle du sinus d'un arc dont le rayon est a.

45. On peut parvenir à la différentielle de $\sin x$ par des considérations géométriques ; car soit AB, fig. 3, l'arc x ; BM, l'arc h ; la perpendicu- Fig. 3. laire BP sera donc $\sin x$, et la perpendiculaire MQ sera $\sin (x+h)$; cela posé, plus l'arc $BM = h$ diminue, plus l'angle MBC tend à devenir droit ; par conséquent, dans le cas de la limite, on peut considérer l'angle MBC comme droit ; alors le triangle MBD devient semblable au triangle BCP, puisque dans cette circonstance ces triangles ont leurs côtés perpendiculaires ; d'où il suit qu'on a la proportion

$$BC : CP :: BM : MD,$$

ou

$$r : \cos x :: BM : \sin (x+h) - \sin x ;$$

donc

$$\frac{\sin (x+h) - \sin x}{BM} = \frac{\cos x}{r}.$$

Passant à la limite et observant que, dans ce cas, la corde BM peut être remplacée par l'arc $BM = h$, l'équation précédente deviendra $\dfrac{d.\sin x}{dx} = \dfrac{\cos x}{r}$, et en prenant le rayon égal à l'unité,

$$d.\sin x = dx \cos x.$$

46. Pour trouver la différentielle de $\cos x$, l'équation $\sin^2 x + \cos^2 x = 1$ ou plutôt $(\sin x)^2 + (\cos x)^2 = 1$ étant différenciée (art. 18), donne $2 \sin x \, d.\sin x + 2 \cos x \, d.\cos x = 0$; d'où l'on tire

$$d.\cos x = - \frac{\sin x \, d.\sin x}{\cos x} ;$$

mettant pour $d.\sin x$ sa valeur $dx \cos x$, art. 43, et réduisant, on a $d.\cos x = - dx \sin x.$

47. On obtient la différentielle de $\tang x$ en considérant que $\tang x = \dfrac{\sin x}{\cos x}$; différenciant cette équation par l'ar-

ticle (16), on trouve

$$d . \tang x = \frac{\cos x \, d . \sin x - \sin x \, d . \cos x}{\cos^2 x};$$

mettant les valeurs de $d . \sin x$ et de $d . \cos x$, on aura

$$d . \tang x = \left(\frac{\cos^2 x + \sin^2 x}{\cos^2 x} \right) dx; \quad \text{donc}$$

$$d . \tang x = \frac{dx}{\cos^2 x}, \quad \text{puisque} \quad \cos^2 x + \sin^2 x = 1.$$

48. On sait par la Trigonométrie que le rayon est une moyenne proportionnelle entre la tangente et la cotangente, et entre le cosinus et la sécante, ce qui donne

$$\cot x = \frac{1}{\tang x}, \quad \sec x = \frac{1}{\cos x}.$$

En différenciant la première de ces équations (art. 16), on trouve

$$d . \cot x = - \frac{d . \tang x}{\tang^2 x} = - \frac{dx}{\cos^2 x \, \tang^2 x} = - \frac{dx}{\sin^2 x};$$

car de l'équation $\dfrac{\sin}{\cos} = \tang,$ on tire $\cos . \tang = \sin.$

49. L'équation $\sec x = \dfrac{1}{\cos x}$ étant différenciée, donne

$$d . \sec x = - \frac{d . \cos x}{\cos^2 x} = \frac{\sin x \, dx}{\cos^2 x} = \frac{\sin x}{\cos x} \frac{1}{\cos x} dx$$
$$= \tang x \, \sec x \, dx.$$

50. On déterminerait de même la différentielle de la cosécante; car $\coséc x = \dfrac{1}{\sin x};$ différenciant, on a

$$d . \coséc x = - \frac{\cos x \, dx}{\sin^2 x} = - \frac{\cos x}{\sin x} \frac{1}{\sin x} dx$$
$$= - \frac{1}{\tang x} \coséc x \, dx = - \cot x \, \coséc x \, d$$

51. A l'égard du sinus verse, en différenciant l'équation sin verse $x + \cos x = 1$, on trouve d.sin verse $x = $ d.$(1 - \cos x)$, et en effectuant la différenciation, d.sin verse $x = \sin x dx$.

De la différenciation de quelques fonctions transcendantes compliquées.

52. Les principes précédens suffiraient pour pouvoir différencier toute expression affectée de quantités transcendantes.

Soit $y = a^{b^x}$; faisons $b^x = u$, nous aurons $y = a^u$; différencions par l'art. (38) (équation 28), nous trouverons

$$\frac{dy}{du} = a^u La = a^{b^x} La, \quad \frac{du}{dx} = b^x Lb;$$

donc (art. 26)

$$\frac{dy}{du} \times \frac{du}{dx} \text{ ou } \frac{dy}{dx} = a^{b^x} b^x La Lb.$$

53. Soit encore $y = z^v$; prenant les logarithmes, on a $\log y = v \log z$; donc d.$\log y = v$d.$\log z + \log z dv$; mettant pour les différentielles logarithmiques leurs valeurs (art. 40), nous trouverons

$$\frac{dy}{y} = v \frac{dz}{z} + \log z dv, \text{ et par conséquent}$$

$$dy = y\left(v \frac{dz}{z} + \log z dv\right), \text{ ou plutôt } dy = z^v\left(v \frac{dz}{z} + \log z dv\right).$$

Au moyen de cette différentielle, on trouvera facilement celle de $y = z^{t^u}$; car soit $t^u = v$, l'équation se réduit à $y = z^v$: or, les équations $y = z^v$ et $v = t^u$, qui sont de même forme que l'équation dont nous venons de trouver la différentielle, donneront

$$d y = z^{v} \left(v \frac{dz}{z} + \log z \, dv \right),$$

$$dv = t^{u} \left(u \frac{dt}{t} + \log t \, du \right).$$

Substituant dans la valeur de dy donnée par cette avant-dernière équation celles de dv et de v, nous aurons

$$d y = z^{t^{u}} \left[t^{u} \frac{dz}{z} + \log z \, t^{u} \left(u \frac{dt}{t} + \log t \, du \right) \right] = z^{t^{u}} \, t^{u}$$

$$\left(\frac{dz}{z} + u \log z \frac{dt}{t} + \log z \log t \, du \right).$$

Théorème de Taylor.

54. Avant que d'aller plus loin, nous remarquerons que dans le calcul différentiel une expression telle que $\dfrac{dy}{dx}$, signifie qu'une fonction y d'une ou de plusieurs variables a été différenciée par rapport à la variable x et divisée par dx; par exemple, si l'on avait $y = ax^2 u^3 z^4$, l'expression $\dfrac{dy}{dx}$ se déterminerait en regardant u et z comme constans, et en différenciant par rapport à x et divisant ensuite par dx : ainsi on aurait $\dfrac{dy}{dx} = 2axu^3 z^4$. On trouverait de même $\dfrac{dy}{dz} = 4ax^2 z^3 u^3$ et $\dfrac{dy}{du} = 3ax^2 z^4 u^2$. Si l'on avait $y = x^2 + z^2$, $\dfrac{dy}{dx}$ serait $2x$.

55. *Si dans une fonction* y *de* x, *la variable* x *se change en* x $+$ h, *on a le même coefficient différentiel lorsque* x *est variable et* h *constant, que lorsque* h *est variable et* x *constant.*

Pour le démontrer, si dans l'équation $y = fx$, nous mettons $x + h = x'$ à la place de x, nous aurons $y' = fx'$; la différentielle de fx' sera égale à une autre fonction de x' représentée par $\varphi x'$ et multipliée par dx', par conséquent $dy' = \varphi x' dx'$, ou en mettant pour x' sa valeur $x + h$, on aura

$$dy' = \varphi (x + h)\, d (x + h).$$

Or, le seul changement qu'apporte dans cette différentielle l'hypothèse de x variable et de h constant, n'est que dans le facteur $d(x + h)$, qui se réduit à dx quand x est variable, et h constant; on a donc alors

$$dy' = \varphi (x + h)\, dx,$$

d'où l'on tire

$$\frac{dy'}{dx} = \varphi (x + h) \ldots (35).$$

Si, au contraire, on fait x constant et h variable, le facteur $d(x + h)$ se réduit à dh, et l'on a

$$dy' = \varphi (x + h)\, dh,$$

et par conséquent

$$\frac{dy'}{dh} = \varphi (x + h) \ldots (36) ;$$

égalant ces deux valeurs de $\varphi (x + h)$, il nous vient

$$\frac{dy'}{dx} = \frac{dy'}{dh}.$$

Par exemple, si l'on avait $y = ax^3$, en mettant $x + h$ à la place de x, on trouverait

$$\frac{dy'}{dx} = 3a (x + h)^2 = \frac{dy'}{dh},$$

et par conséquent

$$\frac{dy'}{dx} = \frac{dy'}{dh}.$$

56. Les équations (35) et (36) étant différenciées par rapport à $x + h$, donnent encore les résultats égaux

$$\frac{d^2 y'}{dx} = \varphi' (x + h) \, d (x + h),$$

$$\frac{d^2 y'}{dh} = \varphi' (x + h) \, d (x + h).$$

Faisons h constant dans la première équation, et x constant dans la seconde, nous aurons

$$\frac{d^2 y'}{dx} = \varphi' (x + h) \, dx, \quad \frac{d^2 y'}{dh} = \varphi' (x + h) \, dh,$$

d'où nous tirerons

$$\frac{d^2 y'}{dx^2} = \frac{d^2 y'}{dh^2}.$$

On conclura par le même raisonnement que $\dfrac{d^3 y'}{dx^3} = \dfrac{d^3 y'}{dh^3}$ et que $\dfrac{d^4 y'}{dx^4} = \dfrac{d^4 y'}{dh^4}$, et ainsi de suite.

57. Cela posé, soit y' une fonction de $x + h$; cette fonction étant développée par rapport aux puissances de h, supposons qu'on ait

$$y' = y + Ah + Bh^2 + Ch^3 + \text{etc.} \dots \dots (37),$$

A, B, C, etc., étant des fonctions inconnues de x qu'il s'agit de déterminer. Pour cet effet, en différentiant par rapport à h, et en divisant par dh, on aura

$$\frac{dy'}{dh} = A + 2Bh + 3Ch^2 + \text{etc.};$$

différenciant ensuite par rapport à x et divisant par dx, nous aurons

$$\frac{dy'}{dx} = \frac{dy}{dx} + \frac{dA}{dx} h + \frac{dB}{dx} h^2 + \text{etc.}$$

Les premiers membres de ces équations étant égaux, en vertu de l'art. 55, les seconds membres seront identiques; égalant donc entre eux les coefficiens des mêmes puissances de h, on trouvera

$$A = \frac{dy}{dx}, \quad B = \frac{dA}{2dx}, \quad C = \frac{dB}{3dx}, \quad D = \frac{dC}{4dx}, \quad \text{etc.}$$

Substituant la valeur de A, donnée par la première de ces équations, dans la seconde, on aura $B = \frac{1}{1 \cdot 2} \frac{d^2y}{dx^2}$; substituant cette valeur dans celle de C, on aura $C = \frac{1}{1 \cdot 2 \cdot 3} \frac{d^3y}{dx^3}$; ainsi de suite.

Au moyen de ces valeurs de A, de B, de C, etc., l'équation (37) deviendra

$$y' = y + \frac{dy}{dx} h + \frac{d^2y}{dx^2} \frac{h^2}{1 \cdot 2} + \frac{d^3y}{dx^3} \frac{h^3}{1 \cdot 2 \cdot 3} + \text{etc.},$$

ou en mettant pour y' sa valeur,

$$f(x+h) = y + \frac{dy}{dx} h + \frac{d^2y}{dx^2} \frac{h^2}{1 \cdot 2} + \frac{d^3y}{dx^3} \frac{h^3}{1 \cdot 2 \cdot 3} + \text{etc.} \ldots \ (38),$$

ce qui est la formule de Taylor.

Application de la formule de Taylor au développement en série de diverses fonctions.

58. Soit $y' = \sqrt{x+h}$; on a donc $y = \sqrt{x} = x^{\frac{1}{2}}$. Donc

$$\frac{dy}{dx} = \tfrac{1}{2} x^{-\frac{1}{2}} = \tfrac{1}{2} \frac{1}{\sqrt{x}},$$

$$\frac{d^2y}{dx^2} = -\tfrac{1}{4} x^{-\frac{3}{2}} = -\tfrac{1}{4} \frac{1}{\sqrt{x^3}},$$

$$\frac{d^3y}{dx^3} = \tfrac{3}{8} x^{-\frac{5}{2}} = \frac{3}{8\sqrt{x^5}},$$

etc.

Substituant ces valeurs dans la formule de Taylor, on a

$$\sqrt{x+h}=\sqrt{x}+\tfrac{1}{2}\frac{h}{\sqrt{x}}-\tfrac{1}{8}\frac{h^2}{\sqrt{x^3}}+\tfrac{1}{16}\frac{h^3}{\sqrt{x^5}},\ \text{etc.}$$

59. Soit $y'=\sin(x+h)$, d'où il suit que $y=\sin x$; on formera ainsi les coefficiens différentiels successifs ,

$$\frac{dy}{dx}=\cos x,\quad \frac{d^2y}{dx^2}=-\sin x,\quad \frac{d^3y}{dx^3}=-\cos x,\quad \frac{d^4y}{dx^4}=\sin x,$$

$$\frac{d^5y}{dx^5}=\cos x,\ \text{etc.} ;$$

substituant ces valeurs dans la formule de Taylor, on a

$$\sin(x+h)=\sin x+\cos x\frac{h}{1}-\sin x\frac{h^2}{1.2}-\cos x\frac{h^3}{2.3}$$

$$+\sin x\frac{h^4}{2.3.4}+\cos x\frac{h^5}{2.3.4.5},\ \text{etc.} ;$$

faisant $x=0$; alors $\sin x=0$ et $\cos x=1$, et ce développement se réduit à

$$\sin h=h-\frac{h^3}{2.3}+\frac{h^5}{2.3.4.5},\ \text{etc.}$$

Si l'on prenait $y'=\cos(x+h)$, on trouverait, en opérant comme dans l'exemple précédent, que

$$\cos h=1-\frac{h^2}{1.2}+\frac{h^4}{2.3.4}-\text{etc.}$$

60. Développons encore $\log(x+h)$; nous avons

$$y'=\log(x+h),\quad \text{donc}\quad y=\log x ;$$

$$dy=d.\log x=\frac{dx}{x},\quad \text{donc}\quad \frac{dy}{dx}=\frac{1}{x}.$$

On obtiendra ensuite, par des différenciations successives,

$$\frac{d^2y}{dx^2}=-\frac{1}{x^2},\quad \frac{d^3y}{dx^3}=\frac{2x}{x^4}=\frac{2}{x^3},\ \text{etc.} ;$$

substituant ces valeurs dans la formule de Taylor, on a

$$\log (x + h) = \log x + \frac{h}{x} - \frac{h^2}{2x^2} + \frac{h^3}{3x^3}, \text{ etc.}$$

61. Si cette formule était trouvée autrement que par la différentielle d'un logarithme (*note troisième*), on pourrait en déduire cette différentielle d'une manière différente que nous ne l'avons fait art. 40. En effet, elle donne

$$\frac{\log (x + h) - \log x}{h} = \frac{1}{x} - \frac{h}{2x^2} + \text{ etc. ;}$$

passant à la limite, on a

$$\frac{d.\log x}{dx} = \frac{1}{x},$$

ou

$$d.\log x = \frac{dx}{x}.$$

Connaissant la différentielle d'un logarithme, il sera aisé de trouver celle de a^x ; car en faisant $y = a^x$, et en prenant les logarithmes dans le système népérien, on a

$$Ly = La^x \quad \text{ou} \quad Ly = xLa,$$

et en différenciant,

$$\frac{dy}{y} = dx\,La;$$

d'où l'on tire

$$dy = y\,dx\,La.$$

ou, en mettant la valeur de y,

$$da^x = a^x dx La,$$

équation qui est la même que celle du n° 28 (art. 38).

62. On peut déduire le théorème de Mac-Laurin de celui de Taylor, de la manière suivante : on a, par le théorème de Taylor,

$$f(x + h) = fx + \frac{d.fx}{dx} h + \frac{d^2.fx}{dx^2} \frac{h^2}{1.2} + \frac{d^3.fx}{dx^3} \frac{h^3}{2.3} + \text{ etc.}$$

Appelons (fx) ce que devient fx quand on y fait $x = 0$, $\left(\dfrac{\mathrm{d}.fx}{\mathrm{d}x}\right)$ ce que devient $\dfrac{\mathrm{d}.fx}{\mathrm{d}x}$ quand on y fait $x = 0$, ainsi de suite pour les autres coefficiens différentiels ; la formule de Taylor, quand on fera $x = 0$, deviendra donc

$$fh = (fx) + \left(\frac{\mathrm{d}.fx}{\mathrm{d}x}\right) h + \left(\frac{\mathrm{d}^2.fx}{\mathrm{d}x^2}\right) \frac{h^2}{1.2} + \left(\frac{\mathrm{d}^3.fx}{\mathrm{d}x^3}\right) \frac{h^3}{2.3} + \text{etc.}$$

Dans cette équation, h entre dans fh de la même manière que x entrait dans fx (*), de sorte que si l'on change h en x, fh deviendra fx ; et comme il ne reste plus de traces de x, parce qu'on a fait $x = 0$, ce changement est permis, attendu qu'il importe peu de substituer une lettre ou une autre à h : en faisant donc ce changement, on trouve

$$fx = (fx) + \left(\frac{\mathrm{d}.fx}{\mathrm{d}x}\right) x + \left(\frac{\mathrm{d}^2.fx}{\mathrm{d}x^2}\right) \frac{x^2}{1.2} + \left(\frac{\mathrm{d}^3.fx}{\mathrm{d}x^3}\right) \frac{x^3}{2.3} + \text{etc.} \dots (39),$$

ce qui est le théorème de Mac-Laurin.

De la différenciation des équations à deux variables. — Expression générale de la différentielle de deux variables. — Expression générale de la différentielle de trois variables parmi lesquelles on en prend deux pour variables indépendantes.

63. Soit $\qquad F(x, y) = 0 \dots (40),$

une équation entre deux variables. En résolvant cette équation par rapport à y, on trouvera $y = \varphi x$; imaginons que l'on ait substitué cette valeur dans l'équation (40), celle-ci

---

(*) On peut observer que si l'on fait $x = 0$ dans $f(x + h)$, c'est remplacer $x + h$ par h dans $f(x + h)$; et que de même si l'on fait $h = 0$ dans $f(x + h)$, c'est remplacer $x + h$ par x dans $f(x + h)$. Or, il est évident que les deux résultats fh et fx qu'on obtient dans ces hypothèses, ne diffèrent entre eux que par les lettres h et x, qui y entrent de la même manière.

deviendra $F(x, \varphi x) = o$, ou pour plus de simplicité

$$f x = o,$$

équation identique, et dans laquelle tous les termes doivent se détruire, quelque valeur que l'on donne à x. Par exemple, si cette équation ne monte qu'au troisième degré, on pourra la représenter par

$$A x^3 + B x^2 + C x + D = o,$$

et en mettant une valeur quelconque pour x, elle sera toujours satisfaite ; donc, en mettant $x + h$ à la place de x, on aura encore

$$A (x + h)^3 + B (x + h)^2 + C (x + h) + D = o,$$

c'est-à-dire que si l'on a $f x = o$, quel que soit x, on aura encore $f(x + h) = o$; retranchant de cette équation celle-ci

$$f x = o, \text{ il restera } f(x + h) - f x = o;$$

donc aussi

$$\frac{f(x + h) - f x}{h} = o.$$

Or,

$$f(x + h) = f x + A h + B h^2 + \text{etc.},$$

d'où l'on tire

$$\frac{f(x + h) - f x}{h} = A + B h + \text{etc.} ;$$

le premier membre de cette équation étant nul, on a donc

$$A + B h + \text{etc.} = o ; \text{ et, passant à la limite, } \frac{d.f x}{d x} = A = o,$$

et par conséquent $d.f x = A d x = o$, ou en restituant y,

$$d.F(x, y) = A d x = o.$$

Ceci nous apprend qu'en regardant y comme une fonction de x, si l'on différencie l'équation $F(x, y) = 0$, on pourra égaler le résultat à zéro ; ce qui servira à déterminer la valeur du coefficient différentiel $\dfrac{dy}{dx}$, comme nous allons le voir dans l'exemple suivant.

Soit donc

$$F(x, y) = x^2 + 3ay - y^2 = 0 \dots\ (41);$$

différenciant par les procédés ordinaires, et observant que par la démonstration précédente on doit égaler ce résultat à zéro, on a

$$2x\,dx + 3a\,dy - 2y\,dy = 0 \dots\ (42);$$

de cette équation on tire

$$\frac{dy}{dx} = \frac{2x}{2y - 3a} \dots\ (43).$$

64. Si l'on compare le procédé qui nous a fait obtenir cette valeur avec celui que nous avons employé jusqu'à présent, on verra qu'en opérant d'après cette première méthode, il aurait fallu d'abord mettre l'équation (41) sous la forme $y = fx$, et par conséquent la résoudre par rapport à y, pour en déduire ensuite par la différenciation la valeur de $\dfrac{dy}{dx}$. En suivant cette marche, nous trouverions d'abord

$$y = \frac{3a}{2} \pm \sqrt{\frac{9}{4} a^2 + x^2},$$

et ensuite, par la différenciation,

$$\frac{dy}{dx} = \pm \frac{x}{\sqrt{\dfrac{9}{4} a^2 + x^2}}.$$

Cette valeur de $\dfrac{dy}{dx}$ se présente sous une forme différente de celle qui nous est offerte par l'équation (43) ; mais en mettant dans l'équation (43) la valeur de y, cette équation deviendra

$$\frac{dy}{dx} = \pm \frac{2x}{2\sqrt{\frac{9}{4}a^2 + x^2}} = \pm \frac{x}{\sqrt{\frac{9}{4}a^2 + x^2}},$$

comme nous venons de le trouver. L'équation (42) est la différentielle première de l'équation (41).

Pour obtenir l'équation qui donne le coefficient différentiel du second ordre, c'est-à-dire $\dfrac{d^2 y}{dx^2}$, en divisant l'équation (42) par dx, et en faisant $\dfrac{dy}{dx} = p$, cette équation deviendra

$$2x + 3ap - 2yp = 0 ;$$

regardant y et p comme des fonctions de x, nous aurons, en différenciant,

$$2dx + 3adp - 2ydp - 2pdy = 0 ;$$

divisant par dx et mettant p à la place de $\dfrac{dy}{dx}$, il viendra

$$2 + 3a \frac{dp}{dx} - 2y \frac{dp}{dx} - 2p^2 = 0,$$

d'où nous tirerons

$$\frac{dp}{dx} = \frac{2p^2 - 2}{3a - 2y} \ldots \text{(44)}.$$

Or, puisque $p = \dfrac{dy}{dx}$, nous aurons $\dfrac{dp}{dx} = \dfrac{d^2 y}{dx^2}$; mettant ces valeurs dans l'équation (44), et faisant évanouir les dénominateurs, nous obtiendrons

$$d^2y\,(3a - 2y) = 2dy^2 - 2dx^2 \ldots\ldots (45);$$

telle sera la différentielle seconde de l'équation (41).

Pour avoir la différentielle troisième, on fera $\dfrac{dp}{dx} = q$,
et l'équation (44) deviendra, après avoir fait évanouir le dénominateur,

$$3aq - 2yq = 2p^2 - 2;$$

on différenciera en regardant y, p, q comme des fonctions de x, et l'on trouvera la différentielle troisième, ainsi de suite.

65. Au lieu d'employer les lettres p, q, r, etc., pour effectuer les opérations, on parviendrait au même résultat en différenciant l'équation (42) et en mettant dy pour la différentielle de y, d^2y pour celle de dy, d^3y pour celle de d^2y, etc. ; et en regardant dx comme constant, on trouverait de cette manière

$$2dx^2 + 3ad^2y - 2dy^2 - 2yd^2y = 0,$$

équation qui est la même que l'équation (45).

66. Donnons maintenant l'expression générale de la différentielle d'une fonction $f(x, y)$ de deux variables. Pour cela représentons $f(x, y)$ par u; nous aurons, en différenciant cette fonction par rapport à x, le terme $\dfrac{du}{dx}dx$, et en la différenciant par rapport à y, nous aurons ce second terme $\dfrac{du}{dy}dy$; en sorte que $d.f(x,y)$ ou $du = \dfrac{du}{dx}dx + \dfrac{du}{dy}dy$; mais si y est considéré comme une fonction de x, nous aurons, en la différenciant,

$$dy = \frac{dy}{dx}dx;$$

substituant cette valeur, nous trouverons

$$du = \frac{du}{dx}\,dx + \frac{du}{dy}\frac{dy}{dx}\,dx.$$

67. Si l'on se rappelle le théorème démontré article (26), on verra que u étant considéré comme une fonction de y, et y comme une fonction de x, le produit $\dfrac{du}{dy}\dfrac{dy}{dx}\,dx$ n'est autre chose que la différentielle de u prise par rapport à x renfermé dans y.

68. La différentielle totale d'une fonction de x et de y étant donnée par l'équation $du = \dfrac{du}{dx}\,dx + \dfrac{du}{dy}\,dy$, on a nommé les expressions $\dfrac{du}{dx}\,dx$, $\dfrac{du}{dy}\,dy$ les différentielles partielles de u.

De même, si u est une fonction de trois variables, x, y, z, indépendantes, nous aurons

$$du = \frac{du}{dx}\,dx + \frac{du}{dy}\,dy + \frac{du}{dz}\,dz,$$

et les termes $\dfrac{du}{dx}\,dx$, $\dfrac{du}{dy}\,dy$, $\dfrac{du}{dz}\,dz$ seront les différentielles partielles de u.

69. Passons à une fonction de trois variables x, y, z, parmi lesquelles on en choisit deux pour variables indépendantes. Un exemple de ce cas se présente lorsque dans l'équation $f(x, y, z) = 0$ d'une surface courbe, on détermine la variable z en donnant des valeurs arbitraires aux deux autres variables, qui par cela même deviennent des variables indépendantes. Dans cette circonstance, z dépendant de x et de y, est une fonction implicite de ces variables ; il faut avoir égard à cela dans la différenciation. Ainsi, en représentant par u cette fonction de trois variables, x, y et z, si l'on veut en avoir la différentielle par rapport à x, cette différentielle ne se composera pas seulement de $\dfrac{du}{dx}\,dx$, mais il faudra y ajouter le terme

$\frac{du}{dz} \cdot \frac{dz}{dx} dx$, pour marquer qu'on regarde z comme dépendant de x. La différentielle totale par rapport à x sera donc exprimée par

$$\frac{du}{dx} dx + \frac{du}{dz} \cdot \frac{dz}{dx} dx \ldots (46).$$

La différentielle totale par rapport à y aura de même pour expression

$$\frac{du}{dy} dy + \frac{du}{dz} \cdot \frac{dz}{dy} dy \ldots (47).$$

Si l'on ajoute la différentielle prise par rapport à la variable indépendante x, à la différentielle prise par rapport à l'autre variable indépendante y, on trouvera pour la différentielle totale

$$\frac{du}{dx} dx + \frac{du}{dy} dy + \frac{du}{dz} \left(\frac{dz}{dx} dx + \frac{dz}{dy} dy \right) \ldots (48);$$

et comme la quantité renfermée entre les parenthèses n'est autre chose que la différentielle totale de z, l'expression que nous venons de trouver se réduira à

$$\frac{du}{dx} dx + \frac{du}{dy} dy + \frac{du}{dz} z.$$

Si cette différentielle totale était égale à zéro, il en serait de même de l'expression (48), qui, à cause de l'indépendance des variables x et y, se décomposerait en ces deux autres équations

$$\frac{du}{dx} dx + \frac{du}{dz} \frac{dz}{dx} dx = 0, \quad \frac{du}{dy} dy + \frac{du}{dz} \frac{dz}{dy} dy = 0. \quad (\textit{Note quatrième.})$$

70. Faisons maintenant une remarque utile sur le coefficient différentiel $\frac{dy}{dx}$: nous avons vu (art. 54), qu'une expression de ce genre indiquait que la fonction y avait été différenciée par rapport à la variable x, et divisée ensuite par dx ; il suit de là que si l'on a l'équation $\frac{dy}{dx} = A$, et qu'on en tire

$$1 = \frac{A}{\dfrac{dy}{dx}},$$

on ne peut, sans démonstration, en conclure que

$$1 = A\frac{dx}{dy};$$

car, dans cette nouvelle équation, la différenciation n'est plus faite par rapport à x, mais par rapport à y; et l'on ne sait pas si, dans cette nouvelle hypothèse de différenciation, le résultat est le même.

Pour lever cette difficulté, on a démontré (art. 26) que

$$\frac{dv}{dx} = \frac{dv}{dy}\frac{dy}{dx}.$$

Si dans cette équation on fait $v = x$, elle devient

$$1 = \frac{dx}{dy}\frac{dy}{dx},$$

d'où l'on tire

$$\frac{dx}{dy} = \frac{1}{\frac{dy}{dx}},$$

ce qui fait voir que le changement d'hypothèse de différenciation s'accorde avec l'Algèbre. (*Note cinquième*)

De la méthode des tangentes.

71. On appelle ainsi la méthode qui donne les expressions différentielles des tangentes, sous-tangentes, normales et sous-normales. Soient x et y les coordonnées d'un point M, fig. 4, pris sur une courbe; augmentons Fig. 4. l'abscisse $AP = x$ d'une quantité $PP' = h$, menons l'ordonnée P'M', et par les points M et M' faisons passer une sécante M'S. Il est certain que plus PP' diminuera, plus PS tendra à se confondre avec la sous-tangente PT, jusqu'à ce qu'enfin $PP' = h$ devienne nul; PT sera donc la limite vers laquelle tendra PS.

Cherchons maintenant l'expression analytique de PS pour en prendre la limite: les triangles semblables M'MQ.

MSP donnent la proportion

$$M'Q : MQ :: MP : PS,$$

ou
$$M'Q : h :: y : PS;$$

donc
$$PS = \frac{hy}{M'Q}.$$

Pour déterminer M'Q, nous avons

$$M'Q = M'P' - MP ;$$

or,
$$M'P' = y' = f(x + h);$$

donc
$$M'P' = y + \frac{dy}{dx} h + \frac{d^2 y}{dx^2} \frac{h^2}{1.2} + \text{etc.}$$

D'une autre part

$$MP = y.$$

Si nous retranchons ces équations l'une de l'autre, il nous viendra

$$M'P' - MP \text{ ou } M'Q = \frac{dy}{dx} h + \frac{d^2 y}{dx^2} \frac{h^2}{1.2} + \text{etc.}$$

Substituant cette valeur dans celle de PS, nous trouverons

$$PS = \frac{yh}{\frac{dy}{dx} h + \frac{d^2 y}{dx^2} \frac{h^2}{1.2} + \text{etc.}},$$

et en divisant les deux termes par h,

$$PS = \frac{y}{\frac{dy}{dx} + \frac{d^2 y}{dx^2} \frac{h}{2} + \text{etc.}}.$$

A la limite, $h = 0$, et PS se change en PT, ce qui nous

donne $PT = \dfrac{y}{\frac{dy}{dx}}$, ou (art. 70) $PT = y \dfrac{dx}{dy}$, ou plutôt

$$PT = y' \frac{dx'}{dy'} = \textit{sous-tangente},$$

en représentant par x' et par y' les coordonnées du point M.

72. Si à ce point M, fig. 5, nous menons une perpendi- Fig. 5. culaire MN sur MT, la sous-normale sera PN. Pour la déterminer, nous aurons

$$PT \ : \ PM \ :: \ PM \ : \ PN,$$

ou

$$y' \frac{dx'}{dy'} \ : \ y' \ :: \ y' \ : \ PN;$$

donc

$$PN = y' \frac{dy'}{dx'} = \textit{sous-normale}.$$

A l'égard de la tangente et de la normale, nous avons

$$MT = \sqrt{TP^2 + PM^2},$$

$$\text{ou } \textit{tangente} = \sqrt{y'^2 \frac{dx'^2}{dy'^2} + y'^2} = y' \sqrt{\frac{dx'^2}{dy'^2} + 1};$$

$$MN = \sqrt{PN^2 + PM^2},$$

$$\text{ou } \textit{normale} = \sqrt{y'^2 \frac{dy'^2}{dx'^2} + y'^2} = y' \sqrt{\frac{dy'^2}{dx'^2} + 1}.$$

73. Pour trouver l'équation de la tangente, soient x' et y' les coordonnées du point de tangence M; l'équation de la droite MT, qui passe par le point M, pourra donc être représentée par

$$y - y' = A (x - x').$$

Dans cette équation, A étant la tangente trigonométrique de l'angle MTP, cette tangente trigonométrique aura pour expression $\dfrac{PM}{PT}$; car on a

$$\mathrm{PT} : \mathrm{PM} :: 1 : \mathrm{tang\ MTP} = \frac{\mathrm{PM}}{\mathrm{PT}} ;$$

donc

$$\mathrm{tang\ MTP} = \frac{\mathrm{PM}}{\mathrm{PT}} = \frac{y'}{sous\text{-}tang.} = \frac{y'}{y'\,\dfrac{\mathrm{d}x}{\mathrm{d}y'}} = \frac{\mathrm{d}y'}{\mathrm{d}x'} ;$$

substituant cette valeur de A dans l'équation de la tangente cette équation devient

$$y - y' = \frac{\mathrm{d}y'}{\mathrm{d}x'}\,(x - x'), \quad \textit{équation de la tangente.}$$

Celle de la normale sera donc $y - y' = -\dfrac{\mathrm{d}x'}{\mathrm{d}y'}\,(x - x')$.

Application des formules précédentes à des exemples.

74. 1°. *Trouver la sous-tangente de la parabole.* L'équation de la parabole étant $y^2 = px$, on en tirera, en la différenciant,

$$2y\,\mathrm{d}y = p\,\mathrm{d}x,$$

et par conséquent

$$\frac{\mathrm{d}y}{\mathrm{d}x} = \frac{p}{2y}.$$

Or, x' et y' étant les coordonnées du point de tangence, il faudra donc, pour avoir le coefficient différentiel qui correspond à ce point, accentuer x et y ; ainsi nous aurons

$$\frac{\mathrm{d}y'}{\mathrm{d}x'} = \frac{p}{2y'} ;$$

substituant cette valeur dans celle de PT, nous obtiendrons

$$\mathrm{PT} = \frac{2y'^2}{p},$$

et en mettant px' à la place de y'^2, cette équation de

viendra

$$PT \text{ ou } sous\text{-}tangente = 2x'.$$

2°. *Trouver la sous-normale de l'ellipse.* L'équation $b^2x^2 + a^2y^2 = a^2b^2$ de l'ellipse rapportée au centre étant différenciée, donne

$$2b^2x\,dx + 2a^2y\,dy = 0,$$

d'où l'on tire

$$\frac{dy'}{dx'} = -\frac{b^2}{a^2}\frac{x'}{y'};$$

mettant cette valeur dans celle de la sous-normale PN, on obtient

$$PN \text{ ou } sous\text{-}normale = -\frac{b^2}{a^2}x'.$$

3°. *Trouver l'expression de la tangente au cercle.* L'équation $x^2 + y^2 = r^2$, qui est celle du cercle, étant différenciée, on trouve pour le point de tangence x', y',

$$\frac{dy'}{dx'} = -\frac{x'}{y'}.$$

Au moyen de cette valeur, on réduira l'expression de MT à

$$tangente = y'\sqrt{\frac{y'^2}{x'^2}+1} = y'\sqrt{\frac{x'^2+y'^2}{x'^2}} = y'\sqrt{\frac{r^2}{x'^2}} = \frac{ry'}{x'}.$$

Des asymptotes des courbes.

75. D'après les traités d'application d'Algèbre à la Géométrie, on sait que les asymptotes sont des lignes qui s'approchent continuellement d'une courbe sans l'atteindre. Soit donc $y = fx$ l'équation de cette courbe ; pour qu'elle soit susceptible d'avoir des asymptotes, il faut qu'après avoir ordonné le développement de fx suivant les puissances descendantes de x, on tombe sur des exposans négatifs. Alors, le développement de y, dans lequel les exposans α, β, γ, etc., iront en diminuant et finiront par devenir négatifs, sera de cette forme

4..

$$y = Ax^{\alpha} + Bx^{6} + Cx^{\gamma}\ldots + Lx^{\varepsilon} + \frac{M}{x^{\lambda}} + \frac{N}{x^{\mu}} + \text{etc.}\ldots \ (49).$$

Or, il est facile de démontrer que si les exposans α, 6, γ, etc., restent des quantités finies, l'équation

$$y = Ax^{\alpha} + Bx^{6} + Cx^{\gamma}\ldots + Lx^{\varepsilon}\ldots \ (50),$$

Fig. 6. sera celle d'une asymptote à la courbe construite à l'aide de l'équation (48). Pour cet effet, soient PM et PN, fig. 6, les ordonnées correspondantes à une même abscisse déterminée par les équations (49) et (50), la différence de ces ordonnées, positive ou négative, selon celle qui surpassera l'autre, sera exprimée par

$$MN = \frac{M}{x^{\lambda}} + \frac{N}{x^{\mu}} + \text{etc.};$$

quantité qui diminuera à mesure que x augmentera, et qui, par la raison que plus le dénominateur d'une fraction s'accroît, plus elle diminue, s'approchera indéfiniment de zéro, sans jamais y atteindre; d'où il suit que l'équation (50) sera celle d'une asymptote à la courbe correspondante à l'équation (49).

76. Cherchons, par exemple, dans quel cas les courbes du second ordre sont susceptibles d'avoir des asymptotes. L'équation générale de ces courbes est $y^2 = mx + nx^2$, en la résolvant on trouve

$$y = \pm \sqrt{mx + nx^2}\ldots \ (51).$$

Prenons d'abord le signe supérieur et développons cette équation selon les puissances descendantes de x. Pour parvenir à ce but, nous diviserons l'équation $y^2 = mx + nx^2$ par x^2, ce qui la réduira à

$$\frac{y^2}{x^2} = m\frac{1}{x} + n;$$

tirant la racine carrée et faisant $\frac{y}{x} = u$ et $\frac{1}{x} = z$, nous la mettrons sous cette forme

$$u = \sqrt{n + mz};$$

comparant ce radical à celui de l'équation (18), (page 23), nous aurons

$$mz = bx, \quad a^2 = n, \quad \text{ou} \quad a = \sqrt{n};$$

substituant ces valeurs dans l'équation (18), nous obtiendrons

$$u = \sqrt{n} + \frac{mz}{2n^{\frac{1}{2}}} - \frac{m^2 z^2}{8n^{\frac{3}{2}}} + \frac{m^3 z^3}{16n^{\frac{5}{2}}} - \text{etc.}$$

remettant les valeurs de u et de z, et tirant celle de y, on trouve

$$y = x \sqrt{n} + \frac{m}{2 \sqrt{n}} - \frac{m^2}{8xn^{\frac{3}{2}}} + \frac{m^3}{16x^2 n^{\frac{5}{2}}} - \text{etc.}$$

Dans ce développement, on voit que x passe au dénominateur dès le second terme, ce qui est un indice que la courbe est susceptible d'avoir des asymptotes. Examinons donc dans quel cas elle en comporte. Pour cela, nous remarquerons que quand n est négatif, ce développement renferme des quantités imaginaires, et par conséquent devient impossible; mais on sait que quand n est négatif, la courbe appartient à une ellipse (*Théorie des Courbes du second ordre*, page 153). D'où il suit que l'ellipse n'a point d'asymptotes; il en est de même lorsqu'on a $n = 0$; car dans ce cas le premier terme du développement s'évanouit, et tous les autres deviennent infinis. Ce cas étant celui de la parabole, nous conclurons encore que la parabole n'a point d'asymptotes. Enfin, il nous reste à considérer le cas de n positif, qui est celui de l'hyperbole; alors le développement étant possible, nous prendrons les termes qui ne renferment point de x au dénominateur, et nous aurons

$$y = x \sqrt{n} + \frac{m}{2 \sqrt{n}} \dots (52).$$

Cette équation pourra être regardée comme celle d'une asymptote à l'hyperbole à laquelle se rapporte alors l'équation $y^2 = mx + nx^2$. Pour donner à cette équation une forme plus convenable à ce cas, faisons $y = 0$, nous trouverons $mx + nx^2 = 0$; ce qui nous donnera $x = 0$ et $x = -\dfrac{m}{n}$ pour les abscisses des points A et B, fig. 7, où la courbe rencontre l'axe des x. La droite AB est une constante que l'on désigne par $2a$ dans l'équation de l'hyperbole rapportée au sommet B. (*Théorie des Courbes du second ordre*, page 142.) Faisant donc $\dfrac{m}{n} = 2a$, c'est-à-dire $m = 2na$, l'équation $y^2 = mx + nx^2$ se changera en $y^2 = n(2ax + x^2)$; et sous cette forme on reconnaît encore dans la constante n celle que, par analogie avec l'équation de l'ellipse, on est convenu de représenter par $\dfrac{b^2}{a^2}$. Posant donc les équations

$$\frac{m}{n} = 2a \quad \text{et} \quad n = \frac{b^2}{a^2},$$

si l'on multiplie terme à terme la première par la racine carrée de la

Fig. 7.

seconde, c'est-à-dire par $\sqrt{n} = \dfrac{b}{a}$, on trouvera

$$\frac{m}{\sqrt{n}} = 2b.$$

Cette valeur et celle de $\sqrt{n}$ étant substituées dans l'équation (52) la changeront en

$$y = \frac{b}{a} x + b;$$

Fig. 7. et l'on voit que cette équation sera celle d'une droite OK, fig. 7, qui coupera l'axe des y en un point C, et que pour en fixer la position, il suffira de mener par le centre O de l'hyperbole et par l'origine A les droites OA $= a$ et AC $= b$.

A l'égard de la seconde valeur du radical de l'équation (51), il est évident qu'elle détermine l'asymptote OK′.

De l'Équation du plan tangent à une surface courbe, et de celle de la normale à cette surface.

77. Soient $f(x, y, z) = 0$, l'équation d'une surface courbe, et..
Fig. 8. $Ax + By + Cz + D = 0$, celle d'un plan. Si le point de tangence M a pour coordonnées x', y', z', ces coordonnées devront satisfaire à l'équation du plan (*voyez* ma *Théorie des Courbes du second ordre*, page 275), et l'on aura par conséquent

$$Ax' + By' + Cz' + D = 0.$$

Éliminant D entre cette équation et la précédente, on trouvera, pour l'équation du plan assujetti à passer par le point x', y', z',

$$A(x - x') + B(y - y') + C(z - z') = 0 \dots (53).$$

Menons, par le point de tangence x', y', z', un plan parallèle à celui
Fig. 8. des x, z; il coupera la surface suivant une courbe MC, fig. 8, et le plan tangent, suivant une droite ML; cette droite ML devra être tangente à la courbe MC, autrement le plan tangent couperait la surface courbe.

L'équation de la droite ML peut se déduire de l'équation (53); car cette droite ML étant l'intersection du plan tangent, par un plan parallèle au plan des x, z, a dans tous ses points des valeurs égales pour y; et comme le point M est sur cette droite, on a donc $y = y'$, ou $y - y' = 0$. Ce qui réduit l'équation (53) à

$$A(x - x') + C(z - z') = 0.$$

Cette équation exprimera donc la relation qui existe entre les coordonnées z et x d'un point quelconque pris sur la droite ML, et par conséquent sera l'équation de cette droite. On pourra l'écrire ainsi :

$$z - z' = -\frac{A}{C}(x - x')\ldots (54).$$

D'une autre part, l'équation de la courbe MC s'obtiendra de même en regardant y comme constant, dans l'équation de la surface courbe $f(z, y, x) = 0$.

Si l'on veut exprimer maintenant la condition que la droite ML soit tangente à la courbe MC, il faut donc (art. 73) que le coefficient de $(x - x')$ de l'équation (54) soit égal à la valeur de $\frac{dz'}{dx'}$, tirée de l'équation de la courbe MC.

Or, l'équation de cette courbe étant celle de la surface dans laquelle on ferait y constant, il suffit de différencier l'équation de cette surface, et d'en tirer $\frac{dz}{dx}$; car, d'après l'art. 54, la notation $\frac{dz}{dx}$ suppose qu'on a regardé y comme constant dans la différenciation.

Il suit de là, qu'en accentuant z et x, après avoir opéré, on a, pour la condition que ML soit tangente à MC,

$$-\frac{A}{C} = \frac{dz'}{dx'}, \quad \text{ou plutôt} \quad A = -C\frac{dz'}{dx'}\ldots (55).$$

Si l'on mène ensuite, par le point M, un plan parallèle au plan des z, y, ce plan coupera la surface suivant une courbe MD, et le plan tangent suivant une droite MN.

On démontrerait, comme précédemment, que cette droite MN doit être tangente à la courbe d'intersection MD, et que, pour tous les points de cette droite MN, les abscisses étant égales, on doit avoir $x - x' = 0$, ce qui réduit l'équation (53) à

$$B(y - y') + C(z - z') = 0,$$

d'où l'on tirera

$$z - z' = -\frac{B}{C}(y - y').$$

Cette équation étant celle de la droite MN, on exprimera la condition que cette droite est tangente à la courbe MD, en égalant le coefficient de $y - y'$ au coefficient différentiel $\frac{dz'}{dx'}$ tiré de l'équation de la surface, et l'on aura

$$-\frac{B}{C} = \frac{dz'}{dy'},$$

et par conséquent

$$B = -\,C\,\frac{dz'}{dy'}\ldots (56).$$

Si l'on substitue dans l'équation (53), les valeurs de A et de B, données par les équations (55) et (56), on trouvera

$$-\,C\,\frac{dz'}{dx'}\,(x - x') - C\,\frac{dz'}{dx'}\,(y - y') + C\,(z - z') = 0,$$

d'où l'on tire, pour l'équation du plan tangent au point x', y', z',

$$z - z' = \frac{dz'}{dx'}\,(x - x') + \frac{dz'}{dy'}\,(y - y')\ldots (57).$$

78. Cherchons, par exemple, l'équation d'un plan tangent à la sphère. Les coordonnées du centre étant a, b, c, la sphère aura pour équation

$$(x - a)^2 + (y - b)^2 + (z - c)^2 = r^2\,;$$

on trouve, en différenciant,

$$(x - a)\,dx + (y - b)\,dy + (z - c)\,dz = 0,$$

d'où l'on déduit, d'après la notation convenue (art. 54),

$$\frac{dz}{dx} = \frac{a - x}{z - c}, \quad \frac{dz}{dy} = \frac{b - y}{z - c}.$$

Donc l'équation du plan tangent à la sphère, au point dont les coordonnées sont x', y', z', sera

$$z - z' = \frac{a - x'}{z' - c}\,(x - x') + \frac{b - y'}{z' - c}\,(y - y').$$

79. Si ce plan passait à l'extrémité du diamètre vertical, on aurait

$$x' = a, \quad y' = b, \quad z' = c + r.$$

Ces valeurs réduiraient l'équation du plan tangent à $z = c + r$, ce qui est l'équation d'un plan parallèle au plan des x, y.

80. Les équations de la normale au point x', y', z' peuvent se déduire facilement de l'équation du plan tangent. En effet, par la Géométrie analytique (*voyez* ma *Théorie des Courbes du second ordre*, page 278), on sait que si l'on a les équations

$$Ax + By + Cz + D = 0\ldots (58),$$

$$\left.\begin{array}{l} x = az + \alpha \\ y = bz + 6 \end{array}\right\}\ldots (59),$$

la première étant celle d'un plan, et les deux autres celles d'une ligne roite, les conditions nécessaires pour que cette droite soit perpendiculaire au plan, sont qu'on ait

$$A = aC, \quad B = bC.$$

Si, après avoir fait passer tous les termes de l'équation (57), du plan tangent dans le premier membre, on la compare à l'équation (58), on trouvera, en égalant entre eux les coefficiens de x, de y et de z,

$$A = -\frac{dz'}{dx'}, \quad B = -\frac{dz'}{dy'}, \quad C = 1.$$

Donc

$$A = -\frac{dz'}{dx'}, \quad b = -\frac{dz'}{dy'};$$

substituant ces valeurs dans les équations (59), on obtiendra

$$x = -\frac{dz'}{dx'} z + \alpha, \quad y = -\frac{dz'}{dy'} z + \epsilon.$$

Le point x', y', z' devant satisfaire à ces équations, puisqu'elles appartiennent à un point de la droite, on a encore

$$x' = -\frac{dz'}{dx'} z' + \alpha, \quad y' = -\frac{dz'}{dy'} z' + \epsilon;$$

éliminant α et ϵ entre ces quatre dernières équations, on trouvera, pour les équations de la normale au point x', y', z',

$$x - x' = -\frac{dz'}{dx'} (z - z'); \quad y - y' = -\frac{dz'}{dy'} (z - z').$$

Des fonctions qui, pour une valeur de la variable, deviennent $\frac{0}{0}$.

81. Lorsqu'une fraction telle que $\dfrac{Fx}{\varphi x}$ devient $\dfrac{0}{0}$ en y substituant une valeur de x que je représenterai par a, c'est un indice que les deux termes de cette fraction ont $x - a$, ou, en général, $(x - a)^m$ pour facteur commun; si l'on pouvait l'ôter, on aurait la vraie valeur de la fraction.

Supposons donc que $x - a$ soit m fois facteur dans Fx, et n fois facteur dans φx (sauf, si le cas l'exige, à supposer que m et n soient égaux à l'unité ou à zéro), nous pourrons écrire

$$Fx = P (x - a)^m, \quad \varphi x = Q (x - a)^n;$$

donc

$$\frac{Fx}{\varphi x} = \frac{P}{Q} (x - a)^{m-n} \dots (60).$$

Par la différenciation, nous trouverons

$$\frac{d.Fx}{dx} = \frac{dP}{dx}(x-a)^m + mP(x-a)^{m-1}.$$

Remarquons que cette valeur de $\dfrac{d.Fx}{dx}$ se compose de deux termes, dont l'un contient une puissance de $x-a$, moindre d'une unité que celle qui entre dans la fonction. Par la même raison, en prenant le coefficient différentiel de $\dfrac{d.Fx}{dx}$, on trouvera un terme affecté de $(x-a)^m$, un autre de $(x-a)^{m-1}$, et un troisième de $(x-a)^{m-2}$; ce dernier terme sera $m(m-1)P(x-a)^{m-2}$. En continuant ainsi, on verra que chaque nouvelle différenciation reproduit des termes affectés des mêmes puissances de $(x-a)$, que celles qui étaient renfermées dans la fonction différenciée, plus un terme dans lequel la puissance de $x-a$ est diminuée d'une unité; ainsi, en prenant les coefficiens différentiels successifs, le terme qui contient la moins haute puissance de $x-a$ sera

à la première différenciation... $mP(x-a)^{m-1}$,

à la seconde. . . . . $m(m-1)P(x-a)^{m-2}$,

à la troisième.. . . . . $m(m-1)(m-2)P(x-a)^{m-3}$,

. . . .

à la $n^{ième}$. . . . . $m(m-1)\ldots\ldots P(x-a)^{m-n}$.

De sorte que le coefficient différentiel de l'ordre r de Fx sera de cette forme,

$$\frac{d^rFx}{dx^r} = X(x-a)^m + X'(x-a)^{m-1} + X''(x-a)^{m-2} + X'''(x-a)^{m-3}$$
$$\ldots + m(m-1)(m-2)\ldots P(x-a)^{m-r}.$$

Ce que nous disons de Fx pouvant s'appliquer à φx, nous trouverons, pour la différentielle de l'ordre r de la fraction proposée, un résultat de cette forme,

$$\frac{\dfrac{d^r.Fx}{dx^r}}{\dfrac{d^r.\varphi x}{dx^r}} = \frac{X(x-a)^m + X'(x-a)^{m-1}\ldots + m(m-1)\ldots P(x-a)^{m-r}}{Z(x-a)^n + Z'(x-a)^{n-1}\ldots + n(n-1)\ldots Q(x-a)^{n-r}} \quad (61).$$

82. Cela posé, considérons trois cas :

$$1^{\circ}.\ m = n; \quad 2^{\circ}.\ m > n; \quad 3^{\circ}.\ m < n.$$

Si $m = n$, et que le nombre r de différenciations effectuées soit égal à m, les binomes $(x-a)^{m-r}$ et $(x-a)^{n-r}$ se réduisent chacun à

$(x-a)^0$, c'est-à-dire à l'unité ; à l'égard des autres binomes $(x-a)^m$, $(x-a)^{m-1}$, etc., $(x-a)^n$, $(x-a)^{n-1}$, etc., ils sont nuls dans l'hypothèse de $x=a$; ainsi, tous les termes, hors le dernier du numérateur et le dernier du dénominateur, s'évanouissent, et l'équation (61) devient

$$\frac{\dfrac{d^m.Fx}{dx^m}}{\dfrac{d^m.\varphi x}{dx^m}} = \frac{m(m-1)(m-2)\ldots P}{n(n-1)(n-2)\ldots Q} = \frac{P}{Q} = \frac{Fx}{\varphi x}.$$

Dans le second cas, qui est celui où l'on a $m>n$, si le nombre r de différenciations effectuées est égal à n, le binome $(x-a)^{n-r}$ se réduit à l'unité, parce que son exposant $n-r$ est nul. Les exposans $n-1$, $n-2$, etc., $m-1$, $m-2$, etc., des autres binomes, étant plus grands que $n-r$, sont positifs ; par conséquent, ces binomes se réduisent chacun à zéro lorsqu'on fait $x=a$; tous les termes s'évanouissent donc, dans cette hypothèse, hors celui où entre $(x-a)^{n-r}$, et l'équation (61) se réduit à

$$\frac{\dfrac{d^n.Fx}{dx^n}}{\dfrac{d^n\varphi x}{dx^n}} = \frac{0}{n(n-1)\ldots Q(x-a)^{n-r}} = \frac{0}{n(n-1)\ldots Q} = 0.$$

Cette valeur est donc un indice qu'on a $m>n$, cas où l'équation (60) se réduit à zéro. Enfin, si l'on a $m<n$, le nombre r de différenciations exécutées, étant pris égal à m, tous les termes s'évanouissent, hors le terme $m(m-1)\ldots P(x-a)^0$, et il reste

$$\frac{\dfrac{d^m.Fx}{dx^m}}{\dfrac{d^m\varphi x}{dx^m}} = \frac{m(m-1)\ldots P}{0} = \infty :$$

cette valeur annonce donc que m surpasse n, cas où le second membre de l'équation (60) est infini.

83. De ce qui précède, résulte cette règle : *Lorsqu'on veut déterminer la vraie valeur d'une fraction $\dfrac{Fx}{\varphi x}$, qui devient $\dfrac{0}{0}$ par une valeur donnée à la variable, on différenciera séparément les deux termes de cette fraction, et ensuite on examinera si les résultats $\dfrac{d.Fx}{dx}$ et $\dfrac{d.\varphi x}{dx}$ se réduisent aussi à zéro, par la valeur hypothétique de la variable ;*

si cela est, on prendra les coefficiens différentiels des expressions $\dfrac{\mathrm{d}.\mathrm{F}x}{\mathrm{d}x}$

et $\dfrac{\mathrm{d}.\varphi x}{\mathrm{d}x}$, *et l'on verra si, dans la même hypothèse de la variable, ces coefficiens différentiels se réduisent chacun à zéro ; en continuant ainsi cette vérification, si l'on trouve, après un certain nombre de différenciations, que les deux termes de la fraction ne s'évanouissent point par la valeur donnée à la variable, cette dernière fraction sera la vraie valeur de* $\dfrac{\mathrm{F}x}{\varphi x}$; *mais si le numérateur seulement devient* o *par la valeur de* **x**, *l'expression* $\dfrac{\mathrm{F}x}{\varphi x}$ *sera nulle ; enfin, si ce n'est que le dénominateur qui s'évanouisse par la valeur de* **x**, *l'expression* $\dfrac{\mathrm{F}x}{\varphi x}$ *sera infinie.*

84. Prenons pour exemple la fraction

$$\frac{\mathrm{F}x}{\varphi x} = \frac{x^3 - b^3}{4(x - b)} ;$$

cette fraction devenant $\dfrac{0}{0}$ lorsque $x = b$, si nous voulons en avoir la vraie valeur, nous différencierons ses deux termes, et nous obtiendrons $\dfrac{3x^2}{4}$; et comme les deux termes de cette fraction ne deviennent pas nuls dans l'hypothèse de $x = b$, la vraie valeur de la fraction proposée, lorsque $x = b$, est donc $\dfrac{3b^2}{4}$.

85. Nous prendrons encore pour exemple la fraction

$$\frac{x^3 - 3x + 2}{x^4 - 6x^2 + 8x - 3} ;$$

cette fraction se réduisant à $\dfrac{0}{0}$, lorsque $x = 1$, nous différencierons ses deux termes pour en obtenir la valeur, et nous trouverons

$$\frac{3x^2 - 3}{4x^3 - 12x + 8} ;$$

les deux termes de cette fraction étant encore nuls dans l'hypothèse de $x = 1$, nous différencierons encore, et nous obtiendrons

$$\frac{6x}{12x^2 - 12}.$$

Le dénominateur seul se réduit à zéro lorsqu'on fait $x = 1$; donc la fraction proposée, dans l'hypothèse de $x = 1$, est infinie.

86. Si l'on appliquait la même règle à la fraction

$$\frac{a^x - b^x}{x},$$

qui devient $\frac{0}{0}$, dans l'hypothèse de $x = 0$, on trouverait, en différen-ciant les deux termes de cette fraction,

$$\frac{a^x \log a - b^x \log b}{1},$$

expression dont le numérateur ne devient pas nul lorsque $x = 0$, et qui, par conséquent, donne $\log a - \log b$ pour la valeur que prend la fraction proposée lorsque $x = 0$.

Il est bien évident que le facteur commun aux deux termes de la frac-tion proposée est $x - 0$, c'est-à-dire x; mais comment reconnaître ce facteur dans $a^x - b^x$? Pour y parvenir, nous remarquerons que, d'après l'article (39),

$$a^x = 1 + A\frac{x}{1} + \frac{A^2 x^2}{1.2} + \text{etc.},$$

$$b^x = 1 + B\frac{x}{1} + \frac{B^2 x^2}{1.2} + \text{etc.};$$

donc, en prenant la différence,

$$a^x - b^x = (A - B)x + \frac{(A^2 - B^2)}{1.2} x^2 + \text{etc.},$$

et l'on voit que x est facteur commun de $a^x - b^x$.

87. Il ne faut pas cependant croire que la règle que nous venons de donner suffise pour tous les cas : la démonstration précédente est fondée sur ce que les exposans m et n sont des nombres entiers; mais s'ils étaient fractionnaires, on ne pourrait obtenir, par des différenciations successives, un terme où $x - a$ se trouvât élevé à la puissance 0; par conséquent, on ne pourrait, par le procédé que nous avons employé, dégager la fraction du facteur commun.

Soit donc pour plus de généralité, l'expression

$$\frac{Fx}{\varphi x} = \frac{P(x-a)^\alpha + Q(x-a)^\beta + R(x-a)^\gamma + \text{etc.}}{P'(x-a)^{\alpha'} + Q'(x-a)^{\beta'} + R'(x-a)^{\gamma'} + \text{etc.}},$$

dans laquelle α, β, γ, etc., sont positifs et croissans, ainsi que α', β', γ', etc. Cette expression se réduisant à $\frac{0}{0}$ lorsque $x = a$, nous pour-rons, au lieu de changer x en a, changer x en $a + h$, en nous réservant de faire $h = 0$, après avoir réduit ; alors l'hypothèse sera la même que si nous eussions fait immédiatement $x = a$, et nous aurons

$$\frac{Fx}{\varphi x} = \frac{Ph^\alpha + Qh^\mathcal{C} + Rh^\gamma + \text{etc.}}{P'h^{\alpha'} + Q'h^{\mathcal{C}'} + R'h^{\gamma'} + \text{etc.}} \cdots (62).$$

En considérant α et α', qui sont les plus petits exposans dans chacune de ces suites, il peut arriver trois cas :

$$1^o.\ \alpha > \alpha'\ ;\quad 2^o.\ \alpha = \alpha'\ ;\quad 3^o.\ \alpha < \alpha'.$$

Dans le premier cas, en divisant par $h^{\alpha'}$ les deux termes de la fraction (62), on a

$$\frac{Fx}{\varphi x} = \frac{Ph^{\alpha - \alpha'} + Qh^{\mathcal{C} - \alpha'} + Rh^{\gamma - \alpha'} + \text{etc.}}{P' + Q'h^{\mathcal{C}' - \alpha'} + R'h^{\gamma' - \alpha'} + \text{etc.}} \cdots (63) ;$$

par hypothèse, α surpasse α', par conséquent le nombre $\alpha - \alpha'$ sera, positif ; à plus forte raison $\mathcal{C} - \alpha'$, etc., $\gamma - \alpha'$ le sont aussi, puisque α, $\mathcal{C}$, γ, etc., vont en augmentant ; $\mathcal{C}' - \alpha'$, $\gamma' - \alpha'$, etc., seront aussi des quantités positives, par la raison que les expressions α', $\mathcal{C}'$, γ', etc., allant en croissant, α' est moindre que $\mathcal{C}'$, que γ', etc. Cela posé, si l'on fait $h = 0$, tous les termes du second membre de l'équation (63) s'évanouissent, hors P' ; donc cette équation se réduit alors à

$$\frac{Fx}{\varphi x} = \frac{0}{P'} = 0.$$

Dans le second cas, où $\alpha = \alpha'$, le terme $Ph^{\alpha - \alpha'}$ se réduit à $Ph^o = P$; donc, d'après l'inspection de l'équation (63), on voit que, lorsque $x = a$, $\dfrac{Fx}{\varphi x}$ se réduit à $\dfrac{P}{P'}$.

Enfin, dans le troisième cas, où l'on a $\alpha < \alpha'$, en divisant par h^α, on écrira ainsi l'équation (62) :

$$\frac{Fx}{\varphi x} = \frac{P + Qh^{\mathcal{C} - \alpha} + Rh^{\gamma - \alpha} + \text{etc.}}{P'h^{\alpha' - \alpha} + Q'h^{\mathcal{C}' - \alpha} + R'h^{\gamma' - \alpha} + \text{etc.}} ;$$

et l'on voit que l'hypothèse de $h = 0$ réduit cette équation à

$$\frac{Fx}{\varphi x} = \frac{P}{0} = \infty.$$

88. Prenons pour exemple la fraction

$$\frac{(x^2 - 3ax + 2a^2)^{\frac{2}{3}}}{(x^3 - a^3)^{\frac{1}{2}}},$$

qui, lorsque $x = a$, se réduit à $\frac{0}{0}$. Si dans cette fraction on met $a + h$ à la place de x, elle devient

$$\frac{(h^2 - ah)^{\frac{2}{3}}}{(3a^2h + 3ah^2 + h^3)^{\frac{1}{2}}} = \frac{(h - a)^{\frac{2}{3}} h^{\frac{2}{3}}}{(3a^2 + 3ah + h^2)^{\frac{1}{2}} h^2}$$

$$= \frac{(h - a)^{\frac{2}{3}} h^{\frac{2}{3} - \frac{1}{2}}}{(3a^2 + 3ah + h^2)^{\frac{1}{2}}} = \frac{(h - a)^{\frac{2}{3}} h^{\frac{1}{6}}}{(3a^2 + 3ah + h^2)^{\frac{1}{2}}};$$

faisant $h = 0$, on obtient

$$\frac{Fx}{\varphi x} = \frac{0}{(3a^2)^{\frac{1}{2}}} = 0.$$

89. Si une valeur de x rendait infinis les deux termes de la fraction $\frac{Fx}{\varphi x}$, on diviserait ces deux termes par $Fx \times \varphi x$, et l'on aurait

$$\frac{Fx}{\varphi x} = \frac{\dfrac{1}{\varphi x}}{\dfrac{1}{Fx}} = \frac{0}{0}.$$

90. Enfin, si l'on avait un produit MN, dans lequel l'hypothèse de $x = 0$ rendît l'un des facteurs nul et l'autre infini ; soit M le facteur qui devient nul par la valeur de x qui rend N infini ; on écrirait ainsi ce produit :

$$MN = \frac{M}{\dfrac{1}{N}};$$

et comme alors $\frac{1}{N}$ serait 0, l'expression $\dfrac{M}{\dfrac{1}{N}}$ se réduirait à $\frac{0}{0}$.

Des maxima et minima, dans les fonctions d'une seule variable.

91. On peut, dans la série de Taylor, donner une valeur à l'accroissement h, telle que l'un des termes de la série devienne plus grand que la somme de tous ceux qui le suivent. En effet, cette série étant représentée par

$$y + \frac{dy}{dx}\, h + \frac{d^2 y}{dx^2}\frac{h^2}{2} + \frac{d^3 y}{dx^3}\frac{h^3}{2.3} + \text{etc.},$$

si l'on veut que $\dfrac{dy}{dx}\, h$, par exemple, devienne plus grand que la somme de tous les autres termes, écrivons ainsi la partie de la série comprise depuis ce terme :

$$\left(\frac{dy}{dx} + \frac{d^2 y}{dx^2}\frac{h}{2} + \frac{d^3 y}{dx^3}\frac{h^2}{2.3} + \text{etc.}\right)h \ldots (64).$$

Or, quand on fait $h = 0$, la partie $\dfrac{d^2 y}{dx^2}\dfrac{h}{2} + \dfrac{d^3 y}{dx^3}\dfrac{h^2}{2.3}$, etc., s'anéantissant, on conçoit qu'elle peut être rendue aussi petite qu'on voudra, lorsqu'on prendra h très près de zéro, et être alors surpassée par $\dfrac{dy}{dx}$, qui est indépendant de h.

Soit donc Z ce que devient dans ce cas $\dfrac{d^2 y}{dx^2}\dfrac{h}{2} + \text{etc.}$; la série (64) se réduit à $\left(\dfrac{dy}{dx} + Z\right)h$: et comme alors on a $\dfrac{dy}{dx} > Z$, ou $\dfrac{dy}{dx}\, h > hZ$, en multipliant par h, il en résulte que le terme $\dfrac{dy}{dx}\, h$ est plus grand que la somme de tous les suivans. On démontrerait la même chose pour tout autre terme à l'égard de ceux qui le suivent.

92. Soit $y = \varphi x$ une équation entre deux variables. On

peut toujours considérer cette équation comme celle d'une courbe dont les différentes valeurs de la fonction y seraient les ordonnées ; on dit que cette fonction y est à son minimum, lorsqu'après avoir diminué successivement, elle est sur le point de recommencer à croître.

Soit, par exemple, la courbe MBN, fig. 9, qui a pour équation $y = b + cx^2$; on voit que les ordonnées mp, $m'p'$, etc., vont en diminuant jusqu'au point B ; mais que depuis ce point, les ordonnées qn, $q'n'$, etc., vont toujours en croisssant : ainsi l'ordonnée AB est le minimum de la fonction y. Fig. 9.

93. On dit de même qu'une fonction y est parvenue à son maximum, lorsqu'après s'être accrue successivement, elle est arrivée au point passé lequel elle commence à décroître.

La courbe CDE, fig. 10, dont l'équation est $y = b - cx^2$, nous présente un exemple de ce cas au point D, puisque les ordonnées qui suivent et qui précèdent immédiatement AD sont plus petites que AD : cette ordonnée AD est donc un maximum. Fig. 10.

94. Il y a des courbes qui n'ont qu'un maximum, d'autres qu'un minimum ; quelques-unes ont l'un et l'autre ; d'autres n'en sont pas susceptibles.

On voit, par exemple, que la courbe MBN, fig. 9, dont l'équation est $y = b + cx^2$, ne peut avoir un maximum, puisque, d'après la nature de son équation, les ordonnées vont toujours en croissant. Fig. 9.

Le cercle CBD, fig. 11, dont l'équation est Fig. 11.

$$a^2 = (y - \beta)^2 + (x - \alpha)^2,$$

a un maximum et un minimum, qui correspondent à la même abscisse AP : le maximum est PD, et le minimum est BP.

95. Lorsqu'une fonction y d'une variable x a un maximum ou un minimum, ce maximum ou ce minimum serait déterminé, si l'on connaissait l'abscisse qui y correspond : par exemple, si dans une courbe dont l'équation est $y = \varphi x$, on connaissait la valeur a de l'abscisse x, qui correspond au maximum ou au minimum, il suffirait de faire $x = a$, dans l'équation $y = \varphi x$, pour déterminer la valeur de y, qui est le maximum ou le minimum demandé.

Fig. 12.   96. Soit donc $y = fx$ une ordonnée PM, fig. 12, qui est parvenue à son maximum ; si l'abscisse AP reçoit un accroissement h représenté par PP′, et qu'on porte aussi h de P en P″, on aura, pour les conditions que PM soit un maximum,

$$\mathrm{P'M'} < \mathrm{PM}, \qquad\qquad \mathrm{P''M''} < \mathrm{PM},$$

ou
$$f(x + h) < fx, \qquad\qquad f(x - h) < fx.$$

Fig. 13.   Si au contraire PM, fig. 13, est un minimum, en représentant la valeur de x, qui correspond au minimum par AP, et en prenant PP′ $=$ PP″ $= h$, nous aurons pour les conditions du minimum,

$$\mathrm{P'M'} > \mathrm{PM}, \qquad\qquad \mathrm{P''M''} > \mathrm{PM},$$

ou
$$f(x + h) > fx, \qquad\qquad f(x - h) > fx.$$

Ainsi, lorsque $f(x + h)$ et $f(x - h)$, seront en même temps plus petits que fx, il y aura un maximum, et si ces deux fonctions sont en même temps plus grandes que fx, il y aura un minimum ; enfin, si l'une de ces fonctions est plus grande et l'autre moindre que fx, il n'y aura ni maximum ni minimum.

97. Cherchons donc dans quel cas ces conditions peuvent être remplies : pour cet effet, nous avons, par le

théorème de Taylor,

$$f(x+h) = y + \frac{dy}{dx}h + \frac{d^2y}{dx^2}\frac{h^2}{1.2} + \frac{d^3y}{dx^3}\frac{h^3}{2.3} + \text{etc.} \ldots \ (65).$$

D'une autre part, si dans cette formule on change h en $-h$, on trouve

$$f(x-h) = y - \frac{dy}{dx}h + \frac{d^2y}{dx^2}\frac{h^2}{1.2} - \frac{d^3y}{dx^3}\frac{h^3}{2.3} + \text{etc.} \ldots \ (66).$$

Pour que $y = fx$ soit un maximum ou un minimum, il faut donc que ces deux développemens soient tous deux plus grands ou tous deux moindres que y; or, cela ne peut être, à moins que $\frac{dy}{dx}$ ne soit nul. En effet, si l'on donne une valeur très petite à h, on pourra toujours faire en sorte que $\frac{dy}{dx}h$ surpasse la somme algébrique de tous les termes qui le suivent. Dans ce cas, le signe qui affectera $\frac{dy}{dx}h$ sera le même que celui de $\frac{dy}{dx}h$, joint aux termes qui le suivent : ainsi, dans cette hypothèse, si $\frac{dy}{dx}h$ est positif dans l'un des développemens (65) et (66), ce développement sera plus grand que y, et sera moindre que y si $\frac{dy}{dx}h$ est négatif. Le signe qui affecte $\frac{dy}{dx}h$ étant contraire dans ces développemens, il faut que si $\frac{dy}{dx}h$ est positif dans l'un, il soit négatif dans l'autre; d'où il suit que l'une des quantités $f(x+h)$ et $f(x-h)$, sera plus grande que fx, et que l'autre sera moindre que fx.

Si $\frac{dy}{dx}h$ n'est pas nul, il ne pourra donc y avoir de maximum ni de minimum; mais si $\frac{dy}{dx} = 0$, alors les développemens (65) et (66) se réduisent à

$$f(x + h) = y + \frac{d^2y}{dx^2}\frac{h^2}{2} + \frac{d^3y}{dx^3}\frac{h^3}{2 \cdot 3} + \text{etc.},$$

$$f(x - h) = y + \frac{d^2y}{dx^2}\frac{h^2}{2} - \frac{d^3y}{dx^3}\frac{h^3}{2 \cdot 3} + \text{etc.}$$

Dans ce cas, le signe des termes qui suivent y dépendra de $\frac{d^2y}{dx^2}$, si l'on prend h assez petit pour que ce terme surpasse la somme de tous ceux qui le suivent ; et comme $\frac{d^2y}{dx^2}$ a le même signe dans les deux développemens, il en résultera que si $\frac{d^2y}{dx^2}$ est positif, les deux fonctions de $(x + h)$ et de $(x - h)$ seront plus grandes que fx ; dans ce cas, fx sera un minimum. De même, si $\frac{d^2y}{dx^2}$ est négatif, on voit que fx sera un maximum.

98. Pour compléter cette théorie, nous remarquerons que outre $\frac{dy}{dx} = 0$, on peut avoir encore $\frac{d^2y}{dx^2} = 0$; dans ce cas, il ne peut y avoir maximum ou minimum que lorsque $\frac{d^3y}{dx^3} = 0$. Alors le signe des quantités qui suivent y dépendra de $\frac{d^4y}{dx^4}$, quand on prendra h très petit ; et l'on prouvera que si $\frac{d^4y}{dx^4}$ est positif, fx est un minimum, et que si $\frac{d^4y}{dx^4}$ est négatif, fx est un maximum ; ainsi de suite.

En général, lorsque le premier coefficient qui ne s'évanouit pas est d'ordre pair, il y a un minimum s'il est positif, et un maximum s'il est négatif.

99. Pour premier exemple, prenons la fonction.....

$a - bx + x^2$; nous aurons donc

$$y = a - bx + x^2;$$

différenciant et divisant par dx, nous obtiendrons

$$\frac{dy}{dx} = -b + 2x, \quad \frac{d^2y}{dx^2} = 2.$$

Cette valeur positive de $\frac{d^2y}{dx^2}$ nous apprend que la fonction a un minimum. Pour déterminer l'abscisse qui correspond à ce minimum, nous égalerons à zéro la valeur de $\frac{dy}{dx}$, ce qui nous donnera $x = \frac{b}{2}$; si l'on substitue cette valeur de x dans celle de y, on trouvera $y = a - \frac{b^2}{4}$ pour le minimum cherché.

100. Soit encore la fonction $a^4 + b^3x - c^2x^2$; différenciant l'équation $y = a^4 + b^3x - c^2x^2$, et divisant par dx, nous trouverons

$$\frac{dy}{dx} = b^3 - 2c^2x, \quad \frac{d^2y}{dx^2} = -2c^2.$$

Par la valeur négative de $\frac{d^2y}{dx^2}$, on voit qu'il y a un maximum dans la fonction; l'équation $b^3 - 2c^2x = 0$ nous donne $x = \frac{b^3}{2c^2}$ pour l'abscisse qui correspond à ce maximum; et en substituant cette valeur de x dans celle de y, on trouvera

$$y = a^4 + \frac{b^6}{4c^4}.$$

101. Soit encore l'équation

$$y = 3a^2x^3 - b^4x + c^5;$$

nous trouverons, en opérant comme ci-dessus ,

$$\frac{dy}{dx} = 9a^2x^2 - b^4, \quad \frac{d^2y}{dx^2} = 18a^2x \, ;$$

égalant à zéro la valeur de $\dfrac{dy}{dx}$, nous avons

$$9a^2x^2 - b^4 = 0, \quad \text{d'où} \quad x = \pm \frac{b^2}{3a}.$$

ces deux valeurs de x étant mises successivement dans celle de $\dfrac{d^2y}{dx^2}$, nous apprennent qu'il y a dans la fonction un minimum et un maximum. Le minimum correspond à l'abscisse $x = + \dfrac{b^2}{3a}$, et le maximum à l'abscisse $x = - \dfrac{b^2}{3a}$; en mettant ces valeurs dans celle de y, nous trouverons $y = c^5 - \dfrac{2b^6}{9a}$ pour le minimum, et $y = c^5 + \dfrac{2b^6}{9a}$ pour le maximum.

Application de la théorie des maxima et minima à la solution de divers problèmes.

PROBLÈME I.

102. *Partager un nombre en deux parties telles , que le produit de l'une par l'autre soit le plus grand possible.*

Soit a ce nombre, et x l'une des parties ; l'autre sera $a - x$. Donc $x(a - x)$ est la quantité dont on veut chercher le maximum ; différenciant et divisant par dx, l'équation $y = x(a - x) = ax - x^2$, nous trouverons

$$\frac{dy}{dx} = a - 2x, \quad \frac{d^2y}{dx^2} = - 2.$$

La valeur de $\dfrac{d^2y}{dx^2}$ nous montre que la fonction renferme effectivement un maximum. Si ce coefficient se fût trouvé d'un signe contraire, le problème aurait été impossible. En égalant à zéro la valeur de $\frac{dy}{dx}$, nous trouverons $x = \frac{1}{2}a$, ce qui nous annonce qu'il faut que le nombre a soit partagé en deux parties égales pour que le produit soit un maximum.

PROBLÈME II.

103. *Entre tous les cylindres inscrits dans un cône droit, déterminer celui qui a le plus grand volume.*

Soit a, fig. 14, la hauteur SC du cône, b le rayon AC de Fig. 14. sa base, et x la distance SD du sommet au centre du cercle supérieur du cylindre.

Les triangles semblables SAC, SED nous donneront

$$SC : AC :: SD : ED,$$

ou $$a : b :: x : ED;$$

donc $$ED = \frac{bx}{a}.$$

Soit $1 : \pi$ le rapport du diamètre à la circonférence; on sait que le cercle, dont le rayon est r, a pour surface πr^2. Donc le cercle EGF, qui a $\frac{bx}{a}$ pour rayon, a pour surface $\frac{\pi b^2}{a^2} x^2$; multipliant cette surface par la hauteur DC du cylindre, c'est-à-dire par $a - x$, nous aurons $\frac{\pi b^2}{a^2} x^2 (a - x)$ pour le volume du cylindre; ainsi l'équation à différencier est

$$y = \frac{\pi b^2}{a^2} (ax^2 - x^3);$$

on déduit de cette équation

$$\frac{dy}{dx} = \frac{\pi b^2}{a^2} (2ax - 3x^2) \quad \text{et} \quad \frac{d^2y}{dx^2} = \frac{\pi b^2}{a^2} (2a - 6x);$$

égalant à zéro la valeur de $\dfrac{dy}{dx}$, on a

$$\frac{\pi b^2}{a^2}(2ax - 3x^2) = 0, \quad \text{ou plutôt} \quad 2ax - 3x^2 = 0,$$

équation qui étant le produit des facteurs x et $2a - 3x$, donne par conséquent $x = 0$, ou $x = \dfrac{2a}{3}$. La valeur $x = 0$ ne peut correspondre à un maximum, puisque, dans cette hypothèse, $\dfrac{d^2y}{dx^2}$ se réduit à $\dfrac{2\pi b^2}{a}$, nombre positif. Cette valeur de $\dfrac{d^2y}{dx^2}$ indique un minimum ; en effet, quand $x = 0$, le cylindre se réduit à l'axe du cône (car plus le cylindre est haut, plus il est mince).

La valeur $x = \dfrac{2a}{3}$ est donc la seule qui puisse répondre à la question ; et, dans cette hypothèse, $\dfrac{d^2y}{dx^2}$ se réduit à $-\dfrac{2\pi b^2}{a}$, nombre négatif. Si l'on retranche donc...

$\mathrm{SD} = x = \dfrac{2}{3}\,\mathrm{SC}$ de la hauteur du cône, il restera $\mathrm{CD} = \dfrac{1}{3}\,\mathrm{SC}$. Il résulte de ce qui précède, que *le cylindre le plus volumineux inscrit au cône a pour hauteur le tiers de celle du cône.*

PROBLÈME III.

Fig. 15.   104. *Partager une droite* AB, fig. 15, *en deux parties* AC *et* CB, *de manière que le produit* AC³ × CB *soit un maximum.*

Représentons par a cette droite AB, et par x la partie AC de cette droite ; l'équation du problème sera donc

$$y = x^3(a - x),$$

d'où l'on tire

$$\frac{\mathrm{d}y}{\mathrm{d}x} = 3ax^2 - 4x^3, \quad \frac{\mathrm{d}^2y}{\mathrm{d}x^2} = 6ax - 12x^2 \,;$$

en égalant à zéro la valeur de $\dfrac{\mathrm{d}y}{\mathrm{d}x}$, on trouve $x = 0$, ou

$x = \dfrac{3a}{4}$. Cette seconde valeur est la seule qui résout le

problème, puisqu'elle réduit celle de $\dfrac{\mathrm{d}^2y}{\mathrm{d}x^2}$ à $-\dfrac{9a^2}{4}$, résultat négatif.

105. Observons que lorsque dans la valeur du coefficient différentiel $\dfrac{\mathrm{d}y}{\mathrm{d}x}$ il y a un facteur constant positif, on peut le supprimer. En effet, si nous avons

$$\frac{\mathrm{d}y}{\mathrm{d}x} = A\varphi x,$$

on en tire

$$\frac{\mathrm{d}^2y}{\mathrm{d}x^2} = A\,\frac{\mathrm{d}.\varphi x}{\mathrm{d}x}.$$

Cette seconde équation ne servant qu'à nous faire connaître le signe de la valeur de $\dfrac{\mathrm{d}^2y}{\mathrm{d}x^2}$, ce signe ne dépend que de celui qui affectera $\dfrac{\mathrm{d}.\varphi x}{\mathrm{d}x}$, parce que A est un facteur constant positif : donc A peut être supprimé dans cette équation. Il peut l'être aussi dans l'équation $\dfrac{\mathrm{d}y}{\mathrm{d}x} = A\varphi x$; car puisque nous devons égaler à zéro le second membre de cette équation pour déterminer x, l'équation $A\varphi x = 0$ nous donnera $\varphi x = 0$; d'où il suit qu'on a droit d'omettre la constante.

PROBLÈME IV.

106. *On veut faire entrer dans un vase cylindrique une certaine quantité d'eau dont le volume est connu ; on demande quelles dimensions il faut donner à ce vase pour que sa surface interne soit aussi petite qu'il est possible.*

Soit V le volume d'eau donné, et x le rayon de la base du cylindre ; πx^2 sera l'aire de la base du cylindre. Et puisque la hauteur de ce cylindre, multipliée par sa base, est égale à son volume, on aura

$$\text{hauteur du cylindre} \times \pi x^2 = V,$$

d'où l'on tirera

$$\text{hauteur du cylindre} = \frac{V}{\pi x^2}.$$

En multipliant cette hauteur par la circonférence de la base qui est $2\pi x$, on aura

$$\frac{V}{\pi x^2} \times 2\pi x = \frac{2V}{x}$$

pour la surface convexe du cylindre. Si à cette surface on ajoute πx^2, qui est celle de la base du cylindre, l'équation à différencier sera

$$y = \frac{2V}{x} + \pi x^2,$$

et l'on en déduira

$$\frac{dy}{dx} = -\frac{2V}{x^2} + 2\pi x ; \quad \frac{d^2y}{dx^2} = \frac{4V}{x^3} + 2\pi$$

La valeur de $\dfrac{dy}{dx}$ étant égalée à zéro, donne

$$x = \sqrt[3]{\frac{V}{\pi}}.$$

On voit que cette valeur répond à un minimum, puisqu'elle rend positive celle de $\dfrac{d^2 y}{dx^2}$: le rayon de la base du cylindre cherché sera donc $\sqrt[3]{\dfrac{V}{\pi}}$. Si l'on met cette valeur dans l'expression de la hauteur, on trouvera, pour la hauteur du cylindre,

$$\frac{V}{\dfrac{\pi V^{\frac{2}{3}}}{\pi^{\frac{2}{3}}}} = \frac{V^{\frac{1}{3}}}{\pi^{\frac{1}{3}}} = \sqrt[3]{\frac{V}{\pi}}.$$

PROBLÈME V.

107. *Entre tous les cônes inscrits dans une sphère, déterminer celui qui a une plus grande surface convexe.*

Supposons que le demi-cercle AMB, fig. 16, fasse une révolution autour de l'axe AB, la corde AM engendrera un cône dont AP sera la hauteur, et PM le rayon de la base.

La surface convexe de ce cône aura pour expression,

circonférence $PM \times \frac{1}{2} AM = 2\pi PM \cdot \frac{1}{2} AM = \pi PM \cdot AM.$

Il ne s'agit donc que de déterminer PM et AM.

Pour cet effet, soient $AB = 2a$, $AP = x$; MP étant moyenne proportionnelle entre AP et PB, on a

$$x : PM :: PM : 2a - x;$$

donc

$$PM = \sqrt{2ax - x^2};$$

AM étant moyenne proportionnelle entre AP et AB, on a

$$x : AM :: AM : 2a :$$

donc

$$AM = \sqrt{2ax};$$

substituant ces valeurs dans l'expression de la surface du cône, on obtiendra,

$$\textit{surface convexe du cône} = \pi \sqrt{2ax - x^2} \, \sqrt{2ax}$$
$$= \pi \sqrt{4a^2x^2 - 2ax^3};$$

l'équation à différencier est donc (art. 105)

$$y = \sqrt{4a^2x^2 - 2ax^3},$$

d'où l'on déduit

$$\frac{dy}{dx} = \frac{4a^2x - 3ax^2}{\sqrt{4a^2x^2 - 2ax^3}},$$

ou, en supprimant le facteur commun x,

$$\frac{dy}{dx} = \frac{4a^2 - 3ax}{\sqrt{4a^2 - 2ax}} \dots \ (67);$$

égalant à zéro cette valeur de dx, nous obtiendrons

$$4a^2 - 3ax = 0,$$

équation satisfaite en supposant

$$x = \frac{4a}{3}.$$

Cette valeur appartient à un maximum ; c'est ce qui va nous être confirmé par le signe de $\dfrac{d^2y}{dx^2}$.

108. Avant que de déterminer la valeur de ce coefficient différentiel, je vais expliquer un procédé qui abrégera les calculs dans de certains cas.

Je ferai préliminairement observer que, lorsqu'une fonction de x est nulle par une valeur qu'on donne à x, il ne s'ensuit pas qu'en général son coefficient différentiel soit aussi nul : par exemple, si l'on a la fonction $x^2 - 5x + 6$, qui devient nulle lorsque $x = 2$, ou lorsque $x = 3$, le coefficient différentiel de cette fonction, qui est $2x - 5$, ne devient pas nul dans ces hypothèses.

109. On peut quelquefois abréger beaucoup les opérations qu'on emploie pour reconnaître si une fonction est susceptible d'un maximum ou d'un minimum. En effet, supposons que l'on veuille déterminer le coefficient différentiel de l'équation $\frac{dy}{dx} = XX'$, dans laquelle X et X' sont des fonctions de x, dont la première seule devient nulle par une valeur donnée à x; en différenciant cette équation, art. 14, et en divisant par dx, nous obtiendrons

$$\frac{d^2y}{dx^2} = \frac{XdX'}{dx} + \frac{X'dX}{dx}.$$

X, par hypothèse, étant nul, en vertu de la valeur donnée à x, cette équation se réduit à

$$\frac{d^2y}{dx^2} = \frac{X'dX}{dx},$$

ce qui nous indique que, pour obtenir $\frac{d^2y}{dx^2}$, il faut multiplier le coefficient différentiel du facteur nul par l'autre facteur (*).

110. Par exemple si, étant donné $\frac{dy}{dx} = \frac{x - a}{\sqrt{x}}$, on veut obtenir le coefficient différentiel du second ordre dans

---

(*) Cette règle n'est pas sans exception, car $\frac{dX}{dx}$ peut être nul aussi.

Par exemple, si l'on avait $\frac{dy}{dx} = x^2 (x - a)^2$, équation qui renferme des racines égales, les deux termes de la valeur de $\frac{d^2y}{dx^2}$ seraient nuls; et, au lieu de supprimer le facteur représenté par $X \frac{dX'}{dx}$, on devrait, art. 98, recourir aux coefficiens différentiels des ordres supérieurs, pour reconnaître si la fonction est susceptible d'un maximum ou d'un minimum; si $\frac{dX'}{dx}$ était infini, on tomberait dans le cas de l'art. 89.

l'hypothèse de $x = a$, on écrira ainsi cette équation,

$$\frac{dy}{dx} = \frac{1}{\sqrt{x}} \times (x - a),$$

et l'on trouvera que

$$\frac{d^2y}{dx^2} = \frac{1}{\sqrt{x}} \times \frac{d(x-a)}{dx} = \frac{1}{\sqrt{x}}.$$

111. Reprenons maintenant l'équation (67), de laquelle on veut tirer la valeur de $\frac{d^2y}{dx^2}$, dans l'hypothèse de $x = \frac{4a}{3}$; en décomposant le numérateur en ses facteurs, nous aurons

$$\frac{dy}{dx} = \frac{ax(4a - 3x)}{\sqrt{4a^2x^2 - 2ax^3}};$$

le second membre peut s'écrire ainsi :

$$\frac{ax}{\sqrt{4a^2x^2 - 2ax^3}} \times (4a - 3x).$$

Dans l'hypothèse actuelle, le facteur $4a - 3x$ étant nul, nous aurons donc, art. 109,

$$\frac{d^2y}{dx^2} = \frac{ax}{\sqrt{4a^2x^2 - 2ax^3}} \times \frac{d(4a - 3x)}{dx} = -\frac{3ax}{\sqrt{4a^2x^2 - 2ax^3}},$$

et par conséquent, en divisant les deux termes de fraction par x,

$$\frac{d^2y}{dx^2} = -\frac{3a}{\sqrt{4a^2 - 2ax}};$$

mettant dans cette expression la valeur de x, qui est $\frac{4a}{3}$

$$\frac{\mathrm{d}^2 y}{\mathrm{d}x^2} = -\ \frac{3a}{\sqrt{4a^2 - \dfrac{8a^2}{3}}} = -\ \frac{3a}{\sqrt{\dfrac{4a^2}{3}}}.$$

Cette valeur étant négative, celle de x correspond à un maximum.

PROBLÈME VI.

112. *Un point* C, fig. 17, *étant donné dans l'angle* YAX, Fig. 17. *mener par ce point une droite* DE, *qui rencontre les axes* AX, AY, *de telle manière que la longueur* DE, *de cette droite, soit un minimum.*

Soient AI $= a$, IC $= b$, IE $= x$; les triangles rectangles ICE, ADE, nous donnent

$$\text{IE : IC :: AE : AD,}$$

ou

$$x : b :: a + x : \text{AD};$$

donc

$$\text{AD} = \frac{b}{x}(a + x);$$

par conséquent

$$\text{AD}^2 = \frac{b^2}{x^2}(a + x)^2.$$

D'une autre part

$$\text{AE}^2 = (a + x)^2;$$

substituant ces valeurs dans la formule

$$\text{DE} = \sqrt{\text{AD}^2 + \text{AE}^2},$$

nous trouverons

$$\text{DE} = \sqrt{\frac{b^2}{x^2}(a + x)^2 + (a + x)^2} = \sqrt{\left(\frac{b^2}{x^2} + 1\right)(a + x)^2};$$

et, en réduisant au même dénominateur le premier facteur qui est sous le radical,

$$DE = \sqrt{\frac{b^2 + x^2}{x^2} \cdot (a + x)^2} = \frac{a + x}{x} \sqrt{b^2 + x^2} = y.$$

En regardant cette expression comme le produit du facteur $\frac{a + x}{x}$, par le facteur $\sqrt{b^2 + x^2}$, nous différencierons par l'art. 14, et nous trouverons

$$dy = \frac{a + x}{x} d. \sqrt{b^2 + x^2} + \sqrt{b^2 + x^2} d. \frac{a + x}{x};$$

effectuant les différenciations, nous aurons

$$dy = \frac{a + x}{x} \frac{x dx}{\sqrt{b^2 + x^2}} + \sqrt{b^2 + x^2} \times - \frac{a dx}{x^2};$$

réduisant au même dénominateur, en multipliant les deux termes de la première fraction par x, et les deux termes de la seconde par $\sqrt{b^2 + x^2}$, nous obtiendrons

$$dy = \frac{a + x}{x^2} \frac{x^2 dx}{\sqrt{b^2 + x^2}} + \frac{b^2 + x^2}{x^2 \sqrt{b^2 + x^2}} \times - a dx;$$

réunissant et réduisant les termes du numérateur, et divisant par dx, il nous viendra enfin

$$\frac{dy}{dx} = \frac{x^3 - ab^2}{x^2 \sqrt{b^2 + x^2}};$$

égalant le numérateur à zéro, nous trouverons

$$x = \sqrt[3]{ab^2}.$$

Pour prouver que cette valeur répond à un minimum dans cette hypothèse, nous mettrons seulement, art. 109, à la place du numérateur, qui est le facteur nul, son coefficient différentiel, et nous aurons ainsi

$$\frac{d^2 y}{dx^2} = \frac{3x^2}{x^2 \sqrt{b^2 + x^2}} = \frac{3}{\sqrt{b^2 + x^2}},$$

valeur essentiellement positive. On ne fait pas la substitution de la valeur de x, car on voit qu'un carré x^2 est toujours positif.

PROBLÈME VII.

113. *Trouver le plus grand triangle rectangle qu'on puisse construire sur une droite donnée.*

Soient a cette droite, AB, fig. 18, et x l'un des côtés du triangle, l'autre sera $\sqrt{a^2 - x^2}$; donc la surface du triangle a pour expression

$$\frac{x}{2} \sqrt{a^2 - x^2} \; ;$$

ainsi l'équation du problème sera, art. 105,

$$y = x \sqrt{a^2 - x^2}, \quad \text{ou plutôt} \quad y = \sqrt{a^2 x^2 - x^4},$$

d'où l'on déduira

$$\frac{dy}{dx} = \frac{a^2 x - 2x^3}{\sqrt{a^2 x^2 - x^4}}.$$

Cette valeur étant égalée à zéro, donne

$$a^2 x - 2x^3 = 0, \quad \text{ou} \quad x (a^2 - 2x^2) = 0 \; ;$$

équation de laquelle on tire

$$x = 0, \quad \text{ou} \quad 2x^2 = a^2.$$

x ne pouvant être nul, nous le déterminerons par la seconde équation, qui nous apprend que les deux côtés AC, BC sont égaux.

En différentiant le facteur $a^2 - 2x^2$, on trouve, art. 109,

$$\frac{d^2 y}{dx^2} = \frac{x}{\sqrt{a^2 x^2 - x^4}} \times \frac{d(a^2 - 2x^2)}{dx} = \frac{4x^2}{\sqrt{a^2 x^2 - x^4}},$$

Fig. 18.

Ce résultat étant négatif, l'hypothèse de $a^2 - 2x^2 = 0$ détermine, pour x, une valeur qui correspond à un maximum.

De la signification géométrique des coefficiens différentiels.

114. On a vu, art. 73, que $\dfrac{dy}{dx}$ représentait la tangente trigonométrique de l'angle que fait, avec l'axe des abscisses, une tangente menée au point dont les coordonnées sont x et y ; comme c'est le fondement de ce qui va suivre, on peut démontrer *à priori* cette proposition de la manière suivante : soient, fig. 19, PM $= y$, PP' $= h$; en menant la parallèle MQ à l'axe des abscisses, on a donc

Fig. 19.

$$M'P' = f(x + h),$$

$$M'Q = f(x + h) - fx = \frac{dy}{dx} h + \frac{d^2y}{dx^2} \frac{h^2}{1 \cdot 2} + \text{etc.}$$

Or

$$MQ : M'Q :: 1 : \tang S = \frac{M'Q}{MQ} ;$$

et en mettant pour les expressions M'Q, MQ, leurs valeurs, on aura

$$\tang S = \frac{\dfrac{dy}{dx} h + \dfrac{d^2y}{dx^2} \dfrac{h^2}{1 \cdot 2} + \text{etc.}}{h} = \frac{dy}{dx} + \frac{d^2y}{dx^2} \frac{h}{1 \cdot 2} + \text{etc.}$$

Passant à la limite, h est nul, et tangente S se change en tangente T.

Donc alors

$$\tang T = \frac{dy}{dx}.$$

Cela posé, si PM devient un maximum, la tangente TM,

fig. 20, étant alors parallèle à l'axe des abscisses, elle fait Fig. 20.
un angle nul avec cet axe; et comme on vient de voir que
la tangente trigonométrique de l'angle formé par la tangente avec l'axe des x était $\dfrac{dy}{dx}$, on a donc, dans ce cas,

$$\frac{dy}{dx} = 0.$$

On démontrerait de même que si PM, fig. 21, était un Fig. 21.
minimum, la tangente trigonométrique devenant aussi
nulle dans ce cas, on devrait avoir $\dfrac{dy}{dx} = 0$.

Ainsi, cette équation $\dfrac{dy}{dx} = 0$ n'exprime autre chose
que la condition du parallélisme de la tangente en M à
l'axe des abscisses.

115. Examinons maintenant dans quelle circonstance
$\dfrac{d^2y}{dx^2}$ est positif ou négatif.

Pour cet effet, considérons d'abord le cas où la courbe,
fig. 22, tourne sa convexité vers l'axe des abscisses.   Fig. 22.

Soient AP, x; PM, y; $PP' = P'P'' = h$; et par les
points M et M', menons la sécante MM'S, et les droites
MN, M'N', parallèles à l'axe des abscisses, nous aurons

$$M'O = M'P' - MP = f(x + h) - fx,$$

c'est-à-dire

$$M'O = \frac{dy}{dx}h + \frac{d^2y}{dx^2}\frac{h^2}{1.2} + \text{etc.}$$

Or, la similitude des triangles MM'O, MSN, nous
donne

$$MO : MN :: M'O : SN,$$

ou

$$h : 2h :: M'O : SN;$$

donc,

$$SN = 2M'O;$$

et, en substituant pour M'O sa valeur, on a

$$\mathrm{SN} = 2 \frac{\mathrm{d}y}{\mathrm{d}x} h + 2 \frac{\mathrm{d}^2 y}{\mathrm{d}x^2} \frac{h^2}{1.2} + \text{etc.}$$

D'une autre part,

$$\mathrm{M}''\mathrm{P}'' = f(x + 2h);$$

si l'on en retranche

$$\mathrm{NP}'' = \mathrm{PM},$$

on aura

$$\mathrm{M}''\mathrm{N} = f(x + 2h) - y = \frac{\mathrm{d}y}{\mathrm{d}x} 2h + \frac{\mathrm{d}^2 y}{\mathrm{d}x^2} \frac{4h^2}{1.2} + \text{etc.};$$

ôtant de cette valeur de M''N, celle de SN, il restera,
fig. 22,

$$\mathrm{M}''\mathrm{S} = \frac{\mathrm{d}^2 y}{\mathrm{d}x^2} h^2 + \text{etc.} \ldots (68).$$

Fig. 22.

Fig. 23.   Dans le cas où la courbe, fig. 23, tourne sa concavité
vers l'axe des abscisses, pour avoir M''S il faudra, au
contraire, retrancher de la valeur de SN celle de M''N,
ce qui donnera

$$\mathrm{M}''\mathrm{S} = - \frac{\mathrm{d}^2 y}{\mathrm{d}x^2} h^2 + \text{etc.} \ldots (69).$$

En comparant ces deux valeurs (68) et (69) de M''S, on
voit que, dans l'une, $\frac{\mathrm{d}^2 y}{\mathrm{d}x^2}$, est précédé du signe $+$, et dans
l'autre, du signe $-$.

Cela posé, on peut faire en sorte que le signe du premier terme du développement de M''S décide de celui de
tout ce développement; et comme le carré h^2, qui est
essentiellement positif, ne peut influer sur le signe de
$\frac{\mathrm{d}^2 y}{\mathrm{d}x^2} h^2$, le coefficient différentiel $\frac{\mathrm{d}^2 y}{\mathrm{d}x^2}$ décidera seul du signe de la somme de tous les termes de la valeur de M''S.

En ne considérant donc les équations (68) et (69) que relativement aux signes qui affectent chaque membre, on pourra supprimer h^2 et les termes qui suivent $\dfrac{d^2 y}{dx^2}$, et ces équations deviendront

$$M''S = + \frac{d^2 y}{dx^2}, \quad M''S = - \frac{d^2 y}{dx^2},$$

d'où nous tirerons

$$\left.\begin{array}{l} \dfrac{d^2 y}{dx^2} = + \ M''S \\[2mm] \dfrac{d^2 y}{dx^2} = - \ M''S \end{array}\right\} \ldots \ (70).$$

Si l'on regarde y comme une quantité positive, $M''S$, fig. 22, tombant du même côté que y, sera positif ; la première des équations (70) nous apprend donc que, lorsque la courbe tourne, fig. 22, sa convexité vers l'axe des abscisses ; $\dfrac{d^2 y}{dx^2}$ est positif. Fig. 22. Fig. 22.

Si l'on considère ensuite la seconde des équations (70) et la fig. 23 qui s'y rapporte, on verra que $- M''S$ repré- sente une droite qui est d'un signe contraire à celui de y, et que, par conséquent, $\dfrac{d^2 y}{dx^2}$ est négatif dans le cas de la fig. 23, c'est-à-dire lorsque la courbe tourne sa conca- vité vers l'axe des abscisses. Fig. 23. Fig. 23.

116. La courbe jusqu'à présent a été supposée située au-dessus de l'axe des abscisses ; examinons ce qu'il arrive lorsqu'elle s'étend au-dessous, comme dans la fig. 24. Il est certain, par ce qui précède, que puisque la courbe tourne en M sa convexité vers l'axe des abscisses, $\dfrac{d^2 y}{dx^2}$ et par conséquent MN, est positif. Or, les droites MN et M'N', Fig. 24.

qui sont situées du même côté de la tangente T'T, doivent avoir le même signe; et comme MN est positif, M'N' doit l'être aussi; d'où il suit qu'au point M', où la courbe tourne sa concavité vers l'axe des abscisses, $\dfrac{d^2 y}{dx^2}$ sera d'un signe contraire à celui de l'ordonnée P'M', qui est négative; la courbe tournerait, au contraire, sa convexité, si y et $\dfrac{d^2 y}{dx^2}$ étaient de même signe. De sorte qu'on peut dire, en général, que de quelque côté que tombe la courbe, $\dfrac{d^2 y}{dx^2}$ est du même signe que y lorsque la courbe tourne sa convexité vers l'axe des abscisses, et prend un signe contraire lorsque la courbe tourne sa concavité vers le même axe.

La courbe tournant sa convexité ou sa concavité vers l'axe des abscisses, suivant que l'ordonnée est parvenue à son minimum ou à son maximum, on voit pourquoi $\dfrac{d^2 y}{dx^2}$ est positif dans le premier cas, et négatif dans le second.

117. On dit encore qu'il peut y avoir un maximum ou un minimum lorsque $\dfrac{dy}{dx} = \infty$. Pour expliquer ce que cette condition signifie, soit $y = fx$ l'équation d'une courbe MN, fig. 25; il est certain que si l'on donne à x une valeur AP, cette équation déterminera l'ordonnée PM.

Si l'on résout ensuite l'équation par rapport à y, et qu'on en tire $x = \varphi y$; lorsqu'on fera $y = $ AP' (valeur précédente de y), l'équation donnera $x = $ P'M. Dans ce dernier cas, y sera considéré comme l'abscisse, et x comme l'ordonnée; et l'on construira la même courbe, pourvu qu'on porte les abscisses y sur l'axe AY, et que l'autre axe soit regardé comme celui des ordonnées.

Dans cette hypothèse, on peut donc chercher le maximum ou le minimum de la fonction x de y. Pour cet effet, de l'équation proposée on tirera $\dfrac{dx}{dy} = M$, et l'on suppposera $M = 0$; cela posé, l'équation $\dfrac{dx}{dy} = M$ nous donnant $\dfrac{dy}{dx} = \dfrac{1}{M}$, on voit que lorsque $M = 0$, $\dfrac{dy}{dx} = \infty$; ainsi, la condition nécessaire pour qu'il y ait un maximum ou un minimum dans le sens des abscisses, est qu'on puisse avoir $\dfrac{dy}{dx} = \infty$.

118. Par exemple, si l'on prenait l'équation

$$y^2 = ax - b,$$

on en tirerait $\dfrac{dy}{dx} = \dfrac{a}{2y}$. Cette valeur égalée à zéro donnerait $y = \infty$; donc la courbe ne peut avoir un maximum dans le sens des ordonnées qu'à une distance infinie de l'axe des x. Examinons maintenant si elle a une limite dans le sens des abscisses (par limite on dénomme, en général, le maximum et le minimum) ; pour cela, il faut supposer la valeur de $\dfrac{dy}{dx}$ infinie, ce qui nous donne $\dfrac{a}{2y} = \infty$, condition remplie lorsqu'on fait $y = 0$; dans cette hypothèse, la valeur de $\dfrac{d^2x}{d^2y}$ se réduit à $\dfrac{2}{a}$, résultat positif. On voit donc que la valeur de $y = 0$ correspond à un minimum de x. Nous déterminerons ce minimum en faisant $y = 0$ dans l'équation proposée, ce qui la réduira à $ax - b = 0$, d'où nous tirerons $x = \dfrac{b}{a}$ pour le minimum cherché : ce minimum est représenté par AM dans la fig. 26.   F.

119. En terminant cette matière, nous remarquerons que l'équation $\dfrac{dy}{dx} = \infty$ nous indique que la tangente MT,

Fig. 26. fig. 26, est celle d'un angle droit, et par conséquent est perpendiculaire à l'axe des x.

Considérations générales sur les points singuliers des courbes.

120. Le calcul différentiel peut être d'une grande utilité pour trouver la forme d'une courbe dont l'équation est donnée. La théorie des maxima et minima nous offre déjà les moyens de déterminer les limites dans le sens des abscisses et dans celui des ordonnées ; mais cela ne suffirait pas pour nous faire connaître la forme de la courbe.

Fig. 27. Par exemple, les courbes des fig. 27, 28 et 29, qui ont les mêmes limites OC et OD, dans le sens des ordonnées, et OA et OB dans celui des abscisses, ne se ressemblent pas. Ce qui distingue la courbe fig. 27 de la courbe

Fig. 28. fig. 28, c'est que, dans cette dernière, il n'y a qu'un point d'inflexion ; on appelle ainsi un point où la courbe de concave devient convexe, ou de convexe devient concave. Dans la fig. 27 il y a deux points d'inflexion, l'un en E, l'autre en G, et un point de rebroussement en C, c'est-à-dire un point où la courbe suspend tout d'un coup son cours.

121. En général, les points où la courbe éprouve des changemens s'appellent des *points singuliers* ; on sent que si l'on a les moyens de reconnaître les endroits où ces points existent, il sera facile de suivre la courbe dans son cours. Par exemple, si l'on savait que la courbe,

Fig. 29. fig. 29, a des points d'inflexion en E et en H, et des points de rebroussement en F et en G, on pourrait prendre une idée de cette courbe par l'analyse suivante :

En partant du point A, qui est une limite dans le sens des abscisses, la courbe tourne d'abord sa concavité vers l'axe des abscisses jusqu'en E, où il existe un point d'inflexion qui, de concave, le fait devenir convexe. A l'extrémité de la partie convexe EF, elle suspend son cours au point de rebroussement F, au-delà duquel elle est encore convexe dans la partie FH, pour redevenir concave au-delà du point d'inflexion H et arriver ainsi jusqu'au point C, qui est une limite dans le sens des ordonnées; enfin de C en G et de A en G, la courbe est composée de deux arcs CBG, ADG, qui, tournant leurs concavités à l'axe des abscisses, se réunissent en un point de rebroussement, et passent par les deux limites B et D, l'une dans le sens des abscisses et l'autre dans celui des ordonnées.

122. D'après ce qui précède, on sent combien il serait avantageux de pouvoir, à l'aide de l'équation d'une courbe, déterminer les coordonnées des points singuliers. Nous avons déjà fait connaître les moyens de trouver les maxima et les minima, il nous reste à nous occuper de la recherche des autres points singuliers : c'est ce qui va faire le sujet des paragraphes suivans.

Des points d'inflexion.

123. Nous venons de voir qu'un point d'inflexion est celui dans lequel la courbe, de convexe devient concave, ou de concave devient convexe. La courbe M'MM'', fig. 3o, nous offre en M un point de ce genre. Menons en ce point une tangente TT'; si nous considérons les diverses ordonnées comprises entre M'P' et MP, nous verrons que le prolongement M'N' de l'ordonnée jusqu'à la courbe, ira en diminuant, et s'anéantira au point M; si nous considérons les ordonnées suivantes, le prolongement M''N'' de l'ordonnée tombera au-dessous de la tangente,

et par conséquent changera de signe, de sorte que si M'N'
était positif, M"N" sera négatif. Telle est la condition que
nous allons exprimer par une équation.

Fig. 3o.   Soient donc, fig. 3o, $PP' = h = PP''$; on a évidemment

$$M'N' = M'P' - N'P',$$

ou

$$M'N' = f(x + h) - N'P' \ldots \ (71).$$

Pour déterminer la valeur analytique de N'P', nous avons

$$N'P' = MP + N'O,$$

ou

$$N'P' = y + N'O \ldots \ (72).$$

A l'égard de celle de N'O, le triangle rectangle N'MO
nous donne

$$N'O = MO \ \text{tang} \ N'MO ;$$

or on a vu, art. 73, que l'angle N'MO, formé par la tangente en M, avec une parallèle à l'axe des x, avait $\dfrac{dy}{dx}$
pour tangente trigonométrique ; par conséquent, remplaçant tang N'MO par $\dfrac{dy}{dx}$, et mettant h à la place de MO,
nous aurons

$$N'O = h \cdot \frac{dy}{dx}.$$

Substituant cette valeur dans l'équation (72), et mettant
ensuite celle de N'P' dans l'équation (71), nous obtiendrons

$$M'N' = f(x + h) - y - \frac{dy}{dx} h \ldots \ (73).$$

Sans avoir besoin de calculer de nouveau la valeur
de M"N", on peut la déduire de celle de M'N' ; en effet,
si nous faisons reculer l'ordonnée parallèlement à elle-
même, M'N' deviendra M"N", lorsque h se changera en

$— h$: donnant donc à h cette valeur dans l'équation (73), nous obtiendrons

$$\mathrm{M}''\mathrm{N}'' = f(x - h) - y + \frac{dy}{dx} h \ldots \quad (74).$$

Maintenant, remplaçons les expressions $f(x + h)$ et $f(x - h)$ par leurs développemens, nous aurons

$$\mathrm{M}'\mathrm{N}' = \left(y + \frac{dy}{dx}h + \frac{d^2y}{dx^2}\frac{h^2}{1 \cdot 2} + \frac{d^3y}{dx^3}\frac{h^3}{2 \cdot 3} + \text{etc.} \right) - y - \frac{dy}{dx}h,$$

$$\mathrm{M}''\mathrm{N}'' = \left(y - \frac{dy}{dx}h + \frac{d^2y}{dx^2}\frac{h^2}{1 \cdot 2} - \frac{d^3y}{dx^3}\frac{h^3}{2 \cdot 3} + \text{etc.} \right) - y + \frac{dy}{dx}h,$$

et en réduisant, ces équations deviendront

$$\mathrm{M}'\mathrm{N}' = \frac{d^2y}{dx^2}\frac{h^2}{1 \cdot 2} + \frac{d^3y}{dx^3}\frac{h^3}{2 \cdot 3} + \text{etc.} \ldots \quad (75).$$

$$\mathrm{M}''\mathrm{N}'' = \frac{d^2y}{dx^2}\frac{h^2}{1 \cdot 2} - \frac{d^3y}{dx^3}\frac{h^3}{2 \cdot 3} + \text{etc.} \ldots \quad (76).$$

Cela posé, pour qu'il y ait inflexion en M, il faut nécessairement que, lorsqu'on donnera à h une valeur très petite, les lignes $\mathrm{M}'\mathrm{N}'$ et $\mathrm{M}''\mathrm{N}''$ tombent l'une au-dessus, et l'autre au-dessous de la droite TT', ce qui exige que $\mathrm{M}'\mathrm{N}'$ et $\mathrm{M}''\mathrm{N}''$ soient de signes contraires ; or, cela n'est possible que lorsque le premier terme $\frac{d^2y}{dx^2}\frac{h^2}{1 \cdot 2}$, des séries (75) et (76), est nul. En effet, si ce terme n'était pas nul, on pourrait donner à h une valeur assez petite pour que le terme $\frac{d^2y}{dx^2}\frac{h^2}{1 \cdot 2}$ surpassât la somme algébrique de tous les autres termes de la série. Dans ce cas, le signe de ce terme serait celui du résultat de toute la suite ; et comme ce terme est le même dans les deux séries, il en résulterait que $\mathrm{M}'\mathrm{N}'$ et $\mathrm{M}''\mathrm{N}''$, fig. 30, auraient nécessairement le même signe ; par conséquent, pour que $\mathrm{M}'\mathrm{N}'$ et $\mathrm{M}''\mathrm{N}''$ puissent être de

Fig. 30.

signes contraires, il faut que l'on ait

$$\frac{d^2 y}{dx^2}\, h^2 = 0, \quad \text{ou plutôt} \quad \frac{d^2 y}{dx^2} = 0.$$

124. S'il arrivait que la même valeur de x, qui fait évanouir $\dfrac{d^2 y}{dx^2}$ fît aussi évanouir $\dfrac{d^3 y}{dx^3}$, il faudrait pour qu'il pût y avoir un point d'inflexion, que $\dfrac{d^4 y}{dx^4}$ fût aussi nul. Dans ce cas, si $\dfrac{d^5 y}{dx^5}$ était aussi nul, il faudrait encore que $\dfrac{d^6 y}{dx^6}$ fût nul, et ainsi de suite; de sorte que le dernier coefficient différentiel qui serait nul, devrait être d'ordre pair.

125. Si la valeur de x, qui est la même dans les développemens 75 et 76, était telle que $\dfrac{d^2 y}{dx^2}$ fût infini, ces deux développemens le seraient aussi; et alors on ne pourrait rien conclure de la démonstration précédente, qui repose sur la possibilité de ces développemens. Dans ce cas, il faut remarquer que la condition $\dfrac{d^2 y}{dx^2} = 0$ nous indique, en général, que $\dfrac{d^2 y}{dx^2}$ doit changer de signe au point d'inflexion, ce qui s'accorde avec l'art. 115, mais $\dfrac{d^2 y}{dx^2}$ peut aussi changer de signe en passant par l'infini. Pour en donner un exemple, soit

$$\frac{d^2 y}{dx^2} = \frac{b^2}{x - a}.$$

Si l'on substitue successivement à x les valeurs

$$x = a - h, \quad \text{on trouvera} \quad \frac{d^2 y}{dx^2} = -\frac{b^2}{h},$$

$$x = a, \qquad\qquad\qquad \frac{d^2 y}{dx^2} = \infty,$$

$$x = a + h, \qquad\qquad \frac{d^2 y}{dx^2} = +\frac{b^2}{h};$$

et l'on voit que c'est le dénominateur de la valeur de $\frac{d^2 y}{dx^2}$, qui fait changer de signe au coefficient différentiel après le point d'inflexion.

126. Il résulte de ce qui précède, que pour qu'il puisse y avoir un point d'inflexion dans une courbe, il faut qu'on ait, pour l'abscisse de ce point,

$$\frac{d^2 y}{dx^2} = 0, \quad \text{ou} \quad \frac{d^2 y}{dx^2} = \infty.$$

Lorsqu'on se sera assuré que l'une de ces conditions est remplie, on augmentera et l'on diminuera successivement d'une quantité h très petite, l'abscisse du point qui remplit la condition prescrite ; et si $\frac{d^2 y}{dx^2}$, pour ces nouvelles valeurs de x, est affecté de signes contraires, il faudra en conclure qu'il y a un point d'inflexion ; car, lorsque $\frac{d^2 y}{dx^2}$ est positif, la courbe tourne sa convexité vers l'axe des abscisses, tandis que lorsque $\frac{d^2 y}{dx^2}$ est négatif, la courbe tourne sa concavité vers le même axe : or, c'est par ce changement de convexe en concave, ou de concave en convexe, que la courbe manifeste son point d'inflexion.

127. Pour donner une application de cette théorie, cherchons s'il y a un point d'inflexion dans la courbe qui

a pour équation

$$y = b + 2\,(x - a)^3 \dots \quad (77).$$

La différenciation nous donne

$$\frac{dy}{dx} = 3.2.(x - a)^2, \quad \frac{d^2y}{dx^2} = 12\,(x - a), \quad \frac{d^3y}{dx^3} = 12.$$

Pour qu'il puisse y avoir un point d'inflexion, il faut donc qu'il existe une valeur de x, qui rende nul le terme $\frac{d^2y}{dx^2}$; or, x étant une quantité variable, déterminons l'une de ces valeurs par la condition qu'on ait $12\,(x - a) = 0$, et nous obtiendrons $x = a$ pour l'abscisse qui peut appartenir à un point d'inflexion. Pour nous assurer de l'existence de ce point, diminuons l'abscisse a d'une petite quantité h, et substituons $a - h$ à x, nous trouverons que, pour le point M′, fig. 31, dont l'abscisse est $a - h$, on a $\frac{d^2y}{dx^2} = -12h$; substituons ensuite $a + h$ à x, et nous trouverons que le point M″, dont l'abscisse est $a + h$, correspond à $\frac{d^2y}{dx^2} = 12h$. Ces deux valeurs de différens signes de $\frac{d^2y}{dx^2}$, nous montrent qu'il y a un point d'inflexion en M.

L'hypothèse de $x = a$ fait évanouir $\frac{dy}{dx}$, par conséquent la tangente au point d'inflexion est parallèle à l'axe des x.

128. Il est à remarquer qu'on n'a pas toujours la faculté d'égaler ainsi à zéro la valeur de $\frac{d^2y}{dx^2}$; si l'on voulait, par exemple, chercher s'il existe des points d'inflexion dans la courbe qui a pour équation

$$y = b + ax^2,$$

on trouverait, par la différenciation,

$$\frac{dy}{dx} = 2ax, \quad \frac{d^2y}{dx^2} = 2a.$$

Or, on voit qu'on ne peut égaler à zéro la valeur de $\dfrac{d^2y}{dx^2}$, qui ne renferme aucune indéterminée, et que par conséquent la courbe n'a pas de point d'inflexion, résultat auquel on devait s'attendre, puisqu'elle est une parabole. La valeur de $\dfrac{d^2y}{dx^2}$ nous montre seulement que cette parabole tourne continuellement sa convexité vers l'axe des abscisses.

129. Pour troisième application, prenons l'équation

$$y^3 = x^5;$$

en la résolvant par rapport à y, et en différenciant ensuite, on obtient

$$y = x^{\frac{5}{3}}, \quad \frac{dy}{dx} = \frac{5}{3} x^{\frac{2}{3}}, \quad \frac{d^2y}{dx^2} = \frac{5}{3} \cdot \frac{2}{3} \frac{1}{\sqrt[3]{x}}.$$

Si l'on cherchait à déterminer x par l'équation.....

$\frac{5}{3} \cdot \frac{2}{3} \frac{1}{\sqrt[3]{x}} = 0$, ou plutôt $\frac{1}{\sqrt[3]{x}} = 0$, on ne pourrait satisfaire à cette équation qu'en faisant $x = \infty$, ce qui ne conduirait à rien ; mais comme nous avons la faculté d'égaler aussi la valeur de $\dfrac{d^2y}{dx^2}$ à l'infini, nous satisferons à l'équa-

tion $\frac{1}{\sqrt[3]{x}} = \infty$, en faisant $x = 0$. Cette valeur de x nous apprend qu'il peut y avoir un point d'inflexion à l'origine ; et, pour nous assurer de l'existence de ce point, nous substituerons successivement à x les valeurs $x = 0 + h$, et $x = 0 - h$, c'est-à-dire h et $- h$, et nous verrons si, dans ces deux cas, $\dfrac{d^2 y}{dx^2}$ amène des résultats de signes contraires.

Mais, au lieu de faire ces opérations l'une après l'autre, nous pourrons les exécuter à la fois, en substituant à x la valeur $\pm\, h$, et alors le coefficient différentiel du second ordre deviendra

$$\frac{d^2 y}{dx^2} = \pm\, \frac{5}{2}\cdot\frac{2}{3}\,\frac{1}{\sqrt[3]{h}}.$$

La valeur supérieure se rapporte à une abscisse plus grande que celle du point d'inflexion, et la valeur inférieure se rapporte à une abscisse moindre. Comme ces deux valeurs sont de signes contraires, nous pouvons en conclure que $x = 0$ correspond à un point d'inflexion A, fig. 32.

Fig. 32.

130. Pour dernière application, prenons la courbe, fig. 33, qui a pour équation

Fig. 33.

$$(y - b)^2 = x^3.$$

Cette équation nous donne

$$y = b \pm x^{\frac{3}{2}}, \qquad \frac{dy}{dx} = \pm\,\frac{3}{2}\,x^{\frac{1}{2}}, \qquad \frac{d^2 y}{dx^2} = \pm\,\frac{3}{2}\cdot\frac{1}{2}\,\frac{1}{\sqrt{x}};$$

en faisant $x = 0$, on a $\dfrac{d^2 y}{dx^2} = \infty$, ce qui est un indice qu'il peut se rencontrer un point d'inflexion à l'origine. Pour savoir si ce point existe, faisons d'abord $x = h$, et substituons cette valeur dans celle de $\dfrac{d^2 y}{dx^2}$, qui devient

$$\frac{d^2 y}{dx^2} = \pm\,\frac{3}{2}\cdot\frac{1}{2}\,\frac{1}{\sqrt{h}}.$$

Si l'on fait ensuite $x = -h$, la valeur de $\dfrac{d^2 y}{dx^2}$ devient imaginaire, ainsi que la valeur de y, ce qui nous apprend que la courbe n'existe pas pour des abscisses négatives;

ainsi, quoique $\dfrac{d^2y}{dx^2}$ soit infini à l'origine, il n'y a pas de point d'inflexion. Bientôt il nous sera facile de reconnaître que ce coefficient différentiel appartient à une classe de points que l'on a compris sous le nom de *points de rebroussement;* c'est ce que nous allons examiner plus particulièrement dans le paragraphe suivant.

Des Points de rebroussement.

131. Lorsqu'une courbe s'arrête dans son cours, et revient sur ses pas, on a un point de rebroussement; le rebroussement est de la première espèce lorsque les deux branches se tournent leurs convexités, comme dans la fig. 34, et le rebroussement est de la seconde espèce lorsque les concavités sont concentriques, comme dans la fig. 35.

Fig. 34.

Fig. 35.

132. La courbe s'arrête ainsi, parce qu'au-delà du point C de rebroussement, les valeurs que l'on donne à l'abscisse en déterminent d'imaginaires pour l'ordonnée, ce qui suppose que $\dfrac{d^2y}{dx^2}$ renferme un radical ; et si, avant que la courbe suspende son cours, $\dfrac{d^2y}{dx^2}$ donne deux valeurs, l'une du signe de y et l'autre d'un signe contraire, cela annonce qu'il y a deux branches de courbe réunies au point C, fig. 34, l'une convexe vers l'axe des abscisses, et l'autre concave. A ces caractères on peut reconnaître un point de rebroussement de la première espèce ; si, au contraire, les deux valeurs de $\dfrac{d^2y}{dx^2}$ sont de même signe, les deux branches qui se réunissent en C, fig. 35, ne peuvent être que concentriques : par conséquent le rebroussement sera, dans ce cas, de la seconde espèce.

Fig. 34.

Fig. 35.

133. Pour premier exemple, examinons s'il y a des points de rebroussement dans la courbe qui a pour équation

$$(y - x)^2 = x^9.$$

Cette équation donne

$$y = x \pm x^{\frac{1}{2}} \sqrt{x} \dots \quad (78).$$

On voit que lorsqu'on prend x négatif, y devient imaginaire ; donc la courbe s'arrête à l'origine, où $x = 0$ et $y = 0$. Mais cela ne prouve pas encore qu'il y ait à l'origine un point de rebroussement, car il pourrait n'exister en ce point qu'un arc de courbe, toujours concave du même côté, comme cela a lieu au sommet de l'hyperbole ; ainsi, pour reconnaître si la valeur de $x = 0$ correspond à un point de rebroussement, il faut savoir ce que devient, près de l'origine, le coefficient différentiel du second ordre : or, en différenciant et en divisant par dx l'équation

$$y = x \pm x^{\frac{9}{2}},$$

on trouve

$$\frac{dy}{dx} = 1 \pm \tfrac{9}{2} x^{\frac{7}{2}} \dots \quad (79),$$

$$\frac{d^2 y}{dx^2} = \pm \tfrac{9}{2} \cdot \tfrac{7}{2} x^{\frac{5}{2}} = \pm \tfrac{9}{2} \cdot \tfrac{7}{2} x^2 \sqrt{x}.$$

Pour savoir si la courbe est concave ou convexe, près du point où elle suspend son cours, on augmentera l'abscisse de ce point d'une petite quantité h, en faisant $x = 0 + h$, c'est-à-dire h ; et en substituant cette valeur dans celle de $\frac{d^2 y}{dx^2}$, on trouvera

$$\frac{d^2 y}{dx^2} = \pm \tfrac{9}{2} \cdot \tfrac{7}{2} h^2 \sqrt{h}.$$

Ces deux valeurs de signes contraires indiquent donc deux
Fig. 36. branches ; l'une AM, fig. 36, qui tourne sa convexité vers l'axe des abscisses, et l'autre, AN, qui tourne sa concavité vers le même axe ; par conséquent l'origine est un point de rebroussement de la première espèce.

134. Pour second exemple, prenons l'équation

$$(y - b)^2 = (x - a)^3 ;$$

cette équation nous donne

$$y = b \pm \sqrt{(x - a)^3} \ldots \quad (80).$$

Si l'on fait $x = a$, on trouve $y = b$; mais si l'on donne à x des valeurs moindres que a, celles de y deviennent imaginaires ; car en mettant $a - h$ à la place de x, on trouve

$$y = b \pm \sqrt{-h^3} = b \pm h \sqrt{-h},$$

valeur imaginaire : la courbe suspend donc son cours au point C, fig. 34, dont les coordonnées sont a et b.

Pour connaître de quelle manière s'étendent ses branches au-delà du point C, substituons à x la valeur $a + h$, dans celle de $\dfrac{d^2 y}{dx^2}$, nous obtiendrons

$$\frac{d^2 y}{dx^2} = \pm \frac{3}{4 \sqrt{h}}.$$

Le signe supérieur de $\dfrac{d^2 y}{dx^2}$ nous indique une branche CM, qui tourne sa convexité vers l'axe des x, et le signe inférieur nous indique une branche CN, qui tourne sa concavité vers le même axe : donc il y a au point C un point de rebroussement de la première espèce (art. 116 et 132).

135. Pour troisième exemple, prenons la courbe dont l'équation est

$$y = ax^2 \pm bx^2 \sqrt{x}.$$

Si l'on fait $x = 0$, on trouve $y = 0$; mais pour x négatif y est imaginaire : donc la courbe suspend son cours à l'origine ; examinons ce que devient alors $\dfrac{d^2 y}{dx^2}$. Pour cet effet, en écrivant l'équation de la courbe de la manière suivante,

$$y = ax^2 \pm bx^{\frac{5}{2}},$$

nous obtiendrons

$$\frac{\mathrm{d}y}{\mathrm{d}x} = 2ax \pm \tfrac{5}{2}\, bx^{\frac{3}{2}},$$

$$\frac{\mathrm{d}^2 y}{\mathrm{d}x^2} = 2a \pm \tfrac{5}{2}\cdot\tfrac{3}{2}\, b \sqrt{x}\, ;$$

donnant à x une valeur positive très petite, représentée par h, la partie $\tfrac{5}{2}\cdot\tfrac{3}{2}\cdot b \sqrt{h}$ de la valeur de $\dfrac{\mathrm{d}^2 y}{\mathrm{d}x^2}$ sera moindre que la partie $2a$, par conséquent les deux valeurs de $\dfrac{\mathrm{d}^2 y}{\mathrm{d}x^2}$, données par l'équation

$$\frac{\mathrm{d}^2 y}{\mathrm{d}x^2} = 2a \pm \tfrac{5}{2}\cdot\tfrac{3}{2}\, b \sqrt{h},$$

seront positives ; d'où il suit qu'à l'origine, il y aura deux branches qui tourneront leurs convexités vers l'axe des x. Il existe donc, à l'origine, un point de rebroussement de la seconde espèce (art. 116 et 132).

136. Les points de rebroussement appartiennent à une classe de points compris sous la dénomination de *points multiples*.

Des points multiples.

137. On appelle *points multiples* les points où plusieurs branches de courbe se réunissent. Un point multiple est double lorsqu'il est à l'intersection de deux branches, il est triple lorsqu'il est à l'intersection de trois branches ; ainsi de suite.

Fig. 37.　138. Soit A, fig. 37, un point double, formé par les deux branches de courbe AB, AC, auxquelles on a mené les tangentes AT et AT′. Si nous représentons par..... $F(x, y) = 0$ l'équation de la courbe, délivrée de radicaux, la différentielle de cette équation, mise sous cette forme,

$Pdx + Qdy = 0$, ne renfermera aucun radical, parce que la différenciation d'une fonction rationnelle n'en introduit point dans cette fonction ; d'où il suit que P et Q seront des quantités rationnelles.

Cela posé, l'équation précédente nous donne

$$\frac{dy}{dx} = -\frac{P}{Q} \ldots \quad (81),$$

$\frac{dy}{dx}$ devant avoir deux valeurs différentes, puisqu'il y a deux tangentes, il faudra que $\frac{P}{Q}$ se détermine de manière que cette condition soit remplie ; or, elle le serait, si $\frac{P}{Q}$ renfermait un radical ; mais c'est une chose impossible, puisque nous avons vu que $\frac{P}{Q}$ était rationnel ; dans ce cas, il faut que l'Algèbre nous conduise à un résultat qui évite cette contradiction, et c'est ce qui a lieu lorsque $\frac{P}{Q}$ se présente sous la forme $\frac{o}{o}$, car nous savons que $\frac{o}{o}$ est le symbole d'une quantité indéterminée, et par conséquent susceptible de plusieurs valeurs.

139. Voici de quelle manière ce théorème se démontre. Supposons pour un instant que α et α' représentent les deux valeurs de la tangente trigonométrique de la courbe, au point multiple, ces valeurs devront satisfaire à l'équation

$$P + \frac{Qdy}{dx} = 0,$$

et donneront

$$P + Q\alpha = 0, \quad P + Q\alpha' = 0.$$

Ces deux dernières équations étant retranchées l'une de l'autre, on obtient

$$Q\,(\alpha - \alpha') = 0\,;$$

or, le facteur $\alpha - \alpha'$ étant composé de deux quantités inégales, ne peut être nul ; d'où il suit qu'on a $Q = 0$, ce qui réduit l'équation $P + Q\alpha = 0$ à $P = 0$. Au moyen de ces valeurs de P et de Q, l'équation $P + Q\dfrac{dy}{dx} = 0$, ou plutôt $\dfrac{dy}{dx} = -\dfrac{P}{Q}$ devient

$$\frac{dy}{dx} = \frac{0}{0}.$$

140. Si au lieu de deux branches réunies en un point, nous en avons un plus grand nombre, il suffit d'en considérer seulement deux, pour prouver qu'au point de rencontre de toutes ces branches, $\dfrac{dy}{dx} = \dfrac{0}{0}$. On ne peut parvenir aussi facilement à la même conclusion, lorsque plusieurs branches de courbe n'ont qu'une tangente commune ; néanmoins, dans ce cas même, on peut encore prouver que $\dfrac{dy}{dx}$ doit se présenter sous la forme $\dfrac{0}{0}$; mais comme la démonstration de ce théorème est fondée sur la considération des contacts des courbes, nous nous réservons de la donner (art. 172), lorsque nous aurons parlé des courbes osculatrices.

141. On peut remarquer que la démonstration de l'article 139 étant fondée sur ce que l'équation primitive a été délivrée de radicaux, si l'on différenciait sans les avoir préliminairement fait disparaître, il pourrait se faire qu'une équation qui comporte des points multiples ne donnât pas $\dfrac{dy}{dx} = \dfrac{0}{0}$. Par exemple, l'équation (78) art. 133, page 98, est dans ce cas : elle a un point double à l'origine, et cependant si l'on fait $x = 0$, l'équation (79) se réduit à $\dfrac{dy}{dx} = 1$.

142. Enfin, nous ajouterons que, quoique l'équation $\dfrac{dy}{dx} = \dfrac{0}{0}$ ait lieu pour un point multiple, il ne s'ensuit pas

qu'elle ne puisse subsister que pour un point de ce genre ; car la démonstration précédente ne nous dit pas que cette propriété leur soit exclusive. Ainsi, tout ce que l'on en doit conclure, c'est que la réduction de $\dfrac{dy}{dx}$ à $\dfrac{0}{0}$, indique seulement qu'il peut y avoir un point multiple.

143. Ce qui précède suffit pour nous indiquer le moyen de reconnaître s'il peut exister des points multiples dans une courbe déterminée par une équation. Pour cet effet, soit U cette équation, on en déduira, par la différenciation, $Pdx + Qdy = 0$, et l'on verra si les mêmes valeurs de x et de y satisfont à la fois à la proposée et aux équations $P = 0$, $Q = 0$; si cela est, ce sera un indice que ces valeurs de x et de y peuvent appartenir à un point multiple, et alors, en discutant la courbe aux environs de ce point, on reconnaîtra s'il est multiple.

Des points conjugués.

144. Considérons une courbe qui soit telle que, dans la partie où ses coordonnées sont imaginaires, il existe seulement deux coordonnées réelles ; ces coordonnées construiront un point qui sera entièrement détaché de la courbe, et auquel on a donné le nom de *point isolé* ou de *point conjugué*.

Représentons maintenant par $y = fx$ l'équation d'une courbe qui a un point conjugué. Si a et b sont les coordonnées de ce point, il faudra qu'au moins, dans ses environs, les coordonnées soient imaginaires, autrement il ne serait pas isolé ; par conséquent, si nous supposons que l'abscisse a s'augmente d'une petite quantité h, l'ordonnée correspondante, représentée par $f(a+h)$, devra être imaginaire ; or, la série de Taylor nous donne, en général,

$$f(x + h) = y + \frac{\mathrm{d}y}{\mathrm{d}x} h + \frac{\mathrm{d}^2 y}{\mathrm{d}x^2} \frac{h^2}{1.2} + \frac{\mathrm{d}^3 y}{\mathrm{d}x^3} \frac{h^3}{2.3} + \text{etc.}$$

Faisant $x = a$, il faudra que l'ordonnée correspondante soit b; par conséquent nous changerons y en b; et, appelant $\left(\frac{\mathrm{d}y}{\mathrm{d}x}\right)$, $\left(\frac{\mathrm{d}^2 y}{\mathrm{d}x^2}\right)$, $\left(\frac{\mathrm{d}^3 y}{\mathrm{d}x^3}\right)$, etc., ce que deviennent les coefficiens différentiels dans cette hypothèse, nous aurons

$$f(a + h) = b + \left(\frac{\mathrm{d}y}{\mathrm{d}x}\right) h + \left(\frac{\mathrm{d}^2 y}{\mathrm{d}x^2}\right) \frac{h^2}{1.2} + \left(\frac{\mathrm{d}^3 y}{\mathrm{d}x^3}\right) \frac{h^3}{2.3} + \text{etc.}$$

Or, pour que $f(a + h)$ soit une quantité imaginaire, il faut au moins que l'une des expressions $\left(\frac{\mathrm{d}y}{\mathrm{d}x}\right)$, $\left(\frac{\mathrm{d}^2 y}{\mathrm{d}x^2}\right)$, $\left(\frac{\mathrm{d}^3 y}{\mathrm{d}x^3}\right)$, etc., soit imaginaire; c'est-à-dire que l'hypothèse de $x = a + h$ rende imaginaire l'un des coefficiens différentiels; si cette condition est remplie, la courbe pourra avoir un point conjugué.

Par exemple, si l'on a l'équation

$$y = \pm (x + b) \sqrt{x},$$

en la différenciant, on trouvera

$$\frac{\mathrm{d}y}{\mathrm{d}x} = \pm \left(\tfrac{3}{2} \sqrt{x} + \frac{b}{2 \sqrt{x}} \right).$$

Cette valeur devenant imaginaire, lorsqu'on fait $x = -b$, et par conséquent $y = 0$, il est à présumer que le point A, fig. 38, dont les coordonnées sont $x = -b$ et $y = 0$, est un point conjugué; nous reconnaîtrons ensuite si ce point est réellement conjugué, en augmentant et en diminuant successivement l'abscisse $-b$, d'une quantité plus petite que b, et nous trouverons que, dans les deux cas, y devient imaginaire, ce qui annonce que le point dont il est question est un point conjugué.

Fig. 38.

145. Les points conjugués, comme les points multiples,

manifestent leur existence en rendant $\frac{0}{0}$ le coefficient dif-férentiel $\frac{dy}{dx}$.

En effet, l'équation

$$Q\frac{dy}{dx} + P = 0,$$

étant différenciée et divisée par dx, nous donne

$$Q\frac{d^2y}{dx^2} + \frac{dy}{dx}\frac{dQ}{dx} + \frac{dP}{dx};$$

et l'on voit que le terme qui est affecté de $\frac{d^2y}{dx^2}$ a Q pour coefficient ; en différenciant de nouveau, on trouvera que Q est encore le coefficient de $\frac{d^3y}{dx^3}$, et ainsi de suite ; de sorte que lorsqu'on sera arrivé au coefficient de l'ordre n, nous aurons un résultat de la forme

$$Q\frac{d^ny}{dx^n} + K = 0\ldots\quad (82).$$

Cela posé, il y a au moins l'un des coefficiens différentiels qui devient imaginaire pour une valeur de x, et qui par conséquent contient un radical ; représentant ce coefficient par $\frac{d^ny}{dx^n}$, il faudra donc que la fonction de x que représente cette expression ait plus d'une valeur. Cela suffit pour que nous puissions conclure, comme dans l'article 139, que $Q = 0$, ce qui réduira l'équation $P + Q\frac{dy}{dx} = 0$, à $P = 0$; il suit de là qu'on doit avoir $\frac{dy}{dx} = \frac{0}{0}$.

Des courbes osculatrices.

146. Soient $y = \varphi x$ et $y = Fx$, les équations de deux courbes qui se rencontrent, fig. 39, au point M, dont les coordonnées sont $AP = x'$, $PM = y'$; on aura donc, pour ce point,

$$\varphi x' = Fx' ;$$

supposons que x' devienne ensuite $x' + h$, les équations précédentes donneront

$$M'P' = \varphi(x' + h) = \varphi x' + \frac{d\varphi x'}{dx'}h + \frac{d^2\varphi x'}{dx'^2}\frac{h^2}{1.2} + \text{etc...} \quad (83),$$

$$M''P' = F(x' + h) = Fx' + \frac{dFx'}{dx'}h + \frac{d^2Fx'}{dx'^2}\frac{h^2}{1.2} + \text{etc...} \quad (84).$$

Si tous les termes correspondans de ces développemens sont identiquement les mêmes, les courbes se confondront; si l'on a seulement $Fx' = \varphi x'$, les courbes, comme nous l'avons vu, n'auront de commun que le point M ; si, outre $Fx' = \varphi x'$ on a $\dfrac{dFx'}{dx'} = \dfrac{d\varphi x'}{dx'}$, ces courbes se rapproche-ront davantage ; et encore plus, si, outre ces équations, on a encore $\dfrac{d^2Fx'^2}{dx'^2} = \dfrac{d^2\varphi x'}{dx'^2}$, et ainsi de suite ; car il est évi-dent que la différence de $M''P'$ à $M'P'$ sera d'autant moindre, qu'il y aura un plus grand nombre de termes égaux dans leurs développemens.

Cela posé, soient a, b, c, etc., les constantes de l'équa-tion $y = Fx$; on peut, sans changer la nature de la courbe, donner des valeurs arbitraires à ces constantes. Par exem-ple, si l'on a l'équation $y^2 = mx + nx^2$, qui est celle d'une ellipse, quelque valeur que l'on donne aux constantes m et n, cette équation ne cesse pas d'appartenir à une ellipse, puisque l'équation conserve toujours la même forme (bien entendu qu'on ne fait varier m et n que de grandeur et non de signes, et qu'on ne les suppose pas nuls). D'après cette observation, on peut regarder comme arbitraires, les constantes a, b, c, etc., qui entrent dans les équations

$$\varphi y' = F x', \quad \frac{dF x'}{d x'} = \frac{d\varphi x'}{d x'}, \quad \frac{d^2 F x'}{d x'^2} = \frac{d^2 \varphi x'}{d x'^2}, \quad \text{etc.};$$

et en prenant autant de ces équations qu'il y a de constantes, on déterminera ces constantes par la condition que ces équations soient satisfaites.

Par exemple, si l'équation $y = F x$ ne contient que trois constantes a, b, c, on posera

$$F x' = \varphi x', \quad \frac{dF x'}{d x'} = \frac{d\varphi x'}{d x'}, \quad \frac{d^2 F x'}{d x'^2} = \frac{d^2 \varphi x'}{d x'^2}.$$

On tirera, de ces équations, les valeurs de a, de b et de c, en fonction de x', de y', de $\dfrac{d y'}{d x'}$, etc.; on les substituera dans l'équation $y = F x$. Alors elle jouira de cette propriété que, lorsqu'on y mettra $x' + h$ à la place de x, l'équation (84), qu'on obtiendra à l'aide de la formule de Taylor, aura les trois premiers termes de son second membre respectivement égaux aux trois premiers du second membre de l'équation (83).

Ce que nous disons d'une équation qui ne renferme que trois constantes, peut s'appliquer à une qui en contiendrait un plus grand nombre.

147. Prenons pour exemple le cas où l'équation $y = F x$ représente celle d'une ligne droite; cette équation $y = F x$ sera donc remplacée par celle-ci,

$$y = ax + b \dots \quad (85).$$

Les équations de condition, nécessaires pour l'élimination des constantes a et b, seront

$$\varphi x' = ax' + b, \quad \frac{d\varphi x'}{dx'} = a \ldots \quad (86),$$

et comme $\varphi x'$ représente l'ordonnée en M de la courbe dont l'équation est $y = \varphi x$, et que x' correspond à y', nous pourrons remplacer $\varphi x'$ par y', et les équations (86) se changeront en

$$y' = ax' + b, \quad \frac{dy'}{dx'} = a\,;$$

éliminant a, on obtiendra

$$y' = \frac{dy'}{dx'}\, x' + b.$$

Substituant la valeur de b donnée par cette équation, et celle de a, dans l'équation (85) de la ligne droite, celle-ci deviendra

$$y - y' = \frac{dy'}{dx'}(x - x') \ldots \quad (87).$$

On reconnaît dans cette équation, celle d'une tangente MT, fig. 40, au point M, dont les coordonnées sont x' et y' (art. 73). Nous verrons bientôt pourquoi cette droite MT est tangente en M.

Fig. 40.

148. Reprenons la théorie précédente, et pour éviter les périphrases, convenons de dénommer les courbes par leurs équations. Nous avons vu, article 146, que si les courbes $y = \varphi x$ et $y = Fx$ avaient seulement un point commun, en représentant par x' et y' les coordonnées de ce point, on aurait l'équation de condition $Fx' = \varphi x'$; mais qu'en déterminant deux constantes de l'équation $y = Fx$, par les conditions $Fx' = \varphi x'$, et $\dfrac{dFx'}{dx'} = \dfrac{d\varphi x'}{dx'}$, les courbes commenceraient à se rapprocher.

Représentons par $y = fx$ ce que devient $y = Fx$ après qu'on y a substitué les valeurs de ces deux constantes, la courbe $y = fx$ sera une osculatrice du premier ordre à la courbe $y = \varphi x$; et si, toujours en vertu des valeurs arbitraires qu'on peut donner aux constantes, on élimine trois des constantes de l'équation $y = Fx$, au moyen des équations suivantes,

$$Fx' = \varphi x', \quad \frac{dFx'}{dx'} = \frac{d\varphi x'}{dx'}, \quad \frac{d^2Fx'}{dx'^2} = \frac{d^2\varphi x'}{dx'^2} \quad \cdots \quad (88),$$

et qu'on représente par ψx ce que devient Fx, après cette substitution, cette courbe $y = \psi x$ sera une osculatrice du deuxième ordre à la courbe $y = \varphi x$, dont elle approchera encore plus, et ainsi de suite; de sorte que pour une osculatrice du $n^{ième}$ ordre, nous aurons les équations

$$Fx' = \varphi x', \quad \frac{dFx'}{dx'} = \frac{d\varphi x'}{dx'}, \quad \frac{d^2Fx'}{dx'^2} = \frac{d^2\varphi x'}{dx'^2} \cdots \frac{d^nFx'}{dx'^n} = \frac{d^n\varphi x'}{dx'^n} \ldots (89).$$

149. Nous allons démontrer que, de deux osculatrices qu'on a obtenues ainsi, en faisant varier les constantes d'une même équation, celle de ces osculatrices qui est d'un ordre inférieur ne peut passer entre l'autre et la courbe à laquelle on a mené ces osculatrices.

Par exemple, soit MB, fig. 39, la courbe $y = \varphi x$, et MC son osculatrice $y = \psi x$ du second ordre; il s'agit de démontrer que l'osculatrice $y = fx$ du premier ordre, ne peut passer entre les courbes MB et MC.

Pour cet effet, en mettant $x' + h$ à la place de x, dans ces équations, nous trouverons

Fig 39.

$$\text{P'M' ou } \varphi(x'+h) = \varphi x' + \frac{d\varphi x'}{dx'}h + \frac{d^2\varphi x'}{dx'^2}\frac{h^2}{2} + \frac{d^3\varphi x'}{dx'^3}\frac{h^3}{2.3} + \text{etc.},$$

$$\text{P'M'' ou } \psi(x'+h) = \psi x' + \frac{d\psi x'}{dx'}h + \frac{d^2\psi x'}{dx'^2}\frac{h^2}{2} + \frac{d^3\psi x'}{dx'^3}\frac{h^3}{2.3} + \text{etc.},$$

$$f(x'+h) = fx' + \frac{dfx'}{dx'}h + \frac{d^2fx'}{dx'^2}\frac{h^2}{2} + \frac{d^3fx'}{dx'^3}\frac{h^3}{2.3} + \text{etc.}$$

la courbe $y = \psi x$, étant une osculatrice du second ordre à $y = \varphi x$, il faut qu'on ait

$$\psi x' = \varphi x', \quad \frac{\mathrm{d}\psi x'}{\mathrm{d}x'} = \frac{\mathrm{d}\varphi x'}{\mathrm{d}x'}, \quad \frac{\mathrm{d}^2\psi x'}{\mathrm{d}x'^2} = \frac{\mathrm{d}^2\varphi x'}{\mathrm{d}x'^2}.$$

D'une autre part, $y = fx$ étant une osculatrice du premier ordre à $y = \varphi x$, on a encore

$$fx' = \varphi x', \quad \frac{\mathrm{d}fx'}{\mathrm{d}x'} = \frac{\mathrm{d}\varphi x'}{\mathrm{d}x'} ;$$

en vertu de ces équations, on a donc

$$\varphi x' = \psi x' = fx',$$

$$\frac{\mathrm{d}\varphi x'}{\mathrm{d}x'} = \frac{\mathrm{d}\psi x'}{\mathrm{d}x'} = \frac{\mathrm{d}fx'}{\mathrm{d}x'},$$

et seulement

$$\frac{\mathrm{d}^2\varphi x'}{\mathrm{d}x'^2} = \frac{\mathrm{d}^2\psi x'}{\mathrm{d}x'^2} ;$$

faisons, pour simplifier,

$$\varphi x' + \frac{\mathrm{d}\varphi x'}{\mathrm{d}x'} h = \mathrm{K},$$

$$\tfrac{1}{2} \frac{\mathrm{d}^2\varphi x'}{\mathrm{d}x'^2} = \mathrm{V} ;$$

les trois développemens précédens pourront s'écrire ainsi :

$$\mathrm{P'M'} \text{ ou } \varphi(x' + h) = \mathrm{K} + \mathrm{V}h^2 + \frac{\mathrm{d}^3\varphi x'}{\mathrm{d}x'^3}\frac{h^3}{2.3} + \text{etc.},$$

$$\mathrm{P'M''} \text{ ou } \psi(x' + h) = \mathrm{K} + \mathrm{V}h^2 + \frac{\mathrm{d}^3\psi x'}{\mathrm{d}x'^3}\frac{h^3}{2.3} + \text{etc.},$$

$$f(x' + h) = \mathrm{K} + \frac{\mathrm{d}^2 fx'}{\mathrm{d}x'^2}\frac{h^2}{2} + \frac{\mathrm{d}^3 fx'}{\mathrm{d}x'^3}\frac{h^3}{2.3} + \text{etc.} ;$$

et en observant que tous les termes, à partir de celui qui

est affecté de h^3, ont h^3 pour facteur commun, nous pourrons supposer

$$\frac{\mathrm{d}^3\varphi x'}{\mathrm{d}x'^3}\frac{h^3}{2.3} + \text{etc.} = M h^3;$$

et en faisant des réductions analogues dans les autres équations, on aura

$$\varphi (x' + h) = K + V h^2 + M h^3,$$
$$\psi (x' + h) = K + V h^2 + N h^3,$$
$$f(x' + h) = K + \tfrac{1}{2}\frac{\mathrm{d}^2 f x'}{\mathrm{d}x'^2} h^2 + P h^3.$$

Les courbes $y = fx$ et $y = \psi x$ étant des osculatrices, l'une du premier ordre et l'autre du second ordre, V diffère nécessairement de $\tfrac{1}{2}\frac{\mathrm{d}^2 f x'}{\mathrm{d}x'^2}$. On ne peut donc faire que deux hypothèses sur V, savoir :

$$V < \tfrac{1}{2}\frac{\mathrm{d}^2 f x'}{\mathrm{d}x'^2}, \quad \text{ou} \quad V > \tfrac{1}{2}\frac{\mathrm{d}^2 f x'}{\mathrm{d}x'^2}.$$

Si V est moindre que $\tfrac{1}{2}\frac{\mathrm{d}^2 f x'}{\mathrm{d}x'^2}$, soit Z l'excès de $\tfrac{1}{2}\frac{\mathrm{d}^2 f x'}{\mathrm{d}x'^2}$ sur V, on aura

$$V + Z = \tfrac{1}{2}\frac{\mathrm{d}^2 f x'}{\mathrm{d}x'^2};$$

si au contraire V surpasse $\tfrac{1}{2}\frac{\mathrm{d}^2 f x'}{\mathrm{d}x'^2}$, la quantité Z sera négative.

En substituant cette valeur de $\tfrac{1}{2}\frac{\mathrm{d}^2 f x'}{\mathrm{d}x'^2}$, dans celle de $f(x' + h)$, et en observant que h^2 est facteur commun, nos trois développemens deviendront

$$\varphi\,(x' + h) = K + (V + Mh)\,h^2,$$
$$\psi\,(x' + h) = K + (V + Nh)\,h^2,$$
$$f\,(x' + h) = K + (V + Z + Ph)\,h^2.$$

Or, en faisant h très petit, il est possible que la quantité Z indépendante de h soit plus grande que les expressions Mh et Nh qui tendent vers zéro. Alors, si Z est positif, $f(x'+h)$ surpasse $\varphi\,(x'+h)$ et $\psi\,(x'+h)$; dans ce cas, on a donc $f(x'+h)$ ou P'M''', fig. 39, plus grand que P'M' et que P'M'', ce qui montre que la courbe $y = fx$, représentée par MM''', ne peut passer entre les deux autres.

Fig. 39.

Si, au contraire, Z est négatif, on a $f(x'+h)$ ou P'M^{IV}, moindre que P'M' et que P'M'', la courbe MM^{IV} étant alors celle qui s'approche le plus de l'axe des x, ne peut être comprise entre les deux autres.

150. On peut maintenant expliquer pourquoi la ligne droite, fig. 40, qui, art. 147, est une osculatrice du premier ordre, est tangente à la courbe; car il résulte de notre théorie, qu'entre cette droite et la courbe on ne peut faire passer aucune autre droite, ce qui est la propriété de la tangente.

Fig. 40.

On dit que la tangente a un contact du premier ordre avec la courbe. En général, une osculatrice d'un ordre n a un contact du même ordre avec la courbe à laquelle elle est osculatrice; ainsi, lorsqu'on a, entre deux courbes, les équations

$$\varphi x' = Fx', \quad \frac{d\varphi x'}{dx'} = \frac{dFx'}{dx'}, \quad \frac{d^2\varphi x'}{dx'^2} = \frac{d^2Fx'}{dx'^2},$$

ces courbes ont entre elles un contact du second ordre. Ce contact sera du troisième ordre si, outre ces équations, on a encore celle-ci :

$$\frac{d^3\varphi x'}{dx'^3} = \frac{d^3Fx'}{dx'^3},$$

et ainsi de suite.

151. L'équation du cercle, qui est

$$(y - \beta)^2 + (x - \alpha)^2 = \gamma^2,$$

renfermant trois constantes, nous pouvons déterminer le cercle qui a un contact du second ordre, avec une courbe MN, fig. 41, dont on a l'équation. Pour cet effet, soient Fig. 41. x' et y' les coordonnées du point M de la circonférence de ce cercle; la valeur de y' sera donnée par l'équation

$$(y' - \beta)^2 + (x' - \alpha)^2 = \gamma^2 \ldots \quad (90),$$

et devra remplacer Fx' dans les équations du contact, qui sont

$$\varphi x' = Fx', \quad \frac{d\varphi x'}{dx'} = \frac{dFx'}{dx'}, \quad \frac{d^2\varphi x'}{dx'^2} = \frac{d^2Fx'}{dx'^2};$$

si nous adoptons en même temps x et y pour les coordonnées de la courbe $y = \varphi x$, au point de contact, les équations précédentes deviendront

$$y = y', \quad \frac{dy}{dx} = \frac{dy'}{dx'}, \quad \frac{d^2y}{dx^2} = \frac{d^2y'}{dx'^2} \ldots \quad (91);$$

il faudra donc mettre, pour les quantités y', $\dfrac{dy'}{dx'}$, et $\dfrac{d^2y'}{dx'^2}$, leurs valeurs tirées de l'équation (90), et de ses différentielles successives, qui sont

$$(y' - \beta)\frac{dy'}{dx'} + x' - \alpha = 0 \ldots \quad (92),$$

$$(y' - \beta)\frac{d^2y'}{dx'^2} + \frac{dy'^2}{dx'^2} + 1 = 0 \ldots \quad (93).$$

Or, substituer dans les équations (91) les valeurs de y', de $\dfrac{dy'}{dx'}$, et de $\dfrac{d^2y'}{dx'^2}$, données par les équations (90), (92) et (93), n'est autre chose qu'éliminer ces quantités entre les équations (90), (91), (92) et (93), ce qui revient à effacer les accens dans les équations (90), (92) et (93), en observant d'ailleurs que quand

$$y = y', \quad \text{on a} \quad x = x';$$

supprimant donc les accens, on trouvera

$$(y - \beta)^2 + (x - \alpha)^2 = \gamma^2 \dots \quad (94),$$

$$(y - \beta) \frac{dy}{dx} + x - \alpha = 0 \dots \quad (95),$$

$$(y - \beta) \frac{d^2y}{dx^2} + \frac{dy^2}{dx^2} + 1 = 0 \dots \quad (96).$$

De cette dernière équation on tire

$$y - \beta = - \frac{\left(1 + \dfrac{dy^2}{dx^2}\right)}{\dfrac{d^2y}{dx^2}} \dots \quad (97).$$

Mettant cette valeur dans l'équation (95), on obtient

$$x - \alpha = \frac{\left(1 + \dfrac{dy^2}{dx^2}\right)}{\dfrac{d^2y}{dx^2}} \frac{dy}{dx} \dots \quad (98).$$

Si dans l'équation (94) on substitue ces valeurs de $y - \beta$ et de $x - \alpha$, on aura

$$\frac{\left(1 + \dfrac{dy^2}{dx^2}\right)^2}{\left(\dfrac{d^2y}{dx^2}\right)^2} + \frac{\left(1 + \dfrac{dy^2}{dx^2}\right)^2}{\left(\dfrac{d^2y}{dx^2}\right)^2} \frac{dy^2}{dx^2} = \gamma^2,$$

et, en ajoutant les numérateurs qui ont un facteur commun, on aura

$$\frac{\left(1 + \dfrac{dy^2}{dx^2}\right)^2 \left(1 + \dfrac{dy^2}{dx^2}\right)}{\left(\dfrac{d^2y}{dx^2}\right)^2} = \gamma^2;$$

cette équation se réduit à

$$\frac{\left(1 + \dfrac{dy^2}{dx^2}\right)^3}{\left(\dfrac{d^2y}{dx^2}\right)^2} = \gamma^2 \, ;$$

et, en tirant la racine carrée, donne

$$\pm \frac{\left(1 + \dfrac{dy^2}{dx^2}\right)^{\frac{3}{2}}}{\dfrac{d^2y}{dx^2}} = \gamma.$$

152. Le double signe est relatif à la position de γ : si la courbe tourne sa concavité vers l'axe des x, alors $\dfrac{d^2y}{dx^2}$ sera négatif (art. 115); et pour qu'alors γ se détermine positivement, nous le prendrons avec le signe négatif, et nous écrirons

$$\gamma = - \frac{\left(1 + \dfrac{dy^2}{dx^2}\right)^{\frac{3}{2}}}{\dfrac{d^2y}{dx^2}} \, \ldots \quad (99);$$

car la courbe, tournant sa concavité vers l'axe des abscisses, $\dfrac{d^2y}{dx^2}$ tient la place d'une quantité négative, qui, lorsqu'elle sera substituée dans la valeur de γ, la rendra positive.

153. On a donné au cercle que nous venons de considérer, le nom de *cercle osculateur,* et à son rayon celui de *rayon de courbure ;* il ne s'agira donc, pour obtenir le rayon de courbure, que d'avoir l'équation de la courbe, pour en déduire les coefficiens différentiels qu'on substituera dans la formule 99.

Si la courbe devait tourner sa convexite vers l'axe des x, nous ferions précéder la valeur de γ du signe positif.

154. On écrit quelquefois ainsi la valeur de γ :

$$\gamma = -\frac{(dx^2 + dy^2)^{\frac{3}{2}}}{dx\,d^2y}.$$

Cette formule se déduit facilement de l'équation (99); car en réduisant au même dénominateur les deux termes qui sont sous la parenthèse, et en observant que la puissance $\frac{3}{2}$ de dx^2, est dx^3, on obtiendra

$$\gamma = -\frac{(dx^2 + dy^2)^{\frac{3}{2}}}{dx^3 \dfrac{d^2y}{dx^2}} = -\frac{(dx^2 + dy^2)^{\frac{3}{2}}}{dx\,d^2y}.$$

155. Pour donner une application de la formule (99), cherchons le rayon de courbure de la parabole NAM, fig. 42, dont l'équation est $x^2 = my$; nous trouverons

$$2x\,dx = m\,dy, \quad \frac{dy}{dx} = \frac{2x}{m}, \quad \frac{d^2y}{dx^2} = \frac{2}{m};$$

donc

$$\gamma = \frac{\left(1 + \dfrac{4x^2}{m^2}\right)^{\frac{3}{2}}}{\dfrac{2}{m}} = \frac{\left[\dfrac{4}{m^2}\left(\dfrac{m^2}{4} + x^2\right)\right]^{\frac{3}{2}}}{\dfrac{2}{m}},$$

et en élevant les deux facteurs à la puissance $\frac{3}{2}$, on a

$$\gamma = \frac{8}{m^3}\,\frac{\left(\dfrac{m^2}{4} + x^2\right)^{\frac{3}{2}}}{\dfrac{2}{m}} = \frac{\left(\dfrac{m^2}{4} + x^2\right)^{\frac{3}{2}}}{\dfrac{m^2}{4}} \ldots \quad (100);$$

or, la normale à la parabole ayant pour expression (*Théorie des courbes*, art. 263) $\left(\dfrac{m^2}{4} + x^2\right)^{\frac{1}{2}}$, on voit que *le rayon de courbure de la parabole est égal au cube de la normale, divisé par le carré du demi-paramètre.*

156. Le cercle osculateur peut servir à mesurer la courbure de la courbe en un point M, fig. 41; car, si en ce

point M on décrit, avec le rayon de courbure, un arc ML Fig. 41. très petit, cet arc pourra être considéré comme l'arc même de la courbe, dont il s'écarte très peu ; or, plus l'arc ML a de courbure, plus son rayon est petit; d'où il résulte que par le décroissement du rayon de courbure, ou par son accroissement, on pourra connaître si la courbe augmente ou diminue de courbure.

Par exemple, en considérant l'équation (100), qui donne le rayon de courbure de la parabole, on voit qu'au sommet de la courbe, où $x = 0$, $\gamma = \dfrac{m}{2}$; mais que lorsque x s'accroît successivement, γ augmente, ce qui annonce que la courbure de la parabole va en diminuant, lorsqu'on s'écarte du sommet.

157. $\dfrac{d\gamma}{dx}$ exprimant la tangente trigonométrique de l'angle que la tangente en M, fig. 43, fait avec l'axe des x, Fig. 43. l'équation de la normale assujettie à passer par un point dont les coordonnées sont α et β, sera (art. 73)

$$\gamma - \beta = - \frac{dx}{d\gamma}(x - \alpha).$$

Cette équation étant la même que l'équation (95) dans laquelle α et β sont les coordonnées du centre du cercle osculateur, on voit que le rayon de ce cercle est une normale à la courbe.

158. Si maintenant, par tous les points d'une courbe MM'M'', etc., fig. 44, on mène des rayons de courbure Fig. 44. MO, M'O', M''O'', etc., on construira une suite de points O, O', O'', etc.; ces points étant assujettis à une certaine loi (*), cela suffit pour que nous puissions donner le nom

---

(*) Elle est implicitement renfermée dans l'équation de la courbe MM'M'', puisque cette courbe étant donnée, la position de ces points en résulte.

de *courbe* à leur système ; mais nous ne prononcerons encore rien sur la nature de cette nouvelle courbe, qu'on appelle la *développée de la courbe* MM'M''. Celle-ci, considérée relativement à la développée, est appelée la *développante*.

159. Si l'on passe d'un point à l'autre de la développée, non-seulement x et y varient, mais encore α, β et γ varient en même temps : car α et β étant, en général, les coordonnées des centres du cercle osculateur, comme la développée est formée par le système de ces centres, il en résulte que α et β sont les coordonnées de la développée ; coordonnées qui doivent varier d'un point de la courbe à l'autre. Il en est de même de γ, qui est le rayon du cercle osculateur, et qui représente alors la distance d'un point quelconque de la développée à un point de la développante d'où est parti γ. Par conséquent, en différenciant l'équation (95) par rapport à toutes les lettres (*), et en divisant par dx, nous obtiendrons

$$(y - \beta)\frac{d^2 y}{dx^2} + \frac{dy^2}{dx^2} - \frac{dy}{dx}\frac{d\beta}{dx} + 1 - \frac{d\alpha}{dx} = 0 ;$$

retranchant l'équation (96) de celle-ci, il reste

$$- \frac{dy}{dx}\frac{d\beta}{dx} - \frac{d\alpha}{dx} = 0 ,$$

d'où l'on tire

$$\frac{dy}{dx} = - \frac{\dfrac{d\alpha}{dx}}{\dfrac{d\beta}{dx}} = - \frac{d\alpha}{dx} \times \frac{1}{\dfrac{d\beta}{dx}} ;$$

(*) On ne peut pas différencier autrement l'équation

$$(y - \beta)^2 + (x - \alpha)^2 = \gamma^2 ,$$

et ses dérivées ; cependant il semble que nous ayons agi autrement, lorsque de l'équation (90) nous avons déduit les équations (92) et (93). Je répondrai que, comme nous avions deux constantes arbitraires dans

or, art. 69,

$$\frac{1}{\dfrac{\mathrm{d}\beta}{\mathrm{d}x}} = \frac{\mathrm{d}x}{\mathrm{d}\beta} ;$$

donc

$$\frac{\mathrm{d}y}{\mathrm{d}x} = -\frac{\mathrm{d}\alpha}{\mathrm{d}x} \times \frac{\mathrm{d}x}{\mathrm{d}\beta},$$

et par conséquent, art. 26,

$$\frac{\mathrm{d}y}{\mathrm{d}x} = -\frac{\mathrm{d}\alpha}{\mathrm{d}\beta}.$$

Si l'on substitue cette valeur de $\dfrac{\mathrm{d}y}{\mathrm{d}x}$ dans l'équation (95), on obtiendra

$$y - \beta = \frac{\mathrm{d}\beta}{\mathrm{d}\alpha}(x - \alpha)\ldots\quad (101).$$

160. Nous avons vu, article 157, que l'équation...
$y - \beta = -\dfrac{\mathrm{d}x}{\mathrm{d}y}(x - \alpha)$, était celle du rayon de courbure qui passait par le point dont les coordonnées sont x et y. En remplaçant $-\dfrac{\mathrm{d}x}{\mathrm{d}y}$ par $\dfrac{\mathrm{d}\beta}{\mathrm{d}\alpha}$, ce sera toujours l'équation du même rayon ; mais l'équation (101) étant aussi celle d'une tangente menée au point de la développée, dont les coordonnées sont α et β (*), le rayon de courbure est donc tangent à la développée.

---

l'équation (90), nous les avons déterminées par la condition que les fonctions représentées par les premiers membres des équations (92) et (93), fussent nulles ; mais, sans cela, nous n'aurions pas eu le droit de conclure de ce que l'équation (90) a lieu, que les équations (92) et (93) doivent aussi avoir lieu.

(*) Observons qu'en général α et β étant les coordonnées d'un point quelconque de la développée, l'équation de la développée sera $\beta = f\alpha$; donc $\dfrac{\mathrm{d}\beta}{\mathrm{d}\alpha}$ représente, art. 73, l'angle que la tangente au point α, β, fait avec l'axe des abscisses.

161. Comme dans la démonstration suivante nous emploierons la différentielle d'un arc de courbe, nous allons déterminer cette différentielle.

Fig. 45.   Supposons qu'une abscisse $AP = x$, fig. 45, s'accroisse de $PP' = h$; si nous menons la parallèle MO à l'axe des x, nous aurons évidemment

$$corde\ MM' = \sqrt{\overline{MO^2 + M'O^2}} = \sqrt{\overline{h^2 + M'O^2}};$$

or,

$$M'O = f(x+h) - fx = \frac{dy}{dx}h + \frac{d^2y}{dx^2}\frac{h^2}{2} + \text{etc.}$$

Substituant cette valeur dans l'expression de MM', et représentant par A, par B, etc., les coefficiens de h^3, de h^4, etc., on aura

$$MM' = \sqrt{h^2 + \frac{dy^2}{dx^2}h^2 + Ah^3 + Bh^4 + \text{etc.}},$$

ou

$$MM' = \sqrt{h^2\left(1 + \frac{dy^2}{dx^2}\right) + Ah^3 + Bh^4 + \text{etc.}};$$

donc

$$\frac{MM'}{h} = \sqrt{1 + \frac{dy^2}{dx^2} + Ah + Bh^2 + \text{etc.}}$$

Dans le cas de la limite, la corde se confond avec l'arc que je représenterai par s, de sorte que nous aurons

$$\frac{ds}{dx} = \sqrt{1 + \frac{dy^2}{dx^2}},$$

d'où nous tirerons, en multipliant par dx,

$$ds = \sqrt{dx^2 + dy^2}.$$

162. Pour la développée, dont les coordonnées sont α et β, nous aurons donc également

$$ds = \sqrt{d\alpha^2 + d\beta^2}.$$

163. Différencions maintenant l'équation (94) par rapport à toutes les lettres, nous trouverons

$$(y - \beta)(dy - d\beta) + (x - \alpha)(dx - d\alpha) = \gamma d\gamma;$$

l'équation (95) nous donne

$$(y - \beta)\, dy + (x - \alpha)\, dx = 0;$$

retranchant ce résultat de l'équation précédente, il nous reste

$$-(y - \beta)\, d\beta - (x - \alpha)\, d\alpha = \gamma d\gamma \ldots \quad (102).$$

Si dans cette équation (102) et dans l'équation (94), nous substituons la valeur de $y - \beta$, donnée par l'équation (101), nous trouverons ces deux équations :

$$-\frac{d\beta^2}{d\alpha}(x - \alpha) - (x - \alpha)\, d\alpha = \gamma d\gamma,$$

$$\frac{d\beta^2}{d\alpha^2}(x - \alpha)^2 + (x - \alpha)^2 = \gamma^2;$$

mettant $x - \alpha$ en facteur commun, et tirant la racine carrée de la seconde, ces équations deviennent

$$-(x - \alpha)\frac{d\beta^2 + d\alpha^2}{d\alpha} = \gamma d\gamma,$$

$$(x - \alpha)\frac{\sqrt{d\alpha^2 + d\beta^2}}{d\alpha} = \gamma;$$

divisant la première de ces équations par la seconde, on obtient

$$d\gamma = -\sqrt{d\beta^2 + d\alpha^2}.$$

Or nous avons vu, art. 162, qu'en appelant s un arc de la développée, on avait

$$ds = \sqrt{d\beta^2 + d\alpha^2};$$

122　　　CALCUL DIFFÉRENTIEL.

en comparant cette équation à la précédente, nous en déduirons

$$d\gamma = -\,ds, \quad \text{ou} \quad d(\gamma + s) = 0;$$

et comme toute fonction dont la différentielle est nulle est constante, nous avons donc $\gamma + s = constante$; donc si le rayon de courbure s'augmente, il faut que s diminue d'autant.

On énonce cette proposition en disant que *le rayon de courbure varie par les mêmes différences que la développée.*

164. Soient, fig. 46, $MO = \gamma$; $OB = s$; $M'O' = \gamma'$, $O'B = s'$; nous avons donc, pour le rayon de courbure MO,

$$\gamma + s = constante,$$

ou

$$MO + arc\ OB = constante\ldots\ldots \quad (103).$$

Pareillement, le rayon de courbure $M'O'$ donne lieu l'équation

$$\gamma' + s' = constante,$$

ou

$$M'O' + arc\ O'B = constante\ldots\ldots \quad (104);$$

les seconds membres des équations (103) et (104), représentant une même constante, nous tirerons de ces équations,

$$M'O' + arc\ O'B = MO + arc\ OB,$$

et par conséquent,

$$M'O' - MO = arc\ OB - arc\ O'B = arc\ OO',$$

ce qui nous apprend que la *différence de deux rayons de courbure est égale à l'arc qu'ils comprennent entre eux.*

165. Il suit de là que si l'on applique sur la développée

OB, fig. 46, un fil qui, se terminant tangentiellement, soit fixé au point M de la développante MC, lorsqu'on développera ce fil, en le laissant constamment tendu, son extrémité M décrira dans ce mouvement la développante MC; car, en supposant que dans son mouvement il soit arrivé dans une position O'M', il se sera accru de OO', et par conséquent égalera en longueur le rayon de courbure qui passe par le point O'; donc l'extrémité M' de ce fil sera sur la développante.

166. Voici de quelle manière on peut trouver l'équation de la développée : 1°. on tirera de l'équation de la courbe les valeurs de y, et des coefficiens différentiels $\dfrac{dy}{dx}$, $\dfrac{d^2y}{dx^2}$, etc.; 2°. on substituera ces valeurs dans les équations (95) et (96), ce qui donnera deux nouvelles équations, qui ne seront plus que des fonctions de x; 3°. éliminant x entre ces équations, on parviendra à une équation entre α et β. Cette équation sera celle de la développée.

167. Déterminons par ce procédé la développée de la parabole, dont l'équation est $x^2 = my$: en différenciant, on trouve

$$2x\,dx = m\,dy,$$

et par conséquent

$$\frac{dy}{dx} = \frac{2x}{m}, \quad \frac{d^2y}{dx^2} = \frac{2}{m};$$

substituant, dans les équations (95) et (96), ces valeurs de y, de $\dfrac{dy}{dx}$ et de $\dfrac{d^2y}{dx^2}$, ces équations deviennent

$$\left(\frac{x^2}{m} - \beta\right)\frac{2x}{m} + x - \alpha = 0 \dots \quad (105),$$

$$\left(\frac{x^2}{m} - \beta\right)\frac{2}{m} + \frac{4x^2}{m^2} + 1 = 0 \dots \quad (106);$$

retranchant l'équation (105) de l'équation (106), multipliée par x, on obtiendra

$$\alpha + \frac{4x^3}{m^2} = 0 \dots \quad (107).$$

D'une autre part, l'équation (106) multipliée par m^2, et réduite, nous donne

$$6x^2 - 2m\beta + m^2 = 0 ,$$

d'où l'on tire

$$\beta = \frac{3x^2}{m} + \frac{m}{2} \dots \quad (108).$$

En éliminant x entre les équations (107) et (108), on aura l'équation de la développée.

Mais avant de faire cette opération, remarquons que pour l'origine où $x = 0$, les équations (107) et (108) se réduisent à $\alpha = 0$, $\beta = \frac{m}{2}$; en prenant donc $AB = \frac{m}{2}$,

Fig. 47. fig. 47, on a le point B de la développée; on voit ensuite, par l'équation (108), qu'en donnant des valeurs positives ou négatives à x, β augmente à mesure que ces valeurs s'accroissent, d'où il résulte que la développée se compose de deux branches BC et BD.

168. Pour éliminer x entre les équations (107) et (108), la première, élevée au carré, donne

$$x^6 = \alpha^2 \frac{m^4}{16} ;$$

d'une autre part, on tire de l'équation (108),

$$x^2 = \left(\beta - \frac{m}{2} \right) \frac{m}{3} ;$$

en élevant au cube les deux membres de cette équation, on trouve

$$x^6 = \left(\beta - \frac{m}{2} \right)^3 \frac{m^3}{27} ;$$

égalant ces deux valeurs de x^6, et divisant par m^3, on obtient

$$\alpha^2 \frac{m}{16} = \left(\beta - \frac{m}{2}\right)^3 \frac{1}{27} \; ;$$

appelons β' la quantité $\beta - \dfrac{m}{2}$, et multiplions par 27, cette équation devient

$$\beta'^3 = \frac{27}{16} m\alpha^2 = n\alpha^2 \quad (*),$$

en faisant $\dfrac{27}{16} m = n$, l'origine est alors transportée en B, Fig. 47.
puisque $\beta' = \beta - \dfrac{m}{2}$.

169. Une osculatrice peut être située de deux manières différentes, à l'égard de la courbe avec laquelle elle est en contact : 1°. elle peut avoir ses deux branches toutes deux au-dessus de la courbe, comme dans la fig. 48, ou toutes Fig. 48. deux au-dessous, comme dans la fig. 49 ; alors l'osculatrice Fig. 49. ne fera que toucher la courbe ; 2°. l'osculatrice peut avoir une branche au-dessus de la courbe et l'autre au-dessous, comme dans la fig. 50 ; dans ce cas, l'osculatrice coupera Fig. 50. la courbe au point M.

170. On va démontrer, fig. 51, que le cercle osculateur Fig. 51. coupe la courbe.

Soient pour une même abscisse $x + h$,

Y l'ordonnée de la courbe,

Y' l'ordonnée de l'osculatrice ;

on a donc

(*) Il est facile de prouver que les branches BC, BD se tournent leurs convexités ; car en différenciant deux fois de suite l'équation $\beta'^3 = n\alpha^2$, ou $\beta' = n^{\frac{1}{3}}\alpha^{\frac{2}{3}}$, on trouve $\dfrac{d^2\beta'}{d\alpha^2} = -\dfrac{2}{9} n^{\frac{1}{3}} \alpha^{-\frac{4}{3}} = -\dfrac{2}{9}\sqrt[3]{\dfrac{n}{\alpha^4}}$, valeur négative pour α positif comme pour α négatif, ce qui prouve que chaque branche tourne sa concavité vers l'axe des x.

$$Y = \varphi(x+h) = \varphi x + A h + B h^2 + C h^3 + \text{etc.,}$$
$$Y' = F(x+h) = F x + A' h + B' h^2 + C' h^3 + \text{etc.,} \quad \Big\} \dots (109).$$

Or, puisque le cercle est une osculatrice du second ordre (art. 148), les trois premiers termes de ces développemens seront les mêmes; donc la différence des ordonnées, qui correspondent à $x + h$, sera

$$(C - C')h^3 + \text{etc.} \dots \quad (110).$$

Supposons maintenant que l'abscisse devienne $x - h$; il faudra changer h en $-h$ dans la différence des ordonnées, qui deviendra

$$- (C - C')h^3 + \text{etc.} \dots \quad (111).$$

Or, comme le premier terme des suites (110) et (111) peut surpasser la somme de tous les autres termes, en prenant h assez petit, il en résulte que la différence des ordonnées changera de signe, lorsque l'abscisse, au lieu d'être $x + h$, sera $x - h$; ainsi, en prenant, fig. 51, $PP'' = PP' = h$, si la différence des ordonnées correspondantes à $x + h$ est une quantité positive, c'est-à-dire si l'ordonnée $P'M'$ de la courbe surpasse $P'N'$, l'ordonnée $P''N''$ de l'osculatrice surpassera l'ordonnée $P''M''$ de la courbe : d'où l'on conclura que l'osculatrice est d'un côté au-dessus de la courbe et de l'autre au-dessous, et par conséquent la coupe.

Ce que nous disons du cercle, qui est une osculatrice du deuxième ordre, peut s'appliquer à toute osculatrice d'ordre pair.

171. Si l'osculatrice était d'un ordre impair, elle toucherait seulement la courbe, au lieu de la couper. Cela est évident d'après la démonstration précédente.

172. Voici le théorème que nous avons promis de donner, art. 140, sur les *points multiples*. Si les courbes qui se réunissent en un de ces points, ont une tangente commune dont l'équation soit représentée par $y = ax + b$, nous changerons Fx en $ax + b$, dans la seconde des équa

tions (109), ce qui donnera $\dfrac{dFx}{dx}$ ou $A' = a$, et tous les autres coefficiens de cette équation seront nuls. La tangente étant une osculatrice du premier ordre, $\phi x + Ah$ égalera $Fx + A'h$, ce qui réduira la différence des équations (109) à $Y - Y' = Bh^2 + Ch^3 +$ etc.

Cette différence des ordonnées devant avoir une valeur double, QM et QM' (fig. 52), il faut que l'un des coefficiens différentiels qui sont représentés par B, C, etc., ait deux valeurs. Soit $\dfrac{d^n \phi x}{dx^n}$ ce coefficient; si l'on prend les différentielles successives de l'équation $Pdx + Qdy = 0$, nous avons vu, art. 145, qu'à chaque différenciation le terme Q reste toujours facteur de la différentielle de l'ordre le plus élevé de y; de sorte que la différentielle de l'ordre n de la fonction proposée pourra être représentée par $Q\dfrac{d^n y}{dx^n} + K = 0$, et puisque $\dfrac{d^n y}{dx^n}$ doit avoir deux valeurs, on prouvera, comme dans l'art. 139, que Q est nul. Cette valeur de Q réduira celle de P à zéro; d'où il suit que l'équation $\dfrac{dy}{dx} = -\dfrac{P}{Q}$ donnera $\dfrac{dy}{dx} = \dfrac{0}{0}$.

Application du théorème de Taylor au développement des fonctions de deux variables qui reçoivent des accroissemens.

173. Lorsque dans une fonction u, de deux variables indépendantes x et y, on change x en $x + h$, et y en $y + k$, le théorème de Taylor peut nous donner le développement de cette fonction. En effet, si l'on substitue d'abord à x la valeur $x + h$, on aura

$$f(x+h, y) = u + \frac{du}{dx}h + \frac{d^2 u}{dx^2}\frac{h^2}{2} + \frac{d^3 u}{dx^3}\frac{h^3}{2.3} + \text{etc.} \dots \quad (112);$$

h étant en évidence dans ce développement, y ne peut être contenu que dans les fonctions u, $\dfrac{du}{dx}$, $\dfrac{d^2 u}{dx^2}$, $\dfrac{d^3 u}{dx^3}$, etc.

Changeant donc y en $y + k$ dans ces fonctions, nous remplacerons, dans l'équation (112),

$$u \text{ par } u \;+\; \frac{du}{dy}\,k \;+\; \frac{d^2u}{dy^2}\,\frac{k^2}{2} \;+\; \frac{d^3u}{dy^3}\,\frac{k^3}{2.3} \;+\; \text{etc.};$$

$$\frac{du}{dx}\text{ par }\frac{du}{dx} \;+\; \frac{d.\dfrac{du}{dx}}{dy}\,k \;+\; \frac{d^2.\dfrac{du}{dx}}{dy^2}\,\frac{k^2}{2} \;+\; \frac{d^3.\dfrac{du}{dx}}{dy^3}\,\frac{k^3}{2.3} \;+\; \text{etc.};$$

$$\frac{d^2u}{dx^2}\text{ par }\frac{d^2u}{dx^2} \;+\; \frac{d.\dfrac{d^2u}{dx^2}}{dy}\,k \;+\; \frac{d^2.\dfrac{d^2u}{dx^2}}{dy^2}\,\frac{k^2}{2} \;+\; \frac{d^3.\dfrac{d^2u}{dx^2}}{dy^3}\,\frac{k^3}{2.3} \;+\; \text{etc.};$$

etc.,   etc.,   etc.,   etc.,   etc.;

et formant autant de lignes qu'il y a de termes dans l'é-
quation (112), nous obtiendrons

$$f(x+h,y+k)=u+\frac{du}{dy}k+\frac{d^2u}{dy^2}\frac{k^2}{2}+\text{etc.}$$
$$\left.\begin{array}{l} +\dfrac{du}{dx}h+\dfrac{d.\dfrac{du}{dx}}{dy}hk+\text{etc.} \\[2em] +\dfrac{d^2u}{dx^2}\dfrac{h^2}{2}+\text{etc.} \\[1em] +\text{etc.}\end{array}\right\}\dots\;(113).$$

174. Si l'on eût fait les substitutions dans un ordre inverse, on aurait d'abord trouvé, en changeant y en $y+k$,

$$f(x,y+k)=u+\frac{du}{dy}k+\frac{d^2u}{dy^2}\frac{k^2}{2}+\frac{d^3u}{dy^3}\frac{k^3}{2.3}+\text{etc.};$$

et en mettant ensuite dans chaque terme $x+h$ à la place
de x, on serait parvenu à ce développement

$$f(y+k,x+h)=u+\frac{du}{dx}h+\frac{d^2u}{dx^2}\frac{h^2}{2}+\text{etc.}$$
$$\left.\begin{array}{l} +\dfrac{du}{dy}k+\dfrac{d.\dfrac{du}{dy}}{dx}hk+\text{etc.} \\[2em] +\dfrac{d^2u}{dy^2}\dfrac{k^2}{2}+\text{etc.} \\[1em] +\text{etc.}\end{array}\right\}\dots\;(114).$$

L'ordre dans lequel nous avons fait ces substitutions étant arbitraire, puisque devant mettre $x + h$ partout où entre x, et $y + k$ partout où entre y, ces opérations ne peuvent influer l'une sur l'autre; il en résulte que les deux développemens 113 et 114 doivent être identiques, et que, par conséquent, les termes affectés des mêmes produits de h et de k ont les mêmes valeurs. Si nous égalons donc entre eux les termes qui sont multipliés par hk, nous obtiendrons

$$\frac{d \cdot \frac{du}{dx}}{dy} = \frac{d \cdot \frac{du}{dy}}{dx}, \quad \text{ou plutôt} \quad \frac{d^2 u}{dx\,dy} = \frac{d^2 u}{dy\,dx}.$$

Cette équation nous apprend que pour prendre la différentielle seconde du produit de deux variables, l'ordre des différenciations est arbitraire. On prouverait la même chose pour les coefficiens différentiels des ordres supérieurs, en égalant entre eux les coefficiens différentiels des autres termes des équations (113) et (114).

Des maxima et minima, dans les fonctions de deux variables.

175. Nous venons de voir, art. 173, que si, dans une fonction de deux variables indépendantes x et y, on remplaçait x par $x + h$, et y par $y + k$, le développement de $f(x + h, y + k)$ serait donné par l'équation (113). Si dans cette équation nous représentons $f(x+h, y+k)$ par U, k par mh, et $\dfrac{d \cdot \frac{du}{dx}}{dy}$ par $\dfrac{d^2 u}{dx\,dy}$, nous aurons

$$U = u + h\left(\frac{du}{dy} m + \frac{du}{dx}\right) + \frac{1}{2} h^2 \left(\frac{d^2 u}{dy^2} m^2 + 2 \frac{d^2 u}{dx\,dy} m + \frac{d^2 u}{dx^2}\right)$$
$$+ \textit{termes en } h^3, \textit{en } h^4, \text{etc.} \dots \quad (115).$$

Pour que u soit un maximum ou un minimum, il faut que, quelque valeur que l'on attribue aux accroissemens h et k, U soit toujours plus grand que u ou toujours plus petit; or, cela n'est possible qu'autant que le terme $h\left(\dfrac{du}{dy}m+\dfrac{du}{dx}\right)$ est nul ; car si cela n'était pas, ce terme, art. 91, pouvant être rendu plus grand que la somme algébrique de tous ceux qui le suivent, moyennant une valeur convenable de h, en prenant successivement cette valeur négative et positive, on rendrait, dans l'un des cas, U plus grand, et dans l'autre moindre que u ; ainsi, pour que cette fonction u soit un maximum ou un minimum, il faut que l'on ait

$$h\left(\frac{du}{dy}m+\frac{du}{dx}\right)=0,$$

ou plutôt

$$\frac{du}{dy}m+\frac{du}{dx}=0.$$

L'accroissement k étant arbitraire, il en doit être de même de m ; par conséquent cette équation a lieu quel que soit m, ce qui exige qu'elle se partage en celles-ci :

$$\frac{du}{dy}=0, \qquad \frac{du}{dx}=0.$$

174. Examinons maintenant ce qui distingue le maximum du minimum. Pour cet effet, remarquons que puisque le terme en h est nul, c'est le terme en h^2 qui doit décider du signe de la somme algébrique de tous ceux qui suivent u ; il faut donc que le terme en h^2, s'il n'est pas nul, ne puisse, par des valeurs de h et de k, se déterminer tantôt positivement, tantôt négativement, autrement U pourrait être, dans un cas, plus petit, et dans un autre plus grand que u ; ainsi, nous allons chercher la condition qui doit avoir lieu pour que le terme en h^2 conserve toujours le même signe, quelles que soient les valeurs qu'on donne à h et à k. Dans cette vue, représentons le terme en h^2 de l'équation (115) par

$$\frac{1}{2}h^2\left(Am^2+2Bm+C\right);$$

mettant A en facteur commun, ce terme deviendra

$$\frac{1}{2}Ah^2\left(m^2+2\frac{B}{A}m+\frac{C}{A}\right)\dots\ (116);$$

ajoutons sous la parenthèse la quantité identiquement nulle $\dfrac{B^2}{A^2}-\dfrac{B^2}{A^2}$, l'expression (116) pourra s'écrire ainsi :

$$\frac{1}{2}Ah^2\left[\left(m+\frac{B}{A}\right)^2+\frac{C}{A}-\frac{B^2}{A^2}\right]\dots\ (117);$$

et l'on voit qu'elle sera toujours du signe de A si, C et A étant de mêmes signes, l'on a $\dfrac{C}{A} > \dfrac{B^2}{A^2}$, c'est-à-dire $AC > B^2$; car alors la quantité, qui est multipliée par $\dfrac{1}{2} Ah^2$, sera essentiellement positive, et le signe de l'expression (117) dépendra de celui de A; de sorte qu'on aura un maximum ou un minimum, suivant que A sera négatif ou positif, c'est-à-dire suivant le signe de $\dfrac{d^2 u}{dy^2}$, qui est le même que celui de $\dfrac{d^2 u}{dx^2}$, parce qu'on a vu que C et A étaient supposés être de mêmes signes.

De la transformation des coordonnées rectangulaires en coordonnées polaires.

177. Considérons une courbe BDC, fig. 53, dans laquelle Fig. 53. on a déterminé de position un point M, à l'aide des coordonnées rectangulaires $AP = x$ et $PM = y$; ce point peut être également déterminé si l'on donne l'angle MAC et le rayon vecteur AM; mais comme on mesure ordinairement les angles par les arcs, nous remplacerons l'angle MAC par l'arc mo, décrit avec un rayon pris pour unité; ainsi, en nommant t cet arc mo, et u le rayon vecteur AM, nous pouvons substituer le système des coordonnées polaires t et u à celui des coordonnées rectangulaires $AP = x$ et $PM = y$.

178. Il est à observer que l'origine des abscisses polaires est quelquefois placée ailleurs qu'en o; car le point M est également déterminé, lorsque ayant pris un point o' pour origine, on donne l'arc $o'm$ et le rayon vecteur AM. Dans ce cas, nous pouvons représenter $o'm$ par t', et alors toutes les abscisses comptées de l'origine o différeront des abscisses comptées de l'origine o', d'une quantité constante oo'; et il y aura entre elles la relation suivante :

$$t = t' - oo'.$$

Comme, au moyen de cette relation, on peut toujours

changer l'origine de la manière qui nous convient, nous supposerons, pour plus de simplicité, l'origine en o.

179. Représentons maintenant par $F(x, y) = o$, l'équation dans laquelle nous voulons changer les coordonnées rectangulaires $AP = x$ et $PM = y$ en coordonnées polaires $om = t$ et $AM = u$, et cherchons les relations qui existent entre ces coordonnées ; nous avons évidemment

$$AP = AM \cos MAP, \quad PM = AM \sin MAP,$$

ou

$$x = u \cos t, \qquad y = u \sin t \ldots \ (118).$$

Il suffirait donc de substituer ces valeurs dans l'équation représentée par $F(x, y) = o$, pour obtenir celle qui serait rapportée à des coordonnées polaires.

180. Si l'origine des coordonnées rectangulaires x et y n'est pas au centre A de la courbe, fig. 54 ; soient x', y', les coordonnées comptées de l'origine A', et a et b les coordonnées comptées du centre A, on aura

$$AP = A'Q - A'B, \quad MP = MQ - AB,$$

ou

$$x = x' - a, \qquad y = y' - b,$$

valeurs qu'on substituera dans les formules précédentes.

De la transformation des coordonnées polaires en coordonnées rectangulaires, et détermination de l'expression différentielle de l'arc dans une courbe polaire.

181. L'équation rapportée à des coordonnées polaires étant représentée par $F(t, u) = o$, on voit d'abord, fig. 53, qu'on peut remplacer u par sa valeur tirée de l'équation

$$AM^2 = AP^2 + PM^2,$$

ou
$$u^2 = x^2 + y^2 \dots (119).$$

A l'égard de t, les équations (118), divisées l'une par l'autre, nous donneront

$$\frac{y}{x} = \frac{\sin t}{\cos t} = \tang t,$$

d'où l'on tire

$$t = \arc\left(\tang = \frac{y}{x}\right).$$

Cette valeur de t et celle de u étant substituées dans l'équation représentée par $F(t, u) = 0$, on obtient

$$F\left[\arc\left(\tang = \frac{y}{x}\right), \quad \sqrt{x^2 + y^2}\right] = 0 \dots (120).$$

C'est ainsi qu'on parvient à une équation en x et en y, et affectée d'une quantité transcendante.

182. On peut aussi obtenir entre x et y une équation qui ne contiendra point la transcendante $\arc\left(\tang = \frac{y}{x}\right)$; mais qui renfermera des différentielles. Pour cela, on différenciera l'équation qui est représentée par la formule 120, ou, comme cela se pratique, on emploiera le moyen suivant pour arriver à ce but. Représentons toujours par $F(u, t) = 0$ l'équation qu'il s'agit de transformer en une fonction des coordonnées rectangulaires x et y ; nous venons de voir, art. 181, que la valeur de u pouvait s'exprimer en x et en y, sans transcendante, mais qu'il n'en était pas de même de t; c'est pourquoi nous chercherons d'abord à éliminer t entre $F(t, u) = 0$, et la différentielle de cette équation, que nous représenterons par $F(t, u, dt, du) = 0$: à la vérité, nous introduirons dans le résultat de l'élimination, les différentielles dt et du; mais ces différentielles pourront s'exprimer en

fonction des variables x, y, dx et dy. En effet, les équations (118) nous donnent

$$\cos t = \frac{x}{u}, \quad \sin t = \frac{y}{u} \dots \dots (121).$$

Divisant l'une de ces équations par l'autre, on obtient

$$\frac{\sin t}{\cos t} \quad \text{ou} \quad \tang t = \frac{y}{x};$$

différenciant, il vient

$$\frac{dt}{\cos^2 t} = \frac{x\,dy - y\,dx}{x^2};$$

remplaçant $\dfrac{\text{I}}{\cos^2 t}$ par sa valeur tirée de la première des équations (121), et supprimant le diviseur commun x^2, on trouve

$$u^2 dt = x\,dy - y\,dx,$$

et par conséquent

$$dt = \frac{x\,dy - y\,dx}{u^2} \dots \dots (122);$$

et en mettant pour u sa valeur, cette équation devient

$$dt = \frac{x\,dy - y\,dx}{x^2 + y^2}.$$

La différentielle de l'autre variable se trouve encore plus facilement ; car l'équation (119) nous donne

$$u = \sqrt{x^2 + y^2};$$

cette équation étant différenciée, nous avons

$$du = \frac{x\,dx + y\,dy}{\sqrt{x^2 + y^2}};$$

au moyen de ces valeurs de dt, de du et de u, on changera l'équation obtenue par l'élimination de t, en une autre qui ne contiendra plus que x, y, dx et dy, et qui par conséquent se rapportera aux coordonnées rectangulaires.

183. On a vu, art. 161, que la différentielle d'un arc z rapporté aux coordonnées rectangulaires, avait pour expression

$$dz = \sqrt{dx^2 + dy^2} \dots \ (123).$$

On peut se proposer de déterminer la différentielle du même arc, lorsque les coordonnées sont polaires ; dans ce cas, on substituera dans l'équation (123) les valeurs de dx et de dy, tirées des équations

$$x = u \cos t, \quad \text{et} \quad y = u \sin t,$$

et l'on trouvera, en différenciant ces équations,

$$dx = - u \sin t\, dt + \cos t\, du,$$
$$dy = u \cos t\, dt + \sin t\, du.$$

Élevant ces équations au carré, et réduisant à l'aide de la formule

$$\sin^2 t + \cos^2 t = 1,$$

on obtiendra

$$dz = \sqrt{u^2 dt^2 + du^2}.$$

Telle est la différentielle de l'arc en fonction des coordonnées polaires.

Des sous-tangentes, sous-normales, normales et tangentes aux courbes polaires.

184. On sait que dans les courbes à coordonnées rectangulaires, la sous-tangente Pt, fig. 55, est toujours comprise entre le pied P de l'ordonnée et le point t, où une perpendiculaire At à cette ordonnée vient rencontrer la tangente ; conservant la même définition pour les courbes polaires, où l'ordonnée n'est plus PM, mais le

Fig. 55.

rayon vecteur AM, la sous-tangente sera alors la perpendiculaire AT, comprise depuis le point A jusqu'à la rencontre T de la tangente. La sous-tangente a donc une position différente dans les courbes polaires que dans les courbes qui ne le sont pas ; car dans les unes la sous-tangente est toujours comptée sur l'axe des abscisses, tandis que dans les courbes polaires, où cet axe n'existe pas, la sous-tangente varie de position à chaque point de la courbe.

185. Déterminons maintenant l'expression analytique de la sous-tangente dans les courbes polaires. Pour cet effet, soient AM et AM′, fig. 56, deux rayons vecteurs, et du point M menons la perpendiculaire MP sur le rayon vecteur AM′, et, à cette perpendiculaire, menons la parallèle AT ; les triangles semblables ATM′, PMM′, nous donneront la proportion

$$\text{PM}' : \text{PM} :: \text{AM}' : \text{AT} ;$$

d'où l'on tire

$$\text{AT} = \frac{\text{AM}' \times \text{PM}}{\text{PM}'} ;$$

et en observant que PM′ est un côté du triangle rectangle PMM′, cette valeur de AT devient

$$\text{AT} = \frac{\text{AM}' \times \text{PM}}{\sqrt{\text{MM}'^2 - \text{PM}^2}}.$$

Dans le cas de la limite, AM′ est égal à AM, c'est-à-dire à u, PM se confond avec l'arc MN, la corde MM′ avec l'arc MM′, et AT devient la sous-tangente. Il ne s'agit donc plus que d'avoir, pour le cas de la limite, les expressions M′M et MN ; la première de ces expressions n'est alors que la différentielle de l'arc de courbe ; donc, art. 183,

$$\text{MM}' = \sqrt{u^2 dt^2 + du^2} ;$$

à l'égard de MN, les secteurs ARR' et AMN nous donnent
la proportion

$$AR : RR' :: AM : MN,$$

ou

$$1 : RR' :: u : MN;$$

donc MN $= u.$ RR', quantité qui, dans le cas de la limite,
se réduit à $u\,dt$. Mettant ces valeurs de MN et de M'M dans
celle de AT, après qu'on y aura changé AM' en u, et PM
en MN, et réduisant, nous trouverons

$$AT = \frac{u^2\,dt}{du}.$$

Telle est l'expression de la sous-tangente.

186. Pour déterminer la sous-normale, nous observerons que la normale SM étant perpendiculaire à la tangente, l'ordonnée AM, fig. 55, doit être moyenne pro-   Fig. 55.
portionnelle entre la sous-tangente et la sous-normale ;
par conséquent nous avons

$$AT : AM :: AM : sous\text{-}normale,$$

ou

$$\frac{u^2\,dt}{du} : u :: u : sous\text{-}normale;$$

donc

$$sous\text{-}normale = \frac{du}{dt}.$$

A l'égard de la normale et de la tangente, les triangles
rectangles MAS, MAT donnent

$$MS = \sqrt{\overline{MA^2 + AS^2}}, \quad MT = \sqrt{\overline{MA^2 + AT^2}}.$$

Substituant dans ces équations les valeurs de MA, de AS
et de AT, nous trouverons

$$normale = \sqrt{u^2 + \frac{du^2}{dt^2}}, \quad tangente = u\sqrt{1 + u^2\frac{dt^2}{du^2}}.$$

187. Pour trouver l'expression analytique du secteur
Fig. 56. dans les courbes polaires, le triangle AM′M, fig. 56, nous
donne

$$\text{aire AM}'\text{M} = \frac{\text{AM}' \times \text{PM}}{2};$$

Fig. 56. dans le cas de la limite, l'aire du triangle AM′M, fig. 56,
devient celle d'un secteur élémentaire, la perpendiculaire
PM peut être remplacée par l'arc MN, que nous avons
trouvé égal à $u\,dt$, et AM′ se réduit à u. Substituant ces
valeurs dans l'équation précédente, nous trouverons

$$\textit{aire du secteur élémentaire} = \frac{u^2 dt}{2}.$$

On peut aussi exprimer le secteur élémentaire en fonction
des coordonnées rectangulaires ; car en mettant dans cette
équation les valeurs de u et de dt, données par les équations (119) et (122), elle devient

$$\textit{aire du secteur élémentaire} = \frac{x\,dy - y\,dx}{2}.$$

De la détermination de l'expression du rayon de courbure dans une courbe polaire.

188. Nous avons donné, art. 151, l'expression du rayon de courbure,
rapportée à des coordonnées rectangulaires ; en nous réservant la faculté
d'affecter cette expression du signe qui rendra γ positif, nous l'écrirons
ainsi :

$$\gamma = \frac{\left(1 + \dfrac{dy^2}{dx^2}\right)^{\frac{3}{2}}}{\dfrac{d^2 y}{dx^2}} \;\dots\; (124).$$

Pour avoir cette valeur de γ exprimée en fonction des coordonnées polaires, il ne s'agit que d'éliminer les coefficiens différentiels qui entrent
dans cette expression, au moyen des équations suivantes :

$$x = u \cos t, \qquad y = u \sin t;$$

différencions ces équations , et divisons ensuite les résultats l'un par l'autre , nous obtiendrons

$$\frac{dy}{dx} = \frac{du \sin t + u \cos t dt}{du \cos t - u \sin t dt};$$

représentons par m et par n les deux termes de cette fraction, nous aurons

$$\left. \begin{array}{l} m = du \sin t + u \cos t dt \\ n = du \cos t - u \sin t dt \end{array} \right\} \dots (125);$$

et par conséquent

$$\frac{dy}{dx} = \frac{m}{n} \dots (126),$$

ou

$$\frac{dy^2}{dx^2} = \frac{m^2}{n^2}.$$

Au moyen de cette équation on trouve, pour le numérateur de la valeur de γ,

$$\left(1 + \frac{dy^2}{dx^2} \right)^{\frac{3}{2}} = \left(\frac{n^2 + m^2}{n^2} \right)^{\frac{3}{2}};$$

élevant chaque terme de la fraction qui forme le 2e membre de cette équation, à la puissance $\frac{3}{2}$, et observant que la puissance $\frac{3}{2}$ de n^2 est n^3, on a

$$\left(1 + \frac{dy^2}{dx^2} \right)^{\frac{3}{2}} = \frac{(n^2 + m^2)^{\frac{3}{2}}}{n^3} \dots (127);$$

différenciant ensuite l'équation (126), nous trouverons

$$\frac{d^2y}{dx} = \frac{ndm - mdn}{n^2};$$

divisant le premier membre de cette équation par dx et le second par n, qui équivaut à dx, nous aurons

$$\frac{d^2y}{dx^2} = \frac{ndm - mdn}{n^3} \dots (128).$$

Au moyen des valeurs données par les équations (127) et (128), l'équation (124) devient

$$\gamma = \frac{(n^2 + m^2)^{\frac{3}{2}}}{ndm - mdn} \dots (129).$$

Il ne s'agit plus que de transformer cette équation en une fonction de

t et de u. Pour cet effet, on déterminera d'abord la valeur de $n^2 + m^2$, en ajoutant les carrés des équations (125) ; et en réduisant à mesure, au moyen de l'équation $\sin^2 t + \cos^2 t = 1$, on trouvera

$$n^2 + m^2 = du^2 + u^2 dt^2 \ldots \quad (130).$$

A l'égard du dénominateur de l'équation (129), nous différencierons successivement les équations (125) en traitant dt comme constant ; et multipliant respectivement les résultats par n et par m, nous trouverons

$$ndm = nd^2u \sin t + 2ndu \cos t dt - nu \sin t dt^2,$$
$$mdn = md^2u \cos t - 2mdu \sin t dt - mu \cos t dt^2 ;$$

la seconde équation étant retranchée de la première, nous trouverons

$$ndm - mdn = \left. \begin{array}{l} d^2u \, (n \sin t - m \cos t) \\ + 2dudt \, (n \cos t + m \sin t) \\ - udt^2 \, (n \sin t - m \cos t) \end{array} \right\} \ldots \quad (131) ;$$

multipliant la seconde des équations (125) par $\sin t$ et la première par $\cos t$, les retranchant l'une de l'autre, et réduisant au moyen de la relation $\sin^2 t + \cos^2 t = 1$, nous obtiendrons

$$n \sin t - m \cos t = - udt.$$

Opérant d'une manière analogue pour former la valeur de $n \cos t + m \sin t$, nous trouverons

$$n \cos t + m \sin t = du.$$

Substituant ces valeurs dans l'équation (131), cette équation deviendra

$$ndm - mdn = - ud^2udt + 2du^2dt + u^2dt^3 \ldots \quad (132).$$

Au moyen des valeurs que nous venons de déterminer, les équations (130) et (132) changeront l'équation (129) en

$$\gamma = \frac{(du^2 + u^2dt^2)^{\frac{3}{2}}}{2du^2dt - ud^2udt + u^2dt^3} \ldots \quad (133).$$

Des courbes transcendantes.

189. On appelle ainsi les courbes qui contiennent des quantités transcendantes ou des coefficiens différentiels, et en général, les courbes dont on ne peut exprimer les équations par un nombre fini de termes algébriques. Nous ferons connaître quelques-unes des plus remarquables de ces courbes.

De la spirale d'Archimède ou de Conon.

190. Voici la génération de cette courbe : tandis que le rayon AB, fig. 57, décrit une révolution, un point A se transporte du centre A à l'extrémité B de ce rayon, et se meut d'un mouvement uniforme, de telle manière que le point mobile qui était en A au commencement de la rotation de AB, se trouve en B lorsque AB a décrit une révolution entière autour du centre A. Le point mobile décrit dans ce mouvement la spirale d'Archimède.

Soient $AB = a$, arc $BN = t$, $AM = u$; on a donc, d'après la définition précédente ,

$$AM : AN :: \text{arc } NB : BCDB,$$

ou

$$u : a :: t : 2\pi a ,$$

d'où l'on tire

$$u = \frac{t}{2\pi}.$$

Cette courbe, comme on le voit, n'a pas ses coordonnées rectangulaires. Lorsque AB a décrit une révolution entière, l'arc NB équivaut à la circonférence ; donc alors $t = 2\pi a$, ce qui change l'équation précédente en

$$u = \frac{2\pi a}{2\pi}, \quad \text{ou} \quad u = a.$$

Si le point A continue à se mouvoir toujours uniformément, le rayon AB décrira une seconde révolution autour du centre A ; et si l'on prend $BB' = BA$, le point mobile arrivera en B' au bout de cette seconde révolution ; alors t sera égal à $4\pi a$, ce qui donnera $u = 2a$; ainsi de suite.

De la spirale logarithmique.

191. La spirale logarithmique est une courbe polaire dans laquelle l'angle AMT, fig. 58, formé par le rayon

vecteur AM, avec la tangente MT à la courbe, est constant. Ainsi, en nommant a la tangente trigonométrique
de l'angle AMT, nous avons donc

$$\text{tang AMT} = a;$$

or, le triangle TMA, rectangle A, nous donne

$$1 : \text{tang AMT} :: \text{AM} : \text{AT};$$

donc

$$\text{tang AMT} = \frac{\text{AT}}{\text{AM}}.$$

Remplaçant le rayon vecteur AM par u, et AT par l'expression $\dfrac{u^2 dt}{du}$ que nous avons trouvée, art. 185, pour la

sous-tangente d'une courbe polaire, nous aurons

$$\text{tang AMT}, \quad \text{ou} \quad a = \frac{u\, dt}{du};$$

d'où nous tirerons

$$\frac{a\, du}{u} = dt \dots \ (134);$$

et en intégrant, nous trouverons

$$a \log u = t + constante.$$

Soit e la base du système Népérien; si l'on regarde a
comme le logarithme de e, dans un certain système de
tables, on pourra remplacer a par Le, et alors L$e \log u$
représentera le logarithme de u dans ce système (*); de
sorte que nous aurons

$$\text{L}u = t + constante.$$

(*) Pour le démontrer, soit e la base du système Népérien; nous
aurons $u = e^{\log \cdot u}$; prenant les logarithmes dans le système des tables
indiqué par L, nous aurons

$$\text{L}u = \text{L}(e^{\log \cdot u}) = \log u\, \text{L}e.$$

192. On peut construire la spirale logarithmique par points de la manière suivante : ayant partagé la circonférence OO'O", fig. 59, en parties égales, on mènera des rayons aux points de division, et sur ces rayons on prendra les parties Am, Am', Am'', Am''', etc., qui soient en progression géométrique ; les points m, m', m'', m''', m^{iv}, etc., appartiendront à une spirale logarithmique. En effet, en supposant que les parties mm', $m'm''$, $m''m'''$, etc., aient très peu d'étendue, on pourra les regarder comme des lignes droites, et alors il sera facile de prouver que les triangles Amm', $Am'm''$, $Am''m'''$, etc., sont semblables ; en effet, les angles en A sont égaux par construction, et les angles $mm'A$, $m'm''A$, $m''m'''A$, etc., le sont par la propriété principale de la courbe ; nous avons donc cette suite de proportions :

$$Am \; : \; Am' \; :: \; Am' \; : \; Am'',$$
$$Am' \; : \; Am'' \; :: \; Am'' \; : \; Am''',$$
$$\text{etc.,} \quad \text{etc.,} \quad \text{etc.,}$$

ce qui nous montre que les ordonnées Am, Am', Am'', Am''', etc., sont en progression géométrique.

193. Dans la spirale logarithmique, la normale est égale au rayon de courbure. En effet, l'expression de ce rayon, dans une courbe polaire, étant, art. 188,

$$\gamma = \frac{(du^2 + u^2 dt^2)^{\frac{3}{2}}}{2du^2 dt - ud^2 udt + u^2 dt^3},$$

il faudra, dans cette formule, mettre les valeurs de du et de d^2u tirées de l'équation de la spirale logarithmique ; or, l'équation (134) nous donne

$$du = \frac{udt}{a}, \quad d^2u = \frac{du}{a}\,dt = \frac{udt^2}{a^2};$$

substituant ces valeurs dans celles de γ, nous obtiendrons

$$\gamma = \frac{\left(\dfrac{u^2}{a^2} + u^2\right)^{\frac{3}{2}}}{\dfrac{u^2}{a^2} + u^2} = \left(\frac{u^2}{a^2} + u^2\right)^{\frac{1}{2}} = \sqrt{\frac{u^2}{a^2} + u^2}.$$

D'une autre part, si dans l'expression de la normale, qui est, art. 186,

$$\sqrt{u^2 + \frac{du^2}{dt^2}},$$

nous substituons la valeur de $\frac{du^2}{dt^2}$, nous trouverons de même $\sqrt{\frac{u^2}{a^2} + u^2}$,
ce qui prouve que la normale est égale, dans cette courbe, à son rayon
de courbure ; et comme d'ailleurs il est dirigé suivant cette normale,
art. 157, il en résulte que ces lignes se confondent.

194. Cette propriété va nous servir à démontrer que la développée de
la spirale logarithmique est une autre spirale logarithmique. Pour cet
effet, le point N de la normale étant considéré comme appartenant au
rayon de courbure, et se trouvant à son extrémité, est sur la développée.
Fig. 60. Soient t' et u' les cordonnées de ce point N, fig. 60, il sera facile de les
déterminer en fonction des coordonnées t et u du point M de la courbe ;
car soit oo' un arc de cercle décrit avec un rayon égal à l'unité ; les
abscisses des points M et N différeront entre elles de cet arc, qui, à
cause que l'angle MAN est droit, sera égal au quart de la circonférence ;
si en adoptant la notation usitée, nous représentons par $\frac{\pi}{2}$ le quart de

la circonférence décrite avec l'unité pour rayon, nous aurons $t' = t + \frac{\pi}{2}$,
équation qui, étant différenciée, nous donnera $dt = dt'$.

D'une autre part, l'ordonnée polaire u' du point N de la développée
étant égale à la sous-normale $\frac{du}{dt}$ de la spirale logarithmique, nous changerons $\frac{du}{dt}$ en u', dans l'équation de cette courbe, et nous trouverons
$u = au'$, et par conséquent $du = adu'$. Substituant ces valeurs de dt,
de du et de u dans l'équation (134) de la spirale logarithmique, nous
trouverons

$$a\,\frac{du'}{u'} = dt',$$

équation qui, étant de même forme que la précédente, nous apprend
que la spirale logarithmique a pour développée une autre spirale logarithmique.

De la spirale hyperbolique et des spirales com- prises dans l'équation $u = at^n$.

195. La propriété de la spirale hyperbolique est d'a-

voir une sous-tangente constante. Si nous représentons cette sous-tangente par a, nous en égalerons la valeur à celle de la sous-tangente (art. 185) d'une courbe polaire, et nous aurons, pour l'équation de la spirale hyperbolique,

$$u^2 \frac{dt}{du} = - a\,;$$

nous prenons la constante a négative, parce qu'alors on a

$$-\frac{du}{u^2} = \frac{dt}{a}\,,$$

équation qui étant intégrée donne

$$\frac{1}{u} = \frac{t}{a} + C\,;$$

et en remplaçant la quantité indéterminée C par une autre quantité $\dfrac{C'}{a}$, nous aurons

$$\frac{1}{u} = \frac{t}{a} + \frac{C'}{a}\,;$$

prenant l'origine des t de manière que l'abscisse $t + C'$ soit égale à une nouvelle abscisse t, l'équation précédente deviendra

$$\frac{1}{u} = \frac{t}{a}\,,$$

ou plutôt

$$u = \frac{a}{t}\,;$$

ce qui montre que lorsque $t = 0$, $u = \infty$; d'où il suit que le rayon vecteur, qui répond au point où t devient nul, est une asymptote à la courbe.

196. L'équation $u = \dfrac{a}{t}$ nous montre encore que le rayon vecteur est en raison inverse de l'abscisse. Si nous

faisons successivement $t = 2\pi$, $t = 4\pi$, $t = 6\pi$, etc., nous aurons pour u cette suite de valeurs, $\dfrac{a}{2\pi}$, $\dfrac{a}{4\pi}$, $\dfrac{a}{6\pi}$, etc., ce qui nous apprend qu'au bout de deux révolutions le rayon vecteur est réduit à moitié de ce qu'il était à la fin de la première, qu'au bout de trois révolutions il est réduit au tiers, et ainsi de suite.

197. L'équation de la spirale hyperbolique et celle de la spirale de Conon, sont des cas particuliers de l'équation $u = at^n$; car en faisant $n = 1$, et $a = \dfrac{1}{2\pi}$, on obtient la première, et en faisant $n = -1$, on obtient la seconde. Parmi les spirales déterminées par cette équation, on distingue la spirale parabolique, qu'on trouve en faisant $n = 2$.

De la logarithmique.

198. La logarithmique est une courbe à coordonnées rectangulaires, dans laquelle l'abscisse est le logarithme de l'ordonnée ; l'équation de cette courbe est donc

$$x = \log y,$$

d'où l'on tire

$$y = a^x,$$

et par conséquent

$$\frac{dy}{dx} = a^x \log a.$$

199. Pour discuter cette équation, faisons $x = 0$; nous trouverons $y = 1$; si l'on donne ensuite des valeurs croissantes et positives à x, y ira toujours en croissant ; mais si l'on donne à x une valeur négative $-u$, on trouvera $y = a^{-u} = \dfrac{1}{a^u}$; et l'on voit que l'ordonnée diminuera d'autant plus qu'on s'écartera de l'origine, dans le sens des

abscisses négatives, et qu'enfin la courbe ne pourrait atteindre le prolongement de l'axe des x qu'à l'infini, cas où l'équation $y = \dfrac{1}{a^u}$ deviendrait $y = \dfrac{1}{a^\infty} = 0$; d'où l'on peut conclure que le prolongement de l'axe des x est une asymptote à la courbe.

200. Si, à partir de l'origine, on prend des abscisses égales, fig. 61, $AP = u$, $AP' = -u$, on trouvera

$$PM = a^u, \quad P'M' = \frac{1}{a^u} ; \quad \text{donc} \quad PM \times P'M' = 1.$$

Fig. 61

201. La propriété la plus remarquable de cette courbe est que la sous-tangente a une valeur constante. En effet, l'équation de la logarithmique étant différenciée, nous donne $\dfrac{dy}{dx} = a^x \log a$, d'où nous tirons $\dfrac{a^x dx}{dy} = \dfrac{1}{\log a}$, ou $\dfrac{y dx}{dy} = \dfrac{1}{\log a}$. Or, le premier membre de cette équation exprime la sous-tangente de la courbe, art. 71 ; donc cette sous-tangente est constante.

De la cycloïde.

202. La cycloïde est une courbe qui est décrite par le mouvement d'un point M, fig. 62, situé sur la circonférence d'un cercle qui roule sur une droite RC. Il est certain que dans ce mouvement de R en C, tous les points de l'arc RM viendront successivement s'appliquer sur la droite RA, jusqu'à ce que M, à son tour, s'y applique en A ; par conséquent l'arc RM sera égal à la droite RA.

Fig. 62

Tous les points par lesquels passe le point M, dans ce mouvement, étant, par hypothèse, sur la cycloïde, le point A sera aussi sur cette courbe. Prenons-le pour origine des abscisses, et abaissons la perpendiculaire ME sur le diamètre BR, et faisons $AP = x$, $PM = y$, $BR = 2a$, arc $MR = z$, $ME = u$; nous aurons

$$AP = AR - PR,$$

ou

$$x = \text{arc } MR - ME,$$

ou

$$x = z - u \ldots \ (135).$$

Nous chercherons d'abord à éliminer l'arc z de la manière suivante : nous différencierons l'équation précédente, ce qui nous donnera

$$dx = dz - du \ldots \ (136).$$

Pour avoir la valeur de dz en fonction de u, nous observerons qu'entre u et z nous avons la relation

$$u = \sin z.$$

Cette équation étant différenciée, art. 44, on trouve

$$du = dz \, \frac{\cos z}{a},$$

d'où l'on tire

$$dz = \frac{a \, du}{\cos z} ;$$

Il faut remplacer, dans cette équation, la valeur de $\cos z$ par celle que nous donne l'équation

$$\sin^2 z + \cos^2 z = a^2,$$

ou plutôt

$$u^2 + \cos^2 z = a^2,$$

et l'on obtient

$$dz = \frac{a \, du}{\sqrt{a^2 - u^2}},$$

Substituant cette valeur dans l'équation (136), il vient

$$dx = \frac{a \, du}{\sqrt{a^2 - u^2}} - du. \ \ldots \ (137).$$

Il ne s'agit plus que d'exprimer u en fonction de y. Pour cet effet, soit O le centre du cercle générateur BMR, fig. 62, nous avons

Fig. 62.

$$OE = \sqrt{\overline{MO^2 - ME^2}},$$

ou

$$a - y = \sqrt{a^2 - u^2} \dots \ (138).$$

Élevant cette équation au carré, et réduisant, on en tire

$$u = \sqrt{2ay - y^2} \dots \ (139),$$

et en différenciant,

$$du = \frac{(a - y)dy}{\sqrt{2ay - y^2}} \dots \ (140).$$

Les équations (138) et (140) transforment l'équation (137) en

$$dx = \frac{ady}{\sqrt{2ay - y^2}} - \frac{(a - y)dy}{\sqrt{2ay - y^2}} ;$$

réduisant on trouve,

$$dx = \frac{ydy}{\sqrt{2ay - y^2}} \dots \ (141);$$

telle est l'équation de la cycloïde.

203. On obtient encore l'équation de la cycloïde en fonction de l'arc, ainsi qu'il suit : l'équation $u = \sin z$ donne

$$z = \text{arc} \ (\sin = u) ;$$

mettant pour u sa valeur tirée de l'équation (139), on a

$$z = \text{arc} \ (\sin = \sqrt{2ay - y^2}) ;$$

cette valeur et celle de u étant substituée dans l'équation (135), on a

$$x = \text{arc} \left(\sin = \sqrt{2ay - y^2}\right) - \sqrt{2ay - y^2} \ (*) \dots \ (142).$$

____

(*) Le sinus ici correspond au rayon a; celui des tables, ayant l'unité

204. Pour discuter cette équation, on va prouver d'abord que y ne peut être négatif, ni plus grand que $2a$. En effet, si l'on fait $y = -y'$, l'expression arc $(\sin = \sqrt{2ay - y^2})$ devient arc $(\sin = \sqrt{-2ay' - y'^2})$, valeur imaginaire. En second lieu, si l'on fait $y = 2a + \delta$, l'expression arc $(\sin = \sqrt{2ay - y^2})$ devient arc $(\sin = \sqrt{-2a\delta - \delta^2})$ valeur imaginaire ; donc, si à une distance $EF = 2a$ de Fig. 63. l'axe des x, on mène, fig. 63, AB parallèle à CD, la courbe sera comprise entre les parallèles CD et AB.

La plus grande valeur que puisse avoir y est $2a$; car si Fig. 64. l'on fait rouler le cercle générateur de A en C, fig. 64, le point M, qui était d'abord en A, s'élèvera successivement jusqu'à ce qu'il arrive en B, à l'extrémité du diamètre BD ; alors l'abscisse AD sera égale à DEB, c'est-à-dire à la demi-circonférence dn cercle générateur.

Ce résultat est conforme à celui qui nous est donné par l'équation (142), puisque si l'on fait $y = 2a$, on trouve $x = $ arc $(\sin = 0)$; or, l'arc dont le sinus est nul doit être l'un des suivans : 0, DEB, 2DEB, 3DEB, etc., et l'on voit que, dans le cas présent, cet arc est DEB.

Le point M, parvenu en B, ayant donc décrit l'arc AB, de cycloïde, si ce point continue à se mouvoir, il décrira un second arc BC, semblable au premier ; enfin, si le cercle générateur continue toujours à rouler sur l'axe des abscisses, le point M engendrera une suite indéfinie d'arcs

---

pour rayon, est le quatrième terme de cette proportion,

$$a : 1 :: \sqrt{2ay - y^2} : \frac{\sqrt{2ay - y^2}}{a} ;$$

par conséquent on aura pour l'équation de la cycloïde dans laquelle le rayon des tables est pris pour unité,

$$x = a \, \text{arc} \left(\sin = \frac{\sqrt{2ay - y^2}}{a} \right) - \sqrt{2ay - y^2}.$$

de cycloïde CB'C", fig. 65, C"B"C", etc. Le cercle généra- Fig. 65.
teur pouvant aussi se mouvoir dans le sens de A vers A",
le point M décrira encore une suite indéfinie d'arcs AB'A',
A'B"A", etc.

C'est l'assemblage de tous ces arcs qui, dans le sens le
plus général, constitue la cycloïde.

205. La normale au point M, dont les coordonnées sont
x et y, fig. 66, est déterminée, art. 70, par cette formule Fig. 66.

$$normale = y \sqrt{\frac{dy^2}{dx^2} + 1} \; ;$$

si nous y mettons la valeur de $\dfrac{dy}{dx}$, tirée de l'équation de

la cycloïde, nous trouverons

$$normale = y \sqrt{\frac{2ay - y^2}{y^2} + 1} = \sqrt{2ay}.$$

Pour construire cette valeur, menons la corde MD, fig. 66, Fig. 66.
nous aurons

$$DE : MD :: MD : DB,$$

ou

$$y : MD :: MD : 2a \; ;$$

donc $\qquad$ la corde $MD = \sqrt{2ay} \; ;$

et comme, par la propriété du cercle, l'angle BMD est
droit, la corde MB sera perpendiculaire à l'extrémité de
la normale MD ; donc la corde MB prolongée est tangente
au point M de la cycloïde ; car on sait que la tangente et
la normale forment entre elles un angle droit.

On pourrait donc construire la tangente au point M, en
décrivant le demi-cercle générateur BMD, et en prolon-
geant la corde BM ; mais pour n'avoir pas à construire ce
cercle générateur à chaque point de la courbe, il suffira de
construire le demi-cercle générateur sur la plus grande ordonnée BD, fig. 67, de la cycloïde ; et ayant mené par le Fig. 67.

point donné M, la perpendiculaire ME sur BD, on tracera la corde BC; alors la parallèle MT à cette corde sera la tangente demandée : c'est une suite de ce qui précède.

206. Pour avoir l'expression du rayon de courbure de la cycloïde, il faut, de l'équation de cette courbe, déduire les valeurs de $\dfrac{dy}{dx}$ et de $\dfrac{d^2y}{dx^2}$, que nous substituerons dans l'expression du rayon de courbure, art. 152,

$$\gamma = -\frac{\left(1+\dfrac{dy^2}{dx^2}\right)^{\frac{3}{2}}}{\dfrac{d^2y}{dx^2}},$$

et dans laquelle nous adoptons le signe négatif, parce que nous savons que la courbe tourne sa concavité vers l'axe des x. L'équation de la cycloïde nous donne d'abord

$$\frac{dy}{dx} = \frac{\sqrt{2ay-y^2}}{y}\ldots\ (143).$$

Pour obtenir $\dfrac{d^2y}{dx^2}$, faisons $\dfrac{dy}{dx}=p$; nous aurons donc aussi

$$p = \frac{\sqrt{2ay-y^2}}{y} = \sqrt{\frac{2a}{y}-1},$$

et en différenciant, art. 21, nous trouverons

$$dp = -\frac{\dfrac{2a}{y^2}dy}{2\sqrt{\dfrac{2a}{y}-1}} = -\frac{a\,dy}{y\sqrt{2ay-y^2}};$$

donc

$$\frac{dp}{dy} = -\frac{a}{y\sqrt{2ay-y^2}};$$

multipliant cette équation par l'équation (143), nous obtiendrons, art. 26,

$$\frac{\mathrm{d}p}{\mathrm{d}x} = -\frac{a}{y^2}, \quad \text{ou} \quad \frac{\mathrm{d}^2 y}{\mathrm{d}x^2} = -\frac{a}{y^2};$$

au moyen de ces valeurs, on a enfin

$$\gamma = \frac{\left(\frac{2a}{y}\right)^{\frac{3}{2}}}{\frac{a}{y^3}} = \frac{(2a)^{\frac{3}{2}}}{\frac{a y^{\frac{3}{2}}}{y^2}} = \frac{2^{\frac{3}{2}} a^{\frac{1}{2}}}{y^{-\frac{1}{2}}};$$

et en faisant passer y au numérateur,

$$\gamma = 2^{\frac{3}{2}} a^{\frac{1}{2}} y^{\frac{1}{2}} = 2 \cdot 2^{\frac{1}{2}} a^{\frac{1}{2}} y^{\frac{1}{2}} = 2\sqrt{2ay};$$

donc le rayon de courbure MM′, fig. 68, de la cycloïde, Fig. 68.
est double de la normale MR.

207. On obtiendra l'équation de la développée en substituant les valeurs de $\frac{\mathrm{d}y}{\mathrm{d}x}$ et de $\frac{\mathrm{d}^2 y}{\mathrm{d}x^2}$ dans les formules, art. 151,

$$y - \beta = -\frac{1 + \frac{\mathrm{d}y^2}{\mathrm{d}x^2}}{\frac{\mathrm{d}^2 y}{\mathrm{d}x^2}},$$

$$x - \alpha = \frac{\left(1 + \frac{\mathrm{d}y^2}{\mathrm{d}x^2}\right)\frac{\mathrm{d}y}{\mathrm{d}x}}{\frac{\mathrm{d}^2 y}{\mathrm{d}x^2}} = -(y - \beta)\frac{\mathrm{d}y}{\mathrm{d}x},$$

et l'on trouvera

$$y - \beta = \frac{\frac{2a}{y}}{\frac{a}{y^2}} = 2y, \quad x - \alpha = -2\sqrt{2ay - y^2};$$

donc

$$\beta = -y, \quad \alpha = x + 2\sqrt{2ay - y^2},$$

ou, fig. 69, Fig. 69.

$$QM' = MP, \quad \alpha = AP + 2ME;$$

et en observant que $AP + ME = AR = \text{arc } MR$, la dernière équation peut s'écrire ainsi :

$$\alpha = \text{arc } MR + ME \dots \quad (144).$$

Prolongeons BR, et prenons $RL = BR = 2a$, et sur RL décrivons la demi-circonférence RM'L; cette demi-circonférence passera par le point M', à cause des cordes égales M'R et MR, et l'on aura

$$\text{arc } MR = \text{arc } M'R \quad \text{et} \quad ME = M'E ;$$

substituant ces valeurs dans l'équation (144), on trouvera

$$\alpha = \text{arc } M'R + M'E' ;$$

donc

$$\alpha = \text{arc } M'R + \sqrt{2a\beta - \beta^2} \dots \quad (145).$$

Telle est l'équation qui existe entre les coordonnées $AQ = \alpha$ et $QM' = \beta$ d'un point M' de la développée. Prolongeons maintenant, fig. 69, l'ordonnée $BD = 2a$ d'une quantité DA' encore égale à $2a$, et par le point A' menons la parallèle A'D' à AD, et transportons l'origine A au point A'. Pour cet effet, soient $A'Q' = \alpha'$, $Q'M' = \beta'$; nous avons pour l'abscisse

$$A'Q' = AD - AQ ,$$

ou

$$\alpha' = \tfrac{1}{2} \textit{circonférence génératrice} - AQ$$

ou

$$\alpha' = \pi a - \alpha ;$$

à l'égard de l'ordonnée β', nous avons

$$M'Q' = A'D - QM' ,$$

ou

$$\beta' = 2a - \beta ;$$

on tire de ces équations

$$\alpha = \pi a - \alpha' , \quad \beta = 2a - \beta' ;$$

au moyen de ces valeurs, l'équation (145) devient

$$\pi a - \alpha' = \text{arc } M'R + \sqrt{2a\beta' - \beta'^2},$$

ou

$$\pi a - \alpha' = \text{arc } RM'L - \text{arc } M'L + \sqrt{2a\beta' - \beta'^2}$$

$$= \pi a - \text{arc } M'L + \sqrt{2a\beta' - \beta'^2},$$

et par conséquent

$$\alpha' = \text{arc } M'L - \sqrt{2a\beta' - \beta'^2}.$$

Cette équation est celle d'une cycloïde; donc la développée d'une cycloïde est une autre cycloïde.

208. On peut démontrer de la manière suivante, par la synthèse que la développée AA', fig. 69, est une cycloïde. Fig. 69.
Nous avons

$$\text{arc } LM' + \text{arc } RM' = \pi a,$$

donc

$$\text{arc } LM' = \pi a - \text{arc } RM';$$

d'une autre part,

$$\text{arc } RM' = \text{arc } MR = AR, \quad \text{art. } 201;$$

substituant cette valeur dans l'équation précédente, on aura

$$\text{arc } LM' = \pi a - AR = AD - AR,$$

ou

$$\text{arc } LM' = LA',$$

ce qui est la propriété de la cycloïde.

Du changement de la variable indépendante.

209. Lorsqu'une formule qui contient des coefficiens différentiels est donnée, on ne peut les éliminer qu'à l'aide de l'équation de la courbe à laquelle on veut appliquer cette formule; c'est ainsi que, lorsqu'on a la formule

$$\frac{\left(1 + \dfrac{dy^2}{dx^2}\right) \dfrac{dy}{dx}}{\dfrac{d^2y}{dx^2}},$$

et qu'on demande ce qu'elle devient lorsque la courbe est une parabole, on tirera de l'équation $y = ax^2$ de la parabole, les valeurs de $\dfrac{dy}{dx}$ et de

$\dfrac{\mathrm{d}^2 y}{\mathrm{d}x^2}$, qu'on substituera dans cette formule, et alors les coefficiens diffé-

rentiels en disparaîtront. Si l'on regarde $\dfrac{\mathrm{d}y}{\mathrm{d}x}$ et $\dfrac{\mathrm{d}^2 y}{\mathrm{d}x^2}$ comme des incon-

nues, il faut en général deux équations pour les éliminer d'une formule, et ces équations nous seront données en différentiant deux fois de suite l'équation de la courbe.

210. Lorsque, par les opérations de l'Algèbre, les $\mathrm{d}x$ ont cessé d'être sous les $\mathrm{d}y$, comme dans la formule suivante,

$$\frac{y(\mathrm{d}x^2 + \mathrm{d}y^2)}{\mathrm{d}x^2 + \mathrm{d}y^2 - y\,\mathrm{d}^2 y} \ldots \ (146),$$

la substitution s'opère en regardant $\mathrm{d}x$, $\mathrm{d}y$ et $\mathrm{d}^2 y$ comme des incon-nues; et puisque pour les éliminer il faut en général un pareil nombre d'équations, il ne semble pas d'abord que l'élimination puisse s'effec-tuer, parce que la différenciation de l'équation de la courbe ne peut nous procurer que deux équations entre $\mathrm{d}x$, $\mathrm{d}y$ et $\mathrm{d}^2 y$; mais il faut remarquer que lorsqu'au moyen de ces deux équations on aura éliminé $\mathrm{d}y$ et $\mathrm{d}^2 y$, il se trouvera dans la formule un facteur commun $\mathrm{d}x^2$ qui s'évanouira.

Par exemple, si la courbe est toujours une parabole représentée par $y = ax^2$, en différenciant deux fois de suite cette équation, on ob-tiendra

$$\mathrm{d}y = 2ax\,\mathrm{d}x, \quad \mathrm{d}^2 y = 2a\,\mathrm{d}x^2\,;$$

ces valeurs étant substituées dans la formule (146), on obtiendra, après avoir supprimé le facteur commun $\mathrm{d}x^2$,

$$\frac{y(1 + 4a^2 x^2)}{1 + 4a^2 x^2 - 2ay}.$$

211. La raison pour laquelle $\mathrm{d}x^2$ devient facteur commun est facile à saisir; car, lorsque dans une formule qui contenait primitivement $\dfrac{\mathrm{d}^2 y}{\mathrm{d}x^2}$ et $\dfrac{\mathrm{d}y}{\mathrm{d}x}$, on a fait disparaître le dénominateur de $\dfrac{\mathrm{d}^2 y}{\mathrm{d}x^2}$, tous les termes, hors ceux en $\dfrac{\mathrm{d}^2 y}{\mathrm{d}x^2}$ et en $\dfrac{\mathrm{d}y}{\mathrm{d}x}$, ont dû acquérir le facteur commun $\mathrm{d}x^2$; alors les termes qui étaient affectés de $\dfrac{\mathrm{d}^2 y}{\mathrm{d}x^2}$ ne contiennent plus $\mathrm{d}x$, tandis que les termes qui étaient affectés de $\dfrac{\mathrm{d}y}{\mathrm{d}x}$ renferment $\mathrm{d}x$ au pre-mier degré, car le produit de $\dfrac{\mathrm{d}y}{\mathrm{d}x}$ par $\mathrm{d}x^2$ se réduit à $\mathrm{d}y\,\mathrm{d}x$. Lorsqu'on

différencie ensuite l'équation de la courbe, et qu'on obtient des résultats de la forme $dy = Mdx$, $d^2y = Ndx^2$, ces valeurs étant substituées dans les termes en d^2y et en $dydx$, les changeront, comme les autres termes, en des produits de dx^2.

212. Ce que nous disons d'une formule qui contient les différentielles des deux premiers ordres pouvant s'appliquer à celles dans lesquelles ces différentielles s'élèvent à des ordres supérieurs, il suit de là qu'en différenciant autant de fois qu'il sera nécessaire l'équation de la courbe, on pourra toujours chasser de la formule proposée les différentielles qui y sont contenues.

213. Il n'en serait pas de même si, outre les différentielles que nous venons de considérer, la formule contenait des termes en d^2x, en d^3x, etc.; car, supposons qu'il entrât dans cette formule les différentielles suivantes dx, dy, d^2x, d^2y, et qu'en différenciant deux fois de suite l'équation représentée par $y = fx$, on en tirât ces équations :

$$\mathrm{F}\,(x, y, dy, dx) = 0, \quad \mathrm{F}\,(x, y, dx, dy, d^2x, d^2y) = 0,$$

on ne pourrait avec ces deux équations, éliminer que deux des trois différentielles dy, d^2x, d^2y, et l'on voit qu'il serait impossible de faire disparaître toutes les différentielles de la formule; il y a donc, dans ce cas, une condition tacite exprimée par la différentielle d^2x; c'est que la variable x est elle-même considérée comme une fonction d'une troisième variable qui ne paraît pas dans la formule, et qu'on appelle la *variable indépendante*. Cela deviendra manifeste, si l'on fait attention que l'équation $y = fx$ pourrait dériver du système des deux équations

$$x = \mathrm{F}t, \quad y = \varrho t,$$

entre lesquelles on aurait éliminé t; c'est ainsi que l'équation $y = a\dfrac{(x-c)^2}{b^2}$

revient au système des deux équations

$$x = bt + c, \quad y = at^2,$$

et l'on conçoit que x et y doivent varier en vertu de l'accroissement que t peut recevoir; mais cette hypothèse, que x et y varient d'après l'accroissement donné à t, suppose qu'il y ait des relations entre x et t, et entre y et t; l'une de ces relations est arbitraire, car l'équation, que nous représentons en général par $y = fx$, étant, par exemple,...

$y = a\dfrac{(x-c)^2}{b^2}$, si l'on établit entre t et x la relation arbitraire $x = \dfrac{t^3}{c^2}$,

cette valeur étant mise dans l'équation $y = a\dfrac{(x-c)^2}{b^2}$, la changera en

$y = a\dfrac{(t^3-c^3)^2}{b^2 c^4}$, équation qui, étant combinée avec celle-ci, $x = \dfrac{t^3}{c^2}$;

doit reproduire par l'élimination, $y = a \dfrac{(x-c)^2}{b^2}$, seule condition à laquelle on doive avoir égard dans le choix de la variable t.

214. On peut donc déterminer arbitrairement la variable indépendante t. Par exemple, on prendra la corde, l'arc, l'abscisse ou l'ordonnée pour cette variable indépendante; si t représente l'arc de la courbe, il faut que l'on ait $dt = \sqrt{dx^2 + dy^2}$; si t représente la corde, et que l'origine soit au sommet de la courbe, on aura $t = \sqrt{x^2 + y^2}$; enfin, t pourrait être l'abscisse ou l'ordonnée, et l'on aurait alors $t = x$, ou $t = y$.

215. Le choix de l'une de ces hypothèses ou de toute autre devient indispensable pour que la formule qui contient des différentielles puisse en être délivrée; si nous ne le faisons pas toujours, c'est que nous supposons tacitement que la variable indépendante a été déterminée. Par exemple, dans le cas le plus ordinaire où une formule ne contient que les différentielles dx, dy, d^2y, d^3y, etc. , l'hypothèse est que la variable indépendante t a été prise pour l'abscisse, car alors il en résulte

$$t = x, \quad \frac{dx}{dt} = 1, \quad \frac{d^2x}{dt^2} = 0, \quad \frac{d^3x}{dt^3} = 0, \text{ etc.};$$

et l'on voit que la formule ne doit pas renfermer des différentielles secondes, troisièmes, etc., de x.

216. Pour établir la formule dans toute sa généralité, il faut, d'après ce qui précède, que x et y soient des fonctions d'une troisième variable indépendante t; et que l'on ait, art. 26 ,

$$\frac{dy}{dt} = \frac{dy}{dx}\frac{dx}{dt};$$

on tire de cette équation

$$\frac{dy}{dx} = \frac{\dfrac{dy}{dt}}{\dfrac{dx}{dt}} \cdots (147);$$

prenant la différentielle seconde de y, et opérant sur le second membre comme on le fait pour les fractions, art. 16, on trouvera

$$\frac{d^2y}{dx} = \frac{\dfrac{dx}{dt}\dfrac{d^2y}{dt} - \dfrac{dy}{dt}\dfrac{d^2x}{dt}}{\dfrac{dx^2}{dt^2}}.$$

Dans cette expression, dt a deux usages : l'un est d'indiquer quelle est la variable indépendante t, et l'autre d'y entrer comme signe d'Algèbre. Nous pouvons ne considérer dt que sous le second rapport, si nous ne perdons pas de vue que t est la variable indépendante; alors supprimant dt^2 comme facteur commun, l'expression précédente se simplifiera en écrivant

$$\frac{d^2y}{dx} = \frac{dx\,d^2y - dy\,d^2x}{dx^2};$$

et en divisant par dx, elle deviendra

$$\frac{d^2y}{dx^2} = \frac{dx\,d^2y - dy\,d^2x}{dx^3}.$$

217. En opérant de même sur l'équation (147), on voit qu'en prenant t pour variable indépendante, le second membre de l'équation devient identique au premier; par conséquent, lorsqu'on prend t pour variable indépendante, on n'a qu'un seul changement à faire dans la formule qui contient les coefficiens différentiels $\frac{dy}{dx}$ et $\frac{d^2y}{dx^2}$, c'est de remplacer ce second coefficient différentiel par

$$\frac{dx\,d^2y - dy\,d^2x}{dx^3}.$$

Pour appliquer ces considérations au rayon de courbure qui, art. 188, est donné par l'équation

$$\gamma = \frac{\left(1 + \frac{dy^2}{dx^2}\right)^{\frac{3}{2}}}{\frac{d^2y}{dx^2}},$$

si l'on veut avoir la valeur de γ, dans le cas où t serait la variable indépendante, on changera cette équation en

$$\gamma = \frac{\left(1 + \frac{dy^2}{dx^2}\right)^{\frac{3}{2}}}{\frac{dx\,d^2y - dy\,d^2x}{dx^3}};$$

en observant que le numérateur revient à $\dfrac{(dx^2 + dy^2)^{\frac{3}{2}}}{dx^3}$, on aura

$$\gamma = \frac{(dx^2 + dy^2)^{\frac{3}{2}}}{dx\,d^2y - dy\,d^2x} \dots (148).$$

218. Cette valeur de γ suppose donc que x et y soient des fonctions

d'une troisième variable indépendante ; mais si x devait être cette variable, c'est-à-dire si l'on avait $t = x$, on aurait $d^2x = 0$, et cette formule retomberait dans le cas ordinaire en redevenant

$$\gamma = \frac{(dx^2 + dy^2)^{\frac{3}{2}}}{dx\,d^2y} = \frac{\left(1 + \dfrac{dy^2}{dx^2}\right)^{\frac{3}{2}}}{\dfrac{d^2y}{dx^2}}.$$

217. Mais si, au lieu de prendre x pour la variable indépendante, on voulait que l'ordonnée fût cette variable indépendante, cette condition serait exprimée par l'équation $y = t$; et en différenciant deux fois de suite cette équation, on aurait

$$\frac{dy}{dt} = 1, \quad \frac{d^2y}{dt^2} = 0.$$

La première de ces équations nous dit seulement que y est la variable indépendante, ce qui ne changera rien à la formule ; mais la seconde nous montre que d^2y doit être nul, et alors l'équation (148) se réduit à

$$\gamma = -\frac{(dx^2 + dy^2)^{\frac{3}{2}}}{dy\,d^2x}.$$

220. Il est à remarquer que lorsque x est la variable indépendante, et que l'on a par conséquent $d^2x = 0$, cette équation nous dit que dx est constant ; d'où il suit qu'en général la variable qui est regardée comme indépendante, a toujours une différentielle constante.

221. Enfin, si l'on prend l'arc pour variable indépendante, on aura

$$dt = \sqrt{dx^2 + dy^2} ;$$

élevant au carré et divisant par dt^2, cette équation nous donnera

$$\frac{dx^2}{dt^2} + \frac{dy^2}{dt^2} = 1 ;$$

différenciant cette équation, nous regarderons, art. 220, dt comme constant, puisque t est la variable indépendante ; et en opérant d'après la règle des exposans, nous trouverons

$$\frac{2dx\,d^2x}{dt^2} + \frac{2dy\,d^2y}{dt^2} = 0 ;$$

d'où l'on tire

$$dx\,d^2x = - dy\,d^2y ;$$

par conséquent, si l'on substitue la valeur de d^2x ou celle de d^2y dans l'équation (148), on aura dans le premier cas,

$$\gamma = \frac{(dx^2 + dy^2)^{\frac{3}{2}}}{(dx^2 + dy^2)d^2y}\, dx = \frac{\sqrt{(dx^2 + dy^2)}}{d^2y}\, dx\,;$$

et dans le second cas,

$$\gamma = -\frac{(dx^2 + dy^2)^2}{(dx^2 + dy^2)\,d^2x}\, dy = -\frac{\sqrt{dx^2 + dy^2}}{d^2x}\, dy.$$

222. Dans ce qui précède, nous n'avons considéré que les deux coefficiens différentiels $\frac{dy}{dx}$, $\frac{d^2y}{dx^2}$; mais si la formule devait contenir des coefficiens différentiels d'ordres plus élevés, il faudrait, par des moyens analogues à ceux que nous avons employés, déterminer les valeurs de $\frac{d^3y}{dx^3}$ de $\frac{d^4y}{dx^4}$, etc., qui se rapporteraient au cas où x et y sont des fonctions d'une troisième variable indépendante.

De la méthode des infiniment petits.

223. Les notions que nous avons de l'infini se réduisent à cette proposition : Une quantité n'est pas infinie lorsqu'elle est susceptible d'augmentation. Par conséquent, si l'on a $x + a$, et que x devienne infini, il faut supprimer a, autrement ce serait supposer que x peut encore s'augmenter de a, ce qui est contre notre définition.

224. Cette proposition étant fondamentale, j'ai cherché à la démontrer d'une manière plus satisfaisante, comme il suit. Soit l'équation

$$x + a = y \dots (149),$$

dans laquelle a est une quantité constante. Nous pouvons, à l'aide d'une indéterminée m, représenter par ma le rapport des variables y et x, ou, ce qui revient au même, supposer

$$max = y \dots (150);$$

substituant cette valeur dans l'équation (149), on obtient

$$x + a = max \dots (151);$$

divisant tous les termes de l'équation (151) par ax, on a

$$\frac{1}{a} + \frac{1}{x} = m \dots (152);$$

quand x devient infini, la fraction $\dfrac{1}{x}$ ayant atteint à son dernier degré de décroissement, se réduit évidemment à zéro; alors l'équation (152) devient

$$m = \frac{1}{a}.$$

Cette valeur étant substituée dans l'équation (151), on obtient

$$x + a = x,$$

ce qui montre que quand x est infini $x + a$ se réduit à x.

225. La quantité a, à l'égard de laquelle x est infini, est ce qu'on appelle un *infiniment petit*, par rapport à x.

226. Comme nous ne considérons ici que les rapports des quantités, la démonstration précédente a lieu lors même que x a une valeur finie, pourvu seulement que a soit infiniment petit par rapport à x.

La théorie des fractions va nous servir encore à rendre sensible cette vérité. En effet, si l'on compare la quantité finie b à la fraction $\dfrac{b}{z}$, il est certain que plus le dénominateur z augmentera, plus la fraction diminuera; de sorte que quand z deviendra infini, cette fraction deviendra absolument nulle, et, comme telle, devra être supprimée devant b, qui alors sera infini à l'égard de $\dfrac{b}{z}$.

227. Quoique deux quantités soient infiniment petites, il ne s'ensuit pas que leur rapport soit nul; car

$$\frac{a}{\infty} : \frac{b}{\infty} :: a : b.$$

On sent d'ailleurs que deux quantités infiniment petites peuvent se contenir comme deux quantités très grandes; ainsi, en représentant deux quantités infiniment petites par dy et par dx, il suit de là que leur rapport $\dfrac{dy}{dx}$ ne

sera pas nul : résultat conforme à celui que nous avons obtenu par la considération des limites.

228. Lorsqu'une quantité x est infiniment petite, par rapport à une grandeur finie a, le carré x^2 est infiniment petit par rapport à x. En effet, la proportion

$$1 : x :: x : x^2$$

nous prouve que x^2 est renfermé dans x autant de fois que x l'est dans l'unité, c'est-à-dire un nombre infini de fois. On démontrerait de même, à l'aide de la proportion $x : x^2 :: x^2 : x^3$, que x^2 étant infiniment petit par rapport à x, le terme x^3 doit être infiniment petit par rapport à x^2 ; c'est par cette raison qu'on a divisé les infiniment petits en différens ordres : ainsi, dans les exemples précédens, x est un infiniment petit du premier ordre, x^2 est un infiniment petit du second ordre, x^3 est un infiniment petit du troisième ordre ; ainsi de suite.

229. Observons que si x est infiniment petit par rapport à a, il en sera de même de x multiplié par une quantité finie b. En effet, x considéré comme une fraction dont le dénominateur serait infini, peut être représenté

par $\dfrac{c}{\infty}$; or, que l'on ait $\dfrac{c}{\infty}$ ou $\dfrac{bc}{\infty}$, ces quantités n'en sont

pas moins nulles par rapport à a.

230. De même qu'un infiniment petit du premier ordre doit être supprimé lorsqu'il est à côté d'une quantité finie, qu'il ne peut augmenter, on doit effacer un infiniment petit du second ordre, qui serait à côté d'un infiniment petit du premier ordre ; ainsi de suite.

Par exemple, si l'on a cette expression

$$a + by + cy^2 + dy^3,$$

et que y soit un infiniment petit du premier ordre, cy^2 en sera un du second, et dy^3 en sera un du troisième : il faut donc effacer dy^3, parce que dy^3 ne peut augmenter cy^2; et comme cy^2 ne peut augmenter by, on l'effacera à son tour; enfin, on effacera aussi by, puisque cet infiniment petit du premier ordre ne peut augmenter la quantité finie a, et il restera a.

231. Deux quantités infiniment petites x et y donnent pour produit un infiniment petit du second ordre. En effet, du produit xy je tire la proportion

$$ 1 : y :: x : xy, $$

ce qui m'apprend que puisque y est infiniment petit par rapport à 1, xy sera infiniment petit par rapport à x, c'est-à-dire sera un infiniment petit du second ordre.

232. On prouverait de même que le produit de trois infiniment petits du premier ordre donne un infiniment petit du troisième ordre.

233. Nous pouvons maintenant expliquer la théorie de la différenciation, d'après la méthode des infiniment petits. Pour cet effet, si l'on suppose que dans une fonction de x la variable x prenne un accroissement infiniment petit, représenté par dx, en sorte que x devienne $x + dx$, la différence du nouvel état au premier sera la différentielle de cette fonction.

234. Par exemple, pour trouver la différentielle de ax, cette fonction devenant $a(x + dx) = ax + adx$, si l'on en retranche ax, il restera adx pour la différentielle.

235. Cherchons encore la différentielle de ax^3; il faut de $a(x + dx)^3$ retrancher ax^3; développant et réduisant, on trouve d'abord $3ax^2dx + 3axdx^2 + adx^3$. Cela posé, adx^3 étant un infiniment petit du troisième ordre, ne peut augmenter $3axdx^2$, par conséquent, on effacera adx^3; de même $3axdx^2$, qui est un infiniment petit du

second ordre, doit être supprimé, parce que $3ax^2dx$ en est un du premier ordre; et il restera $3ax^2dx$ pour la différentielle.

236. On différenciera, d'après le même principe, toute autre fonction de x, en ayant le soin de supprimer les infiniment petits des ordres supérieurs, ce qui se réduit à ne conserver que le premier terme du développement, ainsi qu'on le fait par la méthode des limites.

Par exemple, pour trouver la différentielle de fx, au lieu d'écrire

$$\frac{f(x + h) - fx}{h} = A + Bh + Ch^2 + \text{etc.},$$

qui, dans le cas de la limite, donne $\dfrac{dfx}{dx}\,dx = Adx$ pour la différentielle, on aurait

$$f(x + dx) = fx + Adx + Bdx^2 + Cdx^3 + \text{etc.};$$

retranchant la fonction primitive, il resterait

$$Adx + Bdx^2 + Cdx^3 + \text{etc.};$$

et comme on devrait supprimer les infiniment petits des ordres supérieurs, on ne conserverait que le terme Adx, qui serait la différentielle cherchée.

237. Pour trouver la différentielle du produit de deux variables, y, z, on supposera que quand x devient $x+dx$, y devienne $y + dy$, et que z devienne $z + dz$. Le produit yz se convertira donc alors en $(y + dy)(z + dz)$; développant et retranchant yz, il restera $ydz + zdy + dydz$. Le dernier terme de ce résultat étant un infiniment petit du second ordre, devra s'effacer; et l'on aura, pour la différentielle de yz, l'expression $ydz + zdy$.

238. On déduira ensuite de cette dernière différentielle, celle du produit d'un plus grand nombre de variables, et

ensuite celle de x^m, par les procédés que nous avons suivis lorsque nous avons employé la méthode des limites.

239. La différentielle de a^x s'obtiendra aussi très facilement, lorsque l'on aura le développement de a^{x+dx} ; et ce développement se trouvera comme celui de a^{x+h}, article 36 ; on cherchera ensuite la valeur de $a^{x+dx} - a^x$, et, ne conservant que le premier terme, on rejettera les autres comme des infiniment petits d'ordres inférieurs à celui du terme que l'on conserve. De la différentielle de a^x on déduira ensuite, comme nous l'avons fait, celle de $\log x$.

240. A l'égard de la différentielle de $\sin x$, on a

$$\sin (x + dx) - \sin x = \sin x \cos dx + \sin dx \cos x - \sin x,$$

l'arc dx étant infiniment petit,

$$\cos dx = 1, \quad \text{et} \quad \sin dx = dx ;$$

au moyen de ces valeurs, on trouve

$$d.\sin x = dx \cos x.$$

241. Le problème des tangentes a donné en quelque sorte naissance au Calcul différentiel. Voici de quelle manière on résout ce problème par la méthode des infiniment petits.

Fig. 70.   Soient PM et P'M', fig. 70, deux ordonnées infiniment proches, et MO une parallèle à l'axe des x ; la tangente MT pourra être considérée comme le prolongement de l'élément MM' de la courbe, parce que cet élément étant très petit, est censé être en ligne droite. Nommons AP, x ; PM, y ; l'accroissement de x sera PP' $= dx$, et celui de y sera M'O $= dy$. Le triangle infiniment petit MM'O étant semblable au triangle MPT, on a

$$\text{M'O} : \text{MO} :: \text{MP} : \text{PT},$$

ou

$$dy : dx :: y : \text{PT} ;$$

donc

$$PT = y \frac{dx}{dy}.$$

On trouvera ensuite la normale, la tangente, et les équations de ces lignes, comme dans les art. 72 et 73.

242. Pour avoir la différentielle d'un arc, on regardera l'arc compris entre les ordonnées PM et P'M', infiniment proches, comme une ligne droite ; et alors, en nommant s l'arc total, MM' sera ds, et le triangle rectangle MM'O qui a pour côtés MO $= dx$ et M'O $= dy$, donnera

$$ds = \sqrt{dx^2 + dy^2}.$$

243. La différentielle de l'arc d'une courbe dont les coordonnées sont polaires, se trouve aussi très facilement par la considération des infini- Fig. 71. ment petits. En effet, soient, fig. 71, RR' et MN, deux arcs de cercle décrits l'un avec le rayon t et l'autre avec le rayon u, dans l'angle infiniment petit M'AN, formé par deux rayons vecteurs ; le triangle NM'M pourra être regardé comme rectiligne et rectangle en M ; on aura donc

$$M'N = \sqrt{MM'^2 + MN^2} ;$$

et en observant que M'M $= du$, et que MN est égal à udt, en vertu de la proportion

$$t : dt :: u : MN,$$

nous pourrons remplacer NM' et MN par leurs valeurs ; et, en mettant ds à la place de M'N, nous aurons

$$ds = \sqrt{du^2 + u^2 dt^2}.$$

Le même triangle MM'N, comparé au triangle M'AT, nous fera obtenir la sous-tangente d'une courbe polaire par la proportion

$$M'M : MN :: AM' : AT,$$

ou, en remplaçant AM' par AN, qui n'en diffère que d'un infiniment petit,

$$du : udt :: u : AT ;$$

d'où nous tirerons

$$AT = u^2 \frac{dt}{du}.$$

De la méthode de Lagrange pour démontrer les principes du Calcul différentiel, sans la considération des limites, des infiniment petits, ou de toute quantité évanouissante.

244. Nous avons vu de quelle utilité était le théorème de Taylor lorsqu'on voulait développer des fonctions en séries. Lagrange considérant la grande facilité avec laquelle les principes de la différenciation pouvaient se déduire de ce théorème, parvint à le démontrer sans faire usage du Calcul différentiel, par un procédé que nous allons modifier de la manière suivante :

Soit $y = f(x + h)$; par la nature de cette fonction, il faut que lorsqu'on fait $h = 0$, $f(x + h)$ se réduise à fx ; c'est ce qui aura lieu si la partie qui contient h dans cette équation, est un multiple de h. Représentons-la par Ph ; nous aurons donc

$$f(x + h) = fx + Ph ;$$

P pouvant être une fonction de h, si nous appelons p ce que devient P lorsque $h = 0$, et Qh la partie qui dépend de h, nous aurons encore $P = p + Qh$; en continuant ce raisonnement, on aura cette suite d'équations :

$$y = fx + Ph,$$
$$P = p + Qh,$$
$$Q = q + Rh,$$
$$\text{etc.} \quad \text{etc.} \quad \text{etc.}$$

Mettant la valeur de P, donnée par la deuxième équation, dans la première, il viendra

$$y = fx + ph + Qh^2 ;$$

mettant dans ce résultat la valeur de Q, donnée par la

troisième équation, on aura

$$y = fx + ph + qh^2 + \mathrm{R}h^3 ;$$

en continuant ainsi, et en mettant $f(x + h)$ à la place de y, on aura en général

$$f(x + h) = fx + ph + qh^2 + rh^3 + sh^4 + \text{etc.} \dots \dots (153).$$

245. L'expression $f(x + h)$ représente, en général, la fonction qui n'est pas encore réduite en série ; si dans cette fonction on change x en $x + i$, on aura le même résultat que si l'on eût changé h en $h + i$. En effet, cette fonction ne pouvant renfermer x sans que cette variable ne soit suivie immédiatement de h, un terme tel que $\mathrm{A}(x + h)^m$, par exemple, lorsqu'on aura changé x en $x + i$, deviendra $\mathrm{A}(x + i + h)^m$, quantité qui est la même que $\mathrm{A}(x + h + i)^m$ qui résulterait de la substitution de $h + i$ à la place de h, dans la fonction $\mathrm{A}(x + h)^m$. Ce que nous disons de ce terme devant s'appliquer à tous les autres, il s'ensuit que, dans les deux hypothèses, le premier membre de l'équation (153) donnera lieu à des résultats identiques ; d'où il suit que le développement $fx + ph + qh^2 +$ etc., amènera le même résultat en remplaçant x par $x + i$, ou h par $h + i$.

246. En substituant d'abord $h + i$ à h dans $fx + ph + qh^2 +$ etc., on aura

$$fx + p(h + i) + q(h + i)^2 + r(h + i)^3 + \text{etc.} \dots \dots (154) ;$$

développant les termes en h de ces binomes, il nous viendra

$$fx + ph \dots + qh^2 + 2qhi \dots + rh^3 + 3rh^2i + 3rhi^2, \text{etc.} \dots (155).$$

Pour obtenir ensuite le résultat de la substitution de x à $x + i$, dans l'expression $fx + ph + qh^2 + rh^3 +$ etc., observons que dans cette série, h étant en évidence, cet accroissement n'entre pas dans fx et dans les coefficiens p, q, r, s, etc., quantités qui ne pouvant donc renfermer que x, en doivent être regardées comme des fonctions ; et puisque l'équation (153) a lieu pour toute fonction de x, la substitution de $x + i$ à la place de x changera

$$
\begin{aligned}
fx \ \text{en} \ & fx + pi + qi^2 + ri^3 + si^4 + \text{etc.,} \\
p \ \text{en} \ & p + p'i + p''i^2 + p'''i^3 + p^{\mathrm{IV}}i^4 + \text{etc.,} \\
q \ \text{en} \ & q + q'i + q''i^2 + q'''i^3 + q^{\mathrm{IV}}i^4 + \text{etc.,} \\
r \ \text{en} \ & r + r'i + r''i^2 + r'''i^3 + r^{\mathrm{IV}}i^4 + \text{etc.,} \\
s \ \text{en} \ & s + s'i + s''i^2 + s'''i^3 + s^{\mathrm{IV}}i^4 + \text{etc.,} \\
& \text{etc.} \quad \text{etc.} \quad \text{etc.} \quad \text{etc.} \quad \text{etc.} \quad \text{etc.}
\end{aligned}
$$

Il n'est pas besoin de prévenir que par les lettres accentuées, nous représentons les coefficiens des différentes puissances de i dans ces développemens.

En substituant ces valeurs de fx, de p, de q, de r, de s, etc., dans la suite $fx + ph + qh^2 + rh^3 + $ etc., nous obtiendrons

$$
fx + pi + qi^2 + ri^3 + \text{etc.} + (p + p'i + p''i^2 + \text{etc.})\,h
$$
$$
+ (q + q'i + q''i^2 + \text{etc.})h^2 + (r + r'i + r''i^2 + \text{etc.})h^3 \text{etc.} \quad (156).
$$

247. Ce développement devant être identique (art. 245) à celui qui est donné par l'équation (155), il faut que les termes qui y contiennent les mêmes puissances de h soient égaux (*note sixième*) ; nous aurons donc

$$
\begin{aligned}
p + p'i + p''i^2, \ \text{etc.} &= p + 2qi, \ \text{etc.} ; \\
q + q'i + q''i^2, \ \text{etc.} &= q + 3ri, \ \text{etc.} ; \\
r + r'i + r''i^2, \ \text{etc.} &= r + 4si, \ \text{etc.}
\end{aligned}
$$

Ce que nous disons de h pouvant s'appliquer à i, en égalant les termes affectés des mêmes puissances de i, on trouvera

$$
p' = 2q, \quad q' = 3r, \quad r' = 4s, \ \text{etc.} \dots \dots \quad (157).
$$

Ce qui revient à égaler les termes affectés de hi, de h^2i, de h^3i, etc., des équations (155) et (156).

248. Nous avons vu, art. 246, que p était en général une fonction de x ; représentant donc p par $f'x$, et nommant $f''x$ le terme qui multipliera h dans le développe-

ment de $f'(x+h)$; nommant de même $f'''x$ le coefficient de h dans le développement de $f''(x+h)$, et ainsi de suite, nous aurons ces équations

$$\left.\begin{array}{l} f\ (x+h)=fx\ +hf'\ x+\textit{termes en}\,\mathrm{h^2},\,\textit{en}\,\mathrm{h^3},\,\text{etc.} \\ f'(x+h)=f'x+hf''x+\textit{termes en}\,\mathrm{h^2},\,\textit{en}\,\mathrm{h^3},\,\text{etc.} \\ f''(x+h)=f''x+hf'''x+\textit{termes en}\,\mathrm{h^2},\,\textit{en}\,\mathrm{h^3},\,\text{etc.} \\ \quad\text{etc.}\qquad\text{etc.}\qquad\qquad\text{etc.} \end{array}\right\}\,\dots\,(158).$$

249. Par hypothèse, nous avons, art. 248, $p=f'x$; donc, si dans cette équation on fait $x=x+h$, on aura

$$p + p'h + p''h^2 + p'''h^3 + \text{etc.} = f'(x+h)\dots\dots(159);$$

mettant dans cette équation la valeur de $f'(x+h)$, donnée par la seconde des équations (158), nous obtiendrons

$$p+p'h+p''h^2+\text{etc.}=f'x+hf''x+\textit{termes en}\,\mathrm{h^2},\,\textit{en}\,\mathrm{h^3},\,\text{etc.}$$

Cette équation ayant lieu, quel que soit h, il faut que les termes des mêmes puissances de h soient égaux ; donc

$$p'=f''x\,;$$

cette valeur de p' changera la première des équations (157) en $f''x=2q$; d'où nous tirerons

$$q=\tfrac{1}{2}f''x.$$

Si dans cette équation nous changeons x en $x+h$, il viendra

$$q + q'h + q''h^2 + \text{etc.} = \tfrac{1}{2}\,f''(x+h)\,;$$

mettant à la place de $f''(x+h)$ son développement donné par la troisième des équations (158), nous aurons

$$q+q'h+q''h^2+\text{etc.}=\tfrac{1}{2}(f''x+hf'''x+\textit{termes en}\,\mathrm{h^2},\,\textit{en}\,\mathrm{h^3},\text{etc.})\,;$$

comparant les termes qui multiplient la première puissance de h, nous aurons $q'=\tfrac{1}{2}f'''x$, valeur qui étant mise dans la seconde des équations (157), la changera en $\tfrac{1}{2}f'''x=3r$, d'où l'on tirera

$$r=\tfrac{1}{3}\cdot\tfrac{1}{2}\cdot f'''x\,;$$

en continuant ainsi, nous trouverons successivement tous les autres coefficiens de l'équation (153) ; substituant dans cette équation les valeurs de p, de q, de r, etc., nous aurons

$$f(x+h)=fx+hf'x+\frac{h^2}{1.2}f''x+\frac{h^3}{2.3}f'''x+\text{etc.}\ldots(160).$$

250. Si l'on considère maintenant la première des équations (158), on verra que $f'x$ étant le coefficient de h dans le développement de $f(x+h)$, est ce qu'on désigne par $\frac{d.fx}{dx}$ ou par $\frac{dy}{dx}$; de même, en considérant la seconde des équations (158), on reconnaîtra que le coefficient $f''x$ de la première puissance de h, dans le développement de $f'(x+h)$, doit être représenté par $\frac{df'x}{dx}$, c'est-à-dire par

$$\frac{d.\dfrac{dy}{dx}}{dx}=\frac{d^2y}{dx^2},$$

et ainsi de suite ; par conséquent, en mettant ces valeurs de fx, de $f'x$, de $f''x$, etc., dans l'équation (160), on trouvera

$$f(x+h)=fx+\frac{dy}{dx}h+\frac{d^2y}{dx^2}\frac{h^2}{1.2}+\frac{d^3y}{dx^3}\frac{h^3}{2.3}+\text{etc.}\ldots(161).$$

251. C'est ainsi qu'on parvient à la formule de Taylor, sans faire usage du Calcul différentiel. L'expression $\frac{dy}{dx}$, qui entre dans cette formule, est le signe de l'opération par laquelle on obtient le coefficient de h dans le développement de $f(x+h)$; dès que ce coefficient est trouvé, les expressions $\frac{d^2y}{dx^2}$, $\frac{d^3y}{dx^3}$, etc., nous indiquent que la même opération répétée nous fera connaître les coefficiens des autres puissances de h ; de sorte que nous n'avons besoin que de connaître, par des moyens tirés de l'Algèbre, ce que doit être $\frac{dy}{dx}$ pour chaque fonction. Par exemple,

si l'on demandait quel est $\frac{dy}{dx}$ pour la fonction x^m, on développerait $(x + h)^m$ par la formule du binome, qui donnerait $x^m + m x^{m-1} h +$ etc. ; et comme $\frac{dy}{dx}$ devrait indiquer le coefficient de la première puissance de h, dans ce développement, on aurait $\frac{dy}{dx} = m x^{m-1}$. Ainsi, tout se réduit à pouvoir trouver, par des procédés analytiques, le développement des différentes sortes de fonctions que l'Algèbre peut présenter : ces procédés ne sont pas différens de ceux que nous avons fait connaître pour développer les diverses fonctions qui, par leur combinaison, donnent toutes les autres; c'est ainsi que nous avons donné les développemens de a^{x+h}, de $\log (x + h)$, de $\cos (x + h)$, etc.

252. Voilà donc une troisième méthode, d'après laquelle les principes du Calcul différentiel se trouvent démontrés d'une manière indépendante de toute considération de limites, d'infiniment petits, ou de quantités évanouissantes ; mais cette méthode ne peut néanmoins exclure celle des limites, parce que lorsqu'on en vient aux applications, et qu'on veut, par exemple, déterminer les volumes, ou les surfaces, rectifier les courbes, ou obtenir les expressions des sous-tangentes, des sous-normales, etc. , on est toujours obligé de recourir aux limites ou aux infiniment petits.

253. En considérant les développemens des diverses fonctions $(x + h)^m$, a^{x+h}, $\log (x + h)$, $\sin (x + h)$, etc., que l'Algèbre nous offre ; comme ces fonctions sont en nombre très limité, il est facile de reconnaître que, dans leurs développemens, le coefficient de la première puissance de h n'est ni nul ni infini, du moins tant que x conserve sa valeur indéterminée ; c'est d'ailleurs ce qui

résulte de la démonstration précédente. En effet, supposons qu'on eût $p = 0$ dans l'équation

$$f(x + h) = fx + ph + qh^2 + rh^3 + \text{etc.},$$

il arriverait deux cas : ou la valeur de x, que renferme p, devrait être donnée par une équation identique, ou par une équation qui ne le serait pas. Dans ce dernier cas, $p = 0$ représenterait une équation d'un certain degré, et cette équation ne donnerait qu'un nombre limité de valeurs de x, ce qui serait contre l'hypothèse, qui admet pour x une valeur quelconque ; mais si $p = 0$, c'est-à-dire si $f'x = 0$ était une équation identique en x (*), faisant $x = x + h$, on aurait encore $f'(x + h) = 0$; et comme h entrerait partout où entre x, cette équation, considérée par rapport à h, serait encore identiquement nulle, ou, en d'autres termes, cette équation aurait lieu quel que soit h ; il en serait donc de même de son développement qui, d'après l'équation (159), est

$$p + p'h + p''h^2 + p'''h^3 + \text{etc.} = 0 ;$$

mais lorsqu'une équation de ce genre est nulle, indépendamment de h, il faut que les coefficiens des différentes puissances de h soient nuls séparément (*voyez la note sixième*), et que, par conséquent, l'on ait

$$p' = 0, \quad p'' = 0, \quad p''' = 0, \text{ etc.}$$

En substituant ces valeurs dans les équations

$$p' = 2q, \quad p'' = 3r, \quad p''' = 4s, \text{ etc.,}$$

qui résultent de l'identité des termes affectés des mêmes puissances de ih, de i^2h, de i^3h, etc., dans les suites 155

(*) Le cas où p ne contient pas x est compris dans celui-ci ; car si la valeur de p qui est nulle, est représentée par $a - a$, on peut la considérer comme $a - x - (a - x)$.

et 156, on obtiendrait

$$q = 0, \quad r = 0, \quad s = 0, \text{ etc.;}$$

et, comme en outre $p = 0$, l'équation (153) se réduirait à

$$f(x + h) = fx.$$

Il faudrait donc que $x + h$, mis à la place de x, ne changeât pas la fonction, ce qui exigerait que cette fonction fût identique ou constante; car on sait que si fx était, par exemple, de cette forme, $x^2 - x^2$, ou de celle-ci, $c + x^2 - x^2$, la substitution de $x + h$ à la place de x donnerait toujours le même résultat; et l'on voit que, dans le premier cas, la fonction serait identique, et, dans le second, se réduirait à une constante c. Il suit de ce qui précède, que le coefficient de la première puissance de h ne peut être nul dans le développement général de $f(x + h)$.

Il ne serait pas moins absurde de supposer ce coefficient infini, car le second membre de l'équation (153) devenant infini, le premier membre le serait aussi, c'est-à-dire qu'on aurait $f(x + h) = \infty$; et comme $f(x + h)$ est composé en $x + h$, comme fx l'est en x, le terme qui, dans $f(x + h)$, rendrait cette expression infinie, devrait rendre aussi infini fx. Par exemple, si $f(x + h)$ renfermait un terme tel que $\dfrac{A}{(x + h) - (x + h)}$, qui est infini, il est évident qu'on devrait avoir dans fx, le terme $\dfrac{A}{x - x}$, qui serait aussi infini. Il suit de là que la fonction proposée serait infinie, ce que nous ne supposons pas.

254. Les expressions $f'x$, $f''x$, $f'''x$, etc., sont ce que Lagrange appelle la *fonction prime*, la *fonction seconde*, la *fonction tierce*, etc., de fx, et en général, en sont les fonctions dérivées. Lagrange indique aussi les fonctions

dérivées d'une autre manière, en remplaçant $\dfrac{dy}{dx}$ par y', $\dfrac{d^2y}{dx^2}$ par y'', $\dfrac{d^3y}{dx^3}$ par y''', et ainsi de suite.

Des cas où la formule de Taylor est en défaut.

255. En général, lorsque dans une fonction de x on met $x+h$ à la place de x, la forme de la fonction reste la même, puisque $x+h$ entre partout où était x; ainsi, lorsque fx renferme un radical, $f(x+h)$ doit aussi le renfermer : par exemple, si l'on a

$$fx = bx^2 + \frac{a}{\sqrt{x}},$$

le même radical se trouvera dans l'expression

$$f(x+h) = b\,(x+h)^2 + \frac{a}{\sqrt{x+h}}.$$

Il n'en serait pas toujours de même, si l'on assignait la valeur de l'abscisse x pour l'un des points de la courbe. Par exemple dans le cas où fx renfermerait un terme tel que $\sqrt[3]{x-a}$, si l'on donnait à x la valeur a, on voit que le radical cubique $\sqrt[3]{x-a}$ s'évanouirait dans fx, tandis que le radical cubique $\sqrt[3]{x+h-a}$, qui devrait entrer dans $f(x+h)$, loin de s'évanouir, se réduirait alors à $\sqrt[3]{h}$. Dans une semblable circonstance, $f(x+h)$ ne peut se développer suivant les puissances de h, ce qui se manifeste par les valeurs infinies que prennent les coefficiens différentiels; c'est ainsi que l'équation $y = \sqrt[3]{(x-a)}$ nous donne

$$\frac{dy}{dx} = \frac{1}{3}\,(x-a)^{-\frac{2}{3}} = \frac{1}{3\sqrt[3]{(x-a)^2}},$$

et l'on voit que $x = a$ rend ce coefficient différentiel infini.

256. Pour qu'on tombe ainsi sur des quantités infinies, il suffit que la fonction $f(a+h)$ étant ordonnée par rapport aux puissances de h, renferme parmi ces puissances un exposant fractionnaire $n+\dfrac{1}{2}$ compris entre les nombres entiers n et $n+1$; en effet, nous aurons dans cette hypothèse

$$f(a+h) = A + Bh + Ch^2 + Dh^3 \ldots + Mh^n N h^{n+\frac{1}{2}}$$
$$+ Ph^{n+1} + Qh^{n+2} + Rh^{n+3}, \text{ etc}\ldots \quad (162),$$

développement dans lequel un terme qui manquerait serait censé avoir zéro pour coefficient. Cela posé, en regardant a comme variable, nous trouverons, art. 55 et 56,

$$\frac{df(a+h)}{dh} = \frac{df(a+h)}{da}, \quad \frac{d^2f(a+h)}{dh^2} = \frac{d^2f(a+h)}{da^2}, \text{ etc.} \ldots \quad (163).$$

Différencions successivement par rapport à h, l'équation (162), et représentons, pour abréger, par M', N', P', Q', R', etc., par M'', N'', Q'', R'', etc., ce que deviennent les coefficiens M, N, P, Q, R, etc., nous aurons

$$\frac{df(a+h)}{dh} = B + 2Ch + 3Dh^2 \ldots + M'h^{n-1} + N'h^{\frac{1}{2}+n-1}$$
$$+ P'h^n + Q'h^{n+1} + R'h^{n+2} + \text{etc.},$$

$$\frac{d^2f(a+h)}{dh^2} = 2C + 2.3Dh \ldots \ldots + M''h^{n-2} + N''h^{\frac{1}{2}+n-2}$$
$$+ P''h^{n-1} + Q''h^n + R''h^{n+1} + \text{etc.},$$

$$\text{etc.} \qquad \text{etc.} \qquad \text{etc.} \qquad \text{etc.}$$

Remplaçant les premiers membres de ces dernières équations par leurs valeurs tirées des équations (163), nous obtiendrons

$$\frac{df(a+h)}{da} = B + 2Ch + 3Dh^2 \ldots + M'h^{n-1} + N'h^{\frac{1}{2}+n-1}$$
$$+ P'h^n + Q'h^{n+1} + R'h^{n+2} + \text{etc.} \ldots \quad (164),$$

$$\frac{d^2f(a+h)}{da^2} = 2C + 2.3Dh \ldots \ldots + M''h^{n-2} + N''h^{\frac{1}{2}+n-2}$$
$$+ P''h^{n-2} + Q''h^n + R''h^{n+1} + \text{etc.} \ldots \quad (165),$$

$$\text{etc.} \qquad \text{etc.} \qquad \text{etc.} \qquad \text{etc.}$$

faisant $h = 0$, dans les équations (162), (164), (165), nous aurons pour déterminer les coefficiens A, B, C, etc., de l'équation (162),

$$fa = A, \quad \frac{dfa}{da} = B, \quad \frac{d^2fa}{da^2} = 2C, \text{ etc.}$$

Cela posé, d'après l'inspection des équations (164) et (165), on voit que chaque différenciation diminuant n d'une unité, lorsque nous serons arrivés à la $n^{ième}$, les exposans des termes en h^n, en $h^{n+\frac{1}{2}}$, en h^{n+1}, en h^{n+2}, etc., auront pour valeurs $n-n$, $n-n+\frac{1}{2}$, $n-n+1$, $n-n+2$, etc.

De sorte qu'en représentant les coefficiens correspondans par $M_{\prime}$, par $N_{\prime}$, etc., nous obtiendrons

$$\frac{d^n f(a+h)}{da^n} = M_{,} + N_{,} h^{\frac{1}{z}} + P_{,} h + Q_{,} h^2 + R_{,} h^3 + \text{etc}\dots \quad (166),$$

et, à la différenciation suivante, nous trouverons

$$\frac{d^{n+1} f(a+h)}{da^{n+1}} = N_{,,} h^{\frac{1}{z}-1} + P_{,,} h^0 + Q_{,,} h + R_{,,} h^2 + \text{etc}\dots \quad (167);$$

et comme $\frac{1}{z}$ est moindre que l'unité, l'exposant $\frac{1}{z} - 1$ du premier terme de ce développement pourra s'écrire ainsi : $-\left(1 - \frac{1}{z}\right)$. Alors, en faisant passer h au dénominateur dans le premier terme du second membre, l'équation (167) deviendra

$$\frac{d^{n+1} f(a+h)}{da^{n+1}} = \frac{N_{,,}}{h^{1-\frac{1}{z}}} + P_{,,} + Q_{,,} h + R_{,,} h^2 + \text{etc}\dots \quad (168).$$

Or, si l'on fait $h=0$, dans l'équation (166), on voit que tous les termes en h s'évanouissent encore, ce qui permet de déterminer $M_{,}$, d'où dépend le coefficient M du terme $M h^n$ de l'équation (162). Il n'en est pas de même si l'on fait $h=0$ dans l'équation (168); car alors le premier se réduisant à $\frac{N_{,,}}{0}$ rend la valeur de $\frac{d^{n+1} f(a)}{da^{n+1}}$ infinie.

Il en serait de même si nous prenions les coefficiens différentiels des ordres suivans, parce que toutes les différentielles successives d'un terme de la forme $\frac{N}{h^m}$ contiennent h au dénominateur.

Il résulte de ce théorème, que *lorsqu'on fait* $x=a$, *dans le développement de* $f(x+h)$, *s'il existe une puissance fractionnaire de* h *dans ce développement, et qu'elle soit comprise entre les termes affectés de* h^n *et de* h^{n+1}, *on ne pourra déterminer les termes de la série de Taylor, que jusqu'à l'ordre* n *inclusivement : tous les autres termes deviendront infinis.*

257. Une fonction de x représentée par fx étant donnée, si l'on veut déterminer le développement de $f(x+h)$, dans l'hypothèse $x=a$; il faudra, comme on le sait, calculer les termes de la suite,

$$fx + \frac{dy}{dx} h + \frac{d^2 y}{dx^2} \frac{h^2}{1.2} + \text{etc.} ;$$

mais si en faisant ce calcul on trouve que l'un des coefficiens différentiels devienne infini dans l'hypothèse de $x=a$, on ne cherchera plus à obtenir le développement de $f(x+h)$ par la série de Taylor; mais voici le procédé qu'il faudra employer. *On mettra* x + h *à la place de* x, *dans* fx; *alors le terme qui contient* x — a *au dénominateur, contiendra* x — a + h , *et ne deviendra plus infini lorsqu'on fera* x = a, *mais donnera lieu à un terme affecté d'une puissance fractionnaire de* h.

258. Soit, par exemple,

$$fx = 2ax - x^2 + a\sqrt{x^2 - a^2} \, ;$$

en différenciant, on trouve

$$\frac{dy}{dx} = 2(a - x) + \frac{ax}{\sqrt{x^2 - a^2}} \, ;$$

substituant ces valeurs et celles de $\dfrac{d^2y}{dx^2}$, de $\dfrac{d^3y}{dx^3}$, etc., dans la formule de Taylor (équation 38, page 37), on obtient

$$f(x+h) = 2ax - x^2 + a\sqrt{x^2 - a^2} + \left[2(a-x) + \frac{ax}{\sqrt{x^2 - a^2}} \right] h + \text{etc.}$$

Or, quand $x = a$, le terme multiplié par h devient infini ; donc ce développement n'est plus possible.

Dans ce cas, d'après la règle précédente, on mettra $x + h$ à la place de x dans l'équation

$$fx = 2ax - x^2 + a\sqrt{x^2 - a^2},$$

et l'on trouvera

$$f(x+h) = 2ax + 2ah - x^2 - 2xh - h^2 + a\sqrt{x^2 + 2xh + h^2 - a^2},$$

équation qui, dans l'hypothèse de $x = a$, devient

$$f(a+h) = a^2 - h^2 + a\sqrt{2ah + h^2},$$

ou

$$f(a+h) = a^2 - h^2 + a\sqrt{h}\sqrt{2a + h} \, ;$$

développant par la formule du binome, et représentant, pour abréger, par A, B, C, etc., les coefficiens que donne cette formule, on a

$$\sqrt{2a + h} = (2a + h)^{\frac{1}{2}} = A + Bh + Ch^2 + Dh^3 + \text{etc.} \, ;$$

substituant, on trouve

$$f(a+h) = a^2 - h^2 + aA\sqrt{h} + aBh\sqrt{h} + aCh^2\sqrt{h} + \text{etc.}$$

On voit, par cet exemple, qu'en mettant $x + h$ dans la fonction, et faisant $x = a$, on peut introduire une ou plusieurs puissances fractionnaires de h ; on développe ensuite séparément les termes qui sont susceptibles de l'être, soit par la formule du binome, soit autrement; et l'on substitue ces termes dans la valeur de $f(a + h)$, ce qui en donne le développement.

259. Lorsque x reste indéterminé, Lagrange a démontré que le développement de $f(x + h)$ ne pouvait contenir des termes affectés d'une puissance fractionnaire de h. En effet, supposons que l'on eût

$$f(x+h) = fx + ph + qh^2 \ldots + \mathrm{K}\sqrt[3]{h} \, ;$$

comme, d'après la théorie des équations, $\mathrm{K}\sqrt[3]{h}$ est susceptible de trois valeurs, M, N, P, nous aurions ces trois développemens de $f(x+h)$,

$$f(x+h) = fx + ph + qh^2 \ldots + \mathrm{M},$$
$$f(x+h) = fx + ph + qh^2 \ldots + \mathrm{N},$$
$$f(x+h) = fx + ph + qh^2 \ldots + \mathrm{P}.$$

Or, fx devant renfermer les mêmes radicaux que $f(x+h)$, art. 255, il faudrait que fx eût aussi trois valeurs différentes, Q, R, S; en substituant successivement ces valeurs à la place de fx, on trouverait donc

$$f(x+h) = \mathrm{Q} + ph + qh^2 \ldots + \mathrm{M},$$
$$f(x+h) = \mathrm{Q} + ph + qh^2 \ldots + \mathrm{N},$$
$$f(x+h) = \mathrm{Q} + ph + qh^2 \ldots + \mathrm{P},$$
$$f(x+h) = \mathrm{R} + ph + qh^2 \ldots + \mathrm{M},$$
$$f(x+h) = \mathrm{R} + ph + qh^2 \ldots + \mathrm{N},$$
$$f(x+h) = \mathrm{R} + ph + qh^2 \ldots + \mathrm{P},$$
$$f(x+h) = \mathrm{S} + ph + qh^2 \ldots + \mathrm{M},$$
$$f(x+h) = \mathrm{S} + ph + qh^2 \ldots + \mathrm{N},$$
$$f(x+h) = \mathrm{S} + ph + qh^2 \ldots + \mathrm{P};$$

de sorte que l'expression $f(x+h)$ étant développée, aurait neuf valeurs différentes, tandis que non développée, elle n'en pourrait avoir qu'autant que fx en comporte, et par conséquent trois dans l'hypothèse actuelle; ainsi l'on ne peut supposer que le développement de $f(x+h)$ contienne une puissance fractionnaire de h, sans tomber dans une contradiction.

260. Enfin, il est certain que $f(x+h)$ ne peut admettre dans son développement, un terme affecté d'une puissance négative de h; car s'il contenait un terme tel que $\mathrm{M}h^{-n}$, on aurait

$$f(x+h) = fx + ph + qh^2 \ldots + \frac{\mathrm{M}}{h^n} \, ;$$

or, en faisant $h = 0$, le premier membre se changerait en fx, et le second, au lieu de se réduire à fx, deviendrait infini, à cause du terme $\dfrac{\mathrm{M}}{h^n}$ qu'il renferme.

Il en serait de même si le développement contenait un terme affecté du logarithme de h; car si l'on avait, par exemple, un terme tel que A $\log h$, ce terme, lorsqu'on ferait $h = 0$, deviendrait A $\log 0$; or, le logarithme de 0 étant l'infini négatif, le terme A $\log h$ serait alors infini; d'où il suit que fx devrait l'être aussi; ce qui est contre l'hypothèse.

FIN DU CALCUL DIFFÉRENTIEL.

ÉLÉMENS

DE CALCUL DIFFÉRENTIEL

ET

DE CALCUL INTÉGRAL.

CALCUL INTÉGRAL.

De l'intégration des différentielles monomes.

261. Le calcul intégral a pour objet de trouver la fonction qui, étant différenciée, a dû produire une différentielle donnée. Pour commencer par le cas le plus simple, nous allons chercher à intégrer l'expression $x^m dx$: dans cette vue, différencions l'expression x^{m+1}, nous trouverons

$$\mathrm{d}.x^{m+1} = (m+1)x^m dx,$$

d'où nous tirerons

$$\frac{\mathrm{d}.x^{m+1}}{m+1} = x^m dx \, ;$$

et comme la constante $m+1$ n'influe pas sur la différenciation, nous pourrons écrire ainsi l'équation précédente

$$\mathrm{d}.\frac{x^{m+1}}{m+1} = x^m dx \, ;$$

par conséquent, la quantité qui, par la différenciation, a

donné $x^m dx$, est $\dfrac{x^{m+1}}{m+1}$. Pour indiquer cette opération, nous mettrons, avant la différentielle, la caractéristique $\int$, qui signifie *somme* ou *intégrale* (*), de sorte que nous écrirons

$$\int x^m dx = \frac{x^{m+1}}{m+1}.$$

262. Concluons de là cette règle générale : *Pour intégrer* $x^m dx$, *il faut augmenter l'exposant d'une unité, et diviser par cet exposant ainsi augmenté et par la différentielle.*

263. Soit, par exemple, $\dfrac{a dx}{x^3}$; nous aurons donc

$$\int \frac{a dx}{x^3} = \int a x^{-3} dx = \frac{a x^{-3+1}}{-3+1} = \frac{a x^{-2}}{-2} = -\frac{a}{2 x^2} :$$

on trouvera de même que

$$\int dx \sqrt[3]{x^2} = \int x^{\frac{2}{3}} dx = \frac{x^{\frac{2}{3}+1}}{\frac{2}{3}+1} = \frac{x^{\frac{5}{3}}}{\frac{5}{3}} = \frac{3 x^{\frac{5}{3}}}{5}.$$

264. Observons que lorsque nous différencions $a + x^m$, nous trouvons $m x^{m-1} dx$, comme si nous n'eussions différencié que x^m ; par conséquent il faudra, en intégrant,

---

(*) Ce mot *somme*, pour désigner l'intégrale, a été introduit par les anciens géomètres, parce que, d'après la méthode des infiniment petits, ils considéraient une fonction y comme une somme d'accroissemens infiniment petits.

Par exemple, on voit que l'ordonnée étant MP, fig. 72, on a

$$MP = ab + a'b' + a''b'' + a'''b''' + a^{iv}M,$$

c'est-à-dire que y est égal à la somme des accroissemens infiniment petits, représentés chacun par dy.

Fig. 72.

ajouter une constante à l'intégrale. Ainsi, dans les exemples précédens, nous écrirons

$$\int \frac{a\,dx}{x^3} = -\frac{a}{2x^2} + C, \quad \int dx \sqrt[3]{x^2} = \frac{3x^{\frac{5}{3}}}{5} + C.$$

265. Cette constante C, qui doit s'évanouir par la différenciation, est en général arbitraire, à moins que, par la nature du problème, elle ne soit déterminée.

Par exemple, si l'on a l'équation $y = ax^2 - b$, qui est celle d'une parabole CBD, fig. 73, dont l'origine est en B, et qu'on en tire $dy = 2axdx$, on trouvera, en intégrant, Fig. 73.

$$y = ax^2 + C.\dots (1).$$

Cette équation peut convenir à une infinité de paraboles. Or, si l'on veut que parmi toutes ces paraboles, CBD, C'B'D', C"B"D", etc., la courbe qui a pour équation..
$y = ax^2 + C$ soit celle d'une parabole qui passe par le point E dont les coordonnées sont

$$y = 0, \quad x = AE = + \sqrt{\frac{b}{a}},$$

il faudra qu'en faisant $x = \sqrt{\frac{b}{a}}$, on ait $y = 0$, ce qui réduira l'équation (1) à

$$0 = b + C,$$

d'où l'on tirera $C = -b$. Substituant cette valeur dans l'équation (1), on obtiendra

$$y = ax^2 - b,$$

comme on l'avait avant la différenciation.

266. Lorsque la nature du problème ne détermine pas la constante, on peut disposer de cette constante comme dans l'exemple suivant : ayant trouvé que l'intégrale de

$x^m dx$ est

$$y = \frac{x^{m+1}}{m+1} + C \ldots \quad (2),$$

nous donnerons à x une valeur déterminée b, et le second membre de cette équation deviendra

$$\frac{b^{m+1}}{m+1} + C \ldots \quad (3).$$

C étant arbitraire, nous pouvons déterminer cette constante par la condition que l'expression (3) soit nulle, ou, ce qui revient au même, par la condition qu'on ait $y = 0$ lorsque $x = b$; alors l'équation (2) deviendra

$$0 = \frac{b^{m+1}}{m+1} + C,$$

d'où l'on tirera la valeur de C, qui, étant substituée dans l'équation (2), nous donnera

$$y = \frac{x^{m+1} - b^{m+1}}{m+1} \ldots \quad (4).$$

267. Il n'y a qu'un seul cas qui échappe à la règle de l'article 262 pour intégrer $x^m dx$; c'est celui où $m = -1$; car alors la formule (4) devient

$$y = \frac{x^0 - b^0}{0} = \frac{0}{0} ;$$

il faudrait donc, dans ce cas, faire usage de la règle de l'article 83, pour déterminer la vraie valeur de l'intégrale ; mais on peut éviter cet inconvénient, en observant que $x^{-1} dx = \frac{dx}{x}$, et que cette expression $\frac{dx}{x}$ est la différentielle de $\log x$; par conséquent, nous aurons

$$\int \frac{dx}{x} = \log x + C.$$

Des différentielles complexes dont l'intégration peut s'effectuer par la règle de l'article 262.

268. Nous avons vu, art. 22, que la différentielle d'un polynome se formait de la somme des différentielles de ses termes; réciproquement l'intégrale d'un polynome sera égale à la somme des intégrales des termes qui le composent.

Par exemple,

$$\int \left(a\mathrm{d}x - \frac{b\mathrm{d}x}{x^3} + x\mathrm{d}x\sqrt[-]{x} \right) = \int a\mathrm{d}x - \int \frac{b\mathrm{d}x}{x^3} + \int x^{\frac{3}{2}}\mathrm{d}x + \mathrm{C},$$

ou, en effectuant les opérations,

$$\int \left(a\mathrm{d}x - \frac{b\mathrm{d}x}{x^3} + x\mathrm{d}x\sqrt[-]{x} \right) = ax + \frac{b}{2x^2} + \frac{2}{5}x^{\frac{5}{2}} + \mathrm{C}.$$

Nous n'avons mis ici qu'une constante, parce que chaque terme donnant une constante à l'intégration, nous pouvons représenter la somme de ces constantes par une seule lettre.

269. Tout polynome, tel que $(a + bx + cx^2 + \text{etc.})^n \mathrm{d}x$, peut s'intégrer par la même règle, lorsque n est un nombre entier positif. Pour cela, il suffit d'élever le polynome à la puissance indiquée, et d'intégrer séparément chaque terme.

Par exemple, pour intégrer $(a + bx)^2 \mathrm{d}x$, nous aurons

$$\int (a + bx)^2 \mathrm{d}x = \int (a^2\mathrm{d}x + 2abx\mathrm{d}x + b^2 x^2 \mathrm{d}x)$$
$$= a^2 x + abx^2 + \frac{b^2 x^3}{3} + \mathrm{C}.$$

270. Lorsqu'on a une expression telle que $(Fx)^n \mathrm{d}Fx$, composée de deux facteurs dont l'un est la différentielle de la partie Fx qui est sous la parenthèse, pour intégrer cette

expression, on fera $Fx = z$, par conséquent, $dFx = dz$; substituant, on trouvera

$$(Fx)^n dFx = z^n dz,$$

et en intégrant,

$$\int (Fx)^n dFx = \frac{z^{n+1}}{n+1} + C = \frac{(Fx)^{n+1}}{n+1} + C.$$

Pour en donner un exemple, soit

$$(a + bx + cx^2)^{\frac{2}{3}}(b\,dx + 2cx\,dx);$$

comme $b\,dx + 2cx\,dx$ est la différentielle de la quantité renfermée entre les parenthèses, on fera

$$a + bx + cx^2 = z,$$

et l'on aura, en différenciant,

$$b\,dx + 2cx\,dx = dz;$$

donc

$$(a + bx + cx^2)^{\frac{2}{3}}(b\,dx + 2cx\,dx) = z^{\frac{2}{3}}\,dz.$$

L'intégrale de cette expression sera

$$\frac{3}{5} z^{\frac{5}{3}} + C = \frac{3}{5}(a + bx + cx^2)^{\frac{5}{3}} + C.$$

271. Si l'un des facteurs était la différentielle de l'autre, à une constante près, l'on pourrait encore intégrer par le même procédé. Soit, par exemple,

$$(a + bx^2)^{\frac{1}{2}} mx\,dx \ldots \ldots \ (5).$$

Comme je vois que la différentielle de $a + bx^2$, qui est $2bx\,dx$, ne diffère de $mx\,dx$ que par la constante, je fais $a + bx^2 = z$, et par conséquent $2bx\,dx = dz$, d'où je tire

$x\,\mathrm{d}x = \dfrac{\mathrm{d}z}{\mathrm{d}b}$; substituant ces valeurs dans l'expression (5),
j'obtiendrai

$$(a + bx^2)^{\frac{1}{2}}\, mx\,\mathrm{d}x = \frac{m}{2b}\, z^{\frac{1}{2}}\,\mathrm{d}z,$$

et, en intégrant, il viendra

$$\int (a + bx^2)^{\frac{1}{2}}\, mx\,\mathrm{d}x = \frac{m}{3b}\, z^{\frac{3}{2}} + C = \frac{m}{3b}\,(a + bx^2)^{\frac{3}{2}} + C.$$

272. La même transformation peut s'appliquer aussi pour rapporter certaines différentielles à des logarithmes : si l'on avait, par exemple, $\dfrac{\mathrm{d}x}{a + bx}$, en faisant $a + bx = z$, j'en déduirais $\mathrm{d}x = \dfrac{\mathrm{d}z}{b}$; substituant, j'aurais

$$\int \frac{\mathrm{d}x}{a + bx} = \int \frac{1}{b}\,\frac{\mathrm{d}z}{z} = \frac{1}{b}\int \frac{\mathrm{d}z}{z} = \frac{1}{b}\,\log z + C,$$

et, en mettant pour z sa valeur,

$$\int \frac{\mathrm{d}x}{a + bx} = \frac{1}{b}\,\log (a + bx) + C.$$

En opérant de même pour $\dfrac{\mathrm{d}x}{a - bx}$, on trouvera que l'intégrale de cette expression est

$$\int \frac{\mathrm{d}x}{a - bx} = -\frac{1}{b}\,\log (a - bx) + C.$$

Des différentielles qui s'intègrent par arcs de cercle.

273. Soit, fig. 74, $x = CE$, le sinus qui a le rayon pour unité et dont l'arc CB est z; nous avons $x = \sin z$; différenciant il viendra $\mathrm{d}x = \cos z\,\mathrm{d}z$; d'où nous tirerons

Fig. 74.

$dz = \dfrac{dx}{\cos z}$; d'une autre part, l'équation $\cos^2 z + \sin^2 z = 1$ nous donne

$$\cos z = \sqrt{1 - \sin^2 z} = \sqrt{1 - x^2} ;$$

substituant cette valeur dans celle de dz, on obtiendra

$$dz = \dfrac{dx}{\sqrt{1 - x^2}} ;$$

par conséquent on trouvera, en intégrant,

$$\int \dfrac{dx}{\sqrt{1 - x^2}} = z + C \ldots \quad (6).$$

Pour déterminer la constante, supposons donc que lorsque $x = 0$, on ait

$$\int \dfrac{dx}{\sqrt{1 - x^2}} = 0 ;$$

comme, d'après la figure 74, l'arc z, représenté par CB, est nul en même temps que le sinus x, l'équation (6) se réduira donc, dans cette hypothèse, à $0 = C$; par conséquent

$$\int \dfrac{dx}{\sqrt{1 - x^2}} = \text{arc} (\sin = x) \ldots \quad (7).$$

274. Si le rayon, au lieu d'être pris pour unité, est égal à a, nommons x' son sinus, nous aurons pour l'arc d'un même nombre de degrés

$$1 : x :: a : x',$$

d'où nous tirerons

$$x = \dfrac{x'}{a}.$$

Substituons cette valeur dans l'équation (7), nous trouverons

$$\int \frac{\mathrm{d}x}{\sqrt{1-x^2}} = \int \frac{\mathrm{d}.\dfrac{x'}{a}}{\sqrt{1-\dfrac{x'^2}{a^2}}} = \int \frac{\mathrm{d}x'}{a\sqrt{1-\dfrac{x'^2}{a^2}}} = \int \frac{\mathrm{d}x'}{\sqrt{a^2-x'^2}},$$

par conséquent l'équation (7) deviendra

$$\int \frac{\mathrm{d}x'}{\sqrt{a^2-x'^2}} = \mathrm{arc}\left(\sin = \frac{x'}{a}\right),$$

et, si nous appelons x le sinus dont le rayon est a, nous pourrons supprimer l'accent de x dans l'équation précédente, ce qui nous donnera

$$\int \frac{\mathrm{d}x}{\sqrt{a^2-x^2}} = \mathrm{arc}\left(\sin = \frac{x}{a}\right)\ldots\ (8).$$

275. En second lieu, soit z l'arc CD, fig. 74, dont le co-sinus AG est x, et qui a le rayon pour unité, nous aurons Fig. 74.

$$x = \cos z,$$

et, en différenciant,

$$\mathrm{d}x = -\,\mathrm{d}z \sin z,$$

d'où l'on tirera

$$\mathrm{d}z = -\frac{\mathrm{d}x}{\sin z};$$

et, en mettant pour $\sin z$ sa valeur tirée de l'équation

$$\cos^2 z + \sin^2 z = 1,$$

on obtiendra

$$\mathrm{d}z = -\frac{\mathrm{d}x}{\sqrt{1-\cos^2 z}},$$

ou, parce que $\cos z = x$,

$$\mathrm{d}z = -\frac{\mathrm{d}x}{\sqrt{1-x^2}};$$

et en intégrant, on aura

$$\int -\frac{dx}{\sqrt{1-x^2}} = \mathrm{arc}\,(\cos = x) + C\ldots\ (9).$$

Fig. 74. Pour déterminer la constante C, nous voyons, fig. 74, que lorsque le cosinus $CE = x$ se réduit à zéro au point B, l'arc $DC = z$, qui est représenté par

$$\int -\frac{dx}{\sqrt{1-x^2}}, \quad \text{devient DB} = \frac{circonférence}{4} = \tfrac{1}{2}\pi\,;$$

faisant donc

$$\int -\frac{dx}{\sqrt{1-x^2}} = \tfrac{1}{2}\pi \ \text{ et } \ x = 0,$$

dans l'équation (9), on aura

$$\tfrac{1}{2}\pi = \mathrm{arc}\,(\cos = 0) + C\ldots\ (10)\,;$$

et comme l'arc dont le cosinus est zéro est égal à $\tfrac{1}{2}\pi$, on voit que l'équation (10) se réduisant à $C = 0$, l'équation (9) devient

$$\int -\frac{dx}{\sqrt{1-x^2}} = \mathrm{arc}\,(\cos = x)\ldots\ (11).$$

Si dans cette équation nous supposons $x = \dfrac{x}{a}$, pour passer à l'hypothèse où le rayon est a, nous trouverons, en opérant comme dans l'article 274,

$$\int -\frac{dx}{\sqrt{a^2-x^2}} = \mathrm{arc}\left(\cos = \frac{x}{a}\right)\ldots\ (12).$$

276. Nous avons vu, art. 47, qu'on avait

$$d.\tan g\, x = \frac{dx}{\cos^2 x}\,;$$

si nous faisons $x = \tang z$, nous trouverons

$$dx = \frac{dz}{\cos^2 z};$$

d'où nous tirerons

$$dz = dx \times \cos^2 z \ldots \ (13).$$

Or, la proportion

$$\cos z : 1 :: 1 : \textit{sécante } z$$

donnant

$$\cos z = \frac{1}{\séc z},$$

on aura

$$\cos^2 z = \frac{1}{\séc^2 z} = \frac{1}{1 + \tang^2 z} = \frac{1}{1 + x^2};$$

substituant cette valeur dans l'équation (13), on trouvera

$$dz = \frac{dx}{1 + x^2},$$

et en intégrant on aura

$$\int \frac{dx}{1 + x^2} = z + C :$$

prenant l'intégrale dans l'hypothèse que cette intégrale s'évanouisse lorsque $x = 0$, z devient nul, et l'on a

$$0 = C;$$

donc

$$\int \frac{dx}{1 + x^2} = \textit{arc dont la tang est } x \ldots \ (14).$$

Si, comme on l'a fait à l'égard du sinus et du cosinus, on passe de l'hypothèse du rayon pris pour unité, à celle où le rayon est a, en changeant x en $\frac{x}{a}$, il faudra mettre $\frac{dx}{a}$ et $1 + \frac{x^2}{a^2} = \frac{a^2 + x^2}{a^2}$, à la place de dx et de $1 + x^2$.

Ainsi en divisant l'une de ces expressions par l'autre, on trouvera

$$a \int \frac{dx}{a^2 + x^2} = \text{arc} \left(\text{tang } \frac{x}{a} \right),$$

et, en faisant passer a dans le second membre,

$$\int \frac{dx}{a^2 + x^2} = \frac{1}{a} \text{arc} \left(\text{tang } \frac{x}{a} \right) \dots \text{(15)}.$$

Fig. 74. 277. Soit x le sinus verse DG, fig. 74, d'un arc DC $= z$. Le sinus verse et le cosinus, valant ensemble l'unité, nous aurons $x + \cos z = 1$, et en différenciant,

$$dx = dz \sin z,$$

d'où l'on tire

$$dz = \frac{dx}{\sin z} \dots \text{(16)}.$$

Or,

$$\sin z = \sqrt{1 - \cos^2 z} = \sqrt{(1 - \cos z)(1 + \cos z)}$$
$$= \sqrt{x(2 - x)} = \sqrt{2x - x^2} \,;$$

substituant cette valeur dans l'équation (16), on a

$$dz = \frac{dx}{\sqrt{2x - x^2}},$$

et en intégrant

$$\int \frac{dx}{\sqrt{2x - x^2}} = \text{arc} \, (\textit{sinus verse} = x) \dots \text{(17)}.$$

Je n'ajoute point de constante, parce qu'en supposant que l'intégrale s'évanouisse quand x est nul, z est aussi nul.

Si l'on fait $x = \frac{x}{a}$ dans l'équation précédente, on trouvera

$$\int \frac{dx}{\sqrt{2ax - x^2}} = \text{arc} \left(\textit{sinus verse} = \frac{x}{a} \right) \dots \text{(18)}.$$

278. Lorsqu'on veut avoir la valeur de l'intégrale pour une valeur déterminée de x, on opère comme dans l'exemple suivant.

Supposons qu'on demande l'intégrale de $\dfrac{dx}{1 + x^2}$, lorsque $x = 7$; le rayon étant 1, la tangente sera donc 7 ; et comme les tables des sinus sont construites avec un rayon de 10 milliards de parties, la tangente relative à ce rayon sera 10 milliards de fois plus grande ; par conséquent cette tangente vaudra 7×10 milliards.

Le logarithme de la tangente tabulaire aura donc pour expression

$$\log 10 \text{ milliards} + \log 7 = 10 + \log 7$$
$$= 10 + 0,845098 = 10,845098.$$

Cherchant ce logarithme dans les tables des sinus , on verra qu'il répond à un arc de

$$90°96', \textit{division décimale,}$$
ou de
$$81°52', \textit{division sexagésimale.}$$

Pour trouver la valeur numérique de cet arc, dans l'hypothèse du rayon $= 1$, nous remarquerons que, dans cette hypothèse, la circonférence $= 6,283\ldots$; par conséquent nous aurons

$$400° : 90°96' :: 6,283\ldots : \textit{arc cherché} = 1,42\ldots$$
ou
$$360° : 81°52' :: 6,283\ldots : \textit{arc cherché} = 1,42\ldots$$

De l'intégration par parties.

279. En prenant la différentielle d'un produit de deux variables, par le procédé indiqué art. 14 , on trouve

$$d.uv = udv + vdu ;$$

intégrant et transposant, il vient

$$\int u\,dv = uv - \int v\,du \ldots \quad (19).$$

C'est à cette formule que l'on rapporte les différentielles que l'on veut intégrer par parties.

280. Par exemple, si l'on ignorait quelle est l'intégrale de $x^m dx$, on ferait $x^m = u$, $dx = dv$, et l'on aurait

$$uv = x^m \times x = x^{m+1}, \quad v\,du = x \times dx^m = x \times mx^{m-1}dx.$$

Substituant ces valeurs dans l'équation (19), on trouverait

$$\int x^m dx = x^{m+1} - \int x \cdot mx^{m-1}dx = x^{m+1} - m\int x^m dx ;$$

réunissant les intégrales affectées de $x^m dx$, on a

$$(m+1)\int x^m dx = x^{m+1} ;$$

donc

$$\int x^m dx = \frac{x^{m+1}}{m+1} + C.$$

281. Soit encore

$$\int dx \, \log . x ;$$

en faisant $\log x = u$ et $dx = dv$, je trouve

$$\int dx \log x = x \log x - \int dx = x \log x - x + C = (\log x - 1)x + C.$$

282. Pour dernier exemple, cherchons à intégrer

$$dx \sqrt{a^2 - x^2} :$$

en faisant

$$\sqrt{a^2 - x^2} = u \quad \text{et} \quad dx = dv ;$$

nous obtiendrons d'abord

$$\int dx \sqrt{a^2 - x^2} = x \sqrt{a^2 - x^2} + \int \frac{x^2 dx}{\sqrt{a^2 - x^2}} \ldots \quad (20).$$

Nous chercherons ensuite une autre valeur de

$$\int dx \sqrt{a^2 - x^2} :$$

pour cet effet, en multipliant cette dernière expression
par

$$\frac{\sqrt{a^2 - x^2}}{\sqrt{a^2 - x^2}},$$

nous aurons l'équation identique

$$\int dx \sqrt{a^2 - x^2} = \int \frac{a^2 dx}{\sqrt{a^2 - x^2}} - \int \frac{x^2 dx}{\sqrt{a^2 - x^2}},$$

et, en effectuant la première des intégrations indiquées
dans le second membre, nous obtiendrons (art. 274)

$$\int dx \sqrt{a^2 - x^2} = a^2 \operatorname{arc}\left(\sin = \frac{x}{a}\right) - \int \frac{x^2 dx}{\sqrt{a^2 - x^2}};$$

ajoutant cette équation à l'équation (20), nous trouverons

$$2\int dx \sqrt{a^2 - x^2} = x \sqrt{a^2 - x^2} + a^2 \operatorname{arc}\left(\sin = \frac{x}{a}\right);$$

donc

$$\int dx \sqrt{a^2 - x^2} = \frac{x}{2} \sqrt{a^2 - x^2} + \frac{1}{2} a^2 \operatorname{arc}\left(\sin = \frac{x}{a}\right) + C.$$

On voit par ces exemples que lorsqu'en général on a
une expression telle que $\int v\, du$, l'intégration par parties
fait dépendre cette intégrale de celle de $\int u\, dv$, et que, par
conséquent, cette méthode d'intégration n'est pas toujours applicable.

De l'intégration par les séries.

283. Soit $X dx$ une différentielle dans laquelle X représente une fonction de x; si l'on développe X en une
suite

$$X = A x^\alpha + B x^\beta + C x^\gamma + D x^\delta + E x^\epsilon + \text{etc.},$$

ordonnée par rapport aux exposans α, ε, γ, etc. , on aura

$$\int X dx = \int (A x^{\alpha} + B x^{\varepsilon} + C x^{\gamma} + D x^{\delta} + E x^{\varepsilon} + \text{etc.}) \, dx$$
$$= \frac{A x^{\alpha + 1} {}^{(*)}}{\alpha + 1} + \frac{B x^{\varepsilon + 1}}{\varepsilon + 1} + \frac{C x^{\gamma + 1}}{\gamma + 1} + \frac{D x^{\delta + 1}}{\delta + 1} + \frac{E x^{\varepsilon + 1}}{\varepsilon + 1} + \text{etc.} + C.$$

284. Prenons pour exemple $\dfrac{dx}{a + x}$, qui est la différentielle de $\log (a + x)$: on écrira ainsi cette fraction :
$\dfrac{1}{a + x} \times dx$, et il s'agira d'abord de trouver le développement de $\dfrac{1}{a + x}$, ce que l'on fera au moyen de la
division ; ou plutôt on le déduira de cette formule facile
à retenir,

$$\frac{1}{1 - z} = 1 + z + z^2 + z^3 + z^4, \text{ etc.} \ldots \ (21) \ (^{**}).$$

En effet, si l'on change z en $-\dfrac{x}{a}$ dans cette équation,
on a

$$\frac{1}{1 + \dfrac{x}{a}} = 1 - \frac{x}{a} + \frac{x^2}{a^2} - \frac{x^3}{a^3} + \text{ etc.};$$

multipliant les deux termes du premier membre de cette
équation par a, et divisant ensuite toute l'équation par a,
on obtient

$$\frac{1}{a + x} = \frac{1}{a} - \frac{x}{a^2} + \frac{x^2}{a^3} - \frac{x^3}{a^4} + \text{ etc.} \ldots \ (22);$$

par conséquent

(*) Si l'un des exposans α, ε, γ, etc., était égal à -1, on intégrerait
par logarithmes le terme qui en serait affecté.

(**) On a trouvé ce développement en effectuant la division de 1
par $1 - z$.

$$\int \frac{\mathrm{d}x}{a+x} = \int \left(\frac{1}{a} - \frac{x}{a^2} + \frac{x^2}{a^3} - \frac{x^3}{a^4} + \text{etc.} \right) \mathrm{d}x \, ;$$

et, en intégrant chaque terme en particulier, on obtiendra

$$\int \frac{\mathrm{d}x}{a+x} = \frac{x}{a} - \frac{x^2}{2a^2} + \frac{x^3}{3a^3} - \frac{x^4}{4a^4} \text{ etc. } + \text{C} \dots \quad (23) \, ;$$

et, en remplaçant le premier membre de cette équation par $\log(a+x)$, intégrale trouvée en faisant $b=1$, dans la formule de l'art. 272, on aura

$$\log(a+x) = \frac{x}{a} - \frac{x^2}{2a^2} + \frac{x^3}{3a^3} - \frac{x^4}{4a^4} - \text{etc. } + \text{C} \dots \quad (24).$$

Pour déterminer la constante, nous remarquerons que lorsque $x=0$, cette équation se réduit à $\log a = 0 + \text{C}$; substituant cette valeur de C, l'équation (24) deviendra

$$\log(a+x) = \log a + \frac{x}{a} - \frac{x^2}{2a^2} + \frac{x^3}{3a^3} - \frac{x^4}{4a^4} + \text{etc. } (^*).$$

285. Pour second exemple, cherchons à intégrer par les

(*) Observons qu'en déterminant ainsi la constante, on ne la regarde plus comme arbitraire, puisqu'elle est nécessairement égale au logarithme de a, quand on fait $x=0$, dans l'équation (24). Là où cette constante a pris une valeur déterminée, c'est lorsqu'au lieu de $\int \frac{\mathrm{d}x}{a+x}$, nous avons mis $\log(a+x)$: en effet, l'équation (23) nous montre que $\frac{\mathrm{d}x}{a+x}$ est, en général, la différentielle de $\text{C} + \frac{x}{a} - \frac{x^2}{2a^2} + \text{etc.}$; or, la suite $\log a + \frac{x}{a} - \frac{x^2}{2a^2} + \text{etc.}$, qui est le développement de $\log(a+x)$, est un cas particulier de la suite précédente ; c'est celui où $\text{C} = \log a$. Ainsi, lorsqu'on a mis $\log(a+x)$ à la place de $\int \frac{\mathrm{d}x}{a+x}$, c'est donc comme si l'on eût choisi parmi toutes les suites qui sont l'intégrale de $\frac{\mathrm{d}x}{a+x}$, celle où la constante est égale à $\log a$.

Cette remarque peut s'appliquer aux autres expressions que nous allons intégrer par les séries.

séries $\dfrac{dx}{1 + x^2}$: en écrivant ainsi cette différentielle

$\dfrac{1}{1 + x^2} \times dx$, il s'agira de trouver le développement de

$\dfrac{1}{1 + x^2}$. Pour cela, en comparant cette expression à $\dfrac{1}{1 - z}$,

nous aurons $z = -x^2$; substituant cette valeur dans l'équation (21), nous trouverons

$$\frac{1}{1 + x^2} = 1 - x^2 + x^4 - x^6 + \text{etc.} \dots \quad (25);$$

donc

$$\int \frac{dx}{1 + x^2} = x - \frac{x^3}{3} + \frac{x^5}{5} - \frac{x^7}{7} + \text{etc.} \dots + C,$$

ou plutôt, art. 276,

$$\text{arc} (\text{tang} = x) = x - \frac{x^3}{3} + \frac{x^5}{5} - \frac{x^7}{7} + \text{etc.} + C \dots \quad (26);$$

Quand $x = 0$, l'arc devenant nul, on a $C = 0$.

286. Si la tangente est plus grande que l'unité, les termes de cette série allant en augmentant, on ne pourra donner une valeur approchée de l'arc ; dans ce cas, on obtiendra une série descendante en opérant ainsi : on fera

$x = \dfrac{1}{x}$ dans l'équation (25), ce qui la changera en

$$\frac{1}{1 + \dfrac{1}{x^2}} = 1 - \frac{1}{x^2} + \frac{1}{x^4} - \frac{1}{x^6} + \text{etc.} ;$$

multipliant les deux termes du premier membre par x^2, on aura

$$\frac{x^2}{x^2 + 1} = 1 - \frac{1}{x^2} + \frac{1}{x^4} - \frac{1}{x^6} + \text{etc.} ;$$

divisant toute l'équation par x^2, on obtiendra

$$\frac{1}{x^2 + 1} = \frac{1}{x^2} - \frac{1}{x^4} + \frac{1}{x^6} - \frac{1}{x^8} + \text{etc.} \quad (^*);$$

donc

$$\int \frac{dx}{x^2 + 1} = \int \left(\frac{1}{x^2} - \frac{1}{x^4} + \frac{1}{x^6} - \frac{1}{x^8} + \text{etc.} \right) dx \,;$$

et, en effectuant l'intégration indiquée,

$$\text{arc} \, (\text{tang} = x) = -\frac{1}{x} + \frac{1}{3x^3} - \frac{1}{5x^5} + \text{etc.} + C \ldots \quad (27).$$

Pour trouver la valeur de la constante, nous ne ferons pas $x = 0$, car cela rendrait les termes du second membre de l'équation (27) infinis; mais en faisant $x = \infty$, l'expression arc (tang $= x$) sera égale au quart de la circonférence, et l'équation (27) deviendra $\frac{1}{4}$ *circonf.* $= 0 + C$; et en représentant par $\frac{1}{2}\pi$ le quart de la circonférence, l'équation (27) nous donnera

$$\text{arc} \, (\text{tang} = x) = \frac{1}{2}\pi - \frac{1}{x} + \frac{1}{3x^3} - \frac{1}{5x^7} + \text{etc.}$$

287. Pour intégrer par les séries

$$\frac{dx}{\sqrt{1 - x^2}} = (1 - x^2)^{-\frac{1}{2}} dx,$$

on développera $(1 - x^2)^{-\frac{1}{2}}$, par la formule du binome, de la manière suivante : on calculera d'abord les coefficiens du développement de $(1 - x^2)^m$, dans l'hypothèse de $m = -\frac{1}{2}$, en écrivant pour former ces coefficiens,

$$m, \quad \frac{m-1}{2}, \quad \frac{m-2}{3}, \quad \frac{m-3}{4}, \quad \text{etc.,}$$

(*) On parviendrait directement au même résultat en divisant 1 par $x^2 + 1$.

et, en changeant m en $-\frac{1}{2}$, ces expressions deviendront

$$-\frac{1}{2}, \quad -\frac{3}{4}, \quad -\frac{5}{6}, \quad -\frac{7}{8}, \text{ etc.}$$

Multipliant successivement $-\frac{1}{2}$ par $-\frac{3}{4}$, par $-\frac{5}{6}$, etc., on formera les coefficiens qu'on mettra à la place de A, de B, de C, etc., dans cette équation

$$(1-x^2)^{-\frac{1}{2}} = 1 - Ax^2 + Bx^4 - Cx^6 + \text{etc.},$$

ce qui donnera

$$\frac{1}{\sqrt{1-x^2}} = 1 + \frac{1}{2}x^2 + \frac{1}{2}\cdot\frac{3}{4}x^4 + \frac{1}{2}\cdot\frac{3}{4}\cdot\frac{5}{6}x^6 + \text{etc.},$$

et en intégrant l'équation

$$\frac{dx}{\sqrt{1-x^2}} = \left(1 + \frac{1}{2}x^2 + \frac{1}{2}\cdot\frac{3}{4}x^4 + \frac{1}{2}\cdot\frac{3}{4}\cdot\frac{5}{6}x^6 + \text{etc.}\right)dx,$$

on trouvera

$$\operatorname{arc}(\sin=x) = x + \frac{1}{2}\frac{x^3}{3} + \frac{1}{2}\cdot\frac{3}{4}\cdot\frac{x^5}{5} + \frac{1}{2}\cdot\frac{3}{4}\cdot\frac{5}{6}\frac{x^7}{7} + \text{etc.} \ldots (28):$$

nous ne mettons pas de constante, parce que lorsque $x=0$, l'arc dont le sinus est x s'évanouit.

288. Il y a des cas où, pour déterminer la valeur de la constante, on ne peut faire ni $x=0$, ni $x=\infty$. Soit, par exemple,

$$\frac{dx}{\sqrt{x^2-1}} = (x^2-1)^{-\frac{1}{2}}dx = (x^2)^{-\frac{1}{2}}\left(1-\frac{1}{x^2}\right)^{-\frac{1}{2}}dx = \frac{dx}{x}\left(1-\frac{1}{x^2}\right)^{-\frac{1}{2}};$$

en posant

$$m, \quad \frac{m-1}{2}, \quad \frac{m-2}{3}, \quad \text{etc},$$

et faisant

$$m = -\frac{1}{2},$$

on trouve

$$-\frac{1}{2}, \quad -\frac{3}{4}, \quad -\frac{5}{6}, \text{ etc.,}$$

d'où l'on conclut, comme dans l'art. 287,

$$\frac{dx}{\sqrt{x^2-1}} = \frac{dx}{x}\left(1+\frac{1}{2}\cdot\frac{1}{x^2}+\frac{1}{2}\cdot\frac{3}{4}\cdot\frac{1}{x^4}+\frac{1}{2}\cdot\frac{3}{4}\cdot\frac{5}{6}\frac{1}{x^6}-\text{ etc.}\right),$$

et en intégrant, on trouvera

$$\int\frac{dx}{\sqrt{x^2-1}} = \log.x-\frac{1}{2}\cdot\frac{1}{2x^2}-\frac{1}{2}\cdot\frac{3}{4}\cdot\frac{1}{4x^4}-\frac{1}{2}\cdot\frac{3}{4}\cdot\frac{5}{6}\cdot\frac{1}{6x^6}+\text{ etc.};$$

d'une autre part,

$$\int\frac{dx}{\sqrt{x^2-1}} = \int\frac{dx}{\sqrt{x^2-1}}\times\frac{x+\sqrt{x^2-1}}{x+\sqrt{x^2-1}}$$

$$= \int\frac{\dfrac{xdx}{\sqrt{x^2-1}}+dx}{x+\sqrt{x^2-1}} = \log(x+\sqrt{x^2-1});$$

donc

$$\log(x+\sqrt{x^2-1}) = \log x-\frac{1}{2}\cdot\frac{1}{2x^2}\cdot-\frac{1}{2}\cdot\frac{3}{4}\cdot\frac{1}{4x^4}-\text{ etc.}\dots(29).$$

Pour déterminer la constante, on ne fera pas $x=\infty$, puisque alors $\log x$ deviendrait ∞; d'une autre part, on n'égalera pas x à zéro, car les termes $\log x$, $\frac{1}{2}\cdot\frac{1}{2x^2}$ etc., deviendraient infinis; mais si l'on suppose $x=1$, l'équation (29) deviendra

$$0 = 0-\frac{1}{2}\cdot\frac{1}{2}-\frac{1}{2}\cdot\frac{3}{4}\cdot\frac{1}{4}-\frac{1}{2}\cdot\frac{3}{4}\cdot\frac{5}{6}\cdot\frac{1}{6}\text{ etc.}+C = 0,$$

ce qui donne

$$C = \frac{1}{2}\cdot\frac{1}{2}+\frac{1}{2}\cdot\frac{3}{4}\cdot\frac{1}{4}+\frac{1}{2}\cdot\frac{3}{4}\cdot\frac{5}{6}\cdot\frac{1}{6}+\text{ etc.}$$

289. La formule (28) peut servir à trouver une valeur approchée de la circonférence; car en faisant $x=\frac{1}{2}$, elle se réduit à

$$\text{arc}\left(\sin=\frac{1}{2}\right) = \frac{1}{2}+\frac{1}{2}\cdot\frac{1}{3}\cdot\frac{1}{2^3}+\frac{1}{2}\cdot\frac{3}{4}\cdot\frac{1}{5}\cdot\frac{1}{2^5}+\frac{1}{2}\cdot\frac{3}{4}\cdot\frac{5}{6}\frac{1}{7}\cdot\frac{1}{2^7}+\text{ etc.};$$

or, le sinus qui a pour expression $\frac{1}{2}$, étant égal à la moitié du côté de l'hexagone régulier, comme ce sinus répond à la douzième partie de la circonférence, nous aurons donc

$$\frac{circonf.}{12} = \frac{1}{2} + \frac{1}{2} \cdot \frac{1}{3} \cdot \frac{1}{2^3} + \frac{1}{2} \cdot \frac{3}{4} \cdot \frac{1}{5} \cdot \frac{1}{2^5} + \frac{1}{2} \cdot \frac{3}{4} \cdot \frac{5}{6} \cdot \frac{1}{7} \cdot \frac{1}{2^7} + \text{etc.},$$

et par conséquent

$$circonf. = 12 \left(\frac{1}{2} + \frac{1}{2} \cdot \frac{1}{3} \cdot \frac{1}{2^3} + \frac{1}{2} \cdot \frac{3}{4} \cdot \frac{1}{5} \cdot \frac{1}{2^5} + \frac{1}{2} \cdot \frac{3}{4} \cdot \frac{5}{6} \cdot \frac{1}{7} \cdot \frac{1}{2^7} \right) + \text{etc.};$$

si l'on prend les dix premiers termes de la suite

$$\frac{1}{2} + \frac{1}{2} \cdot \frac{1}{3} \cdot \frac{1}{2^3} + \text{etc.},$$

on trouvera

$$0,52359877;$$

donc

$$\frac{1}{2} circonférence = 6(0,52359877) = 3,14159262,$$

valeur dans laquelle l'erreur ne porte que sur le dernier chiffre décimal, qui, comme on le sait, devrait être 5.

290. Nous avons trouvé, art. 284,

$$\log (a + x) = \log a + \frac{x}{a} - \frac{x^2}{2a^2} + \frac{x^3}{3a^3} - \text{etc.}$$

Cette série étant peu convergente, faisons $x = -x$; nous aurons

$$\log (a - x) = \log a - \frac{x}{a} - \frac{x^2}{2a^2} - \frac{x^3}{3a^3} \ \text{etc.};$$

retranchant cette équation de la précédente, cela nous donnera

$$\log (a + x) - \log (a - x) = 2 \left(\frac{x}{a} + \frac{x^3}{3a^3} + \frac{x^5}{5a^5} + \text{etc.} \right),$$

ou

$$\log\left(\frac{a+x}{a-x}\right) = 2\left(\frac{x}{a} + \frac{x^3}{3a^3} + \frac{x^5}{5a^5} + \text{etc.}\right)\ldots\ (3o).$$

291. Pour déterminer, par exemple, à l'aide de cette formule, le logarithme de 2, on supposera

$$\frac{a+x}{a-x} = \frac{2}{1},$$

par conséquent,

$$a + x = 2, \quad a - x = 1;$$

donc

$$a = \frac{3}{2}, \quad x = \frac{1}{2}, \quad \frac{x}{a} = \frac{1}{3}, \quad \frac{x^2}{a^2} = \frac{1}{9}, \quad \text{etc.};$$

substituant, on aura

$$\log 2 = 2\left(\frac{1}{3} + \frac{1}{3}\cdot\frac{1}{27} + \frac{1}{5}\cdot\frac{1}{243} + \text{etc.}\right).$$

En se bornant aux dix premiers termes de cette série, réduite en décimales, on déterminera la valeur du logarithme de 2 ; triplant ce logarithme, on aura celui de 2^3 ou de 8. Si d'une autre part on calcule par la formule (3o) le logarithme de $\frac{10}{8}$, et qu'on ajoute ce logarithme à celui de 8, on aura le logarithme de $\frac{10}{8} \times 8 = \log 10$. On voit que, par des procédés analogues, la formule (3o) donnerait tout autre logarithme ; mais il est à observer que ces logarithmes sont des logarithmes népériens. Pour en déduire les logarithmes tabulaires, si nous représentons par $\mathrm{L}a$ le logarithme tabulaire d'un nombre a, nous aurons $a = 10^{\mathrm{L}a}$; prenant les logarithmes népériens, cette équation nous donnera

$$\log a = \log 10^{\mathrm{L}a} = \mathrm{L}a \log 10 ;$$

et par conséquent

$$\mathrm{L}a = \frac{\log a}{\log 10};$$

c'est-à-dire qu'un logarithme tabulaire d'un nombre est égal au logarithme népérien de ce nombre, divisé par le logarithme népérien de 10.

292. On a trouvé une série encore plus convergente que celle qui nous est donnée par la formule (30), pour déterminer un logarithme. Voici de quelle manière on peut la déduire de cette formule :

En divisant $a + x$ par $a - x$, on trouve

$$\frac{a+x}{a-x} = 1 + \frac{2x}{a-x};$$

représentons par $\dfrac{\nu}{z}$ la fraction $\dfrac{2x}{a-x}$; on a l'équation

$$\frac{a+x}{a-x} = 1 + \frac{\nu}{z} = \frac{z+\nu}{z};$$

et, en multipliant par $a - x$, il vient

$$a + x = a - x + \frac{a\nu}{z} - \frac{\nu x}{z};$$

tous les x étant transposés dans le premier membre, on obtient

$$2x + \frac{\nu x}{z} = \frac{a\nu}{z};$$

multipliant par z, on trouve

$$2zx + \nu x = a\nu,$$

et par conséquent

$$\frac{x}{a} = \frac{\nu}{2z + \nu};$$

substituant les valeurs de $\dfrac{a+x}{a-x}$ et de $\dfrac{x}{a}$ dans la formule (30), on a ce résultat :

$$\log\left(\frac{z+\nu}{z}\right) = 2\left(\frac{\nu}{2z+\nu} + \frac{\nu^3}{3(2z+\nu)^3} + \frac{\nu^5}{5(2z+\nu)^5} + \text{etc.}\right),$$

et enfin,

$$\log(z+\nu) = \log z + 2\left(\frac{\nu}{2\nu+z} + \frac{\nu^3}{3(2z+\nu)^3} + \frac{\nu^5}{5(2z+\nu)^5} + \text{etc.}\right).$$

Par exemple, pour avoir le logarithme de 2, on fera $v = 1$, $z = 1$, et par conséquent $\log z = 0$; substituant ces valeurs dans la formule précédente, on obtiendra

$$\log 2 = 2\left(\frac{1}{3} + \frac{1}{3\,(3)^3} + \frac{1}{5(5)^5} + \text{etc.}\right).$$

Il faudra diviser ce logarithme par le logarithme népérien de 10, art. 291, pour avoir le logarithme tabulaire de 2.

De la méthode des fractions rationnelles.

293. Proposons-nous d'intégrer l'expression

$$\frac{Px^{m} + Qx^{m-1}\ldots + Rx + S}{P'x^n + Q'x^{n-1}\ldots + R'x + S'}\,dx,$$

dans laquelle le multiplicateur de dx est une fraction rationnelle; nous allons démontrer que, dans l'expression donnée, on peut toujours supposer que n surpasse m; car, si cela n'était pas, l'intégration pourrait être ramenée à celle d'une différentielle de même forme, dans laquelle la plus haute puissance de x du dénominateur surpasserait la plus haute puissance de x du numérateur; pour cela il suffirait d'effectuer la division comme dans l'exemple suivant.

Soit

$$\frac{Px^3 + Qx^2 + Rx + S}{Q'x^2 + R'x + S'}\,;$$

en divisant d'abord tous les termes par Q', on aura

$$\frac{\dfrac{P}{Q'}\,x^3 + \dfrac{Q}{Q'}\,x^2 + \dfrac{R}{Q'}\,x + \dfrac{S}{Q'}}{x^2 + \dfrac{R'}{Q'}\,x + \dfrac{S'}{Q'}}\,;$$

faisons

$$\frac{P}{Q'} = P'',\quad \frac{Q}{Q'} = Q'',\quad \frac{R}{Q'} = R'',\quad \frac{S}{Q'} = S'',$$

$$\frac{R'}{Q'} = R''', \quad \frac{S'}{Q'} = S''';$$

nous aurons

$$\frac{P''x^3 + Q''x^2 + R''x + S''}{x^2 + R'''x + S'''}.$$

On effectuera la division de la manière suivante :

$$
\begin{array}{l|l}
P''x^3 + Q''x^2 + R''x + S'' & \;x^2 + R'''x + S''' \\
- P''x^3 - R'''P''x^2 - P''S'''x & \;\overline{P''x + M} \\
\end{array}
$$

1er *reste.* $\quad (Q'' - R'''P'')x^2 + (R'' - P''S''') \, x + S'''$;

représentons par M et par N les coefficiens de x^2 et de x,

le 1er *reste devient* $\quad Mx^2 + Nx + S''.$

Suite de la division $\quad - Mx^2 - MR'''x - MS'''$,

$\qquad$ *second reste* $\quad (N - MR''') \, x + S'' - MS'''$;

on peut représenter ce dernier reste par $Kx + L$, et alors on a

$$\frac{Px^3 + Qx^2 + Rx + S}{Q'x^2 + R'x + S'} dx = (P''x + M) dx + \frac{(Kx + L) dx}{x^2 + R'''x + S'''};$$

et en intégrant, on obtient

$$\int \frac{Px^3 + Qx^2 + Rx + S}{Q'x^2 + R'x + S'} dx = P'' \frac{x^2}{2} + Mx$$
$$+ \int \frac{(Kx + L) dx}{x^2 + R'''x + S'''} + C;$$

ainsi la question est ramenée à intégrer

$$\frac{(Kx + L) dx}{x^2 + R'''x + S'''}.$$

294. Il résulte de ce qui précède que, quelle que soit la fraction rationnelle que l'on considère, son intégration peut toujours être ramenée, dans le cas le plus général, à

celle de

$$\frac{Px^{n-1} + Qx^{n-2} \ldots + Rx + S}{P'x^n + Q'x^{n-1} \ldots + R'x + S'}\,dx.$$

En regardant le dénominateur de cette fraction comme le produit d'un nombre n de facteurs tels que $x - a$, $x - b$, $x - c$, etc., ces facteurs peuvent être réels ou imaginaires, égaux ou inégaux.

Pour commencer par le cas le plus simple, nous les supposerons réels et inégaux, et alors nous opérerons comme dans les exemples suivans.

295. Proposons-nous d'abord d'intégrer $\dfrac{a\,dx}{x^2 - a^2}$: décomposant le dénominateur en ses facteurs, on écrira

$$\frac{a\,dx}{x^2 - a^2} = \frac{a\,dx}{(x - a)\,(x + a)};$$

et l'on supposera

$$\frac{a\,dx}{(x - a)\,(x + a)} = \left(\frac{A}{x - a} + \frac{B}{x + a}\right)dx \ldots (31).$$

A et B sont deux constantes qu'il s'agit de déterminer. Pour cet effet, réduisant le second membre au même dénominateur, on obtiendra

$$\frac{a\,dx}{(x - a)\,(x + a)} = \frac{(Ax + Aa + Bx - Ba)\,dx}{(x - a)\,(x + a)}.$$

Supprimant le diviseur commun $(x - a)\,(x + a)$, et le facteur dx, il restera

$$a = Ax + Aa + Bx - Ba \ldots (32);$$

et, en ordonnant par rapport à x, on aura

$$(A + B)\,x + (A - B - 1)\,a = 0.$$

x ayant une valeur indéterminée, ainsi que le suppose (*) la différentielle proposée, cette équation a lieu, quel que soit x ; par conséquent, d'après la méthode des coefficiens indéterminés (*voyez* note 6e), on égalera séparément à zéro les coefficiens des différentes puissances de x ; ou, ce qui revient au même, on égalera entre eux les termes qui, dans l'équation (32), contiennent les mêmes puissances de x, et l'on aura

$$A + B = 0, \quad (A - B - 1)\, a = 0 ;$$

ces équations donnent

$$A = \frac{1}{2}, \quad B = -\frac{1}{2}.$$

En substituant ces valeurs dans l'équation (31), on aura donc

$$\frac{a\,dx}{x^2 - a^2} = \frac{\frac{1}{2}\,dx}{x - a} - \frac{\frac{1}{2}\,dx}{x + a},$$

et en intégrant, on trouvera

$$\int \frac{a\,dx}{x^2 - a^2} = \tfrac{1}{2} \log (x - a) - \tfrac{1}{2} \log (x + a) + C,$$

et par conséquent,

$$\int \frac{a\,dx}{x^2 - a^2} = \tfrac{1}{2} \log \frac{x - a}{x + a} + C = \log \left(\frac{x - a}{x + a} \right)^{\tfrac{1}{2}} + C.$$

Pour second exemple, prenons la fraction $\dfrac{a^3 + bx^2}{a^2 x - x^3}\,dx$: les facteurs du dénominateur sont x et $a^2 - x^2$; et comme $a^2 - x^2$ se décompose en $(a - x) \times (a + x)$, les facteurs simples du dénominateur sont x, $a - x$; et $a + x$, donc

---

(*) En effet, la caractéristique d, qui précède x, annonce que x est considéré comme variable.

l'expression à intégrer est

$$\frac{a^3 + bx^2}{x(a-x)(a+x)}\, dx :$$

je fais

$$\frac{a^3 + bx^2}{x(a-x)(a+x)} = \frac{A}{x} + \frac{B}{a-x} + \frac{C}{a+x} \cdots \quad (33);$$

réduisant ces fractions au même dénominateur, il vient

$$\frac{a^3 + bx^2}{x(a-x)(a+x)} = \frac{Aa^2 - Ax^2 + Bax + Bx^2 + Cax - Cx^2}{x(a-x)(a+x)};$$

égalant entre eux les coefficiens des mêmes puissances de x, on aura

$$B - A - C = b, \quad Ba + Ca = 0, \quad Aa^2 = a^3.$$

La troisième de ces équations nous donne $A = a$, ce qui réduit la première à $B - C = a + b$, et comme la seconde donne $B + C = 0$, on obtient en prenant successivement la somme et la différence de ces deux dernières équations, et en divisant par 2,

$$B = \frac{a+b}{2}, \quad C = -\frac{a+b}{2};$$

mettant les valeurs de A, de B et de C, dans l'équation (33), on trouve

$$\frac{a^3 + bx^2}{a^2x - x^3}\,dx = \frac{a\,dx}{x} + \frac{a+b}{2(a-x)}\,dx - \frac{a+b}{2(a+x)}\,dx;$$

donc en intégrant,

$$\int \frac{a^3 + bx^2}{a^2x - x^3}\,dx = a \log x - \frac{(a+b)}{2} \log(a-x) \quad (*)$$

$$- \frac{(a+b)}{2} \log(a+x) + C$$

(*) Pour prendre l'intégrale de $\dfrac{a+b}{2(a-x)}\,dx$, comme la différentielle

$$= a \log x - \frac{(a + b)}{2} [\log (a - x) + \log (a + x)] + C$$

$$= a \log x - \frac{(a + b)}{2} \log (a - x) (a + x) + C'$$

$$= a \log x - \frac{(a + b)}{2} \log (a^2 - x^2) + C$$

$$= a \log x - (a + b) \log \sqrt{a^2 - x^2} + C.$$

296. Pour troisième exemple, soit $\dfrac{3x - 5}{x^2 - 6x + 8} dx$.

Comme il s'agit d'abord de décomposer le dénominateur en facteurs du premier degré, nous remarquerons que si l'on a une équation de même forme, et représentée par $z^2 - 6z + 8 = 0$, et qui soit satisfaite par les valeurs $z = 2$ et $z = 4$, on sera en droit de conclure qu'elle équivaut au produit $(z - 2)(z - 4) = 0$. Or, en effectuant la multiplication, on voit que quelque valeur que l'on attribue à z, le produit sera toujours $z^2 - 6z + 8$; donc, lorsqu'au lieu de z, nous mettrons x, nous aurons encore

$$(x - 2)(x - 4) = x^2 - 6x + 8.$$

Par conséquent, quelle que soit la valeur du polynome $x^2 - 6x + 8$, il peut se décomposer en facteurs comme s'il était égal à zéro.

Ayant donc trouvé que les racines de l'équation.... $x^2 - 6x + 8 = 0$ sont 2 et 4, nous écrirons

$$\frac{3x - 5}{x^2 - 6x + 8} dx = \frac{A dx}{x - 2} + \frac{B dx}{x - 4} \dots \ (34),$$

---

de $a - x$ est $- dx$, il faut écrire

$$- \frac{(a + b)}{2} \times - \frac{dx}{a - x},$$

et l'on voit que l'intégrale sera $- \dfrac{(a + b)}{2} \log (a - x) + C.$

et en supprimant le facteur commun dx, ce que nous aurons toujours soin de faire à l'avenir, nous trouverons,
après avoir réduit au même dénominateur,

$$\frac{3x-5}{x^2-6x+8} = \frac{Ax-4A+Bx-2B}{x^2-6x+8};$$

égalant entre eux les coefficiens des mêmes puissances
de x (*voyez* la *note* 6e), on obtiendra ces équations de
condition,

$$-5 = -4A - 2B, \quad 3 = A + B,$$

d'où nous tirerons

$$B = \tfrac{7}{2}, \quad A = -\tfrac{1}{2};$$

mettant ces valeurs dans l'équation (34), on trouvera

$$\int \frac{3x-5}{x^2-6x+8} = -\frac{1}{2}\int \frac{dx}{x-2} + \frac{7}{2}\int \frac{dx}{x-4} + C$$
$$= \frac{7}{2}\log(x-4) - \frac{1}{2}\log(x-2) + C.$$

297. Prenons encore pour exemple

$$\frac{x\,dx}{x^2+4ax-b^2} :$$

égalant le dénominateur à zéro, et résolvant l'équation,
on trouve

$$x^2+4ax-b^2 = (x+2a+\sqrt{4a^2+b^2})(x+2a-\sqrt{4a^2+b^2}).$$

Pour simplifier, représentons ce dernier produit par

$$(x + K)(x + L);$$

nous supposerons donc

$$\frac{x}{x^2+4ax-b^2} = \frac{A}{x+K} + \frac{B}{x+L};$$

réduisant le second membre au même dénominateur, nous trouverons

$$\frac{x}{x^2 + 4ax - b^2} = \frac{Ax + AL + Bx + BK}{x^2 + 4ax - b^2},$$

d'où l'on tire

$$AL + BK = 0, \quad A + B = 1,$$

par conséquent

$$A = \frac{K}{K - L}, \quad B = -\frac{L}{K - L};$$

donc

$$\int \frac{x\,dx}{x^2 + 4ax - b^2} = \frac{K}{K - L}\log(x + K) - \frac{L}{K - L}\log(x + L) + C.$$

298. En général, soit

$$\frac{Px^{m-1} + Qx^{m-2} \ldots + Rx + S}{x^m + Q'x^{m-1} \ldots + R'x + S'}\,dx,$$

une fraction rationnelle dans laquelle les facteurs du premier degré du dénominateur sont supposés inégaux ; on résoudra d'abord l'équation

$$x^m + Q'x^{m-1} \ldots + R'x + S' = 0;$$

et ayant trouvé qu'elle est le produit des facteurs $x - a$, $x - b$, $x - c$, etc., on écrira

$$\frac{Px^{m-1} + Qx^{m-2} \ldots + Rx + S}{x^m + Q'x^{m-1} \ldots + R'x + S'} = \frac{A}{x-a} + \frac{B}{x-b} + \frac{C}{x-c} + \text{etc.}$$

En réduisant au même dénominateur le second membre de cette équation, chaque terme du numérateur de l'une des fractions devra être multiplié par le produit des dénominateurs des autres, c'est-à-dire par un polynome en x de l'ordre $m - 1$; donc le second membre de cette équation sera un polynôme composé de m termes. Il en résulte que si l'on égale entre eux les coefficiens des mêmes puissances de x, on aura m équations de condition pour déterminer les coefficiens. A, B, C, etc. Ces coefficiens étant connus, on n'aura plus qu'à intégrer une suite de termes tels que

$$\frac{A\,dx}{x-a}, \quad \frac{B\,dx}{x-b}, \quad \text{etc.} ;$$

l'intégrale cherchée sera donc

$$A \log (x-a) + B \log (x-b) + \text{etc.} + C.$$

299. La méthode que nous avons suivie, lorsque les racines du dénominateur sont inégales, ne peut servir, si parmi ces racines, que nous supposerons toujours réelles, il y en a d'égales. En effet, nous avons vu que, dans l'hypothèse des racines inégales, on pouvait écrire

$$\frac{Px^4 + Qx^3 + Rx^2 + Sx + T}{(x-a)(x-b)(x-c)(x-d)(x-e)}$$
$$= \frac{A}{x-a} + \frac{B}{x-b} + \frac{C}{x-c} + \frac{D}{x-d} + \frac{E}{x-e} ;$$

si plusieurs de ces racines étaient égales, si, par exemple, on avait $a = b = c$, l'équation précédente deviendrait

$$\frac{Px^4 + \text{etc.}}{(x-a)^3 (x-d)(x-c)} = \frac{A+B+C}{x-a} + \frac{D}{x-d} + \frac{E}{x-c}.$$

Alors, en réduisant le second membre au même dénominateur, $A+B+C$ pouvant être considérés comme une seule constante A′, on voit que les trois constantes A′, D et E ne pourraient suffire pour établir les cinq équations de condition qu'on doit obtenir en égalant entre eux les coefficiens des mêmes puissances de x.

300. Pour éviter cet inconvénient, cherchons à décom-

poser la fraction

$$\frac{Px^4 + Qx^3 + \text{etc.}}{(x-a)^3 (x-d)(x-c)}$$

en un autre assemblage de fractions, qui, réduites au même dénominateur, puissent la reproduire.

Supposons donc

$$\frac{Px^4 + Qx^3 + \text{etc.}}{(x-a)^3 (x-d)(x-e)} = \frac{A + Bx + Cx^2}{(x-a)^3} + \frac{D}{x-d} + \frac{E}{x-e}.$$

De cette manière, en réduisant le second membre de cette équation au même dénominateur, nous aurons un polynome en x du quatrième degré, qui renfermera cinq constantes arbitraires; ce qui suffira pour établir l'identité des termes affectés des mêmes puissances de x. Maintenant je vais démontrer que le terme

$$\frac{A + Bx + Cx^2}{(x-a)^3}$$

peut se mettre sous la forme

$$\frac{A'}{(x-a)^3} + \frac{B'}{(x-a)^2} + \frac{C'}{(x-a)},$$

A', B', C', étant des constantes indéterminées. Pour le prouver, soit

$$x - a = z;$$

on a

$$x = z + a;$$

donc

$$\frac{A + Bx + Cx^2}{(x-a)^3} = \frac{A + Ba + Ca^2 + Bz + 2Caz + Cz^2}{z^3}$$
$$= \frac{A + Ba + Ca^2}{z^3} + \frac{B + 2Ca}{z^2} + \frac{C}{z};$$

mettant la valeur de z dans cette équation, on obtiendra

$$\frac{A + Bx + Cx^2}{(x-a)^3} = \frac{A + Ba + Ca^2}{(x-a)^3} + \frac{B + 2Ca}{(x-a)^2} + \frac{C}{x-a},$$

résultat de la forme prescrite, puisque A', B', C' sont des constantes.

Cette démonstration pouvant s'appliquer à une équation d'un degré plus élevé, concluons qu'en général on peut supposer

$$\frac{Px^{m-1} + Qx^{m-2} \ldots + Rx + S}{(x-a)^m}$$
$$= \frac{A}{(x-a)^m} + \frac{A'}{(x-a)^{m-1}} + \frac{A''}{(x-a)^{m-2}} \ldots + \frac{A}{(x-a)}.$$

Il résulte de ce qui précède, que pour intégrer l'expression

$$\frac{Px^4 + \text{etc.}}{(x-a)^3 (x-d) (x-e)} dx,$$

on écrira

$$\frac{Px^4 + \text{etc.}}{(x-a)^3 (x-d) (x-e)}$$
$$= \frac{A}{(x-a)^3} + \frac{A'}{(x-a)^2} + \frac{A''}{(x-a)} + \frac{D}{(x-d)} + \frac{E}{(x-e)};$$

réduisant les fractions au même dénominateur, on déterminera les constantes A, A', A'', D, E, etc., par le procédé que nous avons déjà employé, et l'on aura ensuite à trouver les intégrales des expressions suivantes :

$$\frac{A dx}{(x-a)^3}, \quad \frac{A' dx}{(x-a)^2}, \quad \frac{A'' dx}{x-a}, \quad \frac{D dx}{(x-d)}, \quad \frac{E dx}{(x-e)};$$

pour intégrer les deux premières, comme dx est la différentielle de l'expression $x - a$, renfermée entre les parenthèses, nous supposerons (art. 270) $x - a = z$, et nous aurons

$$\int \frac{\mathrm{A}\,dx}{(x-a)^3} = \int \frac{\mathrm{A}\,dz}{z^3} = \int \mathrm{A}z^{-3}dz = -\frac{\mathrm{A}}{2z^2} = -\frac{\mathrm{A}}{2(x-a)^2};$$

$$\int \frac{\mathrm{A}'dx}{(x-a)^2} = \int \frac{\mathrm{A}'dz}{z^2} = \int \mathrm{A}'z^{-2}dz = -\frac{\mathrm{A}'}{z} = -\frac{\mathrm{A}'}{x-a}$$

à l'égard des trois autres, elles s'intègrent par logarithmes ; donc enfin.

$$\int \frac{(\mathrm{P}x^4 + \mathrm{Q}x^3 + \text{etc.})\,dx}{(x-a)^3(x-d)(x-e)} = -\frac{\mathrm{A}}{2(x-a)^2} - \frac{\mathrm{A}'}{x-a}$$
$$+ \mathrm{A}'' \log(x-a) + \mathrm{D}\log(x-d) + \mathrm{E}\log(x-e)$$
$$+ \ constante.$$

3o1. Prenons pour exemple la fraction

$$\frac{2ax\,dx}{(x+a)^2};$$

nous aurons

$$\frac{2ax}{(x+a)^2} = \frac{\mathrm{A}}{(x+a)^2} + \frac{\mathrm{A}'}{x+a};$$

réduisant le second membre au même dénominateur, et supprimant ce dénominateur commun, il reste

$$2ax = \mathrm{A} + \mathrm{A}'x + \mathrm{A}'a,$$

d'où l'on déduira ces équations de condition.

$$2a = \mathrm{A}', \quad \mathrm{A} + \mathrm{A}'a = 0;$$

elles donnent

$$\mathrm{A}' = 2a, \quad \mathrm{A} = -2a^2;$$

par conséquent

$$\frac{2ax\,dx}{(x+a)^2} = -\frac{2a^2dx}{(x+a)^2} + \frac{2a\,dx}{(x+a)} \ \dots \quad (35).$$

Pour obtenir l'intégrale, remarquons que dx étant la différentielle de $x+a$, nous pouvons (art. 271) supposer $x+a = z$; donc

$$\frac{2ax\,dx}{(x+a)^2} = -2a^2\frac{dz}{z^2} + 2a\frac{dz}{z};$$

intégrant la première fraction du second membre par la règle de l'article 262, et l'autre par logarithmes, nous obtiendrons.

$$\int \frac{2ax\,dx}{(x+a)^2} = \frac{2a^2}{z} + 2a \log z + C;$$

et, en remettant la valeur de z,

$$\int \frac{2ax\,dx}{(x+a)^2} = \frac{2a^2}{a+x} + 2a \log (a+x) + C.$$

302. Pour second exemple, cherchons l'intégrale de

$$\frac{x^2 dx}{x^3 - ax^2 - a^2 x + a^3} ;$$

en égalant à zéro le dénominateur, on voit que tous les termes se détruisent dans l'hypothèse de $x = a$; donc l'équation $x^3 - ax^2 - a^2 x + a^3$ est divisible par $x - a$. En effectuant cette division, on trouve pour quotient $x^2 - a^2$; ainsi la quantité à intégrer est

$$\frac{x^2 dx}{(x^2 - a^2)(x - a)} = \frac{x^2 dx}{(x+a)(x-a)(x-a)}$$
$$= \frac{x^2 dx}{(x-a)^2(x+a)}.$$

Nous supposerons donc

$$\frac{x^2}{(x-a)^2(x+a)} = \frac{A}{(x-a)^2} + \frac{A'}{x-a} + \frac{B}{x+a} \cdots (36);$$

réduisant le second membre au même dénominateur, on obtient

$$\frac{x^2}{(x-a)^2(x+a)} = \frac{A(x+a) + A'(x^2-a^2) + B(x-a)^2}{(x+a)(x-a)^2};$$

développant et égalant entre eux les coefficiens des mêmes puissances de x, on obtient ces équations de condition,

$$A' + B = 1, \quad A - 2Ba = 0, \quad Aa - A'a^2 + Ba^2 = 0 \ldots (37).$$

Si l'on multiplie la première par a^2, et qu'on l'ajoute à la troisième, on aura

$$Aa + 2Ba^2 = a^2;$$

celle-ci, à son tour, étant ajoutée à la seconde des équations (37) multipliée par a, on trouve

$$a^2 = 2Aa \quad \text{et} \quad A = \tfrac{1}{2}a;$$

mettant cette valeur de A dans la seconde des équations (37), on obtient

$$B = \tfrac{1}{4},$$

et par conséquent la première donne

$$A' = 1 - \frac{1}{4} = \frac{3}{4};$$

au moyen des valeurs de ces constantes, l'équation (36), multipliée par dx, devient

$$\frac{x^2 dx}{(x-a)^2 (x+a)} = \frac{a dx}{2(x-a)^2} + \frac{3 dx}{4(x-a)} + \frac{dx}{4(x+a)}.$$

Pour intégrer $\dfrac{a dx}{2(x-a)^2}$, nous ferons $x - a = z$, et cette expression deviendra $\dfrac{a dz}{2z^2} = \dfrac{a z^{-2}}{2} dz$, et aura pour intégrale, art. 262,

$$-\frac{a z^{-1}}{2} = -\frac{a}{2z} = -\frac{a}{2(x-a)};$$

donc

$$\int \frac{x^2 dx}{(x-a)^2(x+a)} = -\frac{a}{2(x-a)} + \frac{3}{4} \log(x-a)$$
$$+ \frac{1}{4} \log(x+a) + constante.$$

303. On opérera de la même manière si, dans le déno

minateur, il y a plusieurs groupes de racines égales. Soit par exemple,

$$\frac{a\,dx}{(x^2-1)^2} = \frac{a\,dx}{(x-1)^2\,(x+1)^2};$$

nous supposerons

$$\frac{a}{(x-1)^2\,(x+1)^2} = \frac{A}{(x-1)^2} + \frac{A'}{x-1} + \frac{B}{(x+1)^2} + \frac{B'}{x+1} \ldots (38);$$

et, en réduisant au même dénominateur, nous trouverons

$$\frac{a}{(x-1)^2\,(x+1)^2} = \frac{A(x+1)^2 + A'(x-1)\,(x+1)^2 + B(x-1)^2 + B'(x+1)\,(x-1)^2}{(x-1)^2\,(x+1)^2};$$

supprimant les dénominateurs et développant les numérateurs, nous trouverons ces équations de condition :

$$A' + B' = 0,$$
$$A + A' + B - B' = 0,$$
$$2A - A' - 2B - B' = 0,$$
$$A - A' + B + B' = a.$$

La première de ces équations réduit la troisième à $2A - 2B = 0$, donc $A = B$; la seconde réduit la quatrième à $2A + 2B = a$; de ces équations on conclut..

$A = \dfrac{a}{4} = B$, par conséquent la quatrième devient....

$B' - A' = \frac{1}{2}a$; cette équation étant combinée avec la première, on trouve

$$A' = -\frac{a}{4}, \quad B' = \frac{a}{4}.$$

Au moyen des valeurs de ces constantes, la différentielle proposée devient

$$\frac{1}{4}\,a\left[\frac{dx}{(x-1)^2} + \frac{dx}{(x+1)^2} - \frac{dx}{x-1} + \frac{dx}{x+1}\right].$$

On intégrera les deux premières de ces expressions par les règles des articles 270 et 262, et les autres par logarithmes, et l'on trouvera

$$\int \frac{a\,dx}{(x^2-1)^2} = \frac{1}{4}a\left[-\frac{1}{x-1}-\frac{1}{x+1}-\log(x-1)+\log(x+1)\right]+C.$$

304. Avant que d'examiner le cas où le dénominateur contient des racines imaginaires, faisons quelques observations sur ces sortes de quantités : considérons d'abord l'équation

$$x^2+px+q=0\dots\ (39),$$

et cherchons les conditions nécessaires pour que les racines de cette équation soient imaginaires : en la résolvant, on trouve

$$x=-\frac{1}{2}p\pm\sqrt{\frac{p^2}{4}-q}.$$

La première condition nécessaire pour que cette valeur de x soit imaginaire, est que le dernier terme de l'équation (39) soit positif ; car, s'il était négatif, l'expression $-q$, qui est sous le radical, changerait de signe, et le radical n'affectant alors que des quantités positives, x ne pourrait être imaginaire. Cette condition étant remplie, x sera imaginaire, si q surpasse $\frac{1}{4}p^2$. L'excès de q sur $\frac{1}{4}p^2$ étant alors une quantité essentiellement positive, représentons-le par β^2, puisqu'un carré est toujours positif : nous aurons

$$q=\frac{1}{4}p^2+\beta^2;$$

faisons $\frac{p}{2}=\alpha$ pour éviter les fractions, cette équation deviendra

$$q = \alpha^2 + \beta^2 \,;$$

substituons ces valeurs de p et de q dans la proposée, nous trouverons

$$x^2 + 2\alpha x + \alpha^2 + \beta^2 = 0 \ldots (40).$$

Cette équation étant résolue, donne

$$x = -\alpha \pm \beta\sqrt{-1} \ldots (41)\,;$$

ses deux racines sont donc

$$-\alpha + \beta\sqrt{-1} \quad \text{et} \quad -\alpha - \beta\sqrt{-1},$$

ce qui montre que ces racines sont disposées par couples, de telle sorte que l'une étant connue, fait connaître l'autre en changeant le signe de la partie imaginaire.

3o5. En général, une équation peut avoir plusieurs couples de racines imaginaires, et chaque couple donnera lieu à un facteur du second degré, de la forme

$$x^2 + 2\alpha x + \alpha^2 + \beta^2 \ldots (42).$$

3o6. Quelquefois les racines imaginaires sont égales, au signe près ; c'est ce qui arrive lorsque $\alpha = 0$; alors, l'une des racines est $\beta\sqrt{-1}$ et l'autre $-\beta\sqrt{-1}$, et le facteur (42), du second degré, se réduit à $x^2 + \beta^2$.

3o7. Pour donner un exemple d'une équation dont les racines sont imaginaires, je prends l'équation

$$x^2 - 6ax + 10a^2 = 0\,;$$

en la résolvant, je trouve

$$x = 3a \pm \sqrt{-a^2} = 3a \pm a\sqrt{-1}\,;$$

comparant cette valeur de x avec l'équation (41), j'ai

$$-\alpha = 3a, \quad \beta = a\,;$$

donc, dans le cas présent, l'équation (42) devient

$$x^2 - 6ax + 9a^2 + a^2.$$

308. Au reste, quand on a une équation telle que

$$x^2 + 4x + 12 = 0,$$

dont les racines sont imaginaires (*), on peut la comparer immédiatement à la formule (42), et l'on a $2\alpha = 4$, donc $\alpha^2 = 4$; si l'on retranche 4 de 12, il reste 8 pour β^2, et l'équation proposée peut se mettre sous la forme

$$x^2 + 4x + 4 + 8 = 0.$$

Le terme 8, à la vérité, n'est pas un carré parfait; mais alors on le regarde comme celui de $\sqrt{8}$.

309. Occupons-nous maintenant de l'intégration des fractions rationnelles dont les dénominateurs renferment des facteurs imaginaires ; et, pour commencer par le cas le plus simple, considérons celui où il n'y a qu'une couple de racines imaginaires dans le dénominateur : supposons, par exemple, qu'après avoir décomposé le dénominateur en ses facteurs, on ait trouvé

$$\frac{P + Qx + Rx^2 + Sx^3 \text{ etc.}}{(x - a)(x - b)\ldots(x - h)(x^2 + 2\alpha x + \alpha^2 + \beta^2)}\, dx;$$

on égalera, comme nous l'avons déjà fait, art. 300, cette fraction à cette suite de termes :

$$\frac{A\, dx}{x - a} + \frac{B\, dx}{x - b} \ldots + \frac{H\, dx}{x - h} + \frac{Mx + N}{x^2 + 2\alpha x + \alpha^2 + \beta^2}\, dx,$$

et ayant déterminé les constantes A, B… H, M, N, par le procédé que nous avons employé, tous ces termes, hors

---

(*) On le reconnaît lorsque les conditions de l'art. 304 sont remplies.

le dernier, s'intégreront par logarithmes ; à l'égard de ce dernier, il s'intégrera de la manière suivante :

On remarquera que $x^2 + 2\alpha x + \alpha^2$ étant un carré parfait, le terme à intégrer peut s'écrire ainsi :

$$\frac{Mx + N}{(x + \alpha)^2 + \mathcal{C}^2}\, dx.$$

Et, en faisant $x + \alpha = z$, il devient

$$\frac{Mz + N - M\alpha}{z^2 + \mathcal{C}^2}\, dz \, ;$$

et, en nommant P la partie constante $N - M\alpha$, il se réduit à

$$\frac{Mz + P}{z^2 + \mathcal{C}^2}\, dz \, ;$$

cette expression se décompose en celles-ci :

$$\frac{Mzdz}{z^2 + \mathcal{C}^2} + \frac{Pdz}{z^2 + \mathcal{C}^2}.$$

Pour intégrer la première, nous observerons que zdz étant la différentielle de $z^2 + \mathcal{C}^2$, à un facteur constant près, on peut, art. 271, supposer $z^2 + \mathcal{C}^2 = y$, ce qui nous donnera, en différenciant,

$$zdz = \frac{dy}{2} \, ;$$

substituant ces valeurs, nous obtiendrons $\dfrac{Mdy}{2y}$, dont l'intégrale sera

$$\frac{M}{2} \log y = \frac{M}{2} \log (z^2 + \mathcal{C}^2) = \frac{M}{2} \log \left[(x + \alpha)^2 + \mathcal{C}^2\right]$$

$$= \frac{M}{2} \log (x^2 + 2\alpha x + \alpha^2 + \mathcal{C}^2)$$

$$= M \log (x^2 + 2\alpha x + \alpha^2 + \mathcal{C}^2)^{\frac{1}{2}}$$

$$= M \log \sqrt{x^2 + 2\alpha x + \alpha^2 + \mathcal{C}^2}.$$

A l'égard de l'expression $\dfrac{Pdz}{z^2 + c^2}$, en divisant ses deux termes par c^2, elle peut se mettre sous cette forme :

$$\frac{P}{c} \cdot \frac{\frac{dz}{c}}{\frac{z^2}{c^2} + 1},$$

et l'on voit que son intégrale est

$$\frac{P}{c} \operatorname{arc}\left(\tang = \frac{z}{c}\right) = \frac{N - M\alpha}{c} \operatorname{arc}\left(\tang = \frac{x + \alpha}{c}\right);$$

donc, enfin,

$$\int \frac{Mx + N}{x^2 + 2\alpha x + \alpha^2 + c^2}\, dx$$

$$= M \log \sqrt{x^2 + 2\alpha x + \alpha^2 + c^2} + \frac{N - M\alpha}{c} \operatorname{arc}\left(\tang = \frac{x + \alpha}{c}\right) \ldots (43).$$

310. Prenons pour exemple la fraction $\dfrac{a + bx}{x^3 - 1}\, dx$: le dénominateur ayant $x - 1$ pour facteur, nous trouverons l'autre facteur par la division, et la fraction proposée pourra se mettre sous la forme

$$\frac{a + bx}{(x - 1)(x^2 + x + 1)}\, dx\,;$$

$x^2 + x + 1$ étant le produit de deux facteurs imaginaires, ainsi qu'on peut le reconnaître en résolvant l'équation $x^2 + x + 1 = 0$, nous écrirons

$$\frac{a + bx}{(x - 1)(x^2 + x + 1)} = \frac{A}{x - 1} + \frac{Mx + N}{x^2 + x + 1}\,;$$

réduisant au même dénominateur et opérant comme nous l'avons indiqué, nous trouverons

$$A = \frac{a+b}{3}, \quad M = -\frac{(a+b)}{3}, \quad N = \frac{b-2a}{3};$$

nous décomposerons ensuite le facteur $x^2 + x + 1$ en facteurs simples, en le comparant à l'expression (42), ce qui nous donnera

$$2\alpha = 1, \quad \alpha^2 + \mathscr{C}^2 = 1,$$

et par conséquent

$$\alpha = \frac{1}{2}, \quad \mathscr{C} = \sqrt{\frac{3}{4}};$$

substituant ces valeurs et celles de M et de N, dans l'équation (43), qui nous donne la seconde partie de l'intégrale, et observant que la première est

$$\int \frac{A dx}{x-1} = \frac{a+b}{3} \log (x-1),$$

nous trouverons

$$\int \frac{(a+bx)dx}{x^3-1} = \frac{a+b}{3} \log (x-1) - \frac{(a+b)}{3} \log \sqrt{x^2+x+1}$$
$$+ \frac{(b-a)}{\sqrt{3}} \operatorname{arc}\left[\tan g = \frac{\left(x+\frac{1}{2}\right)}{\sqrt{\frac{3}{4}}} \right] + C.$$

311. Lorsque la fraction aura dans son dénominateur des facteurs imaginaires égaux, elle contiendra un ou plusieurs facteurs du second degré, de la forme......
$(x^2 + 2\alpha x + \alpha^2 + \mathscr{C}^2)^p$, suivant qu'elle renfermera un ou plusieurs groupes de facteurs imaginaires égaux. Le facteur

$$(x^2 + 2\alpha x + \alpha^2 + \mathscr{C}^2)^p$$

correspondra à cette suite de termes

$$\frac{H + Kx}{(x^2 + 2\alpha x + \alpha^2 + \ell^2)^p} + \frac{H' + K'x}{(x^2 + 2\alpha x + \alpha^2 + \ell^2)^{p-1}}$$

$$+ \frac{H'' + K''x}{(x^2 + 2\alpha x + \alpha^2 + \ell^2)^{p-2}} \cdots + \frac{H_1 + K_1 x}{x^2 + 2\alpha x + \alpha^2 + \ell^2} \cdots \quad (44));$$

ayant opéré de même pour les autres groupes de facteurs égaux, on déterminera les constantes

$$H, \quad K, \quad H', \quad K', \quad H'', \quad K'', \ldots H_1, \quad K_1, \quad \text{etc.},$$

comme précédemment.

On multipliera ensuite par dx, et il ne s'agira plus que d'intégrer chaque terme séparément, ce que l'on pourra toujours faire lorsqu'on saura intégrer le premier terme de la suite (44) multiplié par dx, puisque tous les autres sont de même forme. Pour cet effet, nous écrirons ainsi ce terme :

$$\frac{H + Kx}{[(x + \alpha)^2 + \ell^2]^p} \, dx \, ;$$

faisant $x + \alpha = z$, il deviendra

$$\frac{H - K\alpha + Kz}{(\ell^2 + z^2)^p} \, dz \, ;$$

et, en nommant M la partie constante $H - K\alpha$, on aura à intégrer

$$\frac{M + Kz}{(\ell^2 + z^2)^p} \, dz.$$

Cette fraction peut se décomposer en ces deux-ci :

$$\frac{Kz \, dz}{(\ell^2 + z^2)^p} + \frac{M \, dz}{(\ell^2 + z^2)^p}.$$

Pour intégrer la première, comme $z \, dz$ est la différentielle de $z^2 + \ell^2$, à un facteur constant près, nous supposerons $z^2 + \ell^2 = y$, (art. 271), et nous aurons $z \, dz = \frac{1}{2} \, dy$; substituant, on obtiendra

$$\int \frac{K z\, dz}{(6^2 + z^2)^p} = \int \frac{1}{2} K \frac{dy}{y^p} = \frac{1}{2} K \int y^{-p} dy = \frac{1}{2} \frac{K y^{-p+1}}{1-p}$$

$$= \frac{1}{2} K \frac{(6^2 + z^2)^{-p+1}}{1-p} = \frac{1}{2} \frac{K}{(1-p)} \frac{1}{(6^2+z^2)^{p-1}} + C.$$

312. Il nous reste à intégrer $\dfrac{M\, dz}{(6^2 + z^2)^p}$; ou plutôt,

$$M (6^2 + z^2)^{-p} dz \ldots \ (45).$$

Pour parvenir à cette intégrale (*note septième*), nous la déduirons de celle de $\int (6^2 + z^2)^p dz$, de la manière suivante :

En diminuant l'exposant p d'une unité, c'est diviser par $6^2 + z^2$; par conséquent, en multipliant en même temps par la même quantité, nous aurons l'équation identique

$$(6^2 + z^2)^p \, dz = (6^2 + z^2)^{p-1} (6^2 + z^2) \, dz ;$$

et, en exécutant la multiplication indiquée dans le second membre, il viendra

$$(6^2 + z^2)^p \, dz = 6^2 (6^2 + z^2)^{p-1} dz + (6^2 + z^2)^{p-1} z^2 dz ;$$

intégrant, on aura

$$\int (6^2 + z^2)^p dz = 6^2 \int (6^2 + z^2)^{p-1} dz + \int (6^2 + z^2)^{p-1} z^2 dz \ldots \ (46).$$

Des deux intégrales qui sont dans le second membre de cette équation, nous laisserons la première sous le signe qui l'indique ; à l'égard de la seconde, nous y appliquerons l'intégration par parties. Pour cela, en multipliant et en divisant par 2 l'expression $(6^2 + z^2)^{p-1} z^2 dz$, nous l'écrirons ainsi :

$$\frac{z}{2} (6^2 + z^2)^{p-1} 2 z dz \ldots \ (47) ;$$

alors $(\mathcal{C}^2 + z^2)^{p-1}2zdz$ sera la différentielle de $\dfrac{(\mathcal{C}^2 + z^2)^p}{p}$,
de sorte que l'expression (47) deviendra

$$\frac{z}{2} \cdot \mathrm{d}\,\frac{(\mathcal{C}^2 + z^2)^p}{p} \,;$$

en la comparant à la formule (art. 279)

$$\int u\,dv = uv - \int v\,du,$$

de l'intégration par parties, nous ferons

$$u = \frac{z}{2}, \quad v = \frac{(\mathcal{C}^2 + z^2)^p}{p},$$

et nous trouverons

$$\int \frac{z}{2}(\mathcal{C}^2 + z^2)^{p-1}2zdz = \frac{z}{2}\frac{(\mathcal{C}^2 + z^2)^p}{p} - \int \frac{(\mathcal{C}^2 + z^2)^p}{p}\frac{dz}{2}.$$

Substituant cette valeur à la place du dernier terme de l'équation (46), et mettant les constantes en dehors du signe d'intégration, cette équation (46) deviendra

$$\int(\mathcal{C}^2 + z^2)^p\,dz = \mathcal{C}^2\int(\mathcal{C}^2 + z^2)^{p-1}\,dz$$
$$+ \frac{z}{2}\frac{(\mathcal{C}^2 + z^2)^p}{p} - \frac{1}{2p}\int(\mathcal{C}^2 + z^2)^p\,dz\,;$$

transposant le dernier terme dans le premier membre, et réduisant, on trouvera

$$\frac{(1 + 2p)}{2p}\int(\mathcal{C}^2 + z^2)^p\,dz = \frac{z}{2}\frac{(\mathcal{C}^2 + z^2)^p}{p} + \mathcal{C}^2\int(\mathcal{C}^2 + z^2)^{p-1}\,dz\,;$$

on tire de cette équation

$$\int(\mathcal{C}^2 + z^2)^{p-1}\,dz = -\frac{z}{2p\mathcal{C}^2}(\mathcal{C}^2 + z^2)^p + \frac{1 + 2p}{2p\mathcal{C}^2}\int(\mathcal{C}^2 + z^2)^p\,dz\,;$$

faisant $p - 1 = -p$, et par conséquent $p = 1 - p$, on a enfin

$$\int (\mathfrak{b}^2 + z^2)^{-p}\, dz$$

$$= -\frac{z}{2(1-p)\mathfrak{b}^2}(\mathfrak{b}^2 + z^2)^{-p+1} + \frac{3-2p}{(2-2p)\mathfrak{b}^2}\int (\mathfrak{b}^2 + z^2)^{-(p-1)} dz \ldots (48).$$

Au moyen de cette formule, on fera dépendre l'intégrale de $(\mathfrak{b}^2 + z^2)^{-p}\, dz$, d'une autre, dans laquelle la valeur numérique de l'exposant, au lieu d'être p, sera moindre d'une unité; par la même formule, on fera dépendre ensuite l'intégrale de $(\mathfrak{b}^2 + z^2)^{-(p-1)} dz$, de celle de $(\mathfrak{b}^2 + z^2)^{-(p-2)} dz$, ainsi de suite; de sorte qu'après chaque substitution, l'exposant de la partie intégrale diminuant d'une unité, il ne restera plus en dernier lieu qu'à intégrer l'expression

$$(\mathfrak{b}^2 + z^2)^{-1} dz = \frac{dz}{\mathfrak{b}^2 + z^2};$$

or, nous avons vu, art. 276, que l'intégrale de cette expression était

$$\frac{1}{\mathfrak{b}}\ \mathrm{arc}\left(\tan g = \frac{z}{\mathfrak{b}}\right).$$

On ne cherche pas à faire dépendre l'intégrale $\int (\mathfrak{b}^2 + z^2)^{-1} dz$, de celle de $\int (\mathfrak{b}^2 + z^2)^{0} dz$, quantité qui se réduit à z; car, si dans la formule (48) on faisait $p = 1$, le terme

$$\frac{-z}{2(1-p)\mathfrak{b}^2}(\mathfrak{b}^2 + z^2)^{-p+1}$$

deviendrait infini.

313. Il résulte de cette théorie que l'intégration de toute fraction rationnelle ne dépend que de ces trois sortes de formules :

$$1^\circ.\ \int x^m dx = \frac{x^{m+1}}{m+1};\qquad 2^\circ.\ \int \frac{dx}{x+a} = \log (x+a);$$

$$3^\circ.\ \int \frac{dx}{x^2+a^2} = \frac{1}{a}\,\mathrm{arc}\left(\tan g = \frac{x}{a}\right);$$

c'est pourquoi on dit que toute fraction rationnelle peut

toujours s'intégrer ou algébriquement, ou par logarithmes, ou par arcs de cercle, ou par le concours de ces moyens.

314. Nous terminerons cette théorie par un exemple qui renferme tous les cas : soit donc la fraction rationnelle

$$\frac{P x^m + P' x^{m-1} + P'' x^{m-2} + \text{etc.}}{RR'R'' \ldots SS' \ldots TT' \ldots UU' \ldots}\, dx,$$

dans laquelle on a

$$\left.\begin{aligned}
R &= x - a, \\
R' &= x - b, \\
R'' &= x - c, \\
\ldots\ldots\ldots\ldots\ldots
\end{aligned}\right\} \textit{facteurs réels inégaux ;}$$

$$\left.\begin{aligned}
S &= (x - e)^m, \\
S' &= (x - d)^n, \\
\ldots\ldots\ldots\ldots\ldots
\end{aligned}\right\} \textit{facteurs réels égaux ;}$$

$$\left.\begin{aligned}
T &= x^2 + 2\alpha x + \alpha^2 + \mathfrak{C}^2, \\
T' &= x^2 + 2\alpha' x + \alpha'^2 + \mathfrak{C}'^2, \\
\ldots\ldots\ldots\ldots\ldots
\end{aligned}\right\} \textit{facteurs imaginaires inég. ;}$$

$$\left.\begin{aligned}
U &= (x^2 + 2\alpha_{,} x + \alpha_{,}^2 + \mathfrak{C}_{,}^2)^p, \\
U' &= (x^2 + 2\alpha_{,,} x + \alpha_{,,}^2 + \mathfrak{C}_{,,}^2)^q, \\
\ldots\ldots\ldots\ldots\ldots
\end{aligned}\right\} \textit{facteurs imaginaires égaux ;}$$

on supposera

$$\frac{P x^m + P' x^{m-1} + P'' x^{m-2} + \text{etc.}}{RR'R'' \ldots SS' \ldots TT' \ldots UU'} = \frac{A}{x-a} + \frac{B}{x-b} + \frac{C}{x-c} \ \text{etc.}$$

$$\ldots\ldots\ldots\ldots\ldots\ldots\ldots\ldots\ldots\ldots\ldots\ldots$$

$$+ \frac{E}{(x-e)^m} + \frac{E'}{(x-e)^{m-1}} + \frac{E''}{(x-e)^{m-2}} \ldots + \text{etc.}$$

$$+ \frac{F}{(x-f)^n} + \frac{F'}{(x-f)^{n-1}} + \frac{F''}{(x-f)^{n-2}} \ldots + \text{etc.}$$

$$\ldots\ldots\ldots\ldots\ldots\ldots\ldots\ldots\ldots\ldots\ldots\ldots$$

$$+ \frac{G + Hx}{x^2 + 2\alpha x + \alpha^2 + \mathcal{C}^2} + \frac{K + Lx}{x^2 + 2\alpha' x + \alpha'^2 + \mathcal{C}'^2} + \text{etc.}$$

$$\cdots\cdots\cdots\cdots\cdots\cdots\cdots\cdots\cdots\cdots$$

$$+ \frac{M + Nx}{(x^2 + 2\alpha_, x + \alpha_,^2 + \mathcal{C}_,^2)^p} + \frac{M' + N'x}{(x^2 + 2\alpha_, x + \alpha_,^2 + \mathcal{C}_,^2)^{p-1}} + \text{etc.}$$

$$+ \frac{P + Qx}{(x^2 + 2\alpha_{,,} x + \alpha_{,,}^2 + \mathcal{C}_{,,}^2)^q} + \frac{P' + Q'x}{(x^2 + 2\alpha_{,,} x + \alpha_{,,}^2 + \mathcal{C}_{,,}^2)^{q-1}} + \text{etc.};$$

$$\cdots\cdots\cdots\cdots\cdots\cdots\cdots\cdots\cdots\cdots$$

et ayant réduit au même dénominateur, on opérera comme nous l'avons expliqué.

De l'intégration des fonctions irrationnelles.

315. Lorsque dans une expression différentielle, qui contient des radicaux, on peut, à l'aide d'une transformation, faire évanouir les radicaux, l'intégration sera ramenée à celle des fractions rationnelles.

On peut toujours faire évanouir les radicaux qui n'affectent que des quantités monomes : le procédé que l'on emploiera, pour y parvenir, sera le même que celui dont nous allons faire usage dans l'exemple suivant :

Soit

$$\frac{\sqrt{x} - \frac{1}{3}a}{\sqrt[3]{x} - \sqrt{x}}\,dx, \quad \text{ou plutôt} \quad \frac{x^{\frac{1}{2}} - \frac{1}{3}a}{x^{\frac{1}{3}} - x^{\frac{1}{2}}}\,dx\,;$$

on réduira les exposans fractionnaires au même dénominateur, et ayant trouvé que le dénominateur commun est 6, on supposera $x = z^6$, alors on aura

$$\sqrt{x} = z^3, \quad \sqrt[3]{x} = z^2, \quad dx = 6z^5 dz\,;$$

substituant ces valeurs, on trouvera

$$\frac{\sqrt[3]{x} - \frac{1}{3}a}{\sqrt[3]{x} - \sqrt{x}}\, dx = \frac{z^3 - \frac{1}{3}a}{z^2 - z^3}\, 6z^5 dz = \frac{6z^6 - 2az^3}{1 - z}\, dz\, ;$$

on intégrera cette expression par la méthode des fractions rationnelles, et l'on substituera ensuite dans l'intégrale la valeur de z en x.

316. Il n'en est pas de même lorsque le radical affecte un polynome; cependant on peut intégrer toute expression en x, qui renferme $\sqrt{A + Bx + Cx^2}$, c'est-à-dire toute expression de la forme

$$F\left(x,\ \sqrt{A + Bx + Cx^2}\right) dx.$$

Il peut arriver deux cas : le terme Cx^2 sera positif ou négatif; s'il est positif, on écrira ainsi le radical,

$$\sqrt{C}\ \sqrt{\frac{A}{C} + \frac{Bx}{C} + x^2}\, ;$$

si ce terme est négatif, nous le regarderons comme le produit de $+\,C$ par $-\,x^2$, et alors le radical pourra se mettre sous cette forme,

$$\sqrt{C}\ \sqrt{\frac{A}{C} + \frac{B}{C}x - x^2}\, ;$$

pour simplifier, faisons

$$\frac{A}{C} = a, \quad \frac{B}{C} = b\, ;$$

nous aurons donc à intégrer les deux expressions

$$F\left(x,\ \sqrt{a + bx + x^2}\right) dx, \quad F\left(x,\ \sqrt{a + bx - x^2}\right) dx.$$

Occupons-nous d'abord de la première.

Notre but étant d'obtenir, par une transformation, les

valeurs de x, de dx et de $\sqrt{a + bx + x^2}$, en fonction rationnelle d'une nouvelle variable z, nous supposerons

$$\sqrt{a + bx + x^2} = z + x \ (^*) \ldots\ (49),$$

parce qu'en élevant au carré, les termes en x^2 se détruisant, il nous restera entre z et x une équation du premier degré, de laquelle on pourra tirer les valeurs de x et de dx en fonction rationnelle de z. Élevant donc l'équation (49) au carré, et supprimant les termes en x^2, on obtient

$$a + bx = 2xz + z^2 \ldots\ (50),$$

d'où l'on tire

$$x = \frac{z^2 - a}{b - 2z} \ldots\ (51);$$

au moyen de cette valeur, l'équation (49) devient

$$\sqrt{a + bx + x^2} = \frac{z^2 - a}{b - 2z} + z;$$

ou, en réduisant au même dénominateur,

$$\sqrt{a + bx + x^2} = -\frac{(z^2 - bz + a)}{b - 2z} \ldots\ (52).$$

Il nous reste à déterminer dx en z : pour cela nous différencierons l'équation (50), et nous obtiendrons

$$b\,dx = 2x\,dz + 2z\,dx + 2z\,dz,$$

d'où nous tirerons

$$(b - 2z)\,dx = 2\,(x + z)\,dz;$$

et si l'on élimine le radical entre l'équation (49) et l'équa-

---

(^*) On pourrait aussi égaler le radical à $z - x$, puisqu'en élevant les deux membres au carré, les termes en x^2 s'évanouiraient également.

tion (52), on aura

$$x + z = - \frac{(z^2 - bz + a)}{b - 2z} \, ;$$

substituant cette valeur dans l'équation précédente, on trouvera

$$(b - 2z)\,dx = - \frac{2\,(z^2 - bz + a)}{b - 2z}\,dz,$$

et

$$dx = - \frac{2\,(z^2 - bz + a)}{(b - 2z)^2}\,dz \ldots \ldots \ (53).$$

317. Prenons pour exemple

$$\frac{dx}{x\sqrt{A + Bx + Cx^2}} \, ;$$

nous écrirons ainsi cette expression :

$$\frac{dx}{\sqrt{C} \times x\sqrt{a + bx + x^2}},$$

en faisant $\dfrac{A}{C} = a$ et $\dfrac{B}{C} = b$. L'équation (53), divisée par l'équation (52), nous donnera, après avoir réduit,

$$\frac{dx}{\sqrt{a + bx + x^2}} = \frac{2\,dz}{b - 2z} \, ;$$

et, en divisant par l'équation (51), on aura

$$\frac{dx}{x\sqrt{a + bx + x^2}} = \frac{2\,dz}{z^2 - a} \, ;$$

multipliant les dénominateurs par $\sqrt{C}$, cette équation deviendra

$$\frac{dx}{x\sqrt{C}\sqrt{a + bx + x^2}}, \quad \text{ou} \quad \frac{dx}{x\sqrt{A + Bx + Cx^2}} = \frac{2\,dz}{(z^2 - a)\sqrt{C}},$$

fraction qui s'intègre par la méthode des fractions rationnelles, puisqu'on peut regarder $\sqrt{C}$ comme une constante ordinaire.

318. Pour second exemple, prenons $dx \sqrt{m^2 + x^2}$: en comparant le radical à celui de la formule (52), nous avons $a = m^2$, $b = 0$, et en mettant ces valeurs dans les équations (52) et (53), nous trouverons

$$\sqrt{m^2 + x^2} = \frac{z^2 + m^2}{2z}, \quad dx = -\frac{(z^2 + m^2)}{2z^2} dz \, ;$$

donc

$$dx \sqrt{m^2 + x^2} = -\frac{(z^2 + m^2)^2}{4z^3} dz.$$

Lorsqu'on aura intégré cette expression rationnelle, on y substituera la valeur de z en x.

319. La méthode précédente ne peut servir quand Cx^2 est négatif, car en opérant comme ci-dessus, on aurait

$$\sqrt{A + Bx - Cx^2} = \sqrt{C} \sqrt{\frac{A}{C} + \frac{B}{C} x - x^2},$$

et en nommant par a et b les constantes $\frac{A}{C}$ et $\frac{B}{C}$, on trouverait

$$\sqrt{A + Bx - Cx^2} = \sqrt{C} \sqrt{a + bx - x^2}.$$

Or, si nous supposions $\sqrt{a + bx - x^2} = x + z$, en élevant au carré les deux membres de cette équation, les termes en x^2 ne s'évanouiraient pas, et alors la valeur de x en z serait irrationnelle. Pour traiter ce cas, nous remarquerons préliminairement que le polynome $a + bx - x^2$ est décomposable en facteurs réels du premier degré (*).

(*) Pour le démontrer, nous écrirons ainsi ce polynome :

$$- (x^2 - bx - a),$$

et nous trouverons les facteurs de $x^2 - bx - a$, en égalant à zéro cette

Soient α et α' les racines de l'équation $x^2 - bx - a = 0$; nous aurons, d'après les propriétés des équations,

$$x^2 - bx - a = (x - \alpha)(x - \alpha'), \qquad (\textit{note huitième})$$

et par conséquent, en changeant les signes,

$$a + bx - x^2 = -(x - \alpha)(x - \alpha') = (x - \alpha)(\alpha' - x) ;$$

substituant cette valeur dans le radical, nous supposerons

$$\sqrt{(x - \alpha)(\alpha' - x)} = (x - \alpha)z \ldots \quad (54) ;$$

cette équation élevée au carré, nous donne

$$(x - \alpha)(\alpha' - x) = (x - \alpha)^2 z^2 ;$$

et, en supprimant le facteur commun, on a

$$\alpha' - x = (x - \alpha)z^2 \ldots \quad (55),$$

d'où l'on tire

$$x = \frac{\alpha' + \alpha z^2}{z^2 + 1} ;$$

donc

$$x - \alpha = \frac{\alpha' + \alpha z^2}{z^2 + 1} - \alpha ,$$

et, en réduisant au même dénominateur,

$$x - \alpha = \frac{\alpha' - \alpha}{z^2 + 1} \ldots \quad (56) ;$$

---

expression, ce qui nous donnera

$$x = \frac{b}{2} \pm \sqrt{\frac{b^2}{4} + a} ;$$

donc, par la propriété des équations (*voyez* la *note* 8),

$$x^2 - bx - a = \left(x - \frac{b}{2} - \sqrt{\frac{b^2}{4} + a} \right)\left(x - \frac{b}{2} + \sqrt{\frac{b^2}{4} + a} \right) ;$$

et puisque, par hypothèse, a représente une quantité positive, les facteurs qui composent ce produit ne peuvent être imaginaires. Au reste, sans résoudre l'équation $x^2 - bx - a = 0$, on peut conclure, d'après le signe de son dernier terme, art. 304, qu'elle a ses racines réelles.

cette valeur étant mise dans le second membre de l'équation (54), on obtient

$$\sqrt{(x - \alpha)(\alpha' - x)} = \frac{\alpha' - \alpha}{z^2 + 1} z \ldots \text{(57)}.$$

A l'égard de dx, il suffit de différencier l'équation (56) pour en obtenir la valeur en z, et nous trouverons

$$dx = -\frac{2(\alpha' - \alpha)}{(z^2 + 1)^2} z\,dz \ldots \text{(58)}.$$

320. Appliquons ce procédé à l'exemple

$$\frac{dx}{\sqrt{a + bx - x^2}} :$$

nous diviserons l'équation (58) par l'équation (57), et nous aurons

$$\frac{dx}{\sqrt{a + bx - x^2}} = -\frac{2(\alpha' - \alpha)z}{(z^2 + 1)^2 z \dfrac{(\alpha' - \alpha)}{z^2 + 1}}\,dz = -\frac{2\,dz}{z^2 + 1} ;$$

donc

$$\int \frac{dx}{\sqrt{a + bx - x^2}} = -2\,\text{arcs}\,(\text{tang} = z) + \text{C},$$

ou, en remettant la valeur de z, donnée par l'équation (54),

$$\int \frac{dx}{\sqrt{a + bx - x^2}} = \text{C} - 2\,\text{arcs}\left(\text{tang} = \frac{\sqrt{(x - \alpha)(\alpha' - x)}}{x - \alpha}\right)$$

$$= \text{C} - 2\,\text{arcs}\left(\text{tang} = \sqrt{\frac{\alpha' - x}{x - \alpha}}\right).$$

321. Prenons encore pour exemple $dx\sqrt{2ax - x^2}$: en comparant ce radical à celui de l'équation (54), nous aurons $\alpha = 0$, $\alpha' = 2a$, et les équations (47) et (48)

deviennent

$$\sqrt{x\,(2a-x)} = \frac{2az}{z^2+1}, \quad dx = -\frac{4az}{(z^2+1)^2}\,dz;$$

ces équations multipliées l'une par l'autre, nous donnent

$$dx\,\sqrt{2ax-x^2} = -\frac{8a^2z^2dz}{(z^2+1)^3},$$

expression qui s'intègre par la méthode des fractions rationnelles.

De l'intégration des différentielles binomes.

322. Nous avons vu qu'un moyen très fécond pour intégrer des fonctions qui contiennent des radicaux, était de transformer ces fonctions en d'autres rationnelles, pour pouvoir y appliquer la méthode des fractions rationnelles.

La difficulté est de trouver la transformation qui peut être employée pour chaque cas ; nous avons indiqué celle qui convient lorsque les radicaux ne sont que des trinomes, dans lesquels la variable ne surpasse pas le second degré ; ces sortes d'expressions étant très fréquentes dans l'analyse, il était utile de faire connaître la transformation propre à les rendre rationnelles. Nous avons aussi donné un procédé général pour rendre rationnelles les fonctions qui ne contiennent que des monomes élevés à des puissances fractionnaires ; nous allons examiner maintenant si, à l'aide d'une transformation, on peut rendre rationnelles les expressions binomes qui sont affectées d'exposans fractionnaires.

323. La formule générale des expressions binomes est

$$x^{m-1}(a + bx^n)^p \, dx \ (*).$$

Si p est un nombre entier, cette formule s'intégrera par l'art. 269; mais lorsque p sera égal à la fraction $\dfrac{p}{q}$, nous aurons

$$x^{m-1}(a + bx^n)^{\frac{p}{q}} \, dx \dots \ (59).$$

Pour rendre cette expression rationnelle, nous ferons

$$a + bx^n = z^q \dots \ (60),$$

ou, ce qui revient au même,

$$(a + bx^n)^{\frac{1}{q}} = z,$$

et par conséquent

$$(a + bx^n)^{\frac{p}{q}} = z^p \dots \ (61).$$

L'équation (60) étant différenciée, nous donne

$$bnx^{n-1}dx = qz^{q-1}dz, \dots \ (62);$$

la même équation (60) étant résolue par rapport à x, on a

$$x = \left(\frac{z^q - a}{b}\right)^{\frac{1}{n}};$$

(*) L'expression binome $Ax^r + Bx^s$ étant un cas particulier de celle-ci, $(Ax^r + Bx^s)^p$, c'est à cette dernière formule que nous rapporterons les différentielles binomes; nous pourrons l'écrire ainsi :

$$[x^r(A + Bx^{s-r})]^p = x^{rp}(A + Bx^{s-r})^p,$$

et, en faisant $s - r = n$, $rp = m - 1$, elle deviendra

$$x^{m-1}(A + Bx^n)^p.$$

On a préféré remplacer rp par $m - 1$, plutôt que par m, parce que les conditions d'intégrabilité seront plus faciles à exprimer, comme nous le verrons.

donc, en élevant les deux membres de cette équation à la puissance m, on obtient

$$x^{m} = \left(\frac{z^{q} - a}{b}\right)^{\frac{m}{n}};$$

différenciant les deux membres, mettant les constantes en dehors, et divisant par m, on trouve

$$x^{m-1}\mathrm{d}x = \frac{q}{nb}\left(\frac{z^{q} - a}{b}\right)^{\frac{m}{n} - 1} z^{q-1}\mathrm{d}z;$$

substituant, dans l'équation (59), cette valeur ainsi que celle de $(a + bx^{n})^{\frac{p}{q}}$, donnée par l'équation (61), on a enfin

$$\frac{q}{nb}\left(\frac{z^{q} - a}{b}\right)^{\frac{m}{n} - 1} z^{q+p-1}\mathrm{d}z \dots \; (63).$$

Cette expression est rationnelle lorsque $\frac{m}{n}$ est un nombre entier positif; car alors $\frac{z^{q} - a}{b}$ est élevé à une puissance entière, et l'on peut réduire l'expression (63) à un nombre limité de monomes, qui sont intégrables chacun par l'article 262 ou par l'article 268. Si $\frac{m}{n}$ est un nombre entier négatif, l'expression (63) devenant aussi rationnelle, on peut l'intégrer par la méthode des fractions rationnelles.

324. Prenons pour exemple l'expression

$$x^{5}(a + bx^{2})^{\frac{2}{3}}\mathrm{d}x.$$

Dans ce cas, nous aurons

$$p = 2, \quad q = 3, \quad m - 1 = 5, \quad \text{ou} \quad m = 6, \quad n = 2;$$

par conséquent la condition d'intégrabilité est satisfaite. Substituant ces valeurs dans l'expression (63), nous aurons à intégrer

$$\frac{3}{2b^3}(z^3 - a)^2 z^4 dz = \frac{3z^{10}}{2b^3}\,dz - \frac{3a}{b^3}z^7 dz + \frac{3a^2}{2b^3}z^4 dz \ ;$$

donc

$$\int x^5(a + bx^2)^{\frac{2}{3}}\,dx = \frac{3z^{11}}{22b^3} - \frac{3az^8}{8b^3} + \frac{3a^2 z^5}{10b^3} + C \ ;$$

on substituera ensuite dans ce résultat la valeur de z en x.

325. Pour obtenir une autre condition d'intégrabilité, écrivons l'expression (59) de la manière suivante :

$$x^{m-1}\left[\left(\frac{a}{x^n} + b\right)x^n\right]^{\frac{p}{q}}dx\ ;$$

et, en élevant les facteurs du produit $\left(\frac{a}{x^n} + b\right)x^n$, à la puissance $\frac{p}{q}$, nous aurons

$$x^{m-1}x^{\frac{np}{q}}\left(\frac{a}{x^n} + b\right)^{\frac{p}{q}}dx = x^{m+\frac{np}{q}-1}(ax^{-n} + b)^{\frac{p}{q}}dx.$$

Or, d'après la démonstration précédente, il faut, pour que cette quantité soit intégrable, qu'on ait

$$\frac{m + \frac{np}{q}}{n} = nombre\ entier,$$

ou, en exécutant la division indiquée,

$$\frac{m}{n} + \frac{p}{q} = nombre\ entier.$$

326. Prenons pour exemple l'expression $x^4 dx \sqrt[3]{a + bx^3}$.

En écrivant ainsi cette expression,

$$x^{5-1}(a+bx^3)^{\frac{1}{3}}dx,$$

on a

$$m=5, \quad n=3, \quad p=1, \quad q=3,$$

par conséquent

$$\frac{m}{n}+\frac{p}{q}=\frac{5}{3}+\frac{1}{3}=2\,;$$

donc cette quantité est intégrable. Dans ce cas, on aura (art. 325),

$$x^{5-1}(a+bx^3)^{\frac{1}{3}}dx=x^{5-1}\left(\frac{a}{x^3}+b\right)^{\frac{1}{3}}xdx\,;$$

et en réunissant les exposans de x, cette expression deviendra

$$x^5(ax^{-3}+b)^{\frac{1}{3}}dx\ldots\ (64)\,;$$

faisant $ax^{-3}+b=z^3$, nous trouverons

$$(ax^{-3}+b)^{\frac{1}{3}}=z, \quad x^{-3}=\frac{z^3-b}{a},$$

ou

$$\left(\frac{a}{x^3}+b\right)^{\frac{1}{3}}=z, \quad \frac{1}{x^3}=\frac{z^3-b}{a}\,;$$

la dernière de ces équations nous donne

$$x^3=\frac{a}{z^3-b},$$

d'où l'on tire, par la différenciation,

$$x^2dx=-\frac{az^2dz}{(z^3-b)^2}\,;$$

multipliant entre elles ces deux dernières équations, on a

$$x^5dx=-\frac{a^2z^2dz}{(z^3-b)^3}\,;$$

cette valeur de $x^5 dx$, et celle de $(ax^{-3} + b)^{\frac{1}{3}}$ étant substituées dans l'expression (64), on trouve enfin

$$x^5(ax^{-3} + b)^{\frac{1}{3}}\, dx = -\frac{a^2 z^3 dz}{(z^3 - b)^{\overline{3}}},$$

expression qui est intégrable par la méthode des fractions rationnelles.

Des formules de réduction des différentielles binomes.

327. Lorsque l'équation $x^{m-1}dx\,(a + bx^n)^p$ ne satisfait pas aux conditions d'intégrabilité que nous venons de prescrire, on peut y appliquer l'intégration par parties, de la manière suivante :

En comparant la formule $\int x^{m-1}dx\,(a + bx^n)^p$, au premier membre de l'équation, art. 279,

$$\int u\,dv = uv - \int v\,du,$$

nous supposerons

$$(a + bx^n)^p = u, \quad x^{m-1}dx = dv; \quad \text{donc} \quad v = \frac{x^m}{m};$$

et nous aurons, en mettant les constantes en dehors du signe d'intégration,

$$\int x^{m-1}dx\,(a + bx^n)^p = (a + bx^n)^p \frac{x^m}{m} - \frac{pnb}{m} \int x^m\,(a + bx^n)^{p-1} x^{n-1}dx,$$

ou, en réunissant les exposans de x,

$$\int x^{m-1}dx\,(a+bx^n)^p = (a+bx^n)^p \frac{x^m}{m} - \frac{pnb}{m} \int x^{m+n-1}(a + bx^n)^{p-1}dx\dots \text{(65)};$$

d'une autre part, on a l'équation identique,

$$(a + bx^n)^p = (a + bx^n)^{p-1}(a + bx^n),$$

et, en exécutant la multiplication indiquée, cette équation donne

$$(a + bx^n)^p = a\,(a + bx^n)^{p-1} + bx^n\,(a + bx^n)^{p-1};$$

multipliant les deux membres par $x^{m-1}dx$, on trouve

$$\int x^{m-1}dx(a+bx^n)^p = a\int x^{m-1}dx(a+bx^n)^{p-1} + b\int x^{m+n-1}dx(a+bx^n)^{p-1}\dots \text{(66)}.$$

Au moyen de cette équation, on peut éliminer le dernier terme de l'équation (65); car si l'on multiplie l'équation (66) par $\frac{pn}{m}$, et qu'on l'ajoute à l'équation (65), on trouvera

$$\left(1+\frac{pn}{m}\right)\int x^{m-1}dx(a+bx^n)^p=(a+bx^n)^p\frac{x^m}{m}+\frac{pna}{m}\int x^{m-1}dx(a+bx^n)^{p-1}\,;$$

multipliant par m et divisant ensuite par le facteur constant du premier membre, on obtiendra

$$\int x^{m-1}dx(a+bx^n)^p=\frac{x^m}{(m+pn)}(a+bx^n)^p+\frac{pna}{m+pn}\int x^{m-1}dx(a+bx^n)^{p-1}\ldots(67).$$

Par cette formule, on pourra donc faire dépendre l'intégrale de.. $x^{m-1}dx(a+bx^n)^p$, d'une autre dans laquelle l'exposant qui affecte la parenthèse sera moindre d'une unité.

Si dans cette formule on met ensuite $p-1$ à la place de p, l'intégrale de $x^{m-1}dx(a+bx^n)^{p-1}$ dépendra de celle de $x^{m-1}dx(a+bx^n)^{p-2}$; par un même procédé, celle-ci, à son tour, dépendra de celle de.... $x^{m-1}dx(a+bx^n)^{p-3}$, et ainsi de suite : de sorte que l'exposant de la parenthèse sera successivement $p, p-1, p-2, p-3..., p-n$. (Par n, nous représentons le plus grand nombre entier contenu dans p que nous supposons fractionnaire). Si l'on peut obtenir l'intégrale de $x^{m-1}dx(a+bx^n)^{p-n}$, on aura celle où l'exposant de $a+bx^n$ est plus fort d'une unité, et ainsi de suite, jusqu'à l'intégrale de $x^{m-1}dx(a+bx^n)^p$, qu'on obtiendra de cette manière, en un nombre limité de termes algébriques.

Si p était négatif, l'équation (67) donnerait

$$\int x^{m-1}dx(a+bx^n)^{p-1}=\frac{-x^m(a+bx^n)^p+(m+pn)\int x^{m-1}dx(a+bx^n)^p}{pna}\,;$$

faisant $p-1=p$, on aurait

$$\int x^{m-1}dx(a+bx^n)^p=\frac{-x^m(a+bx^n)^{p+1}+[m+(p+1)n]\int x^{m-1}dx(a+bx^n)^{p+1}}{(p+1)na}\,..(68);$$

formule dans laquelle, si l'on fait p négatif, l'intégrale proposée dépendra d'une autre dans laquelle l'exposant de la parenthèse sera plus près de zéro d'une unité.

328. On peut aussi diminuer l'exposant de x, hors de la parenthèse. Pour cet effet, on égalera entre eux les seconds membres des équations (65) et (66), vu que les premiers sont égaux, ce qui donnera

$$(a+bx^n)^p\frac{x^m}{m}-\frac{pnb}{m}\int x^{m+n-1}(a+bx^n)^{p-1}dx$$
$$=a\int x^{m-1}dx(a+bx^n)^{p-1}+b\int x^{m+n-1}dx(a+bx^n)^{p-1},$$

d'où l'on tirera

$$\left(b+\frac{pnb}{m}\right)\int x^{m+n-1}(a+bx^n)^{p-1}dx=(a+bx^n)^p\frac{x^m}{m}-a\int x^{m-1}dx(a+bx^n)^{p-1},$$

et par conséquent ,

$$\int x^{m+n-1}(a + bx^n)^{p-1}\mathrm{d}x = \frac{(a + bx^n)^p x^m - ma\int x^{m-1}\mathrm{d}x(a + bx^n)^{p-1}}{b\,(m + pn)} ;$$

faisons $m + n = m$, $p - 1 = p$, cette équation deviendra

$$\int x^{m-1}\mathrm{d}x(a+bx^n)^p = \frac{(a+bx^n)^{p+1}x^{m-n} - (m-n)a\int x^{m-n-1}\mathrm{d}x(a+bx^n)^p}{b\,(m + pn)} \dots (69).$$

Au moyen de cette formule, l'intégrale dépendra d'une autre dans laquelle la partie x^{m-1}, hors de la parenthèse, deviendra x^{m-n-1} ; cette seconde intégrale dépendra à son tour d'une troisième, dans laquelle la partie hors de la parenthèse, sera $m - 2n - 1$: en continuant ainsi, les exposans de x hors de la parenthèse seront successivement $m - 1$, $m - n - 1$, $m - 2n - 1$, $m - 3n - 1 \dots m - rn - 1$. (Par rn, on entend le plus grand multiple renfermé dans m.)

À la dernière de ces opérations, l'exposant de x hors de la parenthèse, dans le second membre de l'équation de réduction, sera donc $m - rn - 1$; par conséquent x, dans le premier membre de cette équation, aura pour exposant $m - (r-1)n - 1$: ainsi, en faisant $m = m - (r-1)n$, dans la formule (69), et en représentant par X la partie intégrée, cette formule nous donnera

$$\int x^{m-(r-1)n-1}\mathrm{d}x(a+bx^n)^p = \frac{X - (m-rn)a\int x^{m-rn-1}\mathrm{d}x(a+bx^n)^p}{b\,[m - (r-1)n+pn]} \dots (70).$$

Si rn est égal à m, le coefficient $m - rn$ est zéro, ce qui fait évanouir, dans le second membre de l'équation précédente, la partie affectée du signe d'intégration , et il reste

$$\int x^{m-(r-1)n-1}\mathrm{d}x(a + bx^n)^p = \frac{X}{bn(1 + p)}.$$

Cette intégrale étant déterminée exactement, toutes les autres le sont à leur tour, par conséquent la formule proposée est alors intégrable.

329. Nous avons supposé que m était positif dans la formule (69) qui diminue l'exposant hors de la parenthèse ; pour avoir celle qui convient au cas où m serait négatif, nous tirerons de la formule (69),

$$\int x^{m-n-1}\mathrm{d}x(a+bx^n)^p = \left(\frac{(a+bx^n)^{p+1}x^{m-n} - b(m+np)\int x^{m-1}\mathrm{d}x(a+bx^n)^p}{(m-n)a}\right) ;$$

faisant $m - n = m$, on aura

$$\int x^{m-1}\mathrm{d}x(a+bx^n)^p = \frac{(a+bx^n)^{p+1}x^m - b(m+n+np)\int x^{m+n-1}\mathrm{d}x(a+bx^n)^p}{ma} \dots (71).$$

Au moyen de cette formule , quand l'exposant hors de la parenthèse est négatif, l'intégrale dépend d'une autre, dans laquelle la valeur de cet exposant est moindre de n unités ; car l'exposant de x, hors de la parenthèse, dans le second membre de l'équation (71), étant $m + n - 1$, si l'on remplace m par sa valeur négative, que nous représenterons par m', cet exposant deviendra $-(m'-n)-1$, tandis que celui de x, hors de la parenthèse, dans le premier membre , sera $-m'-1$; et en ne considérant que les valeurs numériques de ces exposans, il est certain que $-(m'-n)-1$ surpassera $-m'-1$, de n unités.

330. Pour donner une application de ces formules , soit

$$\frac{x^m dx}{\sqrt{1-x^2}}.$$

J'écris ainsi cette expression : $x^m dx(1-x^2)^{-\frac{1}{2}}$; et en la comparant à celle-ci , $x^{m-1}dx(a+bx^n)^p$, j'aurai

$$m-1=m, \quad \text{ou} \quad m=m+1, \quad a=1, \quad b=-1, \quad n=2, \quad p=-\frac{1}{2}.$$

L'exposant de la parenthèse ayant une valeur numérique moindre que l'unité , nous chercherons à diminuer l'exposant qui est hors de la parenthèse , et, en conséquence, nous substituerons les valeurs précédentes dans la formule (69), ce qui la changera en celle-ci :

$$\int x^m dx(1-x^2)^{-\frac{1}{2}} = -\, x^{m-1}\frac{(1-x^2)^{\frac{1}{2}}}{m} + \frac{m-1}{m}\int x^{m-2}dx(1-x^2)^{-\frac{1}{2}},$$

ou

$$\int \frac{x^m dx}{\sqrt{1-x^2}} = -\, \frac{x^{m-1}\sqrt{1-x^2}}{m} + \frac{m-1}{m}\int \frac{x^{m-2}dx}{\sqrt{1-x^2}} \cdots (72).$$

Si l'on fait successivement

$$m=m-2, \text{ on a } \int \frac{x^{m-2}dx}{\sqrt{1-x^2}} = -\, x^{m-3}\frac{\sqrt{1-x^2}}{m-2} + \frac{m-3}{m-2}\int \frac{x^{m-4}dx}{\sqrt{1-x^2}},$$

$$m=m-4 \ldots \int \frac{x^{m-4}dx}{\sqrt{1-x^2}} = -\, x^{m-5}\frac{\sqrt{1-x^2}}{m-4} + \frac{m-5}{m-4}\int \frac{x^{m-6}dx}{\sqrt{1-x^2}},$$

$$m=m-6 \ldots \int \frac{x^{m-6}dx}{\sqrt{1-x^2}} = -\, x^{m-7}\frac{\sqrt{1-x^2}}{m-6} + \frac{m-7}{m-6}\int \frac{x^{m-8}dx}{\sqrt{1-x^2}};$$

ainsi de suite.

La première de ces équations nous donnera la valeur de $\int \frac{x^{m-2}dx}{\sqrt{1-x^2}}$, qu'on mettra dans l'équation (72), et l'on trouvera

$$\int \frac{x^m dx}{\sqrt{1-x^2}} = -\sqrt{1-x^2}\left[\frac{x^{m-1}}{m} + \frac{m-1}{m}\cdot\frac{x^{m-3}}{m-2}\right] + \frac{m-1}{m}\cdot\frac{m-3}{m-2}\int \frac{x^{m-4}dx}{\sqrt{1-x^2}};$$

on substituera ensuite successivement, dans ce résultat, les valeurs de

$$\int \frac{x^{m-4}dx}{\sqrt{1-x^2}} \quad \text{et de} \quad \int \frac{x^{m-6}dx}{\sqrt{1-x^2}}, \quad \text{etc.};$$

si m est un nombre entier pair, la dernière intégrale que l'on obtiendra sera

$$\int \frac{dx}{\sqrt{1-x^2}} = \text{arc}(\sin = x);$$

si m est un nombre entier impair, cette dernière intégrale sera

$$\int \frac{x dx}{\sqrt{1-x^2}},$$

et comme alors $x dx$ est la différentielle de x^2, à un facteur constant près, nous ferons $1 - x^2 = z$, ce qui nous donnera

$$\int \frac{x dx}{\sqrt{1-x^2}} = \int -\frac{1}{2}\frac{dz}{\sqrt{z}} = \int -\frac{1}{2} z^{-\frac{1}{2}} dz = -z^{\frac{1}{2}} = -\sqrt{z} = -\sqrt{1-x^2}.$$

La dernière intégrale étant trouvée, il en résulte que lorsque m sera un nombre entier, la formule pourra toujours s'intégrer.

331. Prenons encore pour exemple $\dfrac{dx}{x^m \sqrt{1-x^2}}$: en écrivant ainsi cette expression

$$x^{-m}(1-x^2)^{-\frac{1}{2}} dx,$$

on la comparera à la formule (71) pour diminuer l'exposant hors de la parenthèse, et l'on aura

$$m-1 = -m, \quad a = 1, \quad b = -1, \quad n = 2, \quad p = -\frac{1}{2};$$

au moyen de ces valeurs, la formule (71) deviendra

$$\int x^{-m} dx (1-x^2)^{-\frac{1}{2}} = \frac{(1-x^2)^{\frac{1}{2}}}{1-m} x^{1-m} + \frac{(2-m)}{1-m}\int x^{-m+2} dx (1-x^2)^{-\frac{1}{2}},$$

ou plutôt

$$\int \frac{dx}{x^m \sqrt{1-x^2}} = -\frac{\sqrt{1-x^2}}{(m-1)x^{m-1}} + \frac{m-2}{m-1}\int \frac{dx}{x^{m-2} \sqrt{1-x^2}} \cdots (73).$$

Si m est un nombre pair, par exemple 8, l'intégrale de $\dfrac{dx}{x^8 \sqrt{1-x^2}}$

dépendra de celle de $\dfrac{dx}{x^6\sqrt{1-x^2}}$; celle-ci, en vertu de la même formule,

dépendra à son tour de celle de $\dfrac{dx}{x^4\sqrt{1-x^2}}$, jusqu'à $m=2$; dans ce

dernier cas, la formule (73) donnera

$$\int \frac{dx}{x^2\sqrt{1-x^2}} = \frac{\sqrt{1-x^2}}{x} + C;$$

de sorte que, par des substitutions successives, on obtient l'intégrale lorsque m est pair.

Dans le cas où m est impair, par exemple 7, en mettant successivement dans la formule (73) à la place de m, les valeurs 7, 5, 3, on ne

pourra s'arrêter à $m=1$; car, dans cette hypothèse, le coefficient $\dfrac{m-2}{m-1}$

de la seconde intégrale deviendrait $-\dfrac{1}{0}=-\infty$; ainsi, la plus petite

valeur que l'on pourra donner à m, sera $m=3$. Dans cette hypothèse, la formule (73) deviendra

$$\int \frac{dx}{x^3\sqrt{1-x^2}} = -\frac{\sqrt{1-x^2}}{2x^2} + \frac{1}{2}\int \frac{dx}{x\sqrt{1-x^2}}.$$

Pour intégrer l'expression $\dfrac{dx}{x\sqrt{1-x^2}}$, nous ferons $x=\dfrac{1}{z}$, ce qui nous

donnera

$$dx = -\frac{dz}{z^2} \quad \text{et} \quad \sqrt{1-x^2} = \frac{\sqrt{z^2-1}}{z},$$

et par conséquent

$$\frac{dx}{x\sqrt{1-x^2}} = -\frac{dz}{\sqrt{z^2-1}};$$

nous avons trouvé, art. 288, page 201,

$$\int \frac{dx}{\sqrt{x^2-1}} = \log\left(x+\sqrt{x^2-1}\right);$$

donc, en changeant x en z, nous aurons

$$\int -\frac{dz}{\sqrt{z^2-1}} = -\left(\log z + \sqrt{z^2-1}\right);$$

remettant pour z sa valeur $\dfrac{1}{x}$, on aura

$$\int \frac{\mathrm{d}x}{x\sqrt{1-x^2}} = -\log\left[\frac{1}{x}+\sqrt{\frac{1}{x^2}-1}\right] + C = -\log\left(\frac{1+\sqrt{1-x^2}}{x}\right) + C.$$

Ainsi la formule $\dfrac{\mathrm{d}x}{x^m\sqrt{1-x^2}}$ peut s'intégrer, soit qu'on prenne m pair ou impair.

De l'intégration des quantités qui renferment des sinus et des cosinus.

332. L'intégration des quantités qui renferment des sinus et des cosinus dépendant de la possibilité de développer $\cos^2 x$, $\cos^3 x$, $\cos^4 x$, etc., en fonction des expressions $\cos x$, $\cos 2x$, $\cos 3x$, etc., nous allons démontrer préliminairement comment on peut y parvenir par la seule Trigonométrie (*note neuvième*).

Si dans la formule

$$\cos (a + b) = \cos a \cos b - \sin a \sin b \ldots \ (74),$$

on fait $a = b$, on aura

$$\cos 2a = \cos^2 a - \sin^2 a = \cos^2 a - (1 - \cos^2 a)$$
$$= 2\cos^2 a - 1 ;$$

on tire de là

$$\cos^2 a = \tfrac{1}{2} + \tfrac{1}{2}\cos 2a ;$$

multipliant cette équation par $\cos a$, elle devient

$$\cos^3 a = \tfrac{1}{2}\cos a + \tfrac{1}{2}\cos a . \cos 2a \ldots \ (75).$$

Or, si à l'équation (74) on ajoute celle-ci :

$$\cos (b - a) = \cos a \cos b + \sin a \sin b,$$

on obtiendra

$$\cos a \cos b = \tfrac{1}{2}\cos (a + b) + \tfrac{1}{2}\cos (b - a) ;$$

faisant $b = 2a$, on aura

$$\cos a \cos 2a = \tfrac{1}{2}\cos 3a + \tfrac{1}{2}\cos a ;$$

éliminant $\cos a \cos 2a$, entre cette équation et l'équation (75), on trouvera

$$\cos^3 a = \tfrac{3}{4} \cos a + \tfrac{1}{4} \cos 3a.$$

On calculerait par le même procédé les puissances supérieures de $\cos a$.

333. Cela posé, lorsqu'on aura à intégrer l'expression $\cos^m x\, dx$, dans laquelle m est un nombre entier, on mettra pour $\cos^m x$, son développement qui, d'après ce qui précède, ne contiendra que des termes de cette sorte :

constante, $\cos x$, $\cos 2x$, $\cos 3x$, $\cos 4x$, ...$\cos mx$;

ainsi tout se réduit à savoir intégrer $\cos mx\, dx$.

Pour cet effet, nous remarquerons que si dans l'équation

$$d \sin z = \cos z . dz,$$

on fait $z = mx$, on aura

$$d \sin mx = \cos mx . m dx;$$

donc

$$\int \cos mx\, dx = \frac{\sin mx}{m}.$$

On trouverait de même que

$$\int \sin mx\, dx = - \frac{\cos mx}{m}.$$

Prenons pour exemple $\cos^2 x . dx$: mettant pour $\cos^2 x$ sa valeur $\tfrac{1}{2} + \tfrac{1}{2} \cos 2x$, nous aurons

$$\int \cos^2 x\, dx = \int (\tfrac{1}{2} + \tfrac{1}{2} \cos 2x)\, dx = \frac{x}{2} + \tfrac{1}{4} \sin 2x + C.$$

334. Si l'on voulait intégrer $\sin^m x\, dx$, on procéderait d'une manière analogue; ou bien, en représentant par z l'arc complément de x, on aurait

$$x = \tfrac{1}{2}\pi - z \quad \text{et} \quad dx = - dz, \quad \sin x = \cos z;$$

on changerait donc la formule $\sin^m x . dx$, en celle-ci :
$-\cos^m z dz$, et l'on intégrerait comme ci-dessus.

335. Prenons le cas plus général $\sin^m x \cos^n x dx$: si m est pair, on fera $m = 2m'$, et l'on aura à intégrer

$$\sin^{2m'} x \cos^n x dx = (1 - \cos^2 x)^{m'} \cos^n x dx.$$

On développera $(1 - \cos^2 x)^{m'}$, et en multipliant par $\cos^n x dx$ on obtiendra une suite de termes, chacun de la forme $\cos^k x dx$, et l'on intégrera comme ci-dessus; si m est impair, on fera $m = 2m' + 1$, et l'on aura

$$\sin^m x \cos^n x dx = \sin^{2m'} x \cos^n x \sin x dx$$
$$= (1 - \cos^2 x)^{m'} \cos^n x \times - d\cos x;$$

faisant $\cos x = z$, on changera cette expression en

$$- (1 - z^2)^{m'} z^n dz ;$$

m' et n étant par hypothèse des entiers, on développera par le binome et l'on intégrera.

336. Pour appliquer ce procédé aux expressions

$$\frac{\cos^m x dx}{\sin^n x}, \quad \frac{\sin^n x dx}{\cos^m x};$$

comme la seconde rentre dans l'autre, en faisant $x = \dfrac{\pi}{2} - z$,

nous ne considérerons que la première. Si m est pair, nous supposerons $m = 2m'$, et nous aurons

$$\frac{\cos^m x dx}{\sin^n x} = \frac{(1 - \sin^2 x)^{m'}}{\sin^n x} dx$$
$$= \frac{1 - m' \sin^2 x + m' \dfrac{m'-1}{2} \sin^4 x + \text{etc.}}{\sin^n x} dx,$$

expression dont l'intégrale dépendra de celles de $\sin x^i dx$
et de $\dfrac{dx}{\sin^k x}$.

Nous savons intégrer la première (art 334), et nous verrons bientôt comment s'intègre la seconde. Si m est impair, en faisant $m = 2m' + 1$, on aura, par le binome,

$$\frac{\cos^m x\, dx}{\sin^n x} = \frac{(1 - \sin^2 x)^{m'} \cos x\, dx}{\sin^n x} = (1 - m' \sin^2 x + \text{etc.}) \frac{\cos x\, dx}{\sin^n x},$$

expression dont l'intégrale dépendra de celles de......
$\sin^l x \cos x\, dx$ et de $\dfrac{dx \cos x}{\sin^k x}$; nous avons traité de la première, art. 334, occupons-nous de la seconde. Pour intégrer $\dfrac{dx \cos x}{\sin^k x}$, nous ferons $\sin x = z$; donc $dx \cos x = dz$, et par conséquent

$$\int \frac{dx \cos x}{\sin^k x} = \int \frac{dz}{z^k} = \int z^{-k} dz = \frac{z^{-k+1}}{1 - k} + C.$$

A l'égard de l'intégrale de $\dfrac{dx}{\sin^k x}$, la même transformation changera cette expression en $\dfrac{dz}{z^k \sqrt{1 - z^2}}$, formule que nous savons intégrer (art. 319).

337. Enfin, si l'on a à intégrer $\dfrac{dx}{\cos^m x \sin^n x}$, on multipliera cette expression par $\cos^2 x + \sin^2 x$, quantité qui équivaut à l'unité, et l'on aura

$$\frac{dx}{\cos^m x \sin^n x} = \frac{dx}{\cos^{m-2} x \sin^n x} + \frac{dx}{\cos^m x \sin^{n-2} x} ;$$

par là on diminuera la somme des exposans du dénominateur ; et, en répétant un certain nombre de fois cette opération, et en mettant successivement à part toutes les fractions qui, dans leurs dénominateurs, ne renferment qu'une puissance d'un sinus ou d'un cosinus (parce qu'on sait intégrer ces fractions d'après ce qui précède), à la dernière opération, on tombera sur des termes qui pourront encore contenir des puissances de sinus et de cosinus, ou qui seront des formes suivantes :

$$\frac{\mathrm{d}x}{\sin x \cos x}, \quad \frac{\mathrm{d}x}{\cos x}, \quad \frac{\mathrm{d}x}{\sin x}.$$

Pour intégrer $\dfrac{\mathrm{d}x}{\sin x \cos x}$, on multipliera le numérateur par $\cos^2 x + \sin^2 x$, quantité qui équivaut à l'unité, et l'on aura

$$\frac{\mathrm{d}x}{\sin x \cos x} = \mathrm{d}x \frac{\cos x}{\sin x} + \mathrm{d}x \frac{\sin x}{\cos x} = \frac{\mathrm{d}\sin x}{\sin x} - \frac{\mathrm{d}\cos x}{\cos x},$$

expression dont l'intégrale est (art. 267)

$$\log \sin x - \log \cos x + \log C = \log C \, \text{tang} \, x.$$

Pour intégrer $\dfrac{\mathrm{d}x}{\sin x}$, on fera $\cos x = z$, et l'on aura

$$\mathrm{d}x = - \frac{\mathrm{d}z}{\sin x} \quad \text{et} \quad \frac{\mathrm{d}x}{\sin x} = - \frac{\mathrm{d}z}{\sin^2 x} = - \frac{\mathrm{d}z}{1 - z^2},$$

formule intégrable par la méthode des fractions rationnelles (art. 295). A l'égard de $\dfrac{\mathrm{d}x}{\cos x}$, on supposera $\sin x = x$, d'où l'on tirera (art. 44) $\mathrm{d}x \cos z = \mathrm{d}z$; et en divisant par $\cos^2 x$, on trouvera

$$\frac{\mathrm{d}z}{\cos x} = \frac{\mathrm{d}z}{\cos^2 x} = \frac{\mathrm{d}z}{1 - \sin^2 x} = \frac{\mathrm{d}z}{1 - z^2},$$

intégrant on obtiendra

$$\int \frac{\mathrm{d}x}{\cos x} = \int \frac{\mathrm{d}z}{1 - z^2}.$$

338. En général, on peut toujours transformer les expressions qui contiennent des sinus et des cosinus en d'autres qui n'en renferment pas : pour cela, il suffit d'égaler $\sin x$ ou $\cos x$ à une nouvelle variable z. Par exemple, si

dans l'expression $\sin^m x \cos^n x\,dx$, on suppose $\sin x = z$, on aura

$$\cos x = \sqrt{1 - z^2} \quad \text{et} \quad dx = \frac{dz}{\sqrt{1 - z^2}} ;$$

substituant, on trouvera

$$\sin^m x \cos^n x\,dx = z^m (1 - z^2)^{\frac{n}{2}} (1 - z^2)^{-\frac{1}{2}}\,dz$$
$$= z^m (1 - z^2)^{\frac{n-1}{2}}\,dz,$$

expression qui se rapporte aux différentielles binomes.

On peut aussi appliquer immédiatement l'intégration par parties à l'expression (*) $\sin^m x \cos^n x\,dx$.

339. Enfin, les formules trigonométriques peuvent être aussi employées avec avantage dans de certains cas. Pour intégrer, par exemple, $\sin mx \cos nx\,dx$; comme la Trigonométrie nous donne

$$\sin a \cos b = \tfrac{1}{2}\sin(a + b) + \tfrac{1}{2}\sin(a - b);$$

en comparant l'expression $\sin mx \cos nx$ à cette formule, on trouvera

$$\sin mx \cos nx\,dx = \tfrac{1}{2}\sin[(m+n)x]\,dx + \tfrac{1}{2}\sin[(m-n)x]\,dx,$$

et l'intégrale sera, art. 333,

$$C - \tfrac{1}{2}\frac{\cos[(m+n)x]}{m+n} - \tfrac{1}{2}\frac{\cos[(m-n)x]}{m-n}.$$

De l'intégration des quantités exponentielles et logarithmiques.

340. Il a été démontré, art. 37, équation (25), qu'en prenant les logarithmes dans le système Népérien, on avait

---

(*) Pour la comparer à $u\,dv$, art. 279, équation (19), on la décomposera ainsi :

$$\sin^{m-1} x . \cos^n x \sin x\,dx = - \sin^{m-1} x . d\, \frac{1}{n+1} \cos^{n+1} x.$$

$\mathrm{d}a^x = a^x\, \mathrm{d}x \log a$; donc, réciproquement,

$$\int a^x \mathrm{d}x = \frac{a^x}{\log a}.$$

Ceci peut nous servir pour intégrer l'expression générale $a^x X \mathrm{d}x$, dans laquelle X est une fonction de x. Pour cet effet, nous écrirons ainsi cette expression : $X . a^x \mathrm{d}x$; et en intégrant par parties, art. 279, nous aurons

$$\int X . a^x \mathrm{d}x = \frac{X . a^x}{\log a} - \int \frac{a^x}{\log a}\, \mathrm{d}X \ldots \ldots \ (76).$$

Cela posé, en différenciant successivement la fonction X, nous en tirerons $\mathrm{d}X = X' \mathrm{d}x$, $\mathrm{d}X' = X'' \mathrm{d}x$, etc. ; donc

$$\int \frac{a^x}{\log a}\, \mathrm{d}X \quad \text{ou} \quad \int \frac{X'}{\log a} . a^x \mathrm{d}x = \frac{X'}{(\log a)^2} a^x - \int \frac{a^x}{(\log a)^2}\, \mathrm{d}X' \ ;$$

substituant cette valeur à la place du dernier terme de l'équation (76), nous obtiendrons

$$\int X a^x \mathrm{d}x = \frac{X . a^x}{\log a} - \frac{X' . a^x}{(\log a)^2} + \int \frac{a^x}{(\log a)^2}\, \mathrm{d}X'.$$

En continuant d'opérer de la sorte, nous parviendrons à ce développement

$$\int X a^x \mathrm{d}x = a^x \left(\frac{X}{\log a} - \frac{X'}{(\log a)^2} + \frac{X''}{(\log a)^3} - \frac{X'''}{(\log a)^4} \ldots \pm \frac{X^{(n)}}{(\log a)^{n+1}} \right)$$
$$\pm \int \frac{a^x \mathrm{d}X^{(n)}}{(\log a)^{n+1}}.$$

Si, en prenant la suite des coefficiens différentiels X', X'', $X'''\ldots X^{(n)}$, le dernier de ces coefficiens est constant, on aura $\mathrm{d}X^{(n)} = 0$, et alors la partie intégrale s'évanouira.

341. Prenons pour exemple $X = x^3$, d'où l'on déduit

$$X' = 3x^2, \quad X'' = 2.3x, \quad X''' \quad \text{ou} \quad X^{(n)} = 3.2;$$

donc

$$\int x^3 a^x dx = a^x\left(\frac{x^3}{\log a} - \frac{3x^2}{(\log a)^2} + \frac{2.3x}{(\log a)^3} - \frac{2.3}{(\log a)^4}\right).$$

Si l'on fait a égal au nombre e, qui est la base du système népérien, $\log a$ devient $\log e$; or, $\log e = 1$, en vertu de l'équation $e = e^{\log \cdot e}$; par conséquent

$$\int x^3 e^x dx = e^x(x^3 - 3x^2 + 2.3x - 2.3).$$

342. On peut encore parvenir à un autre développement de $\int a^x . X dx$. Pour cela faisons $\int X dx = P$, $\int P dx = Q$, $\int Q dx = R$, etc., et intégrons par parties, art. 279, nous aurons

$$\int a^x . X dx = a^x P - \int a^x \log a . P dx \dots \quad (77),$$
$$\int a^x \log a . P dx = a^x \log . a Q - \int a^x (\log a)^2 Q dx;$$

et en substituant, l'équation (77) deviendra

$$\int a^x . X dx = a^x P - a^x \log a . Q + \int a^x (\log a)^2 Q dx.$$

En continuant d'intégrer par parties, on aura en général

$$\int a^x X dx = a^x[P - Q \log a + R (\log a)^2 - \text{etc.}] \dots$$
$$\pm \int Z a^x (\log a)^n dx.$$

343. Si l'on applique cette formule au cas où $X = \dfrac{1}{x^5}$ on trouvera

$$P = -\frac{1}{4x^4}, \quad Q = \frac{1}{3.4x^3}, \quad R = -\frac{1}{2.3.4x^2}, \quad Z = \frac{1}{2.3.4x};$$

donc

$$\int \frac{a^x dx}{x^5} = a^x\left[-\frac{1}{4x^4} - \frac{\log a}{3.4x^3} - \frac{\log a^2}{2.3.4x^2}\right] - \frac{\log a^3}{2.3.4}\int \frac{a^x dx}{x}.$$

L'intégrale de $\dfrac{a^x dx}{x}$ est une fonction transcendante qu'on n'a pu déterminer jusqu'à ce jour.

344. En général, on voit que quelque puissance négative et entière que l'on prenne pour exposant de x, on doit toujours tomber sur cette transcendante $\int \dfrac{a^x dx}{x}$; car, dans les fonctions successives P, Q, R, etc., les exposans de x diminuant toujours d'une unité, la dernière de ces fonctions doit être de la forme $\dfrac{A}{x}$, et par conséquent la dernière intégrale sera

$$\int \frac{A a^x}{x}\, dx = A \int \frac{a^x dx}{x},$$

parce que A est constant.

Pour avoir une valeur approchée de l'intégrale de. . $\dfrac{A a^x dx}{x}$, on n'a d'autres moyens que de substituer dans cette expression le développement de a^x qui est, comme on l'a vu,

$$1 + x \log a + \frac{x^2}{2} (\log a)^2 + \frac{x^3}{2.3} (\log a)^3 + \text{etc.},$$

et d'intégrer ensuite chaque terme.

345. Si dans l'équation $\dfrac{du}{u} = d \log u$, ou plutôt.... $du = u\, d \log u$, on fait $u = x^y$, on aura

$$dx^y = x^y\, d \log x^y\, ;$$

ainsi, toutes les fois qu'on pourra décomposer une différentielle en deux valeurs dont l'une soit représentée par x^y, et l'autre par $d \log x^y$, l'intégrale sera $x^y + C$.

346. L'intégration par parties peut aussi s'appliquer à celle de l'expression $X dx (\log x)^n$; car si l'on représente par X_1, l'intégrale de $X dx$, on aura

$$\int X dx (\log x)^n = X_1 (\log x)^n - n \int \frac{X_1}{x}\, dx (\log x)^{n-1}.$$

On fera dépendre à son tour cette dernière intégrale d'une autre, de la forme $\int X_{\prime\prime} dx (\log x)^{n-2}$, et ainsi de suite.

De la série de Jean Bernouilli.

347. Nous avons vu que beaucoup d'expressions différentielles n'étaient intégrables qu'après avoir été réduites en séries, et que, pour cet effet, en désignant par $X dx$ une différentielle dans laquelle X est une fonction quelconque de x, il fallait préliminairement réduire en série la fonction qui est représentée par X, et intégrer ensuite après avoir substitué ce développement dans la formule $X dx$.

La série de Bernouilli a l'avantage de réduire $\int X dx$ en série, avant même que l'on ait donné la forme de X; cette série est dans le Calcul intégral ce que celle de Taylor est dans le Calcul différentiel. Voici de quelle manière on la démontre. Cherchant d'abord à intégrer $X dx$ par parties, art. 279, on comparera $\int X dx$ au premier terme de la formule

$$\int u \, dv = uv - \int v \, du,$$

et l'on aura

$$X = u, \quad dx = dv ;$$

par conséquent l'intégration par parties s'effectuera en écrivant

$$\int X dx = Xx - \int x \, dX \ldots . \ (78) ;$$

l'intégrale se prenant par rapport à la variable x, nous avons

$$dX = \frac{dX}{dx} . dx ;$$

par conséquent

$$\int x \, dX = \int \frac{dX}{dx} . x \, dx.$$

Intégrant encore par parties, u sera représenté, dans ce

cas, par $\dfrac{dX}{dx}$ et dv par $x dx$; de sorte que nous aurons

$v = \dfrac{x^2}{2}$, et nous trouverons

$$\int \dfrac{dX}{dx} \cdot x dx = \dfrac{dX}{dx} \cdot \dfrac{x^2}{2} - \int \dfrac{x^2}{2} \cdot \dfrac{d^2X}{dx},$$

ou, en mettant la fraction $\frac{1}{2}$ hors du signe d'intégration,

$$\int \dfrac{dX}{dx} x dx = \dfrac{dX}{dx} \cdot \dfrac{x^2}{2} - \tfrac{1}{2} \int x^2 \dfrac{d^2X}{dx} \cdots (79);$$

remplaçant $\dfrac{d^2X}{dx}$ par $\dfrac{d^2X}{dx^2} \, dx$ et opérant de même, nous obtiendrons

$$\int x^2 \dfrac{d^2X}{dx} \text{ ou } \int \dfrac{d^2X}{dx^2} \cdot x^2 dx = \tfrac{1}{3} x^3 \dfrac{d^2X}{dx^2} - \tfrac{1}{3} \int x^3 \dfrac{d^3X}{dx^2} \cdots (80),$$

et ainsi de suite.

Substituant la valeur du premier membre de l'équation (79) dans l'équation (78), et portant ensuite, dans le résultat, celle du premier membre de l'équation (80), nous obtiendrons

$$\int X dx = X x - \dfrac{dX}{dx} \cdot \dfrac{x^2}{1 \cdot 2} + \dfrac{d^2X}{dx^2} \cdot \dfrac{x^3}{1 \cdot 2 \cdot 3} - \text{etc.} + const.$$

De la quadrature des courbes.

348. Soit s, fig. 75, l'aire ABMP d'une courbe plane; si l'abscisse $AP = x$ devient $AP' = x + h$, l'aire s deviendra

$$aire \ \mathrm{ABM'P'} = s + \dfrac{ds}{dx} h + \dfrac{d^2s}{dx^2} \dfrac{h^2}{2} + \text{etc.};$$

on aura donc

$$aire \ mixtiligne \ \mathrm{PMM'P'} = \dfrac{ds}{dx} h + \dfrac{d^2s}{dx^2} \dfrac{h^2}{2} + \text{etc.};$$

cette aire est comprise entre les deux rectangles PM′ et P′M, dont il est facile d'avoir les expressions analytiques :

$$\textit{le rectangle} \ \ PM' = P'M' \times PP' = f(x+h).h,$$
$$\textit{le rectangle} \ \ P'M = PM \times PP' = fx.h\,;$$

Fig. 75.

le rapport de ces rectangles est

$$\frac{f(x+h).h}{fx.h} = \frac{f(x+h)}{fx}\,;$$

dans le cas de la limite, ce rapport se réduit à

$$\frac{fx}{fx} = 1.$$

Or, la surface mixtiligne PMM′P′ étant comprise entre les deux rectangles, diffère moins du rectangle P′M que le rectangle PM′; donc, si dans le cas de la limite on a $\dfrac{PM'}{P'M} = 1$, à plus forte raison l'unité sera la limite du rapport

$$\frac{\textit{aire} \ PMM'P'}{\textit{rectangle} \ P'M}.$$

En remplaçant les termes de ces rapports par leurs expressions analytiques, on aura

$$\frac{\dfrac{ds}{dx}\,h + \dfrac{d^2s}{dx^2}\,\dfrac{h^2}{2} + \text{etc.}}{fx.h} = \frac{\dfrac{ds}{dx} + \dfrac{d^2s}{dx^2}\,\dfrac{h}{2} + \text{etc.}}{fx}\,;$$

on passera à la limite en faisant $h = 0$, et l'on trouvera $\dfrac{ds}{dx\,fx} = 1$, d'où $ds = fx.dx$; et en mettant pour fx sa valeur, on aura

$$ds = y\,dx\ \ldots\ (81).$$

349. On peut aussi déterminer la différentielle de l'aire

d'une courbe, par la méthode des infiniment petits, de la
manière suivante, fig. 76 :

Fig. 76.

$$\text{trapèze } PMM'P' = \frac{PM + PM'}{2} \times PP' = \frac{y + (y + dy)}{2} \times dx = y\,dx + \frac{dx\,dy}{2},$$

rejetant $dx\,dy$ comme infiniment petit du second ordre, il
reste $y\,dx$ pour la différentielle.

350. Pour première application, cherchons, fig. 77, l'aire
d'une portion BMP de parabole. Soit $y^2 = mx$ l'équation
de cette parabole, dont l'origine est A; on trouve, en différenciant, $2y\,dy = m\,dx$; donc $dx = \dfrac{2y}{m}\,dy$, et par conséquent $y\,dx = \dfrac{2y^2}{m}\,dy$: intégrant, on a

Fig. 77.

$$\int \frac{2y^2}{m}\,dy = \frac{2}{3}\frac{y^3}{m} + C \ldots \; (82).$$

Pour déterminer la constante, j'observe que lorsque $y = 0$,
l'intégrale, qui exprime la surface cherchée, est nulle en
même temps. Cette hypothèse réduit l'équation (82) à
$0 = 0 + C$; donc

$$\int y\,dx = \frac{2}{3}\frac{y^3}{m} = \frac{2}{3}\frac{y}{m} \cdot y^2 = \frac{2}{3}\frac{y}{m} \times mx = \frac{2}{3}xy.$$

351. Nous avons maintenant des observations importantes
à faire sur la détermination de la constante : pour cela,
résolvons le même problème en prenant la parabole dont
l'équation est

$$y^2 = m + nx \ldots \; (83).$$

L'origine des abscisses ici n'est plus au sommet de la courbe,
car, en faisant $y = 0$, l'équation (83) donne $x = -\dfrac{m}{n}$; et
comme cette abscisse doit se terminer au point B, fig. 78, Fig. 78

où $y = 0$, on portera $\dfrac{m}{n}$ de B en A, et le point A sera l'origine. Cela posé, en opérant comme précédemment, on trouvera

$$2y\,dy = n\,dx \; ; \text{ donc } y\,dx = \frac{2y^2}{n}\,dy \text{ et } \int y\,dx = \frac{2}{3}\frac{y^3}{n} + C \ldots (84).$$

Pour déterminer la constante, j'observe que la surface ADMP, fig. 78, qui représente ici l'intégrale, doit être nulle lorsque l'ordonnée MP coïncide avec AD; or, AD étant l'ordonnée qui passe par l'origine A où l'abscisse $x = 0$, l'équation (83) nous donnera, dans cette hypothèse,

y ou $\mathrm{DA} = \sqrt{m}$; faisant donc $\int y\,dx = 0$ et $y = \sqrt{m}$,

ces valeurs réduiront l'équation (84) à $0 = \dfrac{2}{3}\dfrac{m^{\frac{3}{2}}}{n} + C$; d'où

l'on déduit $C = -\dfrac{2}{3}\dfrac{m^{\frac{3}{2}}}{n}$, et par conséquent l'intégrale cherchée est

$$\int y\,dx = \frac{2}{3}\frac{y^3}{n} - \frac{2}{3}\frac{m^{\frac{3}{2}}}{n} = \textit{aire ADMP}.$$

Dans ce qui précède, nous avons tiré de l'équation de la courbe la valeur de dx, pour la substituer dans la formule $y\,dx$, et intégrer ensuite. Nous aurions pu opérer autrement, en mettant dans cette expression la valeur de y plutôt que celle de dx; car, pour obtenir l'intégrale, il suffit que la différentielle proposée ne contienne qu'une variable; ainsi on choisira la substitution qui exigera le moins de calculs.

352. Une intégrale telle que $\int f x \cdot dx$, peut toujours représenter l'aire d'une courbe dont l'équation serait $y = f x$: en effet, cette équation étant donnée, si l'on substitue la

valeur de y dans la formule $\int y\,dx$ on aura $\int\!\int fx\,.\,dx$ pour la surface de cette courbe. C'est pourquoi lorsqu'un problème nous a conduit à intégrer une fonction d'une seule variable, on dit que ce problème est ramené aux quadratures.

353. Soit y une fonction X de x, et supposons qu'en intégrant $X\,dx$ on ait obtenu

$$\int X\,dx = Fx + C \ldots \; (85),$$

cette intégrale, dans laquelle la constante C n'est pas encore déterminée, porte le nom d'*intégrale indéfinie générale,* ou plus simplement d'*intégrale indéfinie ,* et elle est complète lorsqu'elle renferme la constante arbitraire C.

354. Si, par une hypothèse, on détermine cette constante C; si l'on suppose, par exemple, que $\int X\,dx$ doive s'évanouir lorsque $x = a$, l'équation (85) donne, dans ce cas, $o = Fa + C$; donc $C = -Fa$, et cette même équation (85) devient

$$\int X\,dx = Fx - Fa \; ;$$

cette intégrale $Fx-Fa$ est alors une intégrale particulière, et l'on voit que le nombre des intégrales particulières d'une expression différentielle est illimité, puisqu'on peut établir une infinité d'hypothèses différentes sur la constante.

355. Lorsqu'on fait l'hypothèse de l'intégrale nulle et de $x = a$, c'est admettre qu'en prenant, fig. 79, une abs- Fig. 79.
cisse AB $= a$, la surface soit comprise entre la limite BD et la limite indéfinie MP qui correspond à AP $= x$; donc l'opération par laquelle nous déterminons une intégrale particulière est la même que celle qui fixerait la position de la limite BD, depuis laquelle on compte l'intégrale. La seconde limite PM sera fixée à son tour invariablement, si nous donnons à x une valeur déterminée b ; alors l'intégrale particulière $\int X\,dx = Fx - Fa$, deviendra.

$$\textstyle\int X dx = Fb - Fa \dots \quad (86),$$

et la surface BDMP ne sera plus arbitraire. Dans ce cas, l'intégrale porte le nom d'*intégrale définie*, et l'on dit qu'elle est prise depuis $x = a$ jusqu'à $x = b$.

356. Pour désigner une intégrale de ce genre, on emploie la notation suivante, qui est due à M. Fourier,

$$\int_a^b X dx = Fb - Fa,$$

ce qui signifie que l'intégrale est prise entre les limites a et b.

Par exemple, si l'on avait

$$\int_a^b X dx + \int_b^c X dx,$$

cette expression nous indiquerait que l'intégrale prise depuis a jusqu'à b, a été continuée de b en c, de sorte que l'intégrale totale se trouverait exprimée par

$$\int_a^c X dx.$$

357. Cherchons maintenant l'intégrale définie de $x^m dx$; nous sommes donc censés connaître deux valeurs a et b, qui satisfont à l'intégrale indéfinie

$$\frac{x^{m+1}}{m+1} + C \dots \quad (87).$$

Supposons que la première corresponde à $\textstyle\int X dx = 0$, on aura

$$\frac{a^{m+1}}{m+1} + C = 0 ;$$

et l'intégrale particulière sera

$$\int x^m \mathrm{d}x = \frac{x^{m+1}}{m+1} - \frac{a^{m+1}}{m+1}.$$

Nous ferons ensuite $x = b$, et nous aurons pour l'intégrale définie

$$\int x^m \mathrm{d}x = \frac{b^{m+1}}{m+1} - \frac{a^{m+1}}{m+1}.$$

358. On parvient aussi à cette intégrale en faisant successivement $x = a$ et $x = b$ dans l'intégrale indéfinie, et l'on a

$$\frac{a^{m+1}}{m+1} + C, \quad \text{et} \quad \frac{b^{m+1}}{m+1} + C;$$

on retranchera ensuite le premier résultat du second; mais, en prenant cette différence, il faut toujours avoir soin que la partie soustraite soit la valeur de la fonction de x à l'origine de l'intégrale.

35g. Pour troisième application, déterminons l'aire d'un triangle rectangle ABC, fig. 80 : l'équation de la droite AC étant $y = ax$, en mettant cette valeur de y dans la formule $y\mathrm{d}x$, on obtient $ax\mathrm{d}x$; donc

$$\int y\mathrm{d}x = \int ax\mathrm{d}x = \frac{ax^2}{2} + C;$$

la surface étant nulle quand $x = 0$, la constante est égale à zéro, donc

$$\textit{aire } \mathrm{ABC} = \frac{ax^2}{2} = \frac{x}{2} \times ax = \frac{xy}{2}.$$

360. Si dans la formule $y\mathrm{d}x$ on met la valeur de y, tirée de l'équation du cercle, on trouvera $\int \mathrm{d}x\sqrt{a^2 - x^2}$ pour l'expression de l'aire du cercle. Nous avons vu, art. 282, que cette intégrale avait pour valeur

$$\frac{x}{2}\ \sqrt{a^2 - x^2} + \tfrac{1}{2}\,a^2\ \text{arc}\left(\sin = \frac{x}{a}\right) + C.$$

La partie $\tfrac{1}{2}a^2\ \text{arc}\left(\sin = \dfrac{x}{a}\right)$ ne pouvant se déterminer qu'en supposant connu le rapport du diamètre à la circonférence (*), on voit que l'intégration de $dx\sqrt{a^2 - x^2}$ ne peut conduire à la solution du problème de la quadrature du cercle. Il en est de même de la quadrature de l'ellipse qui dépend de

$$\frac{b}{a}\int dx\ \sqrt{a^2 - x^2}.$$

Si l'on compare ces deux expressions, on en tirera la proportion

$$\textit{aire ellipse} : \textit{aire cercle} :: \frac{b}{a}\int dx\sqrt{a^2 - x^2} : \int dx\sqrt{a^2 - x^2},$$

ou

$$\textit{aire ellipse} : \textit{aire cercle} :: \frac{b}{a} : 1,$$

d'où l'on tire

$$\textit{aire ellipse} = \frac{b}{a} \times \textit{aire cercle} = \frac{b}{a}\,\pi a^2 = \pi ab.$$

De la rectification des courbes.

361. Rectifier une courbe, c'est obtenir une droite égale à un arc de courbe. Nous avons trouvé, art. 159, que la différentielle d'un arc de courbe avait pour expression

$$ds = \sqrt{dx^2 + dy^2}\ldots\ (88)\,;$$

___

(*) Si, par exemple, $x = \tfrac{1}{6}a$, j'ai $\dfrac{x}{a} = \tfrac{1}{6}$, et j'opère comme dans l'art. 278, pour déterminer l'arc correspondant.

une équation entre deux variables x et y étant donnée, si l'on veut rectifier la courbe à laquelle elle appartient, on différenciera cette équation, et on en tirera la valeur de dx ou de dy, qu'on substituera dans l'expression (88); alors le radical ne contiendra plus qu'une variable, et si l'on peut obtenir l'intégrale, la courbe sera rectifiable.

362. Prenons, pour exemple, la courbe (*) dont l'équation $y^3 = nx^2$, a été trouvée, art. 166, à l'aide d'autres coordonnées; cette équation étant différenciée, nous donnera

$$3y^2 dy = 2nx dx,$$

d'où nous tirerons

$$dx = \frac{3y^2 dy}{2nx^2} \text{ et } dx^2 = \frac{9}{4} \frac{y^4}{n^2 x^2} dy^2 = \frac{9}{4} \frac{y^4}{ny^3} dy^2 = \frac{9}{4} \frac{y}{n} dy^2 ;$$

substituant, on a

$$\sqrt{dx^2 + dy^2} = \sqrt{\left(\frac{9}{4}\frac{y}{n} + 1\right) dy^2} = dy \sqrt{\frac{9}{4}\frac{y}{n} + 1},$$

dy étant la différentielle de l'expression qui est sous le radical, à une constante près, nous ferons, article 271, $\frac{9}{4}\frac{y}{n} + 1 = z$, d'où l'on tire $dy = \frac{4n}{9} dz$; substituant, nous aurons

$$\sqrt{dx^2 + dy^2} = \frac{4n}{9} z^{\frac{1}{2}} dz ;$$

donc

(*) Elle porte le nom de *seconde parabole cubique*. Cette équation, ainsi que celle de la parabole ordinaire, n'est qu'un cas particulier de l'équation générale $y^m = ax^n$; c'est pourquoi cette équation est appelée *l'équation de la parabole de tous les ordres*.

On a aussi regardé l'équation $xy = a$ de l'hyperbole entre ses asymptotes, comme un cas particulier de l'équation $x^m y^n = a^{m+n}$, qui est appelée pour cette raison, *l'équation de l'hyperbole de tous les ordres*.

$$\int \sqrt{\mathrm{d}x^2 + \mathrm{d}y^2} = \frac{4n}{9} \frac{z^{\frac{3}{2}}}{\frac{3}{2}} = \frac{8n}{27} z^{\frac{3}{2}} + \mathrm{C},$$

ou, en remettant la valeur de z,

$$\int \sqrt{\mathrm{d}x^2 + \mathrm{d}y^2} = \frac{8n}{27} \left(\frac{9}{4} \frac{y}{n} + 1 \right)^{\frac{3}{2}} + \mathrm{C}.$$

Pour déterminer la constante, on voit, d'après la nature de l'équation de la courbe, qu'à l'origine des abscisses y est 0 ; ainsi, en supposant que l'intégrale soit nulle en ce point, on a

$$0 = \frac{8n}{27} + \mathrm{C} ; \quad \text{donc} \quad \mathrm{C} = -\frac{8n}{27},$$

et par conséquent

$$\int \sqrt{\mathrm{d}x^2 + \mathrm{d}y^2} = \frac{8n}{27} \sqrt{\left[\frac{9}{4}\left(\frac{x}{n}\right)^{\frac{2}{3}} + 1 \right]^3} - \frac{8n}{27}.$$

Si $x = a$, l'arc s, compris entre les limites $x = 0$ et $x = a$, sera

$$s = \frac{8n}{27} \sqrt{\left[\frac{9}{4}\left(\frac{a}{n}\right)^{\frac{2}{3}} + 1 \right]^3} - \frac{8n}{27}.$$

363. L'équation de la cycloïde, art. 200, donne $\mathrm{d}x^2 = \frac{y^2 \mathrm{d}y^2}{2ay - y^2}$; substituant cette valeur dans la formule (88), nous trouverons

$$\mathrm{d}s = \sqrt{\mathrm{d}y^2 + \frac{y^2 \mathrm{d}y^2}{2ay - y^2}} = \mathrm{d}y \sqrt{\frac{2ay}{2ay - y^2}} = \mathrm{d}y \sqrt{\frac{2a}{2a - y}}$$

$$= (2a)^{\frac{1}{2}} \times \frac{\mathrm{d}y}{(2a - y)^{\frac{1}{2}}}.$$

Comme $\mathrm{d}y$ exprime la différentielle de l'expression qui est sous la parenthèse, multipliée par -1, nous ferons, art. 271, $2a - y = z$, et nous aurons

$$d y \sqrt{\frac{2a}{2a-y}} = - (2a)^{\frac{1}{2}} z^{-\frac{1}{2}} dz.$$

Cette équation étant intégrée, donne

$$\int d y \sqrt{\frac{2a}{2a-y}} = - 2(2a)^{\frac{1}{2}} z^{\frac{1}{2}} + C = - 2\sqrt{2az} + C;$$

ou, en restituant la valeur de y,

$$\int d y \sqrt{\frac{2a}{2a-y}} = - 2 \sqrt{2a(2a-y)} + C \dots\ (89).$$

Pour déterminer la constante, nous prendrons l'intégrale de manière qu'elle s'évanouisse quand $y = 2a$; dans cette hypothèse, l'équation (89) se réduira à $o = o + C$, ce qui montre qu'il n'y a point de constante à ajouter; alors l'arc de cycloïde s'étendra depuis le point B, fig. 81, où Fig. 81. $y = 2a$, jusqu'au point M, dont les coordonnées sont x et y. La valeur absolue de l'arc MB étant $2\sqrt{2a(2a-y)}$, nous remarquerons que BE $= 2a - y$; donc $2\sqrt{2a(2a-y)} = 2\sqrt{\text{BD} \times \text{BE}} = 2\text{BG}$; d'où il suit que l'arc de cycloïde MB est égal au double de la corde GB; par conséquent, arc AB $= 2$BD.

De la détermination de l'aire des solides de révolution.

364. Si une courbe BC, fig. 75, tracée sur un plan, fait Fig. 75. une révolution autour de l'axe AX, elle engendrera un solide de révolution. Cherchons la différentielle de l'aire engendrée par cette courbe. Pour cet effet, soient AP $= x$, PM $= y$, PP$' = h$, et par conséquent

$$\text{PM} = f x = y,$$

$$\text{P}'\text{M}' = f(x + h) = y + \frac{dy}{dx} h + \frac{d^2 y}{dx^2} \frac{h^2}{2} + \text{etc.}$$

Dans ce mouvement de rotation, les ordonnées MP et M$'$P$'$ décrivant des cercles inégaux, ces cercles seront les bases d'un cône tronqué, dont la corde MM$'$ sera le côté. L'aire de ce cône tronqué aura pour expression

$$\frac{circ.\ \mathrm{PM} + circ.\ \mathrm{P'M'}}{2} \times corde\ \mathrm{MM'}.$$

En représentant par $1 : \pi$ le rapport du diamètre à la circonférence, l'expression précédente deviendra

$$\frac{2\pi\mathrm{PM} + 2\pi\mathrm{P'M'}}{2} \times corde\,\mathrm{MM'} = \pi(\mathrm{PM} + \mathrm{P'M'}) \times corde\,\mathrm{MM'};$$

et en mettant, pour les ordonnées PM et P'M', leurs valeurs analytiques, on aura

$$aire\ c\hat{o}ne\ tronqu\acute{e}\,\mathrm{MM'} = \pi\left(2y + \frac{dy}{dx}h + \frac{d^2y}{dx^2}\frac{h^2}{2}\,\mathrm{etc.}\right)corde\,\mathrm{MM'},$$

d'où l'on tirera en divisant,

$$\frac{aire\ c\hat{o}ne\ tronqu\acute{e}\ \mathrm{MM'}}{corde\ \mathrm{MM'}} = \pi\left(2y + \frac{dy}{dx}\,h + \frac{d^2y}{dx^2}\frac{h^2}{2} + \mathrm{etc.}\right).$$

Si nous représentons maintenant par u l'aire engendrée par le mouvement de rotation de l'arc MM', et par s cet arc de courbe ; comme en diminuant h, cet arc tend à se confondre avec sa corde, le premier membre de l'équation précédente devra être remplacé, dans le cas de la limite, par $\dfrac{du}{ds}$; et le second se réduisant alors à $2\pi y$, nous obtiendrons

$$\frac{du}{ds} = 2\pi y,$$

et par conséquent $du = 2\pi y\,ds$; et en mettant pour ds sa valeur trouvée art. 159, on aura enfin

$$du = 2\pi y\,\sqrt{dx^2 + dy^2} \ldots \ (90).$$

365. Par les infiniment petits on aurait considéré l'élément de la surface de révolution, comme celle d'un cône tronqué, engendré par la rotation du trapèze élémentaire

MPP'M', fig. 76, autour de PP'; ce cône tronqué aurait Fig. 76.
pour expression

$$circ.\left(\frac{\mathrm{PM}+\mathrm{P'M'}}{2}\right)\times \mathrm{MM'}=\pi(2y+\mathrm{d}y)\mathrm{d}s = 2\pi y\mathrm{d}s + \pi\mathrm{d}y\mathrm{d}s\,;$$

supprimant le terme $\pi\mathrm{d}y\mathrm{d}s$, comme infiniment petit du second ordre, il resterait

$$2\pi y\mathrm{d}s = 2\pi y\sqrt{\mathrm{d}x^2+\mathrm{d}y^2},\ \text{\textit{élément d'une surface de révolution}}.$$

366. Pour première application, prenons l'aire du paraboloïde de révolution, qui est le solide engendré par la révolution d'un arc AM de parabole, fig. 82, autour de son Fig. 82. axe : l'équation de la parabole $y^2 = px$ donne

$$\mathrm{d}x = \frac{2y\mathrm{d}y}{p} \quad \text{et} \quad \mathrm{d}x^2 = \frac{4y^2\mathrm{d}y^2}{p^2}.$$

Cette valeur étant substituée dans la formule. . . . . . . $2\pi y\sqrt{\mathrm{d}x^2+\mathrm{d}y^2}$, la réduit à

$$2\pi y\sqrt{\left(\frac{4y^2+p^2}{p^2}\right)\mathrm{d}y^2} = \frac{2\pi}{p}y\mathrm{d}y\sqrt{4y^2+p^2}.$$

$y\mathrm{d}y$ étant la différentielle de la quantité qui est sous le radical, à une constante près, je fais, art. 271, $4y^2+p^2 = z$, et en différenciant je trouve $y\mathrm{d}y = \dfrac{\mathrm{d}z}{8}$; substituant et intégrant, j'obtiens

$$\int\frac{2\pi}{p}y\mathrm{d}y\sqrt{4y^2+p^2} = \int\frac{\pi}{4p}z^{\frac{1}{2}}\,\mathrm{d}z = \frac{\pi}{6}\frac{z^{2}}{p} + \mathrm{C}$$

$$= \frac{\pi}{6p}(4y^2+p^2)^{\frac{3}{2}} + \mathrm{C}.$$

Je détermine la constante en supposant que l'intégrale soit nulle lorsque $y = 0$, ce qui réduit l'équation précédente à

$$o = \frac{\pi}{6} p^2 + C, \quad \text{ce qui donne} \quad C = -\frac{\pi p^2}{6};$$

et en supposant que l'intégrale soit prise depuis $y = o$ jusqu'à $y = b$, l'intégrale définie sera

$$\frac{\pi}{6p} \left[(4b^2 + p^2)^{\frac{3}{2}} - p^3 \right].$$

367. Pour seconde application, évaluons l'aire de la sphère. Cette surface courbe étant engendrée par la révolution de la demi-circonférence autour du diamètre, soit $x^2 + y^2 = a^2$ *l'équation du cercle;* en différenciant nous trouverons $x\,dx + y\,dy = o$; donc

$$dy = -\frac{x\,dx}{y} \quad \text{et} \quad dy^2 = \frac{x^2 dx^2}{y^2};$$

substituant cette valeur dans la formule (90), nous obtiendrons

$$\int 2\pi y \sqrt{\left(\frac{x^2}{y^2} + 1\right) dx^2} = \int 2\pi dx \sqrt{x^2 + y^2}$$
$$= \int 2\pi a\,dx = 2\pi a x + C \dots (91).$$

Pour déterminer la constante, nous prendrons l'intégrale à partir du point A, fig. 83, et puisque l'origine des abscisses est au centre, nous supposerons l'intégrale nulle lorsque $x = -a$; cette hypothèse réduira l'équation (91) à

$$o = -2\pi a^2 + C; \quad \text{donc} \quad C = 2\pi a^2;$$

substituant cette valeur dans l'équation (91), nous aurons

$$\int 2\pi a\,dx = 2\pi (ax + a^2).$$

Prenons maintenant l'intégrale définie entre les limites $x = -a$ et $x = a$; il faudra changer x en a dans la formule précédente, et nous obtiendrons, pour la surface de la sphère,

$$\int 2\pi a \, dx = 2\pi (2a') = 4\pi a^2.$$

368. On peut aussi trouver l'aire du cylindre droit; car cette surface étant engendrée par la révolution du rectangle AD, fig. 84, autour de l'axe AB, soient AB $= a$, CA $= b$; Fig. 84. l'équation de la droite CD sera $y = b$; donc $dy = 0$. En substituant ces valeurs dans la formule (90), on la réduit à $2\pi b \, dx$; et en intégrant on a

$$\int 2\pi b \, dx = 2\pi b x + C.$$

Si l'on prend l'intégrale définie entre les limites $x = 0$ et $x = a$, on trouve pour l'aire du cylindre

$2\pi b a = 2\pi b \times a = $ *circonférence de la base* $\times$ *la hauteur.*

A l'égard de l'aire du cône, ce solide étant engendré par la rotation du triangle rectangle ABC, fig. 85, autour de Fig. 85. l'axe AB, soient AB $= a$, CB $= b$; l'équation de AC sera $y = \dfrac{b}{a} x$; cette équation donne, par la différenciation,

$$dy = \frac{b}{a} \, dx \quad \text{et} \quad dy^2 = \frac{b^2}{a^2} \, dx^2.$$

Les valeurs de y et de dy^2 étant substituées dans la formule (90), on a

$$\int 2\pi y \sqrt{dx^2 + dy^2} = \int 2\pi \frac{bx}{a^2} dx \sqrt{a^2 + b^2} = \pi \frac{bx^2}{a^2} \sqrt{a^2 + b^2} + C \, ;$$

et en prenant l'intégrale définie entre les limites $x = 0$ et $x = a$, on obtient

$$\text{*aire du cône*} = \pi b \sqrt{a^2 + b^2} = 2\pi b \times \frac{AC}{2}$$

$$= \text{*circonférence*} \ BC \times \frac{AC}{2}.$$

De la cubature des solides de révolution.

369. Soit v le volume engendré par la révolution de l'aire mixtiligne ABPM autour de l'axe AX, fig. 75; si l'abscisse AP $= x$ devient AP$' = x + h$, le solide de révolution s'accroîtra du corps engendré par la rotation du trapèze mixtiligne PMM'P' autour du même axe. Le volume engendré par ABMP étant une fonction de x, puisqu'il s'augmente ou diminue en même temps que x, il s'ensuit que le volume engendré par ABM'P' sera une fonction de $x + h$, et aura pour expression

$$v + \frac{dv}{dx} h + \frac{d^2 v}{dx^2} \frac{h^2}{2} + \text{etc.} ;$$

par conséquent, si l'on en retranche le volume engendré par ABMP, on aura

$$\frac{dv}{dx} h + \frac{d^2 v}{dx^2} \frac{h^2}{2} + \text{etc.},$$

pour le volume engendré par PMM'P'. Or, ce volume étant compris entre les cylindres engendrés par les rectangles MP' et M'P, différera moins de l'un de ces cylindres que ces cylindres ne diffèrent entre eux; donc, si l'on peut prouver que, dans le cas de la limite, le rapport de ces cylindres est l'unité, il en sera, à plus forte raison, de même du rapport du corps décrit par PMM'P', à l'un de ces cylindres. Cela posé, on a évidemment

le cylindre décrit par PM' $= \pi \, [f(x + h)]^2 h,$
le cylindre décrit par P'M $= \pi \, (fx)^2 h ;$

donc le rapport de ces cylindres est exprimé par

$$\frac{[f(x + h)]^2}{(fx)^2}.$$

En faisant $h = 0$, on voit que ce rapport se réduit à

l'unité ; il en sera donc de même du rapport du volume engendré par PMM'P' à celui du cylindre décrit par MP'. Or, ce rapport étant représenté par

$$\frac{\dfrac{dv}{dx}\,h + \dfrac{d^2v}{dx^2}\,\dfrac{h^2}{2} + \text{etc.}}{\pi(fx)^2 h} = \frac{\dfrac{dv}{dx} + \dfrac{d^2v}{dx^2}\,\dfrac{h}{2} + \text{etc.}}{\pi(fx)^2},$$

on a, dans le cas de la limite,

$$\frac{\dfrac{dv}{dx}}{\pi\,(fx)^2} = 1 \; ;$$

d'où l'on tire

$$\frac{dv}{dx} = \pi(fx)^2 = \pi y^2,$$

et enfin

$$dv = \pi y^2 dx \dots (92).$$

370. On parviendrait au même résultat par la considération des infiniment petits : car on peut concevoir le volume MON, fig. 86, comme partagé en tranches infiniment minces, par des plans perpendiculaires à l'axe de révolution ; l'une de ces tranches, qui est l'élément du corps, peut être considérée comme un cylindre dont la base est le cercle décrit par y, et dont la hauteur est égale à l'épaisseur ab représentée par dx ; par conséquent cet élément a pour expression $\pi y^2 dx$.

371. Appliquons cette formule à la détermination du volume de l'ellipsoïde allongé, qui est le volume engendré par la révolution de l'ellipse autour de son grand axe : l'équation de l'ellipse rapportée au centre étant.......

$y^2 = \dfrac{b^2}{a^2}\,(a^2 - x^2)$, on substituera cette valeur de y^2 dans la formule $\pi y^2 dx$, et l'on aura

$$\pi y^2 \mathrm{d}x = \pi \frac{b^2}{a^2} (a^2 - x^2)\, \mathrm{d}x\ ;$$

et en intégrant, on trouvera

$$\int \pi y^2 \mathrm{d}x = \pi \frac{b^2}{a^2} \left(a^2 x - \frac{x^3}{3} \right) + \mathrm{C} \dots \ (93).$$

Fig. 87. Supposons que l'intégrale soit nulle au point A, fig. 87, où $x = -a$, nous aurons

$$\mathrm{C} = \pi \frac{b^2}{a^2} \times \frac{2}{3} a^3\ ;$$

et en substituant cette valeur de C, l'équation (93) devient

$$\int \pi y^2 \mathrm{d}x = \pi \frac{b^2}{a^2} \left(a^2 x - \frac{x^3}{3} + \frac{2}{3} a^3 \right).$$

Faisons ensuite $x = a$, pour avoir l'intégrale définie comprise entre les limites $x = -a$ et $x = +a$; nous obtiendrons

$$\int \pi y^2 \mathrm{d}x = \pi \frac{b^2}{a^2} \cdot \frac{4}{3} a^3\ ;$$

tel sera le volume de l'ellipsoïde allongé. Si $b = a$, ce volume deviendra celui de la sphère, et aura pour expression

$$\frac{4}{3} \pi a^3 = \frac{2}{3} \pi a^2 \times 2a = \frac{2}{3} \text{ du } \textit{cylindre circonscrit.}$$

Déterminons encore le volume du paraboloïde de révolution. Pour cet effet, prenons la parabole de tous les ordres pour génératrice ; l'équation de cette parabole nous donnera

$$y = a x^{\frac{n}{m}}\ ;$$

substituant cette valeur dans la formule (92), nous obtiendrons

$$v = \int \pi a^2 x^{\frac{2n}{m}} \, dx = \frac{m \pi a^2 x^{\frac{2n+m}{m}}}{2n+m} + C.$$

Pour déterminer la constante, nous supposerons le volume nul à l'origine où $x = 0$; alors nous aurons $C = 0$.

Lorsque $m = 2$ et $n = 1$, on a $y = ax^{\frac{1}{2}}$; d'où l'on tire $y^2 = a^2 x$, ce qui est l'équation de la parabole ordinaire, dans laquelle a^2 tient la place de la constante p de l'équation de cette courbe. Dans cette hypothèse on a

$$v = \pi a^2 \frac{x^2}{2} = \pi a^2 x \frac{x}{2} = \pi y^2 \cdot \frac{x}{2}.$$

Fig. 88.

Or, πy^2 étant l'aire du cercle dont PM, fig. 88, est le rayon, l'expression $\frac{1}{2}\pi y^2 \cdot x$ représente la moitié du cylindre décrit par APMB autour de l'axe des abscisses : donc le volume de la parabole ordinaire est la moitié de celui du cylindre circonscrit.

De la cubature des corps terminés par des surfaces courbes, au moyen des intégrales doubles.

372. Proposons-nous de déterminer l'expression de la différentielle d'un volume terminé par une surface dont l'équation est donnée. Soit EDCB, fig. 89, un volume compris dans l'angle des axes coordonnés Ax, Ay et Az, et terminé par un plan DCG, parallèle à celui des yz; si x devient $x + h$, ce volume s'accroîtra d'une tranche DD'CC', dont l'épaisseur sera h; et en nommant V' ce que devient alors le volume, on aura

Fig. 89.

$$V' = V + \frac{dV}{dx} h + \frac{d^2V}{dx^2} \frac{h^2}{1.2} + \frac{d^3V}{dx^3} \frac{h^3}{2.3} + \text{etc.} ;$$

et la tranche DD'CC'FG sera représentée par

$$V' - V = \frac{dV}{dx} h + \frac{d^2V}{dx^2} \frac{h^2}{1.2} + \frac{d^3V}{dx^3} \frac{h^3}{2.3} + \text{etc.} ;$$

dans le cas de la limite, cette équation nous donne

$$\frac{V' - V}{h} = \frac{dV}{dx} \quad \cdots \quad (94).$$

Nous avons déjà fait assez connaître les méthodes des limites et des infinimens petits, pour [que nous ne craignions pas d'employer ici quelques considérations tirées de cette dernière, afin de jeter plus de jour sur cette matière; on pourra ensuite, sans difficulté, revenir aux limites. L'équation (94) nous montre que $\dfrac{dV}{dx}$ est le coefficient différentiel qui détermine le volume ; par conséquent la différentielle est $\dfrac{dV}{dx}dx$: cette différentielle n'est autre chose qu'une tranche infiniment mince DD'CC'FG , dont dx serait l'épaisseur. Si dans cette tranche on fait varier y, elle deviendra infiniment mince dans le sens des y, comme elle l'est déjà dans celui des x; et, par conséquent, elle se réduira à un petit prisme élémentaire ID'KF, dont z sera la hauteur, et qui aura pour base FGKL $= dxdy$; nous aurons donc

$$\frac{d^2V}{dxdy}\,dxdy = zdxdy,$$

équation qui nous donnera

$$\frac{d^2V}{dxdy} = z\,;$$

remplaçant z par sa valeur tirée de l'équation de la courbe, cette valeur sera, en général, une fonction de x et de y, que nous représenterons par M, et nous aurons

$$\frac{d^2V}{dxdy} = M.$$

373. Pour déterminer le volume, au moyen de cette expression, écrivons-la ainsi :

$$\frac{d\,\dfrac{dV}{dx}}{dy}\,dy = Mdy\,;$$

la notation qui est dans le premier membre nous montre qu'on est parvenu à l'expression de la différentielle de $\dfrac{dV}{dx}$, en regardant y comme variable et x comme constant; la même hypothèse devra donc avoir lieu lorsque, par une opération inverse, nous intégrerons; mais alors x étant traité comme une quantité constante, pourra se trouver dans la constante qu'on doit ajouter à l'intégrale. Nous regarderons donc, en général, cette constante comme une fonction de x; et en la représentant par X, nous aurons, par une première intégration ,

$$\frac{dV}{dx} = \int Mdy + X\ldots\ (95)$$

Pour exécuter la seconde intégration, nous remarquerons que la notation $\dfrac{dV}{dx}$ montre que la différentielle du volume doit être prise en regardant x comme la seule variable : nous devons donc conserver la même hypothèse dans l'intégration ; ainsi, en représentant par Y la fonction de y, qui remplacera la constante, et en multipliant préliminairement par dx, pour changer le coefficient différentiel en une différentielle, nous trouverons

$$V = \int dx \left(\int M dy + X\right) + Y.$$

374. L'ordre des intégrations étant arbitraire, on peut indiquer ainsi les opérations que nous venons d'exécuter :

$$V = \int\int z\,dy\,dx\ldots\ (96).$$

375. Pour donner une application de cette méthode, proposons-nous de trouver le volume de la sphère : l'équation de la sphère étant

$$x^2 + y^2 + z^2 = r^2,$$

on tirera de cette équation la valeur de z, et en la mettant dans la formule (96), on aura

$$\int\int z\,dx\,dy \quad \text{ou} \quad \int dy \int z\,dx = \int dy \int dx \sqrt{r^2 - x^2 - y^2}\ldots\ (97),$$

regardant y comme constant, et appelant A^2 la différence $r^2 - y^2$, qui est essentiellement positive, puisque r surpasse toujours y, nous trouverons d'abord, en intégrant par rapport à x,

$$\int dx \sqrt{r^2 - x^2 - y^2} = \int dx \sqrt{A^2 - x^2} ;$$

or, d'après l'article 282, nous avons

$$\int dx \sqrt{A^2 - x^2} = \frac{x}{2}\sqrt{A^2 - x^2} + \frac{1}{2} A^2 \,\mathrm{arc}\left(\sin = \frac{x}{A}\right) + Y ,$$

et en mettant la valeur de A^2, on trouve

$$\int dx \sqrt{r^2 - x^2 - y^2} = \frac{x}{2}\sqrt{r^2 - x^2 - y^2} + \frac{1}{2}(r^2 - y^2)\,\mathrm{arc}\left(\sin = \frac{x}{\sqrt{r^2 - y^2}}\right) + Y\ldots(98).$$

Pour prendre l'intégrale définie, observons que la constante y étant représentée par AP, fig. 90, tous les points que nous allons déterminer par cette intégrale, doivent avoir leurs projections sur la direction de PM ; car l'un quelconque de ces points ayant la variable z pour ordonnée, aura AQ et QN pour ses autres coordonnées, et alors QN sera

Fig. 90.

égal à la constante AP; et l'autre coordonnée AQ, dirigée dans le sens des x, pourra être remplacée par PN : de sorte qu'en comptant les x sur la droite PM, les y seront constans. Prenant donc l'intégrale de P en M, c'est-à-dire depuis $x = 0$ jusqu'à $x = \text{PM} = \sqrt{r^2 - y^2}$, nous substituerons successivement à x, dans le second membre de l'équation (98), les valeurs $x = \sqrt{r^2 - y^2}$ et $x = 0$, et retranchant le second résultat du premier, nous trouverons, pour l'intégrale définie,

$$\frac{1}{2} (r^2 - y^2) \text{ arc } (\sin = 1) :$$

et observant que l'arc dont le sinus est l'unité, vaut le quart de la circonférence représentée, suivant l'usage, par 2π, cette intégrale définie devient

$$\frac{1}{2} (r^2 - y^2) \times \frac{\pi}{2};$$

cette valeur de $\int dx \sqrt{r^2 - x^2 - y^2}$ étant substituée dans l'équation (97), on aura

$$\int\int z\, dx\, dy = \frac{1}{4} \pi \int (r^2 - y^2)\, dy = \frac{1}{4} \pi \left(r^2 y - \frac{y^3}{3} \right) + \text{X};$$

et, en intégrant depuis $y = 0$ jusqu'à $y = r$, on trouvera

$$\int\int z\, dx\, dy = \frac{\pi}{4} \left(r^3 - \frac{r^3}{3} \right) = \frac{2\pi r^3}{12} = \frac{1}{6} \pi r^3.$$

Fig. 90.

Tel sera le volume qui reposera sur le quart de cercle BAC, et qui sera par conséquent le huitième de la sphère. (*Note dixième.*)

De la quadrature des surfaces courbes, au moyen des intégrales doubles.

Fig. 89.

376. Soit, fig. 89, EDCB $=$ S, une surface courbe, et supposons que l'abscisse x s'accroisse de h; cette surface deviendra $\text{S} + \dfrac{d\text{S}}{dx} h + \dfrac{d^2\text{S}}{dx^2} \dfrac{h^2}{2} + \text{etc.}$; et, dans le cas de la limite, le rapport de l'accroissement de la fonction S à celui de la variable x, se réduira à $\dfrac{d\text{S}}{dx}$; d'où l'on conclura que la différentielle est $\dfrac{d\text{S}}{dx} dx$: cette différentielle sera représentée, dans la figure, par la bande DD'CC' d'une largeur infiniment petite. Si dans DD'CC' on fait maintenant varier y, et que y devienne encore infiniment petit, la bande DD'CC' se réduira à DD'II', et aura pour expression $\dfrac{d^2\text{S}}{dx\, dy} dx\, dy$.

Or, cette surface DD'II' étant infiniment petite, on peut la considérer

comme plane ; par conséquent, en la multipliant par le cosinus de son inclinaison γ sur le plan des xy, elle égalera $dxdy$ (*note onzième*) ; nous Fig. 89.
aurons donc

$$DD'H' \cos \gamma = dxdy,$$

ou

$$\frac{d^2S}{dxdy} \, dxdy \cos \gamma = dxdy ;$$

d'où nous tirerons

$$\frac{d^2S}{dxdy} = \frac{1}{\cos \gamma}.$$

Pour déterminer la valeur de γ, soit $Ax + By + Cz + D = 0$, l'équation du plan tangent ; nous savons que ce plan fait avec le plan des xy un angle qui est donné par l'équation (*note douzième*)

$$\cos \gamma = \frac{1}{\sqrt{1 + \left(\frac{dz}{dy}\right)^2 + \left(\frac{dz}{dx}\right)^2}}.$$

Si nous considérons donc $Ax + By + Cz + D = 0$ comme l'équation du plan tangent au point de la surface courbe dont la projection est $dxdy$, nous aurons

$$\frac{d^2S}{dxdy} = \sqrt{1 + \left(\frac{dz}{dy}\right)^2 + \left(\frac{dz}{dx}\right)^2} \ldots \ (99).$$

Pour déterminer les coefficiens différentiels qui entrent dans cette expression, nous remarquerons qu'au point que l'on considère, le plan tangent se confond avec la surface courbe, dont nous représenterons l'équation par $z = f(x, y)$; par conséquent, les valeurs de $\frac{dz}{dy}$ et de $\frac{dz}{dx}$, qui entrent dans l'expression de $\cos \gamma$, doivent être regardées, art. 77, comme les mêmes que celles que l'on déduirait immédiatement de l'équation $z = f(x, y)$. Ayant donc fait ces substitutions, on intégrera ensuite deux fois l'équation (99), multipliée par $dxdy$, opération que Fig. 89,
nous indiquerons, comme précédemment, par un double signe d'intégration, et nous aurons

$$S = \iint dxdy \sqrt{1 + \left(\frac{dz}{dy}\right)^2 + \left(\frac{dz}{dx}\right)^2}.$$

377. Pour donner une application de cette formule, cherchons à déterminer l'expression de la surface de la sphère. Son équation étant

$$x^2 + y^2 + z^2 = r^2 \ldots \ (100),$$

nous la différencierons, et nous trouverons, après avoir divisé par 2,

$$xdx + ydy + zdz = 0,$$

d'où nous tirerons

$$d z = -\frac{x}{z} dx - \frac{y}{z} dy \; ;$$

par conséquent

$$\frac{dz}{dx} = -\frac{x}{z}, \quad \frac{dz}{dy} = -\frac{y}{z}.$$

Substituant ces valeurs dans l'expression $\sqrt{1 + \left(\frac{dz}{dy}\right)^2 + \left(\frac{dz}{dx}\right)^2}$, nous la changerons en

$$\sqrt{1 + \frac{x^2}{z^2} + \frac{y^2}{z^2}} = \frac{1}{z} \sqrt{x^2 + y^2 + z^2} = \frac{r}{z} \; ;$$

et par conséquent nous aurons

$$\iint dx dy \sqrt{1 + \left(\frac{dz}{dx}\right)^2 + \left(\frac{dz}{dy}\right)^2} = \iint \frac{r dx dy}{z} \; ;$$

mettant la valeur de z, on aura

$$\iint dx dy \sqrt{1 + \left(\frac{dz}{dx}\right)^2 + \left(\frac{dz}{dy}\right)^2} = \iint \frac{r dx dy}{\sqrt{r^2 - x^2 - y^2}}.$$

378. Pour effectuer les intégrations indiquées, nous écrirons

$$\iint \frac{r dx dy}{\sqrt{r^2 - x^2 - y^2}} = \int r dy \int \frac{dx}{\sqrt{r^2 - x^2 - y^2}} \; \dots \; (101),$$

et par là, nous marquerons que nous devons commencer par intégrer l'expression $\dfrac{dx}{\sqrt{r^2 - x^2 - y^2}}$, en considérant x comme la seule variable; faisant donc, comme précédemment,

$$r^2 - y^2 = A^2,$$

et intégrant, d'après l'art. 274, nous aurons, en ajoutant une constante fonction de y,

$$\int \frac{dx}{\sqrt{A^2 - x^2}} = \text{arc sin} \frac{x}{A} + Y \; ;$$

mettant la valeur de A, et prenant ensuite l'intégrale définie depuis $x = 0$ jusqu'à $x = \sqrt{r^2 - y^2}$, il viendra

$$\int \frac{dx}{\sqrt{r^2 - x^2 - y^2}} = \text{arc} \, (\sin = 1) = \frac{1}{4} \, circonférence = \frac{\pi}{2},$$

cette valeur étant substituée dans l'équation (101), nous donnera

$$\iint \frac{r\,dx\,dy}{\sqrt{r^2-x^2-y^2}} = \int \frac{\pi}{2}\,r\,dy = \frac{1}{2}\,\pi r y + \mathrm{X};$$

en appelant X la constante qu'on doit regarder comme une fonction de x ; prenant ensuite l'intégrale définie entre les limites $y = o$ et $y = r$, nous trouverons enfin

$$\iint \frac{r\,dx\,dy}{\sqrt{r^2-x^2-y^2}} = \frac{1}{2}\,\pi r^2.$$

Telle sera la partie de la surface sphérique comprise dans l'angle formé par les axes des coordonnées rectangulaires x, y, z, c'est-à-dire la huitième partie de la sphère.

De l'intégration des fonctions de deux variables.

379. Les deux méthodes principales que l'on emploie pour parvenir à intégrer les équations différentielles, qui contiennent deux ou un plus grand nombre de variables, consistent, 1°. dans la séparation des variables, pour pouvoir leur appliquer ensuite les procédés usités pour une seule variable ; 2°. dans la recherche des facteurs propres à rendre une différentielle exacte. C'est pourquoi nous allons nous occuper successivement de ces deux méthodes.

De la séparation des variables, de l'équation linéaire du premier ordre, et des propriétés des fonctions homogènes.

380. Nous avons vu que toute différentielle, pour être intégrable, devait être de la forme $\varphi x\,dx$; ainsi, on serait arrêté dans l'intégration d'une équation, si elle renfermait des termes tels que $y^2 dx$, $xy\,dx$, $\dfrac{dx}{y}$, etc. Cependant, il ne faudrait pas conclure que l'intégration est impraticable ; car, si, par des opérations algébriques, on pouvait faire en sorte

que chaque terme ne contînt plus qu'une seule variable, l'intégration pourrait s'effectuer ensuite. L'équation... $x\,dy + y\,dx = 0$ est dans ce cas. En effet, si l'on divise cette équation par xy, elle devient

$$\frac{dy}{y} + \frac{dx}{x} = 0 \, ;$$

et en intégrant, elle donne $\log y + \log x = C$; et en représentant par A le nombre dont C est le logarithme, on peut écrire $\log y + \log x = \log A$, et par conséquent

$$\log xy = \log A \, ;$$

passant aux nombres, on a

$$xy = A.$$

381. Soit l'équation plus générale

$$\varphi x \cdot dy + F y \cdot dx = 0 \, ;$$

pour séparer les variables, on divisera cette équation par $\varphi x \cdot F y$, et l'on trouvera

$$\frac{dy}{Fy} + \frac{dx}{\varphi x} = 0 \, ,$$

équation dans laquelle les variables sont séparées.

382. Pour en donner un exemple, proposons-nous d'intégrer

$$(1 + x^2)\,dy = dx \sqrt{y} :$$

en divisant par $(1 + x^2)\sqrt{y}$, on aura

$$\frac{dy}{\sqrt{y}} = \frac{dx}{1 + x^2} \, ;$$

et en intégrant cette équation, on obtiendra

$$2\sqrt{y} = \operatorname{arc\,tang} x + C.$$

383. On séparerait encore les variables par la division

dans la formule

$$\varphi x.\mathrm{F}y.\,\mathrm{d}x + \varphi'x.\mathrm{F}'y.\,\mathrm{d}y = 0\,;$$

pour cela, il suffirait de diviser par $\mathrm{F}y.\varphi'x$, et l'on aurait

$$\frac{\varphi x}{\varphi'x}\,\mathrm{d}x + \frac{\mathrm{F}'y}{\mathrm{F}y}\,\mathrm{d}y = 0.$$

Ce procédé est applicable à l'équation

$$x^2y\mathrm{d}x + (3y + 1)\,\mathrm{d}y\sqrt{x^3} = 0\,;$$

car, si on la divise par $y\sqrt{x^3}$, on obtient

$$\frac{x^2}{\sqrt{x^3}}\,\mathrm{d}x + \frac{(3y + 1)}{y}\,\mathrm{d}y = 0.$$

384. L'intégration pourrait encore s'effectuer si la proposée renfermait plus de deux variables, et qu'on pût la ramener à ne contenir dans chaque membre que des différentielles dont on connaît l'intégrale, comme seraient, par exemple, les fonctions

$$\frac{y\mathrm{d}x - x\mathrm{d}y}{y^2}\,, \quad x\mathrm{d}y + y\mathrm{d}x, \text{ etc.},$$

qui ont respectivement pour intégrales $\dfrac{x}{y}$ et xy.

385. Il est une équation importante, dans laquelle la séparation des variables s'effectue par un procédé très ingénieux, c'est la suivante :

$$\mathrm{d}y + \mathrm{P}y\mathrm{d}x = \mathrm{Q}\mathrm{d}x\ldots (102),$$

où P et Q sont des fonctions de x.

Pour cet effet, on égalera y au produit des deux indéterminées X et z, ce qui donnera

$$y = z\mathrm{X}, \quad \mathrm{d}y = z\mathrm{d}\mathrm{X} + \mathrm{X}\mathrm{d}z\,;$$

substituant ces valeurs dans l'équation (102), on la transformera en

$$zdX + X(dz + Pzdx) = Qdx.$$

X étant arbitraire, on déterminera cette fonction en égalant entre eux les termes qui ne sont pas sous la parenthèse, ce qui décomposera l'équation précédente en ces deux-ci :

$$X(dz + Pzdx) = o, \quad zdX = Qdx\,;$$

la première donne

$$\frac{dz}{z} = -\,Pdx, \quad \text{ou} \quad \log z = -\int Pdx\,,$$

ou, en observant que $\log e$ équivaut à l'unité,

$$\log z = -\int Pdx \log e = \log e^{-\int Pdx}\,;$$

passant aux nombres, on a

$$z = e^{-\int Pdx}\,;$$

on tire de la seconde

$$dX = \frac{Qdx}{z} = Qe^{\int Pdx}dx\,;$$

donc

$$X = \int Qe^{\int Pdx}dx + C\,;$$

mettant ces valeurs de z et de X dans l'équation

$$y = zX,$$

on obtient

$$y = e^{-\int Pdx}\left(\int Qe^{\int Pdx}dx + C\right)\dots \text{(103)}.$$

Cette équation porte le nom d'*équation linéaire du premier ordre ;* nous en verrons la raison, art. 45o.

386. La séparation des variables peut toujours s'effectuer dans les équations différentielles du premier ordre à deux variables, lorsqu'elles sont homogènes. Une équation homogène est celle dans laquelle tous les termes, considérés par

rapport aux variables , sont de mêmes dimensions : ainsi l'équation

$$ax^2y^3 + bxy^4 + cy^3x^2 = 0$$

est une équation homogène, puisque la somme des exposans de x et de y étant égale à 5 dans chaque terme, tous les produits x^2y^3, xy^4, etc., sont chacun de cinq dimensions.

L'équation

$$ax^6y^2 - bx^5y^3 + cy^8 = 0$$

est aussi homogène , puisque la somme des exposans des variables dans chaque terme est 8. La variable x n'entre pas dans le dernier terme de l'équation, mais cette variable peut être considérée comme élevée à la puissance zéro.

387. Soit, en général, z une fonction de x et de y composée de termes homogènes , tels que Ax^py^q, $Bx^{p'}y^{q'}$, $Cx^{p''}y^{q''}$, etc. Si nous représentons par n la somme des exposans de x et de y, dans un de ces termes, nous aurons, en vertu de l'homogénéité,

$$p + q = n, \quad p' + q' = n, \quad p'' + q'' = n, \text{ etc.}$$

Cela posé, si nous divisons tous les termes par x^n, l'égalité subsistera encore, et le terme Ax^py^q deviendra

$$\frac{Ax^py^q}{x^n} = \frac{Ay^q}{x^{n-p}} = \frac{Ay^q}{x^q} = A\left(\frac{y}{x}\right)^q.$$

Ce que nous disons de ce terme pouvant s'appliquer à tous les autres, nous aurons donc

$$\frac{z}{x^n} = F\left(\frac{y}{x}\right);$$

et en faisant $\frac{y}{x} = q$, cette équation deviendra

$$x^nFq = z,$$

équation qu'on peut écrire ainsi :

$$Qx^n = z \dots (104),$$

en appelant Q la fonction représentée par Fq.

388. Considérons maintenant l'équation différentielle

$$M dx + N dy = o,$$

dans laquelle les coefficiens M et N sont des fonctions homogènes de deux variables x et y d'une dimension n.

En divisant cette équation par x^n, elle pourra donc se mettre sous la forme

$$\varphi\left(\frac{y}{x}\right) dx + F\left(\frac{y}{x}\right) dy = o \,;$$

et si nous faisons $\dfrac{y}{x} = z$, cette équation deviendra

$$dx\,\varphi z + dy\,Fz = o,$$

ou plutôt

$$\varphi z + Fz \frac{dy}{dx} = o \dots (105).$$

Pour achever d'éliminer y au moyen de l'équation $\dfrac{y}{x} = z$, ou plutôt $y = zx$, nous différencierons cette dernière équation, et nous obtiendrons

$$\frac{dy}{dx} = z + \frac{x\,dz}{dx}\,;$$

cette valeur réduit l'équation (105) à

$$\varphi z + Fz\left(z + \frac{x\,dz}{dx}\right) = o,$$

d'où l'on tire

$$\frac{x\,dz}{dx} = -\frac{\varphi z}{Fz} - z = -\frac{(\varphi z + z Fz)}{Fz}\,,$$

et, en séparant les variables,

$$\frac{dx}{x} = -\frac{dz\,Fz}{\varphi z + z Fz}\,,$$

et par conséquent

$$\log x = -\int \frac{dzFz}{\varphi z + zFz} + C.$$

Lorsqu'on aura intégré, il ne s'agira plus que de mettre dans le résultat la valeur de z.

389. Prenons pour exemple l'équation............
$x^2 dy = y^2 dx + xy dx$: en faisant $y = zx$, nous trouverons

$$dy = zdx + xdz,$$

et, en substituant ces valeurs, l'équation deviendra

$$x^2 z dx + x^3 dz = z^2 x^2 dx + zx^2 dx;$$

réduisant et divisant par x^2, facteur commun, on obtiendra

$$xdz = z^2 dx ;$$

cette équation étant divisée par z^2 et par x, donne

$$\frac{dx}{x} = \frac{dz}{z^2},$$

et en intégrant, on aura

$$\log x = -\frac{1}{z} + C = -\frac{1}{\frac{y}{x}} + C = -\frac{x}{y} + C.$$

390. Prenons pour second exemple l'équation

$$\frac{x^2 + yx}{x - y} dy = y dx ;$$

en faisant disparaître le dénominateur, on voit que tous les termes de cette équation sont de deux dimensions; ainsi, nous supposerons $y = zx$; et en réduisant, cette équation nous donnera

$$\frac{dy}{dx} = z \frac{(1 - z)}{(1 + z)};$$

mettant pour $\dfrac{\mathrm{d}y}{\mathrm{d}x}$ sa valeur tirée de l'équation $y = zx$, on aura

$$z + \frac{x\,\mathrm{d}z}{\mathrm{d}x} = \frac{z(1 - z)}{1 + z} ;$$

transposant z dans le second membre, et réduisant au même dénominateur, on trouvera

$$\frac{\mathrm{d}x}{x} = - \frac{(1 + z)}{2z^2}\,\mathrm{d}z,$$

et enfin

$$\log x = - \int \frac{\mathrm{d}z}{2z^2} - \int \frac{\mathrm{d}z}{2z} = \frac{1}{2z} - \tfrac{1}{2} \log z + \mathrm{C}$$

$$= \frac{x}{2y} - \tfrac{1}{2} \log \frac{y}{x} + \mathrm{C}.$$

391. Lorsque l'équation proposée, outre les termes $Ax^p y^q, \ldots\ldots$ $Bx^{p'} y^{q'} + $ etc., contient des polynomes tels que

$$(Mx^r y^s + Nx^{r'} y^{s'} + \text{etc.})^k \mathrm{d}x, \quad (Px^t y^u + Qx^{t'} y^{u'} + \text{etc.})^l \mathrm{d}y,$$

les variables seront encore séparables si l'on a

$$p + q = p' + q' = (r + s)k = (r' + s')k = (t + u)l = (t' + u')l \ldots\ (106).$$

Pour le démontrer, faisons

$$(r + s)k = n, \quad (r' + s')k = n \ldots\ (107),$$

et divisons par x^n tous les termes du polynome

$$(Mx^r y^s + Nx^{r'} y^{s'} + \text{etc.})^k,$$

ce polynome deviendra

$$\left(\frac{Mx^r y^s + Nx^{r'} y^{s'} + \text{etc.}}{x^{\frac{n}{k}}} \right)^k = \left(\frac{My^s}{x^{\frac{n}{k} - r}} + \frac{Ny^{s'}}{x^{\frac{n}{k} - r'}} + \text{etc.} \right)^k ;$$

or, les équations (107), nous donnent

$$\frac{n}{k} - r = s, \quad \frac{n}{k} - r' = s' ;$$

substituant ces valeurs dans l'expression précédente, nous trouverons

$$\left(M\frac{y^s}{x^s} + N\frac{y^{s'}}{x^{s'}} + \text{etc.}\right)^k = \left[M\left(\frac{y}{x}\right)^s + N\left(\frac{y}{x}\right)^{s'} + \text{etc.}\right]^k,$$

ce qui prouve que lorsque les équations (106) ont lieu, les polynomes élevés à des puissances, se réduisent, comme les autres termes, à des fonctions de $\frac{y}{x}$.

Par conséquent, en faisant $\frac{y}{x} = z$, ou plutôt, $y = zx$, l'équation peut se réduire à une fonction de z. Pour en donner un exemple, soit

$$x\,dy - y\,dx = dx\sqrt{x^2 - y^2}\ldots\ldots\ (108).$$

Cette équation écrite ainsi,

$$x^1 y^0\,dy - y^1 x^0\,dx = dx\,(x^2 y^0 - x^0 y^2)^{\frac{1}{2}},$$

on voit que les équations (106) sont satisfaites; ainsi, nous ferons $y = zx$, et par conséquent

$$\frac{dy}{dx} = z + x\,\frac{dz}{dx};$$

substituant ces valeurs dans l'équation (108), réduisant et divisant par le facteur commun, on obtiendra

$$x\,\frac{dz}{dx} = \sqrt{1 - z^2},$$

et par conséquent

$$\frac{dx}{x} = \frac{dz}{\sqrt{1 - z^2}};$$

intégrant, on trouvera, art. 273,

$$\log x = \text{arc}\,(\sin = z) + C,$$

ou, en remettant la valeur de z,

$$\log x = \text{arc}\left(\sin = \frac{y}{x}\right) + C.$$

392. En général, lorsqu'on a une fonction homogène des variables x, y, z, etc., on peut toujours séparer l'une des variables, par exemple x, en faisant $y = ix$, $z = ux$, etc. (*).

(*) Voici ce calcul : soit $M\,dx + N\,dy + P\,dz = 0$, une équation homogène, dans laquelle M, N, P, sont des fonctions des trois variables

393. On emploie quelquefois des exposans indéterminés pour rendre une équation homogène : soit, par exemple, l'équation

$$a y^m x^n dx + b x^p dx + c x^q dy = 0;$$

on supposera $y = z^k$; et comme l'exposant k n'est pas une variable, mais une constante inconnue, on différenciera par l'art. 18, et l'on aura

$$dy = k z^{k-1} dz \quad \text{et} \quad y^m = z^{km};$$

en substituant, on obtiendra

$$a z^{km} x^n dx + b x^p dx + c k x^q z^{k-1} dz = 0 :$$

cette équation sera homogène si l'on a

$$km + n = p, \quad q + k - 1 = p;$$

---

x, y, z; ces fonctions M, N, P contiendront des termes tels que $A x^p y^q z^r$, $B x^{p'} y^{q'} z^{r'}$, $C x^{p''} y^{q''} z^{r''}$, et l'on aura $p + q + r = p' + q' + r' = p'' + q'' + r'' = n$. Si dans l'un de ces termes, par exemple, dans $A x^p y^q z^r$, on substitue les valeurs $y = tx$, $z = ux$, ce terme deviendra

$$A x^p t^q x^q u^r x^r = x^{p+q+r} \times A t^q u^r = x^n A t^q u^r;$$

la même chose ayant lieu pour les autres termes, si l'on y substitue les valeurs de y et de z, l'équation $M dx + N dy + P dz = 0$ aura x^n pour facteur commun; supprimant ce facteur et observant que dy et dz se changeront en $d.tx$ et en $d.ux$, elle prendra la forme

$$\varphi(t, u)\, dx + F(t, u)\, d.tx + f(t, u)\, d.ux = 0;$$

et, en exécutant les différenciations indiquées, on aura

$$\varphi(t, u)\, dx + F(t, u)\, (t dx + x dt) + f(t, u)\, (u dx + x du) = 0;$$

d'où l'on tirera

$$[\varphi(t, u) + t F(t, u) + u f(t, u)]\, dx = - x\, [F(t, u)\, dt + f(t, u)\, du];$$

et par conséquent

$$\frac{dx}{x} = - \frac{F(t, u)\, dt + f(t, u)\, du}{\varphi(t, u) + t F(t, u) + u f(t, u)}.$$

éliminant l'indéterminée k, on trouvera

$$\frac{p-n}{m} = p + 1 - q,$$

équation de condition qui doit avoir lieu pour que la proposée puisse être homogène par la substitution de......
$y = z^k = z^{p+1-q}$.

394. Il existe, sur les fonctions homogènes, un théorème important que nous allons démontrer de la manière suivante :

Soit $Mdx + Ndy$ la différentielle d'une fonction homogène z entre deux variables x et y, nous aurons donc l'équation

$$Mdx + Ndy = dz \dots (109).$$

Faisant $\frac{y}{x} = q$, et désignant par n la somme des exposans des variables, d'un des termes de la fonction z, on trouvera, art. 387,

$$Qx^n = z \, ;$$

et l'on se rappellera que Q ne contient que la seule variable q, attendu que la fonction d'où provient Q ne renfermait que des termes en $\frac{y}{x}$, qui se sont changés en q par la substitution de q à la place de $\frac{y}{x}$. Cela posé, remplaçons, dans l'équation (109), y par sa valeur qx, substituons Qx^n à z et appelons M' et N' ce que deviennent alors M et N; l'équation (109) se transformera en

$$M'dx + N'd.qx = d(Qx^n) \dots (110);$$

la différentielle de qx (art. 14) étant $qdx + xdq$, si nous mettons cette valeur à la place de $d.qx$, nous obtiendrons

$$(M' + N'q)dx + N'xdq = d(Qx^n);$$

ce qui nous apprend que la différentielle totale de Qx^n est

$$(M' + N'q)\, dx + N'x\,dq\,;$$

mais en effectuant la différenciation indiquée dans le second membre de l'équation précédente, la différentielle totale de Qx^n est aussi

$$Q\,.\,nx^{n-1}dx + x^n dQ\,;$$

ou plutôt, parce que la différentielle d'une fonction Q de q est de la forme $Fq\,.\,dq$,

$$Qnx^{n-1}dx + Fq\,.\,dq.$$

Comparant ces deux expressions de la différentielle totale de Qx^n, nous voyons que leurs premiers termes représentent également la différentielle de Qx^n prise par rapport à x. Nous aurons donc

$$M' + N'q = nQx^{n-1}\,;$$

si dans cette équation on remet y au lieu de qx, M' et N' redeviendront M et N, et l'on aura

$$M + N\,\frac{y}{x} = nQx^{n-1},$$

ou

$$Mx + Ny = nz.$$

395. Ce théorème peut s'appliquer à des fonctions homogènes d'un nombre quelconque de variables ; car si l'on avait, par exemple, l'équation

$$Mdx + Ndy + Pdt = dz,$$

dans laquelle la dimension fût toujours n, il suffirait de faire $\dfrac{y}{x} = q,\ \dfrac{t}{x} = r$, pour prouver, par un raisonnement analogue à celui que nous avons employé, qu'on doit avoir $z = x^n F(q,r)$, et par suite

$$Mx + Ny + Pt = nz.$$

Des conditions d'intégrabilité des fonctions de deux variables.

396. Lorsqu'on a une différentielle $M dx + N dy = 0$, on ne peut pas affirmer qu'il existe toujours une équation qui, étant différenciée, donne la proposée ; car, si l'on différenciait, par exemple, l'équation $f(x,y) = 0$, et qu'on en tirât $m dx + n dy = 0$, on pourrait multiplier cette équation par une fonction de x, et obtenir une équation $M dx + N dy = 0$ dont les coefficiens M et N seraient différens de m et de n ; par conséquent, l'équation..... $M dx + N dy = 0$ ne résulterait plus du seul procédé de la différenciation de

$$f(x,y) = 0.$$

Il en serait de même si l'on combinait arbitrairement $m dx + n dy = 0$, avec l'équation primitive $f(x,y) = 0$; par exemple, en éliminant un ou plusieurs termes entre $m dx + n dy = 0$ et $f(x,y) = 0$, on pourrait obtenir une équation

$$M' dx + N' dy = 0,$$

dans laquelle les coefficiens différenticls M' et N' seraient différens de m et de n.

397. Une équation qui, telle que $m dx + n dy = 0$, a été obtenue par le seul procédé de la différenciation, se nomme une différentielle exacte ; il en est de même de toute fonction différentielle qui ne serait pas égale à zéro, mais qu'on aurait trouvée par le seul moyen de la différenciation. Lorsqu'une équation différentielle......... $M dx + N dy = 0$, n'est pas une différentielle exacte, on ne peut songer à l'intégrer que lorsqu'on l'a rendue une différentielle exacte par quelque opération préparatoire.

398. Euler résolut le premier ce problème important :

1°. *Une équation différentielle étant donnée, déterminer comment on peut reconnaître lorsqu'elle est une différentielle exacte?*

2°. *Quel est le moyen d'intégrer cette équation?*

Avant de donner une solution de ce problème, je rappellerai que, d'après notre convention, art. 54, l'expression $\dfrac{dz}{dx}$ nous indique que la fonction z de x et de y, a été différenciée par rapport à x, et divisée par dx (*); si ensuite cette fonction $\dfrac{dz}{dx}$ est différenciée par rapport à une autre variable y puis divisée par dy, nous écrirons ainsi le résultat de cette opération : $\dfrac{d^2z}{dx\,dy}$. Si, au contraire, on eût pris d'abord le coefficient différentiel de z par rapport à y, et ensuite par rapport à x, on aurait écrit ainsi le résultat de cette opération $\dfrac{d^2z}{dy\,dx}$.

Lorsque z est une fonction de trois variables x, y, u, une expression telle que $\dfrac{d^3z}{dx\,dy\,du}$ indique qu'on a pris d'abord le coefficient différentiel de z par rapport à x, et ensuite le coefficient différentiel de $\dfrac{dz}{dx}$ par rapport à y, et enfin, le

---

(*) Soit $dz = A\,dx + B\,dy + C\,dt$, etc., la différentielle totale de z; le rapport $\dfrac{dz}{dx}$ n'est autre chose que le coefficient différentiel A. Si l'on demandait le rapport de $A\,dx + B\,dy + C\,dt$, etc., à dx, il ne faudrait donc pas le représenter par $\dfrac{dz}{dx}$; dans ce cas, le rapport de la différentielle totale à dx s'écrira de l'une des manières suivantes :

$$\frac{1}{dx}\,dz \quad \text{ou} \quad \frac{d\,(z)}{dx}.$$

coefficient différentiel de $\dfrac{\mathrm{d}^2 z}{\mathrm{d}x \mathrm{d}y}$ par rapport à u. Pareille-

ment, l'expression $\dfrac{\mathrm{d}^5 z}{\mathrm{d}x^2 \mathrm{d}y^3}$ indique qu'on a effectué cinq

différenciations successives sur z, les deux premières par rapport à x, et les trois autres par rapport à y.

399. Cela posé, le théorème d'Euler repose sur la proposition suivante, qui a été démontrée, art. 174.

Si l'on a une fonction z *de deux variables* x *et* y*, et qu'on prenne le coefficient différentiel de* z*, d'abord par rapport à* x*, et qu'on prenne ensuite le coefficient différentiel de* $\dfrac{\mathrm{d}z}{\mathrm{d}x}$*, par rapport à* y*, on aura le même résultat que si l'on eût d'abord pris le coefficient différentiel de* z *par rapport à* y*, et ensuite le coefficient différentiel de* $\dfrac{\mathrm{d}z}{\mathrm{d}y}$ *par rapport à* x : c'est ce qu'on exprime en disant que

$$\frac{\mathrm{d}^2 z}{\mathrm{d}x \mathrm{d}y} = \frac{\mathrm{d}^2 z}{\mathrm{d}y \mathrm{d}x}.$$

400. Si l'on a, par exemple, $z = x^2 + xy$, on trouve

$$\frac{\mathrm{d}z}{\mathrm{d}x} = 2x + y, \quad \frac{\mathrm{d}z}{\mathrm{d}y} = x,$$

et par conséquent

$$\frac{\mathrm{d}^2 z}{\mathrm{d}x \mathrm{d}y} = 1 = \frac{\mathrm{d}^2 z}{\mathrm{d}y \mathrm{d}x}.$$

401. Cela posé, soit z la fonction dont la différentielle est $M\mathrm{d}x + N\mathrm{d}y$; on a

$$M = \frac{\mathrm{d}z}{\mathrm{d}x}, \quad N = \frac{\mathrm{d}z}{\mathrm{d}y}.$$

La première de ces équations, différenciée par rapport à y, donnera

$$\frac{dM}{dy} = \frac{d^2z}{dxdy};$$

la seconde, différenciée par rapport à x, donnera

$$\frac{dN}{dx} = \frac{d^2z}{dydx}.$$

Les seconds termes de ces équations étant identiques, il en résulte que

$$\frac{dM}{dy} = \frac{dN}{dx} \dots (111);$$

toutes les fois que cette équation de condition aura lieu, la différentielle proposée sera exacte.

402. Je reconnais, par exemple, que l'expression...
$(2x - y)\,dx - x\,dy$ est une différentielle exacte, parce que

$$\frac{dM}{dy} = -1 = \frac{dN}{dx}.$$

L'expression

$$(y^2 + 3x^2)\,dx + (3y^2 + 2xy)\,dy$$

est aussi une différentielle exacte, car

$$\frac{dM}{dy} = 2y = \frac{dN}{dx}.$$

403. L'équation $y\,dx - x\,dy = 0$ n'est pas une différentielle exacte, puisque $\frac{dM}{dy} = 1$ et que $\frac{dN}{dx} = -1$. En effet, cette équation dérive de celle-ci :

$$\frac{y\,dx - x\,dy}{y^2} = 0,$$

trouvée immédiatement par la différenciation, et dans laquelle on a supprimé le diviseur commun y^2; en le restituant, on aura $M = \dfrac{1}{y}$, $N = -\dfrac{x}{y^2}$, et la condition $\dfrac{dM}{dy} = \dfrac{dN}{dx}$ sera remplie.

Des conditions d'intégrabilité d'une fonction des variables x, y, et de leurs coefficiens différentiels successifs.

404. La variable indépendante étant x, soient

$$\frac{dy}{dx} = p, \quad \frac{d^2y}{dx^2} = q, \quad \frac{d^3y}{dx^3} = r \ldots \ (112),$$

et ainsi de suite. Si l'on prend une expression $V dx$ dans laquelle V soit fonction de x, de y, de p, de q, etc., il faudra pour que $V dx$ soit une différentielle exacte, qu'elle provienne par la différenciation d'une certaine fonction que nous désignerons par z; nous aurons donc $V dx = dz$, ou plutôt

$$V = \frac{1}{dx}\, dz \ldots \ (113).$$

Supposons que V ne contienne que x et y, et que les coefficiens différentiels p et q; c'est-à-dire qu'on ait

$$V = F\left(x, \ y, \ \frac{dy}{dx}, \ \frac{d^2y}{dx^2}\right),$$

l'expression $V dx$, à cause des coefficiens différentiels $\dfrac{dy}{dx}$ et $\dfrac{d^2y}{dx^2}$ qu'elle renferme, appartiendra au second ordre; il en sera donc de même de dz; par conséquent z devra être une fonction du premier ordre, et ne contiendra point q. Ainsi l'on aura en la différenciant

$$dz = \frac{dz}{dx}\, dx + \frac{dz}{dy}\, dy + \frac{dz}{dp}\, dp \ldots \ (114);$$

mettant cette valeur de dz dans l'équation (113), on obtiendra

$$V = \frac{1}{dx}\left(\frac{dz}{dx}\, dx + \frac{dz}{dy}\, dy + \frac{dz}{dp}\, dp\right);$$

faisant passer le diviseur dx sous la parenthèse, on aura

$$V = \frac{dz}{dx} + \frac{dz}{dy} \cdot \frac{dy}{dx} + \frac{dz}{dp} \cdot \frac{dp}{dx};$$

mettant au lieu des coefficiens différentiels, leurs valeurs données par les équations (112), on trouvera

$$V = \frac{dz}{dx} + \frac{dz}{dy}\, p + \frac{dz}{dp}\, q \ldots\ (115).$$

Soit maintenant

$$dV = Mdx + Ndy + Pdp + Qdq \ldots\ (116),$$

les équations (113) et (115) vont nous fournir les moyens de déterminer les coefficiens M, N, P, Q en fonction des ceofficiens différentiels $\frac{dz}{dx}$, $\frac{d^2z}{dx^2}$, etc. Pour cet effet la valeur $M = \frac{dV}{dx}$, tirée de l'équation (116), étant mise dans l'équation (113) différenciée par rapport à x, on a

$$M = \frac{1}{dx} \cdot \frac{d^2z}{dx};$$

on trouvera de même

$$\frac{dV}{dy} \quad \text{ou} \quad N = \frac{1}{dx} \cdot \frac{d^2z}{dy} \ldots\ (117).$$

A l'égard de P, le coefficient différentiel $\frac{dV}{dp}$, qui en est la valeur, se trouvera en différenciant l'équation (115) par rapport à p et en divisant par dp ; et, si l'on observe que $d.uv = udv + vdu$, on aura

$$\frac{dV}{dp} \quad \text{ou} \quad P = \frac{d^2z}{dxdp} + \frac{dz}{dy} + \frac{d^2z}{dydp}\, p + \frac{d^2z}{dp^2}\, q + \frac{dz}{dp}\frac{dq}{dp} \ldots\ (118).$$

Or, le terme affecté de $\frac{dq}{dp}$ est nul, car

$$\frac{dq}{dp} = \frac{d^2p}{dxdp} = \frac{d\frac{dp}{dp}}{dx} = \frac{d1}{dx} = \frac{d.constante}{dx};$$

et comme une constante n'a point de différentielle, nous supprimerons le terme affecté de $\frac{dq}{dp}$ (*), ce qui réduira la valeur de l'équation (118) à

$$P = \frac{dz}{dy} + \frac{d^2z}{dxdp} + \frac{d^2z}{dydp}\, p + \frac{d^2z}{dp^2}\, q \ldots\ (119).$$

Cette valeur va se simplifier ; car l'équation (114), étant différenciée par rapport à p, nous donne

---

(*) Si, au lieu des seuls coefficiens différentiels p et q, on avait encore r, s, t, etc., en suivant la même marche, on tomberait sur les expressions $\frac{dr}{dp}$, $\frac{ds}{dp}$, $\frac{dt}{dp}$, etc. ; et, par une démonstration analogue, on prouverait facilement que ces expressions sont nulles.

$$d\,\frac{dz}{dp} = \frac{d^2z}{dx\,dp}\,dx + \frac{d^2z}{dy\,dp}\,dy + \frac{d^2z}{dp^2}\,dp,$$

et en divisant par dx, on a

$$\frac{1}{dx}\,d\,\frac{dz}{dp} = \frac{d^2z}{dx\,dp} + \frac{d^2z}{dy\,dp}\,p + \frac{d^2z}{dp^2}\,q.$$

Cette valeur des trois derniers termes de l'équation (119) la réduira à

$$P = \frac{dz}{dy} + \frac{1}{dx}\,d\,\frac{dz}{dp}.$$

En opérant de même par rapport à Q, on trouvera

$$Q = \frac{dz}{dp} + \frac{1}{dx}\,d\,\frac{dz}{dq};$$

et comme, dans notre hypothèse, la fonction z du premier ordre ne peut renfermer d^2y et par conséquent q, il faudra supprimer le terme où entre $\frac{dz}{dq}$, ce qui réduira la valeur de Q à

$$Q = \frac{dz}{dp}:$$

en résumé, nous avons

$$\left.\begin{array}{ll} M = \dfrac{1}{dx}\dfrac{d^2z}{dx}, & N = \dfrac{1}{dx}\,d.\,\dfrac{dz}{dy} \\[2ex] P = \dfrac{dz}{dy} + \dfrac{1}{dx}\,d.\,\dfrac{dz}{dp}, & Q = \dfrac{dz}{dp} \end{array}\right\} \ldots (120).$$

Il ne s'agit plus que d'éliminer entre ces équations la fonction z, qui nous est inconnue ; or, en considérant les coefficiens différentiels qui s'y rencontrent, nous voyons qu'il en existe de deux sortes qui sont communs à plusieurs de ces équations : ce sont $\frac{dz}{dy}$ et $\frac{dz}{dp}$ qui entrent dans les valeurs de P, de N et de Q. Cherchons à éliminer ces deux coefficiens différentiels entre nos trois équations : pour cela, nous remarquerons que la différentielle de $\frac{dz}{dy}$ qui entre dans la valeur de N est celle du terme $\frac{dz}{dy}$ qu'on trouve dans la valeur de P ; nous différencierons donc l'équation qui a P pour premier membre, et en divisant par dx, nous trouverons

$$\frac{dP}{dx} = \frac{1}{dx}\,d.\,\frac{dz}{dy} + \frac{1}{dx^2}\,d^2\,\frac{dz}{dp};$$

par conséquent en retranchant de cette équation la seconde des équations (120), nous obtiendrons

$$\frac{dP}{dx} - N = \frac{1}{dx^2}\,d^2\,\frac{dz}{dp}.$$

Il nous reste encore ici un terme qui contient z ; mais nous l'éliminerons à l'aide de la quatrième équation (120), différenciée deux fois, ce qui nous donnera

$$N - \frac{dP}{dx} + \frac{d^2Q}{dx^2} = 0 \dots \text{(121)}.$$

Telle sera l'équation de condition qui devra avoir lieu, pour que V étant fonction de x, de y, de p et de q, l'expression Vdx soit une différentielle exacte.

En général, si V est une fonction de x, de y et des coefficiens différentiels p, q, r, s, t, etc., on trouvera

$$N - \frac{dP}{dx} + \frac{d^2Q}{dx^2} - \frac{d^3R}{dx^3} + \frac{d^4S}{dx^4} - \frac{d^5T}{dx^5} + \text{etc.} = 0 \dots \text{(122)}.$$

405. Par exemple, si l'on avait $mdx + ndy$, en mettant cette expression sous la forme $(m + np)dx$, la fonction V serait dans ce cas égale à $m + np$, et l'on en déduirait

$$N = \frac{dm}{dy} + \frac{dn}{dy} p, \quad P = n, \quad \frac{1}{dx} dP = \frac{1}{dx} \left(\frac{dn}{dx} dx + \frac{dn}{dy} dy \right) = \frac{dn}{dx} + \frac{dn}{dy} p ;$$

ces valeurs de N et de $\frac{1}{dx} dP$ mises dans l'équation $N - \frac{1}{dx} dP = 0$, la convertiraient en

$$\frac{dm}{dy} + \frac{dn}{dy} p - \frac{dn}{dx} - \frac{dn}{dy} p = 0 ;$$

et en réduisant on trouverait

$$\frac{dm}{dy} = \frac{dn}{dx},$$

ce qui est l'équation de condition (111) de l'article 401.

Intégration des fonctions de deux variables qui remplissent les conditions d'intégrabilité. — Recherches des facteurs propres à rendre intégrables les équations qui ne le sont pas immédiatement.

406. Proposons-nous maintenant d'intégrer une différentielle à deux variables, lorsqu'il a été reconnu qu'elle est exacte. Pour cet effet, nous remarquerons d'abord que

lorsqu'une fonction u de x et de y, par la différenciation, a donné $\mathrm{M}dx + \mathrm{N}dy$, le terme $\mathrm{M}dx$ a été obtenu, en regardant y comme constant. Par conséquent, lorsque nous intégrerons la partie $\mathrm{M}dx$, la constante que nous ajouterons pourra renfermer y, et en la représentant par Y, sauf, si le cas l'exige, à regarder Y comme une constante ordinaire, nous écrirons

$$u = \int \mathrm{M}dx + \mathrm{Y} = 0 \ldots \text{ (123)}.$$

Cette équation étant celle qui, par la différenciation, a dû nous donner $\mathrm{M}dx + \mathrm{N}dy = 0$, il suit de là que N n'est autre chose que le coefficient différentiel de $\int \mathrm{M}dx + \mathrm{Y}$, par rapport à y.

En effectuant cette différenciation, nous aurons

$$\mathrm{N} = \frac{d\int \mathrm{M}dx}{dy} + \frac{d\mathrm{Y}}{dy};$$

on tire de cette équation

$$\frac{d\mathrm{Y}}{dy} = \mathrm{N} - \frac{d\int \mathrm{M}dx}{dy},$$

et en intégrant,

$$\mathrm{Y} = \int \left(\mathrm{N} - \frac{d\int \mathrm{M}dx}{dy} \right) dy;$$

cette valeur de Y mise dans l'équation (123), on obtient

$$u = \int \mathrm{M}dx + \int \left(\mathrm{N} - \frac{d\int \mathrm{M}dx}{dy} \right) dy \ldots \text{ (124)}.$$

Il est à observer que $\mathrm{N} - \dfrac{d\int \mathrm{M}dx}{dy}$ ne renferme pas x, puisque cette expression, multipliée par dy, doit donner pour intégrale une fonction Y de la seule variable y.

407. Pour démontrer que l'expression $N - \dfrac{d\int M dx}{dy}$ n'est pas une fonction de x, nous en prendrons le coefficient différentiel par rapport à x, et nous aurons

$$\frac{dN}{dx} - \frac{d(d\int M dx)}{dy\,dx} \quad \dots \quad (125);$$

et en changeant l'ordre des différenciations, la seconde partie de cette expression deviendra

$$\frac{d(d\int M dx)}{dx\,dy} = \frac{d\left(\dfrac{d\int M dx}{dx}\right)}{dy};$$

or, l'intégrale $\int M dx$ ayant été prise par rapport à x, la différentielle de $\int M dx$, relativement à la même variable x, sera $M dx$; donc $\dfrac{d\int M dx}{dx} = M$,

ce qui réduit l'expression $\dfrac{d\left(\dfrac{d\int M dx}{dx}\right)}{dy}$ à $\dfrac{dM}{dy}$; substituant cette valeur

dans l'expression (125), nous aurons $\dfrac{dN}{dx} - \dfrac{dM}{dy}$; or, cette quantité est nulle d'après l'équation de condition d'intégrabilité; d'où il suit que la différentielle de $N - \dfrac{d\int M dx}{dy}$ par rapport à x, est nulle, ce qui prouve que cette expression ne renferme pas x.

408. Au moyen de la formule (124), on peut intégrer toute fonction de deux variables qui satisfait à la condition d'intégrabilité. Prenons pour exemple,

$$(6xy - y^2)dx + (3x^2 - 2xy)dy \dots \quad (126).$$

Comparant cette expression à $M dx + N dy$, nous avons

$$6xy - y^2 = M, \quad 3x^2 - 2xy = N.$$

Par conséquent, la condition d'intégrabilité est remplie, puisque l'on trouve

$$\frac{dM}{dy} = 6x - 2y = \frac{dN}{dx};$$

intégrant l'expression $(6xy - y^2)dx$, dans l'hypothèse de y constant, nous aurons

$$\int M dx = \int (6xy - y^2) dx = 3x^2 y - y^2 x \,;$$

substituant cette valeur et celle de N dans l'équation (124), nous obtiendrons

$$u = 3x^2 y - y^2 x + \int \left[3x^2 - 2xy - \frac{d(3x^2 y - y^2 x)}{dy} \right] dy.$$

La partie affectée du signe d'intégration, en exécutant la différenciation indiquée, se réduit à

$$\int (3x^2 - 2xy - 3x^2 + 2xy) \, dy \,;$$

et, en ôtant le signe d'intégration, on a une différentielle dont les termes se détruisent : il suit de là que l'expression

$$\int \left[3x^2 - 2xy - \frac{d(3x^2 y - y^2 x)}{dy} \right] dy,$$

est constante, vu que toute quantité dont la différentielle est nulle, est constante; d'où il résulte que l'intégrale cherchée est $3x^2 y - y^2 x + constante$.

409. Si l'on n'eût pas voulu employer la formule trouvée par l'art. 406, on aurait pu faire directement le calcul de la manière suivante :

On intégrera l'expression (126), en regardant y comme constant, et l'on aura

$$\int M dx = \int (6xy - y^2) dx + Y,$$

ou

$$u = 3x^2 y - y^2 x + Y \dots \quad (127);$$

différenciant cette équation par rapport à y, on obtiendra

$$\frac{du}{dy} = 3x^2 - 2xy + \frac{dY}{dy} \,;$$

$\frac{du}{dy}$ n'étant autre chose que la coefficient de dy dans l'expression (126), nous avons aussi

$$\frac{du}{dy} = 3x^2 - 2xy \, ;$$

comparant ces valeurs, nous trouverons $\dfrac{dY}{dy} = 0$, et par conséquent $Y = constante$; mettant cette valeur dans l'équation (127), nous trouverons

$$u = 3x^2 y - y^2 x + constante.$$

410. Soit encore la fonction

$$(2y^2 x + 3y^3)dx + (2x^2 y + 9xy^2 + 8y^3)dy \, ;$$

si on la compare à l'expression $Mdx + Ndy$, on trouvera

$$M = 2y^2 x + 3y^3, \quad N = 2x^2 y + 9xy^2 + 8y^3 \, ;$$

et comme l'on a

$$\frac{dM}{dy} = 4yx + 9y^2 = \frac{dN}{dx},$$

la fonction proposée est une différentielle exacte. Intégrant par rapport à x, nous aurons

$$\int Mdx = y^2 x^2 + 3y^3 x + Y,$$

ou

$$u = y^2 x^2 + 3y^3 x + Y;$$

différenciant cette expression par rapport à y, on obtiendra

$$\frac{du}{dy} = \frac{d(y^2 x^2 + 3y^3 x)}{dy} + \frac{dY}{dy};$$

d'une autre part $\dfrac{du}{dy}$ représentant le coefficient de dy dans l'équation proposée, nous aurons encore

$$\frac{du}{dy} = 2x^2 y + 9xy^2 + 8y^3 \, ;$$

de ces deux valeurs de $\dfrac{du}{dy}$ on tire cette équation

$$\frac{d(y^2x^2 + 3y^3x)}{dy} + \frac{dY}{dy} = 2x^2y + 9xy^2 + 8y^3,$$

et en affectant la différenciation indiquée par rapport à y, on a

$$2x^2y + 9y^2x + \frac{dY}{dy} = 2x^2y + 9xy^2 + 8y^3,$$

équation qui se réduit à

$$\frac{dY}{dy} = 8y^3;$$

donc

$$Y = \int 8y^3 dy = 2y^4 + C,$$

et par conséquent l'intégrale cherchée est

$$u = y^2x^2 + 3y^3x + 2y^4 + C.$$

411. On a vu, art. 403, que l'équation $ydx - xdy = 0$ n'était pas une différentielle exacte, parce que cette équation avait perdu le facteur commun $\dfrac{1}{y^2}$; on sent donc qu'il peut exister des équations qui, telles que celle-ci, ne sont pas immédiatement intégrables, mais qui le deviendraient si l'on pouvait restituer ce facteur.

412. Soit en général l'équation $Pdx + Qdy = 0$, qui est une différentielle exacte, et z le facteur commun, que, pour plus de généralité, nous supposerons une fonction de x et de y; nous aurons

$$P = Mz, \quad Q = Nz.$$

Si l'on substitue ces valeurs dans l'équation précédente, le facteur commun z disparaîtra, et l'on aura

$$Mdx + Ndy = 0 \ldots\ (128).$$

L'équation $P dx + Q dy = 0$ étant une différentielle exacte par hypothèse, on aura

$$\frac{dP}{dy} = \frac{dQ}{dx};$$

mettant pour P et pour Q leurs valeurs, cette équation deviendra

$$\frac{dMz}{dy} = \frac{dNz}{dx};$$

et en développant, on trouvera

$$\frac{Mdz}{dy} + \frac{zdM}{dy} = \frac{Ndz}{dx} + \frac{zdN}{dx} \ldots \ (129).$$

413. Lorsque le facteur commun z est constant, $\frac{dz}{dy}$ et $\frac{dz}{dx}$ étant nuls, l'équation (129) devient

$$\frac{dM}{dy} = \frac{dN}{dx},$$

et par conséquent la condition nécessaire pour que l'équation (128) soit une différentielle exacte, est remplie. Mais, lorsque z est une fonction de x et de y, la détermination de z dépend de l'équation (129); or, cette équation est plus difficile à intégrer que la proposée, qui ne renferme que le seul coefficient différentiel $\frac{dy}{dx}$, tandis que l'équation (129) renferme les deux coefficiens différentiels $\frac{dz}{dx}$ et $\frac{dz}{dy}$, et contient trois variables x, y, z.

414. Si l'équation est homogène, il est très facile de déterminer ce facteur; car soit $M dx + N dy = 0$, une équation homogène, qui devienne intégrable par la multiplication d'une fonction homogène z de x et de y; appelant u l'intégrale de l'équation $z M dx + z N dy = 0$, on a

$$zMdx + zNdy = du \dots (130);$$

cette équation étant homogène, on en déduit, art. 394,

$$zMx + zNy = nu \dots (131);$$

or, si la dimension de M est représentée par m, et celle de z par k, la dimension de l'un des termes zMx, zNy sera donc $m + k + 1$; cette valeur étant mise à la place de n, dans l'équation précédente, nous aurons

$$zMx + zNy = (m + k + 1)\,u;$$

divisant l'équation (130) par celle-ci, nous trouverons

$$\frac{Mdx + Ndy}{Mx + Ny} = \frac{du}{u} \times \frac{1}{m + k + 1}.$$

Le second membre de cette équation étant une différentielle exacte, il en doit être de même du premier ; d'où il suit que $\dfrac{1}{Mx + Ny}$ doit être un facteur propre à rendre intégrable l'équation homogène $Mdx + Ndy = 0$.

415. Si le facteur commun z, qui doit rendre homogène la proposée, n'est fonction que de x, on a $\dfrac{dz}{dy} = 0$, ce qui réduit l'équation (129) à

$$\frac{zdM}{dy} = \frac{Ndz}{dx} + z\frac{dN}{dx},$$

d'où l'on tire

$$\frac{Ndz}{dx} = z\left(\frac{dM}{dy} - \frac{dN}{dx}\right),$$

et par conséquent

$$\frac{dz}{z} = \left(\frac{\dfrac{dM}{dy} - \dfrac{dN}{dx}}{N}\right) dx \dots (132);$$

intégrant, on a

$$\log z = \int \left(\frac{\dfrac{dM}{dy} - \dfrac{dN}{dx}}{N} \right) dx = \int \frac{1}{N} \left(\frac{dM}{dy} - \frac{dN}{dx} \right) dx \, ;$$

multipliant par $\log e$, changeant le coefficient de $\log e$ en exposant, et passant aux nombres, on trouve

$$z = e^{\int \frac{1}{N} \left(\frac{dM}{dy} - \frac{dN}{dx} \right) dx} \qquad \dots \ (133).$$

Il ne s'agira donc plus que de multiplier l'équation proposée par ce facteur z, pour qu'elle devienne une différentielle exacte.

416. Soit, par exemple, $y\,dx - x\,dy = 0$; on a

$$M = y, \quad N = -x, \quad \frac{dM}{dy} - \frac{dN}{dx} = 2,$$

au moyen de ces valeurs la formule (132) nous donne

$$\int \frac{dz}{z} = \int \frac{2\,dx}{-x} \, ;$$

d'où l'on tire, en intégrant,

$$\log z = -2 \log x + \log C = -\log x^2 + \log C = \log \frac{C}{x^2} \, ;$$

et en passant aux nombres, on trouve $z = \dfrac{C}{x^2}$: par conséquent l'expression $\dfrac{C(y\,dx - x\,dy)}{x^2}$ sera une différentielle exacte.

417. On peut trouver une infinité de facteurs qui jouissent de la même propriété. En effet, soit z un facteur qui rende exacte l'équation $Mz\,dx + Nz\,dy = 0$; en représentant par u l'intégrale de cette équation, nous aurons

$$Mz\,dx + Nz\,dy = du \, ;$$

multipliant les deux membres par φu, nous obtiendrons

$$\varphi u\,(\mathrm{M}z dx + \mathrm{N}z dy) = \varphi u\,du.$$

La forme de φu étant arbitraire, nous pouvons faire, par exemple, $\varphi u = 2u^2$, et alors $2u^2 du$ étant une différentielle exacte,

$$2u^2(\mathrm{M}z dx + \mathrm{N}z dy) = 2u^2 du$$

en sera aussi une ; donc le facteur $2zu^2$ aura la propriété de rendre intégrable l'expression

$$\mathrm{M}dx + \mathrm{N}dy = 0.$$

On voit qu'on peut faire une infinité d'autres hypothèses sur φu.

Des conditions d'intégrabilité des fonctions de trois et d'un plus grand nombre de variables. Intégration des équations de trois variables qui y satisfont. De l'équation de condition qui a lieu pour que l'intégration des équations différentielles à trois variables dépende d'un facteur commun, et des moyens de satisfaire à la proposée, lorsque cette équation de condition n'existe pas.

418. Proposons-nous de déterminer les conditions d'intégrabilité de la différentielle d'une fonction de trois variables x, y, z ; cette fonction étant représentée par u, nous aurons

$$du = \mathrm{M}dx + \mathrm{N}dy + \mathrm{P}dz\ldots\ (134);$$

par conséquent,

$$\mathrm{M} = \frac{du}{dx}, \quad \mathrm{N} = \frac{du}{dy}, \quad \mathrm{P} = \frac{du}{dz}.$$

On peut combiner deux à deux ces équations, de trois manières différentes :

$$1^\circ.\ \frac{du}{dx} = \mathrm{M} \quad \text{et} \quad \frac{du}{dy} = \mathrm{N},$$

$$2^\circ.\ \frac{du}{dx} = \mathrm{M} \quad \text{et} \quad \frac{du}{dz} = \mathrm{P},$$

$$3^\circ.\ \frac{du}{dy} = \mathrm{N} \quad \text{et} \quad \frac{du}{dz} = \mathrm{P}.$$

Par une démonstration analogue à celle que nous avons donnée précédemment, on déduira de ces équations celles-ci :

$$\frac{dM}{dy} = \frac{dN}{dx}, \quad \frac{dM}{dz} = \frac{dP}{dx}, \quad \frac{dN}{dz} = \frac{dP}{dy}, \ldots \quad (135).$$

En général, s'il y a n variables, on aura autant d'équations de condition que ces variables peuvent donner de produits distincts deux à deux, et par conséquent $\dfrac{n(n-1)}{2}$ équations de condition.

419. Lorsque la différentielle du est nulle, l'équation (134) se réduit à

$$Mdx + Ndy + Pdz = 0 ;$$

mettons-la sous la forme

$$dz = mdx + ndy \ldots \quad (136),$$

en faisant

$$\frac{M}{P} = -m, \quad \frac{N}{P} = -n \ldots \quad (137).$$

Or, si nous regardons z comme une fonction de x et de y, nous pourrons traiter l'équation (136) comme si elle ne renfermait que ces deux variables ; par conséquent, la condition d'intégrabilité se réduira à celle de l'art. 401, c'est-à-dire qu'il faudra que la différentielle de m, prise par rapport à y, et divisée par cette variable, soit égale à la différentielle de n par rapport à x, et divisée par x. Pour obtenir ces expressions, nous remarquerons que la première ne sera pas seulement $\dfrac{dm}{dy}$, mais devra avoir un second terme provenant de la différenciation de la variable z, regardée comme fonction de y ; ce terme sera donc représenté, art. 26 et 66, par $\dfrac{dm}{dz}\dfrac{dz}{dy}$. Ce que nous disons de la différentielle totale, prise par rapport à y, devant s'appliquer à la différentielle totale, prise par rapport à x, l'équation de condition (111), art. 401, sera, dans le cas présent,

$$\frac{dm}{dy} + \frac{dm}{dz}\frac{dz}{dy} = \frac{dn}{dx} + \frac{dn}{dz}\frac{dz}{dx} ;$$

transposant et observant que, d'après l'équation (136), $\dfrac{dz}{dx} = m$, et que $\dfrac{dz}{dy} = n$, on a

$$\frac{dm}{dy} - \frac{dn}{dx} + n\frac{dm}{dz} - m\frac{dn}{dz} = 0 \ldots \quad (138).$$

Or, en différenciant les équations (137), d'après l'art. 16, on a

$$\frac{dm}{dy} = -\ \frac{P\dfrac{dM}{dy} - M\dfrac{dP}{dy}}{P^2}, \quad \frac{dn}{dx} = -\ \frac{P\dfrac{dN}{dx} - N\dfrac{dP}{dx}}{P^2},$$

$$n\,\frac{dm}{dz} = \frac{N}{P}\cdot\frac{P\dfrac{dM}{dz} - M\dfrac{dP}{dz}}{P^2}, \quad m\,\frac{dn}{dz} = \frac{M}{P}\cdot\frac{P\dfrac{dN}{dz} - N\dfrac{dP}{dz}}{P^2}.$$

Substituant ces valeurs dans l'équation (138), réduisant les deux derniers termes et supprimant le dénominateur commun P^2, nous trouverons, en changeant tous les signes,

$$P\frac{dM}{dy} - M\frac{dP}{dy} - P\frac{dN}{dx} + N\frac{dP}{dx} - N\frac{dM}{dz} + M\frac{dN}{dz} = 0.\dots\ (139).$$

Telle est l'équation de condition qui doit avoir lieu pour que z puisse être considéré comme une fonction de deux variables indépendantes x et y, c'est-à-dire pour qu'il puisse exister une équation finie entre ces trois variables ; par conséquent, si l'on prend au hasard une équation $Mdx + Ndy + Pdz = 0$, entre trois variables, avant que de savoir si l'equation (139) est remplie, on ne pourra pas affirmer que l'une des variables est fonction des deux autres ; c'est-à-dire que l'équation différentielle proposée nécessite l'existence d'une certaine équation entre x, y et z, ou, en d'autres termes, que cette équation différentielle ait une équation unique pour intégrale.

420. Une équation différentielle à trois variables, pour laquelle l'équation (139) ne se réalise pas, était autrefois regardée comme absurde, ou du moins comme insignifiante ; Monge, ainsi que nous allons bientôt le faire voir, prouva que l'on était dans l'erreur.

Lorsque les équations (135) ne sont pas satisfaites, si nous représentons par λ le facteur propre à rendre $Mdx + Ndy + Pdz$ une différentielle exacte, les équations de condition (135) deviendront

$$\frac{d\lambda M}{dy} = \frac{d\lambda N}{dx}, \quad \frac{d\lambda M}{dz} = \frac{d\lambda P}{dx}, \quad \frac{d\lambda N}{dz} = \frac{d\lambda P}{dy};$$

effectuant les différenciations indiquées, on obtient

$$\left.\begin{aligned}
M\frac{d\lambda}{dy} - N\frac{d\lambda}{dx} + \lambda\left(\frac{dM}{dy} - \frac{dN}{dx}\right) &= 0,\\
M\frac{d\lambda}{dz} - P\frac{d\lambda}{dx} + \lambda\left(\frac{dM}{dz} - \frac{dP}{dx}\right) &= 0,\\
N\frac{d\lambda}{dz} - P\frac{d\lambda}{dy} + \lambda\left(\frac{dN}{dz} - \frac{dP}{dy}\right) &= 0.
\end{aligned}\right\}\ \dots\ (140).$$

Si l'on multiplie la première de ces équations par P, la seconde par —N, et la troisième par M, et qu'on les ajoute, les termes qui ne sont pas entre les parenthèses se détruiront; l'équation étant divisible par λ, ce facteur disparaîtra, et il restera

$$P\,\frac{dM}{dy} - P\,\frac{dN}{dx} - N\,\frac{dM}{dz} + N\,\frac{dP}{dx} + M\,\frac{dN}{dz} - M\,\frac{dP}{dy} = 0\,;$$

résultat qui n'est autre chose que l'équation (139), et qui s'accorde avec ce que nous avons dit sur la fin de l'article (419); car, pour que la proposée soit intégrable à l'aide d'un facteur λ, il faut que, comme dans tous les autres genres d'intégration, elle nous conduise à une équation unique entre x, y et z, condition exprimée par l'équation (139). Lorsque cette équation sera satisfaite, la détermination du facteur λ ne dépendra plus que de deux des trois équations de condition (140), puisque leur combinaison avec l'équation (139) reproduira la troisième (*).

421. Examinons de quelle manière on peut déterminer l'intégrale, lorsque l'équation (139) est satisfaite. Pour cet effet, regardons l'une des variables, z par exemple, comme constante, la proposée représentée par

$$Mdx + Ndy + Pdz = 0 \dots\ (141),$$

se réduira nécessairement, dans cette hypothèse, à

$$Mdx + Ndy = 0 \dots\ (142).$$

Si cette dernière équation n'est pas immédiatement intégrable, c'est

---

(*) Cela est facile à vérifier; en effet, si l'on avait, par exemple, les deux équations

$$M\,\frac{d\lambda}{dy} - N\,\frac{d\lambda}{dx} + \lambda\left(\frac{dM}{dy} - \frac{dN}{dx}\right) = 0,$$

$$N\,\frac{d\lambda}{dz} - P\,\frac{d\lambda}{dy} + \lambda\left(\frac{dN}{dz} - \frac{dP}{dy}\right) = 0,$$

en ajoutant la première multipliée par P à la seconde multipliée par M, et retranchant de cette somme le produit de l'équation (139) par λ, on trouverait en réduisant, et en supprimant ensuite le facteur commun N,

$$M\,\frac{d\lambda}{dz} - P\,\frac{d\lambda}{dx} + \lambda\left(\frac{dM}{dz} - \frac{dP}{dx}\right) = 0\,;$$

ce qui est la seconde des équations (140).

qu'il est possible que cela provienne d'un facteur commun qui aura disparu de l'équation (141). Désignons-le par λ, nous aurons, en le restituant dans la proposée,

$$\lambda M dx + \lambda N dy + \lambda P dz = 0 \dots (143),$$

et en faisant z constant, cette équation deviendra

$$\lambda M dx + \lambda N dy = 0 \dots (144).$$

Or si, par un procédé quelconque, nous trouvons un facteur qui rende intégrable l'équation (142), nous le regarderons comme étant celui que nous avons nommé λ; alors l'équation (144) devenant une différentielle exacte, nous pourrons en obtenir l'intégrale que nous représenterons par V. Cette intégrale sera en général une fonction des variables x, y et de z, traitée comme constante; par conséquent elle devra être complétée par une constante arbitraire (art. 406) fonction de z, que nous désignerons par φz; de sorte que nous aurons

$$V + \varphi z = 0 \dots (145);$$

différenciant cette équation par rapport à la seule variable z, on obtiendra

$$\left(\frac{dV}{dz} + \frac{d\varphi z}{dz} \right) dz;$$

la quantité renfermée entre les parenthèses devant être identique à celle qui multiplie dz, dans l'équation (143), on aura donc

$$\lambda P = \frac{dV}{dz} + \frac{d\varphi z}{dz} \dots (146),$$

d'où l'on tirera

$$\frac{d\varphi z}{dz} = \lambda P - \frac{dV}{dz} \dots (147);$$

et comme la fonction φz, qui a été donnée par l'intégration, ne peut renfermer d'autre variable que z, il en sera de même de $\frac{d\varphi z}{dz}$. Donc, en vertu de l'équation (147), il faudra aussi que $\lambda P - \frac{dV}{dz}$ se réduise à une fonction de la seule variable z.

Il suit de ce qui précède, qu'après avoir reconnu que l'équation (139) est satisfaite, on regardera l'une des variables comme constante, z par exemple, ce qui réduira l'équation (141) à l'équation (142). On examinera ensuite si les deux termes $M dx + N dy$ ne peuvent pas devenir intégrables, en les multipliant par une quantité que nous avons désignée par λ. Lorsqu'on sera parvenu à trouver ce facteur, on déterminera V ; les valeurs de λ, de $\dfrac{dV}{dz}$ et de P, étant alors substituées dans l'équation (147), feront connaître $\dfrac{d\varphi z}{dz}$. Par conséquent, en intégrant $\dfrac{d\varphi z}{dz}\,dz$, on obtiendra la valeur de φz, qu'on mettra, ainsi que celle de V, dans l'équation (145), ce qui donnera l'intégrale cherchée.

422. Soit, par exemple,

$$ y z\,dx - x z\,dy + y x\,dz = 0 \dots \ (148), $$

qui satisfait à l'équation (139). Il s'agit d'abord d'intégrer......... $y z\,dx - x z\,dy = 0$, en regardant z comme constant. Pour cela, on écrira ainsi cette équation :

$$ z\,(y\,dx - x\,dy) = 0 ; $$

et en remarquant que la partie qui est entre les parenthèses devient la différentielle exacte de $\dfrac{x}{y}$ lorsqu'on la multiplie par $\dfrac{1}{y^2}$, on reconnaît que, dans le cas présent, on a

$$ \lambda = \frac{1}{y^2}, \quad \text{et} \quad V = \frac{z x}{y}. $$

Différenciant donc cette dernière quantité par rapport à z seul, l'expression $\dfrac{dV}{dz}$ devient $\dfrac{x}{y}$. Cette valeur et celle de λ étant substituées dans l'équation (147), cette équation deviendra

$$ \frac{d\varphi z}{dz} = \frac{P}{y^2} - \frac{x}{y} ; $$

et comme P n'est autre chose que le multiplicateur de dz de l'équation (148), nous en restituerons la valeur, et nous aurons

$$ \frac{d\varphi z}{dz} = \frac{x}{y} - \frac{x}{y}, $$

ou plutôt

$$ \frac{d\varphi z}{dz} = 0 ; $$

donc $\varphi z = constante$.

Cette valeur et celle de V convertissent enfin l'équation (145), en

$$\frac{zx}{y} + C = 0,$$

ce qui est l'intégrale de la proposée.

423. Prenons pour second exemple, l'équation

$$zy\,dx + xz\,dy + xy\,dz + az^2\,dz = 0 ,$$

qui satisfait également à l'équation de condition (139). Nous intégrerons donc $zy\,dx + xz\,dy$, en regardant z comme constant, et nous aurons

$$zxy + \varphi z = 0 \dots\ (149).$$

Cette intégration s'étant effectuée sans qu'on ait eu besoin de restituer un facteur, ou voit que dans le cas présent λ peut être considéré comme étant égal à l'unité. Ainsi l'expression $\dfrac{dV}{dz}$ s'obtiendra en différenciant seulement le produit zxy par rapport à z, ce qui donnera $\dfrac{dV}{dz} = xy$. Au moyen de cette quantité et de celle de P, qui est $xy + az^2$, l'équation (147) deviendra

$$\frac{d\varphi z}{dz} = xy + az^2 - xy ,$$

ou plutôt

$$\frac{d\varphi z}{dz} = az^2 ;$$

multipliant par dz, et intégrant par rapport à z, nous obtiendrons

$$\varphi z = \frac{az^3}{3} + C = 0 ;$$

d'où nous conclurons que l'intégrale cherchée est

$$xyz + \frac{az^3}{3} + C.$$

424. Lorsque l'équation (139) n'est pas satisfaite, on ne saurait admettre qu'il existe une équation qui étant différenciée, produise la proposée ; par conséquent l'équation (147), qui repose sur cette hypothèse, ne saurait subsister ; c'est ce qui va devenir sensible dans l'exemple suivant :

Soit donc

$$xy\,dx - zx\,dy + (z^2 - y^2)\,dz = 0 ;$$

une équation qui ne satisfait pas à l'équation de condition (139),

Examinons de quoi se compose, dans le cas présent, la partie $\lambda P - \dfrac{dV}{dz}$ qui formerait le second membre de l'équation (147), si cette équation avait lieu. Pour cet effet, en regardant z comme constant, nous aurons

$$x y \, dx - z x \, dy = 0,$$

équation qui devient intégrable si on la divise par xy; donc

$$\lambda = \frac{1}{xy}, \quad \text{et} \quad V = x - z \log y;$$

par conséquent $\lambda P - \dfrac{dV}{dz}$ a pour valeur

$$\frac{z^2 - y^2}{xy} + \log y.$$

Or, cette quantité étant une fonction de trois variables x, y, z, ne peut se réduire à une fonction de z seul, comme l'exigerait l'équation (147), si elle avait lieu ; donc, dans le cas actuel, cette équation (147) ne saurait subsister.

425. Soit maintenant $M dx + N dy + P dz = 0$, une équation différentielle, pour laquelle l'équation de condition (139) ne se réalise pas; désignons par λ le facteur propre seulement à rendre intégrable la partie $M dx + N dy$, prise en regardant z comme constant, et multiplions la proposée par ce facteur, nous aurons

$$\lambda M dx + \lambda N dy + \lambda P dz = 0 \ldots \ (150);$$

intégrant la partie $\lambda M dx + \lambda N dy$, dans l'hypothèse de z constant, l'intégrale que nous obtiendrons pourra être représentée, comme dans l'article 421, par

$$V + \varphi z = 0.$$

La différentielle de cette équation étant prise par rapport aux trois variables, nous ne pourrons en conclure son identité avec l'équation (150); car l'équation de condition (139) ne subsistant pas, il en résulte que l'équation (150) ne peut être regardée comme provenant de la différenciation d'une autre équation ; et comme c'est sur cette hypothèse que repose l'équation (147), on voit qu'alors elle ne peut plus exister : mais s'il n'est pas permis d'admettre que la proposée provienne d'une seule équation différenciée, lorsque l'équation (139) ne se réalise pas, changeons donc d'hypothèse, et regardons cette proposée comme le résultat de deux équations. Prenant $V + \varphi z = 0$ pour la première, nous pourrons adopter pour la seconde une relation arbitraire entre x, y et z, pourvu toutefois que conjointement avec la première, elle entraîne la destruction de tous les termes de l'équation (150). Supposons donc que cette relation soit celle qui est donnée par l'équation (147), équation qui ne subsistait plus lorsqu'on exigeait qu'elle satisfît à la proposée ; mais qui, dans l'hypothèse actuelle, est admissible, puisqu'il est facile de reconnaître qu'avec le concours de l'équation (145) elle satisfait à l'équation (150).

En effet, en différenciant l'équation (145) par rapport aux trois variables, l'équation (144) nous fournira d'abord les termes qui proviennent de la différenciation prise par rapport à x et à y ; car nous avons vu que l'équation (145) était l'intégrale de l'équation (144) prise par rapport à ces deux variables. On ajoutera ensuite aux termes $\lambda M dx + \lambda N dy$ ainsi obtenus, ceux qui proviennent de la différenciation de l'équation (145), prise par rapport à z, et l'on aura de la sorte

$$\lambda M dx + \lambda N dy + \frac{dV}{dz}\, dz + \frac{d\varphi z}{dz}\, dz = 0.$$

Si dans cette équation on remplace les deux derniers termes par leurs valeurs tirées de l'équation (147), on obtiendra

$$\lambda M dx + \lambda N dy + \lambda P dz = 0 ;$$

équation dans laquelle on reconnaît la proposée, et qui est par conséquent satisfaite entièrement par les deux équations,

$$V + \varphi z = 0 \quad \text{et} \quad \frac{dV}{dz} + \frac{d\varphi z}{dz} = \lambda P \dots\, (151),$$

employées simultanément.

426. Prenons pour exemple l'équation

$$y dy + z dx = dz ;$$

si l'on regarde z comme constant, le facteur propre à rendre intégrable la partie $y dy + z dx$, est 2 ; par conséquent nous aurons

$$2y dy + 2z dx - 2 dz = 0 \dots\, (152) ;$$

cette équation sera satisfaite par le système des deux suivantes :

$$y^2 + 2zx + \varphi z = 0, \quad 2x + \frac{d\varphi z}{dz} + 2 = 0 \dots\, (153).$$

En effet, la première étant différenciée par rapport à toutes les variables, donnera

$$2y\,dy + 2z\,dx + 2x\,dz + \frac{d\varphi z}{dz}\,dz = 0 ;$$

tirant de cette équation la valeur de $2y\,dy + 2z\,dx$, et la substituant dans l'équation (152), on réduira celle-ci à

$$- 2x\,dz - \frac{d\varphi z}{dz}\,dz - 2\,dz = 0 ,$$

équation satisfaite d'elle-même, en vertu de la seconde des équations (153).

427. Les équations (153) nous montrent que la forme de la fonction φz est absolument arbitraire, et que, par conséquent, si l'on fait, par exemple, $\varphi z = z^3$, on y satisfera aussi par le système des équations

$$y^2 + 2zx + z^3 = 0, \quad 2x + 3z^2 + 2 = 0 \dots\dots (154).$$

428. Au moyen de ces deux équations entre trois variables, on pourra construire (*note treizième*) une courbe à double courbure qui, dans tous ses points, satisfera à la proposée ; mais, si au lieu de prendre $\varphi z = z^3$, on prenait pour φz une autre fonction de z, on déterminerait une autre courbe à double courbure, qui satisferait également à la proposée ; d'où il suit que les équations (153) représentent une suite de courbes à double courbure qui satisfont à la proposée, et qui sont liées entre elles par la propriété commune que leurs équations ne diffèrent entre elles que par les termes représentés par φz et par $\frac{d\varphi z}{dz}$.

Théorie des constantes arbitraires.

429. Une équation $V = 0$ entre x, y et des constantes, peut être considérée comme l'intégrale complète d'une certaine équation différentielle dont l'ordre dépendra du nombre de constantes que $V = 0$ renfermera. Ces constantes sont nommées *constantes arbitraires*, parce que si l'une est représentée par a, et que V ou l'une de ses différentielles soit mise sous la forme $f(x, y) = a$, on voit que a ne sera autre chose que la constante arbitraire que donnera l'intégration de $d f(x, y)$. Cela posé, si l'équation différentielle en question est de l'ordre n, chaque intégration introduisant une constante arbitraire, il fau-

dra que $V = o$, qui est censé nous être donné par la dernière de ces intégrations, contienne au moins n constantes arbitraires de plus que notre équation différentielle (*). Soient donc

$$F(x, y) = o, \quad F\left(x, y, \frac{dy}{dx}\right) = o, \quad F\left(x, y, \frac{dy}{dx}, \frac{d^2y}{dx^2}\right) = o \dots (155),$$

l'équation primitive d'une équation différentielle du second ordre, et ses différentielles immédiates ; nous pourrons, entre les deux premières de ces trois équations, éliminer successivement les constantes a et b, et obtenir

$$\varphi\left(x, y, \frac{dy}{dx}, b\right) = o, \quad \varphi\left(x, y, \frac{dy}{dx}, a\right) = o \dots (156).$$

Si, sans connaître $F(x, y) = o$, on parvenait à trouver ces équations, il suffirait d'éliminer entre elles $\dfrac{dy}{dx}$ pour obtenir $F(x, y) = o$, qui serait l'intégrale complète, puisqu'elle renfermerait les constantes arbitraires a et b.

430. Si l'on élimine la constante b entre la première des équations (156) et sa différentielle immédiate, et qu'on élimine de même la constante a entre la seconde des équations (156) et sa différentielle immédiate, on obtiendra séparément deux équations du second ordre,

---

(*) Si une équation en x et en y ne renfermait pas n constantes arbitraires de plus que l'équation différentielle de l'ordre n, elle ne pourrait en être regardée comme l'équation primitive. Par exemple, l'équation $y = ax^3$, qui nous conduit à $\dfrac{d^2y}{dx^2} = 6ax$ par deux différenciations successives, n'en est qu'une intégrale particulière. En effet, cette intégrale s'obtient en faisant $b = o$ et $c = o$ dans l'intégrale complète, qui est $y = ax^3 + bx + c$.

Observons encore qu'on ne doit considérer que comme une seule constante celles qui ensemble affectent une même puissance de x. C'est ainsi que dans cette équation $y = (a + b) x + c$, on ne compte $a + b$ que pour une constante.

Élém. de Calc. diff.   21

qui ne différeront point entre elles , autrement les valeurs de x et de y ne seraient pas les mêmes dans l'une et dans l'autre. Il suit de là qu'une équation différentielle du second ordre peut provenir de deux équations différentielles du premier ordre, qui sont nécessairement différentes, puisque la constante arbitraire de l'une n'est pas la même que la constante arbitraire de l'autre. Les équations (156) sont ce qu'on appelle les intégrales premières d'une équation différentielle du second ordre qui est unique, et dont l'équation primitive $F(x, y) = o$ est l'intégrale seconde.

431. Prenons pour exemple l'équation $y = ax + b$, qui, à cause de ses deux constantes, peut être regardée comme l'équation primitive d'une équation du second ordre. On en tire par la différenciation, et ensuite par l'élimination de a,

$$\frac{dy}{dx} = a, \quad y = x\frac{dy}{dx} + b \ldots \quad (157).$$

Ces deux intégrales premières de l'équation du second ordre que nous cherchons étant différenciées chacune en particulier, conduisent également, par l'élimination de a et de b, à l'équation unique $\dfrac{d^2 y}{dx^2} = o$.

Dans le cas où le nombre des constantes surpasse celui des constantes arbitraires requises, les constantes excédantes, par la raison qu'elles sont liées aux mêmes équations, n'amènent aucune relation nouvelle. Cherchons, par exemple, l'équation du second ordre dont la primitive est

$$y = \frac{1}{2} ax^2 + bx + c \ldots \quad (158);$$

en la différenciant on obtient

$$\frac{dy}{dx} = ax + b \ldots \quad (159).$$

L'élimination de b et ensuite celle de a entre ces équations nous donnent séparément ces deux intégrales premières :

$$y = x\,\frac{dy}{dx} - \frac{1}{2}ax^2 + c, \quad y = \frac{1}{2}x\,\frac{dy}{dx} + \frac{1}{2}bx + c\ldots\ (160).$$

En éliminant $\dfrac{dy}{dx}$ entre les équations (160), on tombe sur l'équation primitive (158). D'un autre côté, si l'on différencie la première des équations (160), on trouvera en réduisant

$$\frac{d^2 y}{dx^2} = a\ldots\ (161).$$

Si au contraire on eût différencié la seconde des équations (160), on aurait trouvé en réduisant,

$$x\,\frac{d^2 y}{dx^2} = \frac{dy}{dx} - b\,;$$

équation qui coïncide avec celle qui est désignée par le n° 161, en remplaçant le second membre par sa valeur tirée de l'équation (159) (*) ; ce qui montre que les équations (160) conduisent à la même équation par des chemins différents.

432. Appliquons de semblables considérations à l'équation différentielle du troisième ordre : en différenciant trois fois de suite l'équation $F(x, y) = 0$, nous aurons

$$F\!\left(x, y, \frac{dy}{dx}\right) = 0, \quad F\!\left(x, y, \frac{dy}{dx}, \frac{d^2 y}{dx^2}\right) = 0, \quad F\!\left(x, y, \frac{dy}{dx}, \frac{d^2 y}{dx^2}, \frac{dy^3}{dx^3}\right) = 0;$$

ces équations admettant les mêmes valeurs pour chacune des constantes arbitraires que renferme $F(x, y) = 0$, on peut en général éliminer ces constantes entre cette der-

---

(*) Dans le cas où nous ne connaîtrions pas l'équation primitive (158), on pourrait contester l'emploi que nous avons fait de l'équation (159) qui en dérive. Je répondrai qu'il suffit d'avoir les équations (160) pour en tirer l'équation (159) par l'élimination de c.

nière et les trois précédentes équations, et obtenir un résultat que nous représenterons par

$$f\left(x, y, \frac{dy}{dx}, \frac{d^2y}{dx^2}, \frac{d^3y}{dx^3}\right) = 0 \ldots (162);$$

ce sera l'équation différentielle du troisième ordre de $F(x, y) = 0$, et de laquelle les trois constantes arbitraires seront éliminées; réciproquement $F(x, y) = 0$ sera l'intégrale troisième de l'équation (162).

433. Si l'on élimine successivement chacune des constantes arbitraires entre l'équation $F(x, y) = 0$ et celle que l'on en tirerait par la différenciation, on obtiendra trois équations du premier ordre, qui seront les intégrales secondes de l'équation (162).

Enfin, si l'on élimine deux des trois constantes arbitraires, à l'aide de l'équation $F(x, y) = 0$ et des équations que l'on en déduira, par deux différenciations successives, c'est-à-dire si l'on élimine ces constantes entre les équations

$$F(x, y) = 0, \ F\left(x, y, \frac{dy}{dx}\right) = 0, \ F\left(x, y, \frac{dy}{dx}, \frac{d^2y}{dx^2}\right) = 0 \ldots (163),$$

on pourra conserver successivement dans l'équation qui proviendra de l'élimination, l'une des trois constantes arbitraires; par conséquent on aura autant d'équations que de constantes arbitraires. Soient donc a, b, c ces constantes arbitraires; les équations dont nous parlons, considérées seulement sous le rapport des constantes arbitraires qu'elles renferment, pourront être représentées ainsi :

$$\varphi c = 0, \quad \varphi b = 0, \quad \varphi a = 0 \ldots (164).$$

Comme les équations (163) concourent toutes à l'élimination qui nous donne l'une de ces dernières, il suit de là

que les équations (164) seront chacune du second ordre;
on les appelle les intégrales premières de l'équation (162).

434. En général, une équation différentielle d'un ordre n aura un nombre n d'intégrales premières, qui contiendront par conséquent les coefficiens différentiels depuis $\frac{dy}{dx}$ jusqu'à $\frac{d^{n-1}y}{dx^{n-1}}$ inclusivement, c'est-à-dire un nombre $n-1$ de coefficiens différentiels; et l'on voit que lorsque ces équations sont toutes connues, il suffit d'éliminer entre elles ces coefficiens différentiels pour obtenir l'équation primitive.

Des solutions particulières des équations différentielles du premier ordre.

435. Nous avons vu, art. 354, qu'une intégrale particulière pouvait toujours se déduire de l'intégrale complète, en donnant une valeur convenable à la constante arbitraire que renferme cette dernière.

Par exemple, si l'on nous donne l'équation

$$x\,dx + y\,dy = dy\sqrt{x^2 + y^2 - a^2},$$

dont l'intégrale complète est

$$y + c = \sqrt{x^2 + y^2 - a^2};$$

et que, pour plus de commodité dans les calculs, on fasse évanouir les radicaux par l'élévation au carré, la proposée deviendra

$$(a^2 - x^2)\frac{dy^2}{dx^2} + 2xy\frac{dy}{dx} + x^2 = 0\ldots\ (165).$$

et l'on aura pour l'intégrale complète

$$2cy + c^2 - x^2 + a^2 = 0\ldots\ (166).$$

Il est certain qu'en prenant pour c une valeur constante arbitraire $c = 2a$, on obtiendra cette intégrale particulière :

$$2cy + 5a^2 - x^2 = 0,$$

qui aura la propriété de satisfaire à l'équation proposée (165) tout aussi bien que l'intégrale complète. En effet, on tire de cette intégrale particulière

$$y = \frac{x^2 - 5a^2}{2c}, \quad \frac{dy}{dx} = \frac{x}{c};$$

ces valeurs réduisent la proposée à

$$(x^2 - a^2)\frac{x^2}{c^2} = \frac{x^2}{c^2}(x^2 + c^2 - 5a^2),$$

équation qui devient identique, en substituant dans le second membre la valeur de c^2 que nous fournit la relation $c = 2a$, établie entre les constantes.

Pendant long-temps on crut que cette propriété de l'intégrale complète était générale, et que lorsqu'une équation différentielle en x et en y était donnée, on ne pouvait rencontrer une équation finie entre les mêmes variables, qui ne fût un cas particulier de l'intégrale complète, en donnant, comme nous venons de le faire, une valeur arbitraire à une constante; mais on s'aperçut enfin que cela n'était pas toujours, et Euler lui-même, dans un Mémoire publié en 1756, regardait comme un paradoxe du calcul intégral le fait singulier de l'équation

$$x^2 + y^2 = a^2 \dots \quad (167),$$

qui a la propriété de satisfaire à l'équation différentielle (165), et qui n'est point comprise dans son intégrale complète. En effet, cette équation étant différenciée, donne $x\,dx = -y\,dy$; cette valeur et celle de $x^2 + y^2$ étant substituées dans l'équation (165), en font détruire tous les termes, et néanmoins l'équation (167) n'est pas comprise dans l'intégrale complète; car, quelque valeur constante que l'on donne à c dans l'équation (166), ja-

mais cette équation ne pourra amener l'équation (167),
puisque la première étant celle d'une parabole, ne peut,
dans aucun cas, devenir l'équation (167), qui est celle
d'un cercle.

Cette équation (167), qui satisfait à la proposée sans être
renfermée dans l'intégrale complète, s'appelle une solution particulière ou singulière de la proposée. Clairaut,
dès 1734, avait remarqué ce fait, et l'on crut long-temps
que ces sortes d'équations n'étaient pas liées à l'intégrale
complète ; Lagrange fit voir qu'elles en dépendaient, et à
ce sujet exposa la théorie que nous allons développer.

436. Soit $M dx + N dy = 0$, une équation différentielle
du premier ordre d'une fonction de deux variables x et y ;
on peut concevoir cette équation comme provenant de
l'élimination d'une constante c entre une certaine
équation du même ordre, que nous représenterons par
$m dx + n dy = 0$, et l'intégrale complète $F(x, y, c) = 0$,
que nous désignerons par u. Or, dès que tout se réduit à prendre la constante c de manière que l'équation
$M dx + N dy = 0$ soit le résultat de l'élimination, on sent
qu'il est même permis de faire varier cette constante c,
pourvu que l'équation $M dx + N dy = 0$ ait lieu : dans ce
cas, l'intégrale complète $F(x, y, c) = 0$ prendra une plus
grande généralité, et représentera une infinité de courbes
de même genre, différant les unes des autres par un paramètre, c'est-à-dire par une constante. Cette hypothèse est
admissible, puisque, lorsque l'équation $M dx + N dy = 0$
est donnée, il est dans l'esprit de l'analyse de ne rejeter
aucun des moyens qui ont pu amener cette équation.

437. Supposons donc que l'intégrale complète étant différenciée, en considérant c comme variable, on ait obtenu

$$dy = \frac{dy}{dx} dx + \frac{dy}{dc} dc \ldots \quad (168),$$

équation que, pour simplifier, nous écrirons ainsi :

$$dy = pdx + qdc \dots (169).$$

Il est certain que si p restant fini, qdc est nul, le résultat de l'élimination de c variable entre $F(x, y, c) = 0$ et l'équation (169), sera le même que celui de c constant entre $F(x, y, c) = 0$ et l'équation $dy = pdx$ (*), car l'équation (169), par la raison que qdc est nul, ne diffère pas de $dy = pdx$; mais pour qu'on puisse avoir $qdc = 0$, il faut que l'un des facteurs de cette équation soit nul, c'est-à-dire que l'on ait

$$dc = 0 \quad \text{ou} \quad q = 0.$$

Dans le premier cas, $dc = 0$ donne $c = constante$, comme cela a lieu pour les intégrales particulières; ce ne sera donc que le second cas qui pourra convenir à une solution particulière : or, q étant le coefficient de dc de l'équation (168), on voit que $q = 0$ revient à

$$\frac{dy}{dc} = 0 \dots (170).$$

Cette équation renfermera c ou en sera indépendante; si elle renferme c, il peut arriver deux cas : ou l'équation $q = 0$ ne contiendra que c et des constantes, ou cette équation contiendra c avec des variables. Dans le premier cas, l'équation $q = 0$ donnera encore $c = constante$, et dans le second cas, elle donnera $c = f(x, y)$ (**); cette valeur, étant substituée dans l'équation $F(x, y, c) = 0$, la changera en une autre fonction de x et de y, qui satisfera à la proposée sans être comprise dans son intégrale complète, et par conséquent en sera une solution singulière; mais on aura une intégrale particulière si l'équation

---

(*) Ce résultat est par hypothèse $Mdx + Ndy = 0$.

(**) Bien entendu que cette équation renferme comme cas particuliers ceux où l'on aurait $c = fx$ ou $c = fy$.

$c = f(x, y)$, au moyen de l'intégrale complète, se réduit à une constante.

438. Lorsque le facteur $q = o$ de l'équation $q\,dc = o$ ne contient pas la constante arbitraire c, on connaîtra si l'équation $q = o$ donne lieu à une solution particulière, en combinant cette équation avec l'intégrale complète (*). Par exemple, si de $q = o$ on tire $x = M$, et qu'on mette cette valeur dans l'intégrale complète $F(x, y, c) = o$, on obtiendra

$$c = constante = B, \quad \text{ou} \quad c = fy.$$

Dans le premier cas, $q = o$ donne une intégrale particulière; car changeant c en B dans l'intégrale complète, on ne fera que donner une valeur particulière à la constante, tout comme on le fait quand on passe de l'intégrale complète à une intégrale particulière. Dans le second cas, au contraire, la valeur fy introduite à la place de c, dans l'intégrale complète, établira entre x et y une relation différente de celle qui avait lieu lorsqu'on ne faisait que remplacer c par une valeur constante arbitraire. On aura donc, dans ce cas, une solution particulière. Ce que nous disons de y peut s'appliquer à x.

439. Il arrive quelquefois que la valeur de c se présente

(*) Dans ce dernier cas, où q ne contient pas c, on peut se demander comment on a le droit d'égaler q à zéro. Je répondrai que la valeur qu'on a donnée à c dans l'intégrale complète détermine l'égalité de q à zéro. En effet, lorsque nous tirons la valeur $x = fy$ de l'équation $q = o$, pour la substituer dans $F(x, y, c)$, et obtenir $F(y, fy, c)$, c'est la même chose que de tirer x de $F(x, y, c) = o$ et d'en substituer la valeur dans q. Par conséquent, le résultat de cette dernière opération sera encore $F(y, fy, c)$. Il ne s'agit plus que de prouver que ce résultat est égal à zéro pour constater qu'il en est de même de q; or c'est ce qui a lieu, en considérant $F(y, fy, c)$ comme provenu de la première opération, c'est-à-dire de $F(x, y, c) = o$, dans lequel on aurait mis pour x sa valeur.

sous la forme $\frac{0}{0}$: cela indique un facteur commun qu'il faut faire disparaître. (*Note quatorzième.*)

440. Appliquons maintenant cette théorie à la recherche des solutions particulières, lorsque l'intégrale complète est donnée.

Soit l'équation

$$y\,dx - x\,dy = a\sqrt{dx^2 + dy^2} \dots \ (171),$$

dont l'intégrale complète se détermine par le moyen suivant :

Si l'on divise cette équation par dx, et que l'on fasse $\frac{dy}{dx} = p$, on obtient d'abord

$$y - px = a\sqrt{1 + p^2} \dots \ (172);$$

différenciant par rapport à x et à p, on a

$$dy - p\,dx - x\,dp = \frac{ap\,dp}{\sqrt{1 + p^2}};$$

observant que $dy = p\,dx$, cette équation se réduit à

$$x\,dp + \frac{ap\,dp}{\sqrt{1 + p^2}} = 0,$$

et l'on y satisfait en faisant $dp = 0$. Cette hypothèse donne $p = constante = c$, valeur qui étant mise dans l'équation (172), nous fait obtenir

$$y - cx = a\sqrt{1 + c^2} \dots \ (173).$$

Cette équation renfermant une constante arbitraire c, qui n'était pas dans la proposée (171), en est donc l'intégrale complète.

441. Cela posé, la partie $q\,dc$ de l'équation (169) s'obtiendra en différenciant l'équation (173) par rapport à c,

regardé comme seule variable ; en opérant ainsi, on aura

$$xdc + \frac{acdc}{\sqrt{1+c^2}} = 0 \; ;$$

par conséquent, le coefficient de dc, égalé à zéro, nous donnera

$$x = -\frac{ac}{\sqrt{1+c^2}} \ldots \ (174).$$

Pour dégager la valeur de c, élevons cette équation au carré, nous trouverons

$$(1+c^2)\, x^2 = a^2 c^2 \; ;$$

d'où nous tirerons

$$c^2 = \frac{x^2}{a^2 - x^2}, \quad 1 + c^2 = \frac{a^2}{a^2 - x^2} \quad \text{et} \quad \sqrt{1+c^2} = \frac{a}{\sqrt{a^2 - x^2}} \; ;$$

au moyen de cette dernière équation, éliminant le radical de l'équation (174), nous obtiendrons ensuite

$$c = -\frac{x}{\sqrt{a^2 - x^2}} \ldots \ (175) \ (*).$$

Cette valeur et celle de $\sqrt{1+c^2}$, étant mises dans l'équation (173), nous aurons

$$y + \frac{x^2}{\sqrt{a^2 - x^2}} = \frac{a^2}{\sqrt{a^2 - x^2}},$$

d'où nous tirerons

$$y = \frac{a^2 - x^2}{\sqrt{a^2 - x^2}} = \sqrt{a^2 - x^2},$$

(*) Nous n'avons pas affecté $\sqrt{1+c^2}$ du double signe, parce que x et c étant de signes contraires, dans l'équation (174), il faut qu'il en soit de même dans l'équation (175).

équation qui, étant élevée au carré, nous donnera

$$y^2 = a^2 - x^2 \dots \ (176);$$

et l'on voit que cette équation est effectivement une solution particulière ; car, en la différenciant, on obtient $dy = -\dfrac{x\,dx}{y}$; cette valeur change l'équation (171) en

$$y\,dx + \frac{x^2}{y} = a\sqrt{dx^2 + \frac{x^2 dx^2}{y^2}},$$

réduisant aux mêmes dénominateurs, et en vertu de l'équation (176), remplaçant $x^2 + y^2$ par a^2, on obtient $a^2 = a^2$.

442. Dans l'application que nous venons de donner des principes démontrés art. 437, nous avons déterminé la valeur de c en égalant à zéro le coefficient différentiel $\dfrac{dy}{dc}$. Ce procédé peut être quelquefois insuffisant. En effet, l'équation

$$dy = p\,dx + q\,dc ,$$

étant mise sous cette forme :

$$A\,dx + B\,dy + C\,dc = 0,$$

où A, B, et C sont des fonctions de x et de y, nous en tirerons

$$dy = -\frac{A}{B}\,dx - \frac{C}{B}\,dc, \quad dx = -\frac{B}{A}\,dy - \frac{C}{A}\,dc\dots \ (177),$$

et nous voyons que si tout ce que nous avons dit de y, considéré comme fonction de x, est appliqué à x considéré comme fonction de y, la valeur du coefficient de dc ne sera pas la même, et qu'il suffirait seulement que quelque facteur de B détruisît dans C un autre facteur

que celui que pourrait y détruire un facteur de A, pour
que les valeurs du coefficient de dc, dans les deux hypothèses, parussent entièrement différentes. Aussi, quoique
bien souvent les équations $\dfrac{C}{B} = 0$ et $\dfrac{C}{A} = 0$ donnent pour c
la même valeur, cela n'arrive pas toujours. C'est pour-
quoi lorsqu'on aura déterminé c au moyen de l'équa-
tion $\dfrac{dy}{dc} = 0$, il ne sera pas inutile de voir si l'hypothèse
de $\dfrac{dx}{dc}$ amène le même résultat.

443. Clairaut remarqua le premier une classe générale
d'équations susceptibles d'une solution particulière ; ces
équations sont renfermées dans la suivante :

$$y = \frac{dy}{dx}\, x + F\left(\frac{dy}{dx}\right),$$

équation que nous pourrons représenter par

$$y = px + Fp \dots\; (178);$$

différenciant, nous trouverons

$$dy = pdx + xdp + \frac{dFp}{dp}\, dp;$$

cette équation, à cause de $dy = pdx$, se réduit à

$$xdp + \frac{dFp}{dp}\, dp = 0 ;$$

et comme dp est facteur commun, elle peut s'écrire ainsi :

$$\left(x + \frac{dFp}{dp}\right) dp = 0.$$

On satisfait à cette équation en faisant $dp = 0$, ce qui

donne $p = constante = c$; par conséquent, en substituant cette valeur dans l'équation (178), nous trouverons

$$y = cx + Fc;$$

cette équation est l'intégrale complète de la proposée, puisqu'une constante arbitraire c a été introduite par l'intégration. Si l'on différencie cette équation par rapport à c, on aura

$$\left(x + \frac{dFc}{dc} \right) dc,$$

par conséquent, en égalant à zéro le coefficient de dc, on a l'équation

$$x + \frac{dFc}{dc} = 0,$$

qui, par la substitution de c dans l'intégrale complète, donnera la solution particulière. (*Note quinzième.*)

De l'intégration des équations différentielles du second ordre.

444. La formule générale des équations différentielles du second ordre à deux variables est

$$f\left(x, y, \frac{dy}{dx}, \frac{d^2y}{dx^2} \right) = 0 \dots (179).$$

Nous ne chercherons pas à intégrer cette équation dans ce degré de généralité ; mais nous allons examiner comment on en peut trouver l'intégrale dans des cas particuliers.

445. Considérons d'abord l'hypothèse où l'on a

$$f\left(x, \frac{dy}{dx}, \frac{d^2y}{dx^2} \right) = 0 \dots (180);$$

pour intégrer cette équation on fera $\dfrac{\mathrm{d}y}{\mathrm{d}x}=p$, $\dfrac{\mathrm{d}^2y}{\mathrm{d}x^2}=\dfrac{\mathrm{d}p}{\mathrm{d}x}$,
et elle se réduira à

$$f\left(x,\, p,\, \frac{\mathrm{d}p}{\mathrm{d}x}\right)\ldots\ (181).$$

Si cette équation peut s'intégrer, et qu'on en tire $p=\mathrm{X}$, on obtiendra facilement la valeur de y; car l'équation $\dfrac{\mathrm{d}y}{\mathrm{d}x}=p$ nous donnant $y=\int p\,\mathrm{d}x$, si l'on substitue dans cette équation la valeur de p, on aura $y=\int \mathrm{X}\,\mathrm{d}x$; mais si l'équation (181), au lieu de donner la valeur de p en x, donnait celle de x en fonction de p, de manière qu'on eût $x=\mathrm{P}$, en intégrant par parties $\mathrm{d}y=p\,\mathrm{d}x$, on aurait d'abord

$$y=px-\int x\,\mathrm{d}p\,;$$

mettant dans cette équation la valeur de x, on trouverait

$$y=px-\int \mathrm{P}\,\mathrm{d}p.$$

446. Considérons maintenant le cas où l'on a

$$f\left(y,\, \frac{\mathrm{d}y}{\mathrm{d}x},\, \frac{\mathrm{d}^2y}{\mathrm{d}x^2}\right)=0\ldots\ (182).$$

En faisant $\dfrac{\mathrm{d}y}{\mathrm{d}x}=p$, on trouverait $\dfrac{\mathrm{d}^2y}{\mathrm{d}x^2}=\dfrac{\mathrm{d}p}{\mathrm{d}x}$; et en remplaçant $\mathrm{d}x$ par sa valeur $\dfrac{\mathrm{d}y}{p}$, cette équation deviendrait

$$\frac{\mathrm{d}^2y}{\mathrm{d}x^2}=\frac{p\,\mathrm{d}p}{\mathrm{d}y}.$$

mettant ces valeurs de $\dfrac{\mathrm{d}y}{\mathrm{d}x}$ et de $\dfrac{\mathrm{d}^2y}{\mathrm{d}x^2}$ dans l'équation (182), on la convertirait en

$$f(y,\, p,\, \mathrm{d}y,\, \mathrm{d}p)=0\,;$$

si cette équation peut donner $p = Y$, on substituera cette valeur dans l'équation $dx = \dfrac{dy}{p}$, et l'on obtiendra en intégrant,

$$x = \int \frac{dy}{Y} \, ;$$

si au contraire y se détermine en fonction de p, et que l'on ait par conséquent $y = P$; pour avoir x, on intégrera par parties l'équation $dx = \dfrac{dy}{p}$, et l'on aura (art. 279 et 16)

$$x = \frac{y}{p} + \int y \, \frac{dp}{p^2} \, ;$$

et en substituant dans cette équation la valeur de y, on trouvera

$$x = \frac{P}{p} + \int P \, \frac{dp}{p^2} \, ;$$

et ayant intégré, on éliminera ensuite p au moyen de l'équation $y = P$.

447. Lorsque l'équation (179) ne renferme avec $\dfrac{d^2y}{dx^2}$, que l'une des trois quantités $\dfrac{dy}{dx}$, x et y, nous avons, dans le premier cas,

$$f\left(\frac{dy}{dx}, \ \frac{d^2y}{dx^2}\right) = 0 \ldots \ (183)$$

Faisant $\dfrac{dy}{dx} = p$, et par conséquent $\dfrac{d^2y}{dx^2} = \dfrac{dp}{dx}$, on substituera ces valeurs dans l'équation (183), et l'on trouvera

$$f\left(p, \ \frac{dp}{dx}\right) = 0.$$

On tire de cette équation

$$\frac{\mathrm{d}p}{\mathrm{d}x} = \mathrm{P} \dots \ (184),$$

et par conséquent

$$x = \int \frac{\mathrm{d}p}{\mathrm{P}} \dots \ (185).$$

D'une autre part l'équation $\dfrac{\mathrm{d}y}{\mathrm{d}x} = p$ nous donne

$$y = \textstyle\int p\,\mathrm{d}x\,;$$

et en y substituant la valeur de $\mathrm{d}x$, donnée par l'équation (184), on obtient

$$y = \int \frac{p\,\mathrm{d}p}{\mathrm{P}} \dots \ (186).$$

Lorsqu'on aura intégré les équations (185) et (186), on éliminera entre elles la quantité p pour avoir une équation en x et en y.

448. Dans le cas où $\dfrac{\mathrm{d}^2 y}{\mathrm{d}x^2}$ ne se trouve combiné qu'avec une fonction de x, on a

$$\frac{\mathrm{d}^2 y}{\mathrm{d}x^2} = \mathrm{X};$$

multipliant par $\mathrm{d}x$ et intégrant, on trouve

$$\frac{\mathrm{d}y}{\mathrm{d}x} = \textstyle\int \mathrm{X}\,\mathrm{d}x + \mathrm{C};$$

représentant par X' l'intégrale indiquée dans cette équation, on a

$$\frac{\mathrm{d}y}{\mathrm{d}x} = \mathrm{X}' + \mathrm{C};$$

multipliant de nouveau par $\mathrm{d}x$, et intégrant, on obtient

Élém. de Calc. diff.   22

$$y = \int X' dx + Cx + C'.$$

449. Enfin, lorsque $\dfrac{d^2 y}{dx^2}$ est donné en fonction de y, il s'agit d'intégrer l'équation

$$\frac{d^2 y}{dx^2} = Y.$$

Pour y parvenir, on la multipliera par $2\,dy$, ce qui donnera

$$2\,\frac{dy}{dx} \cdot \frac{dy^2}{dx} = 2Y\,dy\,;$$

le premier membre étant composé comme la différentielle de x^2, on trouvera, en intégrant,

$$\frac{dy^2}{dx^2} = \int 2Y\,dy + C\,;$$

et en tirant la racine carrée, on obtiendra

$$\frac{dy}{dx} = \sqrt{C + 2\int Y\,dy}\,;$$

d'où l'on tirera, par une nouvelle intégration,

$$x = \int \frac{dy}{\sqrt{C + 2\int Y\,dy}} + C'.$$

Des équations linéaires.

450. Une équation différentielle entre deux variables x et y, est linéaire lorsque les expressions y, $\dfrac{dy}{dx}$, $\dfrac{d^2 y}{dx^2}$, $\dfrac{d^3 y}{dx^3}$..., $\dfrac{d^n y}{dx^n}$ ne sont élevées, dans cette équation, qu'au premier degré : ainsi, en supposant que A, B, C, D..., N, X, soient des fonctions de x, l'équation linéaire du $n^{ième}$ ordre sera

$$A y + B\frac{dy}{dx} + C\frac{d^2 y}{dx^2} + D\frac{d^3 y}{dx^3} \cdots + N\frac{d^n y}{dx^n} = X \ldots (187).$$

lorsque cette équation est du premier degré, elle se réduit à

$$A y + B \frac{dy}{dx} = X ;$$

chassant le dénominateur, et divisant par B, on peut la mettre sous cette forme

$$dy + P y\, dx = Q\, dx ,$$

et nous avons vu, art. 385, que cette équation avait pour intégrale

$$y = e^{-\int P dx}[\int Q e^{\int P dx}\, dx + C].$$

451. Lorsque le terme en X est nul dans l'équation (187), si un nombre n de valeurs particulières p, q, r, etc., mises successivement à la place de y, ont chacune la propriété d'y satisfaire, il suffira de multiplier p, q, r, etc., par des constantes arbitraires a, b, c, etc., pour conclure que l'intégrale finie complète de cette équation est

$$y = ap + bq + cr,\ \text{etc.}$$

La démonstration de cette proposition étant la même pour tous les degrés, nous ne considérerons que l'équation

$$A y + B \frac{dy}{dx} + C \frac{d^2 y}{dx^2} + D \frac{d^3 y}{dx^3} = 0 \dots\ (188).$$

En mettant successivement à la place de y les valeurs hypothétiques p, q, r, nous aurons

$$A p + B \frac{dp}{dx} + C \frac{d^2 p}{dx^2} + D \frac{d^3 p}{dx^3} = 0 ,$$

$$A q + B \frac{dq}{dx} + C \frac{d^2 q}{dx^2} + D \frac{d^3 q}{dx^3} = 0 ,$$

$$A r + B \frac{dr}{dx} + C \frac{d^2 r}{dx^2} + D \frac{d^3 r}{dx^3} = 0 ;$$

multipliant ces trois équations, la première par a, la seconde par b et la troisième par c, et ajoutant les résultats, on trouve

$$A (ap + bq + cr) + B \left(a \frac{dp}{dx} + b \frac{dq}{dx} + c \frac{dr}{dx} \right)$$
$$+ C \left(a \frac{d^2 p}{dx^2} + b \frac{d^2 q}{dx^2} + c \frac{d^2 r}{dx^2} \right) + D \left(a \frac{d^3 p}{dx^3} + b \frac{d^3 q}{dx^3} + c \frac{d^3 r}{dx^3} \right) = 0.$$

Or, il est évident que cette expression, qui est identiquement nulle, est la même que celle qu'on obtiendrait en faisant $y = ap + bq + cr$, dans l'équation (188); donc cette valeur de y satisfait à l'équation (188); et, comme elle renferme trois constantes arbitraires, elle est l'intégrale finie complète de l'équation (188).

452. Lorsque X n'est pas nul dans l'équation

$$A y + B \frac{dy}{dx} + C \frac{d^2y}{dx^2} + D \frac{d^3y}{dx^3} = X \ldots \ (189),$$

si l'on peut trouver trois valeurs particulières p, q, r, qui, mises successivement à la place de y, satisfassent chacune à l'équation

$$A y + B \frac{dy}{dx} + C \frac{d^2y}{dx^2} + D \frac{d^3y}{dx^3} = 0 \ldots \ (190),$$

l'intégrale finie complète de l'équation (189) sera

$$y = ap + bq + cr \ldots \ (191);$$

mais alors a, b c, au lieu d'être des constantes, seront des fonctions de x, que nous apprendrons bientôt à déterminer.

453. Pour démontrer ce théorème, différencions l'équation (191), et divisons-la par dx, nous aurons

$$\frac{dy}{dx} = a \frac{dp}{dx} + b \frac{dq}{dx} + c \frac{dr}{dx} + p \frac{da}{dx} + q \frac{db}{dx} + r \frac{dc}{dx}.$$

Disposons des indéterminées a, b, c, par trois conditions : par la première, faisons

$$p \frac{da}{dx} + q \frac{db}{dx} + r \frac{dc}{dx} = 0 \ldots \ (192),$$

il restera

$$\frac{dy}{dx} = a \frac{dp}{dx} + b \frac{dq}{dx} + c \frac{dr}{dx}.$$

Une nouvelle différenciation nous donnera

$$\frac{d^2y}{dx^2} = a \frac{d^2p}{dx^2} + b \frac{d^2q}{dx^2} + c \frac{d^2r}{dx^2} + \frac{da}{dx}\frac{dp}{dx} + \frac{db}{dx}\frac{dq}{dx} + \frac{dc}{dx}\frac{dr}{dx} \ldots \ (193).$$

Pour remplir la seconde condition, posons

$$\frac{da}{dx}\frac{dp}{dx} + \frac{db}{dx}\frac{dq}{dx} + \frac{dc}{dx}\frac{dr}{dx} = 0 \ldots \ (194),$$

il restera

$$\frac{d^2y}{dx^2} = a \frac{d^2p}{dx^2} + b \frac{d^2q}{dx^2} + c \frac{d^2r}{dx^2};$$

différenciant encore et divisant par dx, il viendra

$$\frac{d^3y}{dx^3} = a\,\frac{d^3p}{dx^3} + b\,\frac{d^3q}{dx^3} + c\,\frac{d^3r}{dx^3} + \frac{da}{dx}\frac{d^2p}{dx^2} + \frac{db}{dx}\frac{d^2q}{dx^2} + \frac{dc}{dx}\frac{d^2r}{dx^2}.$$

Pour remplir la troisième condition, nous supposerons

$$\frac{da}{dx}\frac{d^2p}{dx^2} + \frac{db}{dx}\frac{d^2q}{dx^2} + \frac{dc}{dx}\frac{d^2r}{dx^2} = \frac{X}{D} \dots (195)$$

et l'équation précédente deviendra

$$\frac{d^3y}{dx^3} = a\,\frac{d^3p}{dx^3} + b\,\frac{d^3q}{dx^3} + c\,\frac{d^3r}{dx^3} + \frac{X}{D}.$$

Je dis maintenant que la valeur $y = ap + bq + cr$, satisfait à l'équation (189); car mettant dans cette équation la valeur de y, et par conséquent celles de ses coefficiens différentiels, que nous venons de déterminer, et effaçant les termes en X, qui se détruisent, on trouve

$$A\,(ap + bq + cr) + B\left(a\,\frac{dp}{dx} + b\,\frac{dq}{dx} + c\,\frac{dr}{dx} \right)$$
$$+ C\left(a\frac{d^2p}{dx^2} + b\frac{d^2q}{dx^2} + c\,\frac{d^2r}{dx^2} \right) + D\left(a\frac{d^3p}{dx^3} + b\,\frac{d^3q}{dx^3} + c\,\frac{d^3r}{dx^3} \right) = 0 \dots (196).$$

454. Comme on ne sait pas si le valeur donnée à y fait détruire mutuellement tous les termes de l'équation (196), il s'agit maintenant de démontrer que cette équation est identiquement nulle. Pour cet effet p, q, r satisfaisant à l'équation (190), on a

$$Ap + B\,\frac{dp}{dx} + C\,\frac{d^2p}{dx^2} + D\,\frac{d^3p}{dx^3} = 0,$$
$$Aq + B\,\frac{dq}{dx} + C\,\frac{d^2q}{dx^2} + D\,\frac{d^3q}{dx^3} = 0,$$
$$Ar + B\,\frac{dr}{dx} + C\,\frac{d^2r}{dx^2} + D\,\frac{d^3r}{dx^3} = 0;$$

multipliant la première de ces équations par a, la deuxième par b et la troisième par c, et ajoutant les résultats, on trouvera une équation identiquement nulle, qui sera la même que l'équation (196).

455. Pour déterminer a, b, c, les coefficiens différentiels $\dfrac{da}{dx}$, $\dfrac{db}{dx}$, $\dfrac{dc}{dx}$ n'entrant qu'au premier degré dans les équations de condition (192), (194) et (195), nous pouvons éliminer deux de ces coefficiens différentiels,

et nous trouverons l'autre en fonction des expressions $\dfrac{dp}{dx}$, $\dfrac{dq}{dx}$, etc., qui sont des fonctions de x déterminées, puisqu'on connaît p, q, r, etc., nous aurons donc des équations de la forme

$$\frac{da}{dx} = X_{\prime}, \qquad \frac{db}{dx} = X_{\prime\prime}, \qquad \frac{dc}{dx} = X_{\prime\prime\prime},$$

ou

$$da = X_{\prime}dx, \quad db = X_{\prime\prime}dx, \quad dc = X_{\prime\prime\prime}dx,$$

et en intégrant, on déterminera a, b et c.

Ce théorème est applicable au cas où l'équation linéaire serait d'un ordre quelconque, par conséquent l'intégration de ces équations se réduit à celle de l'équation

$$A y + B \frac{dy}{dx} + C \frac{d^2 y}{dx^2} \ldots + N \frac{d^n y}{dx^n} = 0 \ldots \ (197).$$

456. Lorsque l'équation linéaire de l'ordre n a des coefficiens constans, il est facile d'en déterminer l'intégrale. En effet, si dans l'équation (197) on fait $y = e^{mx}$, on trouvera, en différenciant

$$\frac{dy}{dx} = e^{mx}m, \quad \frac{d^2 y}{dx^2} = e^{mx}m^2, \quad \frac{d^3 y}{dx^3} = e^{mx}m^3, \quad \text{etc.;}$$

substituant ces valeurs dans l'équation (197), on obtiendra

$$e^{mx}(A + Bm + Cm^2 \ldots + Nm^n) = 0 \ldots \ (198);$$

soient m', m'', m''', etc., les racines de l'équation

$$A + Bm + Cm^2 \ldots + Nm^n = 0 \ldots \ (199),$$

l'équation (197) sera satisfaite par ces valeurs

$$y = e^{m'x}, \quad y = e^{m''x}, \quad y = e^{m'''x}, \quad \text{etc.;}$$

et comme on a n valeurs de y, l'intégrale finie complète de l'équation (197) sera

$$y = ae^{m'x} + be^{m''x} + ce^{m'''x} + \text{etc.}$$

457. Lorsque $m' = m''$, et que par conséquent les termes $ae^{m'x}$ et $be^{m''x}$ se réduisent à $(a + b)e^{m'x}$, la somme $a + b$ devant être considérée comme une seule constante, l'expression y ne renferme plus un nombre n de constantes arbitraires. Dans ce cas, si $y = e^{m'x}$ satisfait à la proposée, la valeur $y = xe^{m'x}$ doit aussi y satisfaire. En effet, en différenciant cette dernière équation, on trouve (art. 14 et 39)

$$\frac{dy}{dx} = xe^{m'x}m' + e^{m'x}, \quad \frac{d^2y}{dx^2} = xe^{m'x}m'^2 + 2e^{m'x}m',$$

$$\frac{d^3y}{dx^3} = xe^{m'x}m'^3 + 3e^{m'x}m'^2, \text{ etc.};$$

ces valeurs réduisent l'équation (197) à

$$xe^{m'x}(\text{A} + \text{B}m' + \text{C}m'^2 + \text{D}m'^3 + \text{etc.}),$$
$$+ e^{m'x}(\text{B} + 2\text{C}m' + 3\text{D}m'^2 + \text{etc.})\ldots\ (200).$$

Or, l'équation (199) ayant par hypothèse deux racines égales, on sait, par la théorie des équations, que l'expression $\text{B} + 2\text{C}m + 3\text{D}m^2 + \text{etc.}$, en renfermera une de moins que la proposée, et s'anéantira lorsqu'on fera $m = m'$; d'où il suit que l'expression (200) est identiquement nulle. Par conséquent, l'équation (197) sera satisfaite par la valeur $y = xe^{m'x}$, et aura pour intégrale complète

$$y = ae^{m'x} + bxe^{m'x} + ce^{m''x} + \text{etc.}.$$

458. S'il y avait trois racines égales à m, on prouverait de même que l'équation (197) serait satisfaite en faisant

$$y = e^{m'x} + xe^{m'x} + x^2e^{m'x};$$

ainsi de suite.

459. Lorsque l'équation (199) a des racines imaginaires, si l'une de ces racines est $h + k\sqrt{-1}$, l'autre sera $h - k\sqrt{-1}$; et l'on aura, dans la valeur de y, ces deux termes

$$ae^{hx+kx\sqrt{-1}} + be^{hx-kx\sqrt{-1}},$$

ou

$$e^{hx}[ae^{kx\sqrt{-1}} + be^{-kx\sqrt{-1}}]\ldots\ (201).$$

Or, on sait qu'on a, en général (*voyez* la note neuvième), la formule

$$e^{\varphi\sqrt{-1}} = \cos\varphi + \sin\varphi\sqrt{-1}, \quad e^{-\varphi\sqrt{-1}} = \cos\varphi - \sin\varphi\sqrt{-1};$$

en comparant l'expression (201) à ces formules, nous pourrons remplacer

$$e^{kx\sqrt{-1}} \quad \text{par} \quad \cos kx + \sin kx\sqrt{-1},$$

et

$$e^{-kx\sqrt{-1}} \quad \text{par} \quad \cos kx - \sin kx\sqrt{-1},$$

et la formule (201) deviendra

$$e^{hx}[a\cos kx + a\sin kx\sqrt{-1} + b\cos kx - c\sin kx\sqrt{-1}],$$

expression qui peut s'écrire ainsi :

$$e^{hx}[(a + b)\cos kx + (a - b)\sin kx \sqrt{-1}]\ldots\ (202).$$

Quand X est nul dans l'équation (187), a, b, c étant des constantes arbitraires, art. 451, nous pouvons supposer $a + b = c$, $a - b = c'\sqrt{-1}$; alors la partie imaginaire qui est dans l'expression (201) s'évanouira.

De l'intégration des équations simultanées.

460. Proposons-nous maintenant d'intégrer à la fois deux ou plusieurs équations différentielles.

Soient

$$\left.\begin{array}{l} M y + N x + P \dfrac{dy}{dt} + Q \dfrac{dx}{dt} = T \\[2mm] M'y + N'x + P'\dfrac{dy}{dt} + Q'\dfrac{dx}{dt} = T' \end{array}\right\}\ \ldots\ (203)$$

les équations les plus générales du premier degré entre x et y, et les coefficiens différentiels $\dfrac{dy}{dt}$, $\dfrac{dx}{dt}$; et dans lesquelles les coefficiens M, N, P, etc., sont des fonctions de la variable indépendante t. On peut écrire ainsi ces équations :

$$(M y + N x)\, dt + P dy + Q dx = T dt,$$
$$(M'y + N'x)\, dt + P'dy + Q'dx = T'dt;$$

si l'on multiplie la seconde par une fonction θ de t, et qu'on ajoute les résultats, on obtiendra

$$[(M + M'\theta)y + (N + N'\theta)x]dt + (P + P'\theta)dy + (Q + Q'\theta)dx = (T + T'\theta)dt;$$

en représentant les quantités qui sont entre les parenthèses par une seule lettre, cette équation peut s'écrire ainsi :

$$H y dt + K x dt + R dy + S dx = T dt;$$

on en tire

$$\left(y + \frac{K}{H}\, x\right)dt + R\left(dy + \frac{S}{R}\, dx\right) = T dt\ldots\ (204).$$

équation qui sera de même forme que l'équation

$$dy + Py\, dx = Qdx,\ldots\ (205),$$

que nous avons intégrée art. 385, si

$$d\left(y + \frac{K}{H}\,x\right) = dy + \frac{S}{R}\,dx\ldots\ (206),$$

parce qu'alors en faisant

$$y + \frac{K}{H}\,x = z\ldots\ (207),$$

l'équation (204) deviendra

$$Hzdt + Rdz = Tdt,$$

ou

$$dz + \frac{H}{R}\,zdt = \frac{T}{R}\,dt\ldots\ (208);$$

et l'on voit que cette équation est de même forme que l'équation (205), puisque $\dfrac{H}{R}$ et $\dfrac{T}{R}$ sont des fonctions de la variable indépendante t.

461. Pour satisfaire à l'équation (206), il suffit que l'on ait

$$d\left(\frac{K}{H}\,x\right) = \frac{S}{R}\,dx\,;$$

et en exécutant la différenciation indiquée, d'après l'article 14, on trouvera

$$\frac{K}{H}\,dx + xd.\frac{K}{H} = \frac{S}{R}\,dx.$$

Pour que cette équation soit satisfaite, il faut, en général, que les multiplicateurs de dx soient égaux, et que, par conséquent, le terme.... $x.d.\dfrac{K}{H}$ soit nul; c'est-à-dire que l'on ait

$$\frac{K}{H} = \frac{S}{R}, \quad d.\frac{K}{H} = 0\ldots\ (209).$$

On remettra dans ces équations les valeurs des expressions K, H, S et R; et ayant effectué la différenciation indiquée, on éliminera θ renfermé dans ces équations; et l'on aura la relation qui doit subsister entre les coefficiens, pour que l'équation de condition soit satisfaite.

462. Dans le cas où les coefficiens des premiers membres des équations (203) sont constans, la différentielle d'une constante étant égale à zéro, il ne reste que la première des équations (209); elle suffira pour déterminer le facteur θ, qui alors sera constant, puisqu'il deviendra égal à une fonction de constantes. En remettant pour K, H, R, S leurs valeurs, on a

$$\frac{N + N'\theta}{M + M'\theta} = \frac{Q + Q'\theta}{P + P'\theta},$$

et en faisant évanouir les dénominateurs , on voit que θ doit être déterminé par une équation du second degré. Nommant θ' et θ'' ces valeurs de θ ; et supposons qu'après les avoir substituées , successivement dans l'équation (208), les coefficiens de $z\,dt$ et de dt deviennent dans le premier cas, p' et q' ; et dans le second p'' et q'', on aura

$$dz + p'z\,dt = q'dt,$$
$$dz + p''z\,dt = q''dt ;$$

intégrant d'après la formule (103), page 286 , on trouvera

$$z = e^{-\int p'\,dt}\left[\int q'e^{\int p'\,dt}\,dt\right] + C',$$
$$z = e^{-\int p''\,dt}\left[\int q''e^{\int p''\,dt}\,dt\right] + C''.$$

On substituera dans ces valeurs celle de z, tirée de l'équation (207), et l'on aura deux équations en x, en y et en t.

463. Si, excepté T, T' et T''', que nous regarderons toujours comme des fonctions de t, les coefficiens M , N, P, Q, etc., sont constans, et qu'on ait les trois équations

$$dy + (My + Nx + Pz)\,dt = Tdt,$$
$$dx + (M'y + N'x + P'z)\,dt = T'dt,$$
$$dz + (M''y + N''x + P''z)\,dt = T''dt,$$

on multipliera la seconde par une constante θ, et la troisième par une autre constante θ' ; et ajoutant les résultats , on aura une équation que nous pourrons représenter par

$$dy + \theta dx + \theta'dz + Q(y + Rx + Sz)\,dt = Udt.$$

Or, pour que cette équation soit de la forme (*voyez* l'art. 385)

$$dy + Pydx = Qdx,$$

il faut qu'en regardant la fonction $y + Rx + Sz$ comme une seule variable y', la différentielle dy' de cette fonction soit égale à $dy + \theta dx + \theta'dz$, ce qui exige que l'on ait les équations de condition

$$\theta = R, \quad \theta' = S ;$$

R et S n'étant que des fonctions de θ et de θ', en vertu des opérations précédentes, il en résulte que ces équations suffiront pour déterminer les diverses valeurs des constantes θ et θ'.

464. Cette méthode est générale , et s'applique même aux équations différentielles des ordres supérieurs, parce que ces équations peuvent se

réduire au premier degré. Si l'on avait, par exemple, les équations

$$\frac{d^2y}{dt^2} + My + Nx + P\frac{dy}{dt} + Q\frac{dx}{dt} = T,$$

$$\frac{d^2x}{dt^2} + M'y + N'x + P'\frac{dy}{dt} + Q'\frac{dx}{dt} = T'$$

ou plutôt

$$\left.\begin{array}{l} d^2y + (My + Nx)dt^2 + (Pdy + Qdx)dt = Tdt^2 \\ d^2x + (M'y + N'x)dt^2 + (P'dy + Q'dx)dt = T'dt^2 \end{array}\right\} \cdots (210),$$

on ferait

$$dy = pdt, \quad dx = qdt \cdots (211);$$

et en observant que dt est constant, ces équations deviendraient

$$dp + (My + Nx + Pp + Qq)dt = Tdt,$$
$$dq + (M'y + N'x + P'p + Q'q)dt = T'dt;$$

ces deux équations, avec les équations (211), forment quatre équations du premier degré, auxquelles on peut appliquer les procédés précédens.

Des équations différentielles partielles du premier ordre.

465. Une équation qui subsiste entre des coefficiens différentiels, combinés, selon le cas, avec des variables et des constantes, est, en général, une équation différentielle partielle, ou, suivant l'ancienne dénomination, est une équation aux différences partielles. On a appelé ainsi ces équations, parce que la notation des coefficiens différentiels qu'elles renferment indique, comme nous l'avons vu art. 54, que la différenciation ne peut être effectuée que partiellement, c'est-à-dire en regardant certaines variables comme constantes. Cela suppose donc que la fonction proposée ne contienne pas qu'une seule variable. Pour plus de simplicité, nous n'en admettrons d'abord que deux, et nous considérerons les équations différentielles partielles du premier ordre, qui sont celles qui ne renferment qu'un ou plusieurs coefficiens différentiels du premier ordre.

466. La première équation que nous commencerons à intégrer est la suivante :

$$\frac{dz}{dx} = a.$$

Si, contre notre hypothèse, z au lieu d'être fonction de deux variables x et y, ne contenait que x, on aurait une équation différentielle ordinaire qui, étant intégrée, donnerait $z = ax + c$; mais, dans le cas présent, z étant une fonction de x et de y, les y renfermés dans z ont dû disparaître à la différenciation, puisqu'en différenciant par rapport à x, nous avons regardé y comme constant. Nous devons donc en intégrant, conserver la même hypothèse, et supposer que la constante arbitraire est en général une fonction de y ; par conséquent nous aurons pour l'intégrale de l'équation proposée

$$z = ax + \varphi y.$$

467. Cherchons encore à intégrer l'équation différentielle partielle

$$\frac{dz}{dx} = X,$$

dans laquelle X est une fonction de x ; multipliant par dx et intégrant, nous trouverons

$$z = \int X dx + \varphi y.$$

468. Par exemple, si la fonction représentée par X était $x^2 + a^2$, l'intégrale serait

$$z = \frac{x^3}{3} + a^2 x + \varphi y.$$

469. On ne trouvera pas plus de difficulté à intégrer l'équation

$$\frac{dz}{dx} = Y,$$

et l'on aura

$$z = Yx + \varphi y.$$

470. On intégrera de la même manière toute équation dans laquelle $\dfrac{dz}{dx}$ égalera une fonction de deux variables x et y. Si l'on a, par exemple,

$$\frac{dz}{dx} = \frac{x}{\sqrt{ay + x^2}},$$

en regardant y comme constant, on intégrera d'après l'article 271, après avoir multiplié par dx; et en nommant φy la constante qu'on doit ajouter à l'intégrale, on aura

$$z = \sqrt{ay + x^2} + \varphi y.$$

471. Enfin, si l'on veut intégrer l'équation

$$\frac{dz}{dx} = \frac{1}{\sqrt{y^2 - x^2}},$$

on regardera toujours y comme constant, et l'on aura, article 274,

$$z = \mathrm{arc}\left(\sin = \frac{x}{y}\right) + \varphi y.$$

472. En général, pour intégrer l'équation

$$\frac{dz}{dx}\, dx = F(x, y)\, dx,$$

on prendra l'intégrale par rapport à x, et ajoutant ensuite une constante fonction de y, pour la compléter, on trouvera

$$z = \int F(x, y)\, dx + \varphi y.$$

473. D'après ce qui précède, on voit qu'à part l'hypothèse de l'une des variables supposée constante, et de l'introduction, dans l'intégrale, d'une constante fonction de cette variable, on suit le même procédé que dans l'intégration des équations différentielles ordinaires.

474. Considérons maintenant les équations différentielles partielles qui contiennent deux coefficiens différentiels du premier ordre ; et soit l'équation

$$M\,\frac{dz}{dx} + N\,\frac{dz}{dy} = 0,$$

dans laquelle M et N représentent des fonctions données de x et de y, on en tire

$$\frac{dz}{dy} = -\frac{M}{N}\,\frac{dz}{dx} ;$$

substituant cette valeur dans la formule

$$dz = \frac{dz}{dx}\,dx + \frac{dz}{dy}\,dy \ldots (212),$$

qui n'a d'autre sens que d'exprimer la condition que z est fonction de x et de y, on obtient

$$dz = \frac{dz}{dx}\left(dx - \frac{M}{N}\,dy\right),$$

ou

$$dz = \frac{dz}{dx}\cdot\frac{Ndx - Mdy}{N}.$$

Soit λ le facteur propre à rendre $Ndx - Mdy$ une différentielle exacte dv, nous aurons

$$\lambda(Ndx - Mdy) = dv \ldots (213).$$

Au moyen de cette équation, nous éliminerons $Ndx - Mdy$ de la précédente, et nous obtiendrons

$$dz = \frac{1}{\lambda N} \frac{dz}{dx} \cdot dv.$$

Enfin, si l'on remarque que la valeur de $\frac{dz}{dx}$ n'est point dé-terminée, on peut la prendre telle que $\frac{1}{\lambda N} \frac{dz}{dx} dv$ puisse s'in-tégrer, ce qui exige que $\frac{1}{\lambda N} \frac{dz}{dx}$ soit une fonction de v; car on sait que la différentielle de toute fonction donnée de v, doit être de la forme $Fv.dv$. Il suit donc de là qu'on doit avoir

$$\frac{1}{\lambda N} \frac{dz}{dx} = Fv,$$

équation qui changera la précédente en

$$dz = Fv.dv;$$

d'où l'on tirera

$$z = \varphi v \ldots \quad (214).$$

475. Si l'on intègre par ce moyen l'équation

$$x \frac{dz}{dy} - y \frac{dz}{dx} = 0 \ldots \quad (215),$$

nous avons dans ce cas $M = -y$, $N = x$, et par conséquent l'équation (213) deviendra

$$dv = \lambda(xdx + ydy).$$

Il est visible que le facteur λ, propre à rendre intégrable le second membre de cette équation, est 2. Substituant cette valeur à λ et intégrant, on a

$$v = x^2 + y^2;$$

mettant cette valeur dans l'équation (214), nous aurons pour l'intégrale de l'équation (215)

$$z = \varphi \, (x^2 + y^2).$$

476. Soit maintenant l'équation

$$P \frac{dz}{dx} + Q \frac{dz}{dy} + R = 0 \dots \ (216),$$

dans laquelle P, Q et R sont des fonctions des variables x, y et z ; en divisant par P, et en faisant $\dfrac{Q}{P} = M$, $\dfrac{R}{P} = N$,

nous pourrons la mettre sous cette forme :

$$\frac{dz}{dx} + M \frac{dz}{dy} + N = 0 \dots \ (217);$$

et en faisant $\dfrac{dz}{dx} = p$, $\dfrac{dz}{dy} = p$, elle deviendra

$$p + Mq + N = 0 \dots \ (218).$$

Cette équation établit une relation entre les coefficiens p et q de la formule générale

$$dz = p dx + q dy \dots \ (219);$$

sans cette relation, p et q seraient entièrement arbitraires dans cette formule ; car, comme cela a déjà été observé, elle n'a d'autre sens que d'indiquer que z est une fonction de deux variables x et y, et cette fonction peut être quelconque ; ainsi, nous devons regarder, dans l'équation (219), p et q comme deux indéterminées ; éliminant p au moyen de l'équation (218), nous obtiendrons

$$dz + N dx = q \, (dy - M dx) \dots \ (220),$$

et q restera toujours indéterminé ; mais l'on sait (*voyez la note sixième*) que lorsqu'une équation de ce genre a lieu, quel que soit q, il faut que l'on ait séparément

$$dz + N dx = 0, \quad dy - M dx = 0 \dots (221).$$

477. Si P, Q et R ne contiennent pas la variable z, il en sera de même de M et de N; alors la seconde des équations (221) sera une équation à deux variables x et y, et pourra devenir une différentielle exacte à l'aide d'un facteur que nous représenterons par λ; et nous aurons

$$\lambda(dy - M dx) = 0 \dots (222).$$

L'intégrale de cette équation sera une fonction de x et de y à laquelle on devra ajouter une constante arbitraire $-\,\omega$, que nous faisons précéder du signe négatif, pour que, transposée dans le second membre, elle soit positive; de sorte que nous aurons

$$F(x,\ y) = \omega\,;$$

d'où nous tirerons

$$y = f(x,\ \omega).$$

Telle sera la valeur de y qui nous sera donnée par la seconde des équations (221); et, pour établir qu'elles ont lieu simultanément, il faudra substituer cette valeur dans la première de ces équations; or, quoique cette variable n'y soit pas en évidence, on sent qu'elle peut être renfermée dans N. Cette substitution, d'après la valeur que nous venons de trouver pour y, revient à regarder, dans la première des équations (221), y comme une fonction de x et de la constante arbitraire ω. Intégrant donc cette première équation, dans cette hypothèse, on trouvera

$$z = -\int N dx + \varphi\omega.$$

478. Pour donner un exemple de cette intégration, prenons l'équation

$$x\,\frac{dz}{dx} + y\,\frac{dz}{dy} = a\,\sqrt{x^2 + y^2}\,;$$

en la comparant à l'équation (217), nous avons

$$M = \frac{y}{x}, \quad N = -a \frac{\sqrt{x^2 + y^2}}{x} \dots (223).$$

Ces valeurs étant substituées dans les équations (221), les convertiront en

$$dz - a \frac{\sqrt{x^2 + y^2}}{x} dx = 0, \quad dy - \frac{y}{x} dx = 0 \dots (224).$$

Soit λ le facteur qui rend intégrable cette dernière équation, nous aurons

$$\lambda \left(dy - \frac{y}{x} dx \right) = 0,$$

ou plutôt

$$\lambda \left(\frac{x\,dy - y\,dx}{x} \right) = 0,$$

équation intégrable si l'on fait $\lambda = \frac{1}{x}$, parce qu'alors son premier membre devient une différentielle exacte, art. 403. Égalant donc l'intégrale de cette équation à une constante arbitraire ω, nous aurons

$$\frac{y}{x} = \omega,$$

et par conséquent $y = \omega x$.

Au moyen de cette valeur de y, on convertit la première des équations (224) en

$$dz - a \frac{\sqrt{x^2 - \omega^2 x^2}}{x} dx = 0,$$

ou plutôt en

$$dz = a\,dx \sqrt{1 + \omega^2};$$

intégrant en regardant ω comme constant, nous obtiendrons

$$z = a\int dx \sqrt{1 + \omega^2} + \varphi\omega;$$

et par conséquent

$$z = ax \sqrt{1 + \omega^2} + \varphi\omega.$$

Remettant pour ω sa valeur, on obtiendra

$$z = ax \sqrt{1 + \frac{y^2}{x^2}} + \varphi\frac{y}{x},$$

ou plutôt

$$z = a \sqrt{x^2 + y^2} + \varphi\frac{y}{x}.$$

479. Dans le cas plus général, où les coefficiens P, Q, R, de l'équation (216), contiennent les trois variables x, y, z, il peut arriver que les équations (221) ne renferment chacune que les deux variables qui sont en évidence, et que, par conséquent, on puisse les mettre sous les formes

$$dz = f(x, z)dx = 0, \quad dy = F(x, y)dx.$$

On ne peut intégrer isolément ces équations, en écrivant, comme dans l'art. 472,

$$z = \int f(x, z)\,dx + \varphi z, \quad y = \int F(x, y)\,dx + \varphi y;$$

car alors on voit qu'il faudrait supposer z constant dans la première équation, et y constant dans la seconde; hypothèses contradictoires, puisque l'une des trois coordonnées x, y, z, ne peut être supposée constante dans la première équation sans qu'elle le soit dans la seconde.

480. Voici donc de quelle manière on intégrera les équations (221), dans le cas où elle ne renferment chacune que les deux variables qui sont en évidence : soient μ et λ les facteurs qui rendent les équations (221) des différentielles exactes; si nous représentons ces différentielles par dU et

par dV, nous aurons

$$\lambda(dz + Ndx) = dU, \quad \mu(dy - Mdx) = dV;$$

au moyen de ces valeurs, l'équation (220) deviendra

$$dU = q\,\frac{\lambda}{\mu}\,dV \dots \ (225).$$

Comme le premier membre de cette équation est une différentielle exacte, il faut qu'il en soit de même du second, ce qui exige que $q\,\dfrac{\lambda}{\mu}$ soit une fonction de V; représentant cette fonction par φV, l'équation (225) deviendra

$$dU = \varphi V . dV;$$

d'où l'on tirera, en intégrant,

$$U = \Phi V.$$

481. Prenons pour exemple l'équation

$$xy\,\frac{dz}{dx} + x^2\,\frac{dz}{dy} = yz;$$

étant écrite ainsi :

$$\frac{dz}{dx} + \frac{x}{y}\frac{dz}{dy} - \frac{z}{x} = 0,$$

on la comparera à l'équation (217), et l'on aura

$$M = \frac{x}{y}, \quad N = -\frac{z}{x};$$

au moyen de ces valeurs, les équations (221) deviendront

$$dz - \frac{z}{x}\,dx = 0, \quad dy - \frac{x}{y}\,dx = 0;$$

et en faisant évanouir les dénominateurs, on aura

$$x\,dz - z\,dx = 0, \quad y\,dy - x\,dx = 0.$$

Les facteurs propres à rendre ces équations intégrables sont $\dfrac{1}{x^2}$ et 2 ; en les substituant et en intégrant, on trouve $\dfrac{z}{x}$ et $y^2 - x^2$ pour les intégrales ; mettant donc ces valeurs à la place de U et de V, dans l'équation $U = \Phi V$, nous obtiendrons, pour l'intégrale de la proposée,

$$\frac{z}{x} = \Phi(y^2 - x^2).$$

482. Il est à remarquer que si l'on eût éliminé q au lieu de p (art. 476), les équations (221) eussent été remplacées par celles-ci :

$$M\,dz + N\,dy = 0, \quad dy - M\,dx = 0 \dots\, (226);$$

et comme tout ce que nous avons dit des équations (221) peut s'appliquer à celles-ci, il s'ensuit que, dans le cas où la première des équations (221) ne serait pas intégrable, on a le droit de remplacer ces équations par le système des équations (226), ce qui revient à employer la première des équations (226) à la place de la première des équations (221), alors on verra si l'intégration est possible.

483. Par exemple, si l'on avait

$$az\,\frac{dz}{dx} - zx\,\frac{dz}{dy} + xy = 0 ;$$

cette équation, divisée par az et comparée à l'équation (217), nous donnerait

$$M = -\frac{x}{a}, \quad N = \frac{xy}{az} ;$$

par conséquent, les équations (221) deviendraient

$$dz + \frac{xy}{az}\,dx = 0, \quad dy + \frac{x}{a}\,dx = 0;$$

et en chassant les dénominateurs, on aurait

$$azdz + xydx = 0, \quad ady + xdx = 0 \dots (227).$$

La première de ces équations, qui contient trois variables, ne pouvant s'intégrer immédiatement, nous la remplacerons par la première des équations (226), et nous aurons, au lieu des équations (227), celles-ci :

$$-\frac{x}{a}\,dz + \frac{xy}{az}\,dy = 0, \quad ady + xdx = 0;$$

supprimant $\frac{x}{a}$ comme facteur commun dans la première de ces équations, et multipliant l'une par $2z$ et l'autre par 2, on trouvera

$$-2zdz + 2ydy = 0, \quad 2ady + 2xdx = 0,$$

équations qui ont pour intégrales

$$y^2 - z^2, \quad \text{et} \quad 2ay + x^2;$$

ces valeurs étant mises à la place de U (art. 480) et de V (art. 481), on aura

$$y^2 - z^2 = \Phi(2ay + x^2).$$

484. Remarquons que la première des équations (226) n'est autre chose que le résultat de l'élimination de dx entre les équations (221).

En général, on peut éliminer toute variable renfermée dans les coefficiens M et N, et, en un mot, combiner d'une manière quelconque ces équations : si, après avoir exécuté ces opérations, on obtient deux intégrales représentées par $U = a$ et par $V = b$, a et b étant deux constantes arbitraires, on en pourra toujours conclure que l'intégrale est

$U = \Phi V$. En effet, puisque a et b sont deux constantes arbitraires, ayant pris b à volonté, on peut composer a en b d'une manière quelconque; ce qui revient à dire que l'on a la faculté de prendre pour a une fonction arbitraire de b : cette condition sera exprimée par l'équation $a = \Phi b$ (*note seizième*); par conséquent, nous aurons les équations $U = \Phi b$, $V = b$, dans lesquelles x, y et z représentent les mêmes coordonnées; si l'on élimine b entre ces équations, on obtiendra $U = \Phi V$.

On peut encore observer que cette équation nous dit qu'en faisant $V = b$, on doit avoir $U = \Phi b = constante$: c'est-à-dire que U et V sont constans en même temps, sans que a et b dépendent l'un de l'autre, puisque la fonction Φ est arbitraire. Or, c'est précisément la condition qui nous est donnée par les équations $U = a$ et $V = b$.

485. Pour donner une application de ce théorème, soit

$$zx \frac{dz}{dx} - zy \frac{dz}{dy} - y^2 = 0.$$

Après avoir divisé par zx, nous comparerons cette équation à l'équation (217), ce qui nous donnera

$$M = -\frac{y}{x}, \quad N = -\frac{y^2}{zx},$$

et les équations (221) deviendront

$$dz - \frac{y^2}{zx} dx = 0, \quad dy + \frac{y}{x} dx = 0,$$

ou

$$zx\,dz - y^2 dx = 0, \quad x\,dy + y\,dx = 0.$$

La première de ces équations contenant trois variables, nous ne chercherons pas à l'intégrer dans cet état; mais si l'on y substitue la valeur de $y\,dx$, tirée de la seconde, elle acquiert un facteur commun x qui, étant supprimé, la réduit à

$$zdz + ydy = o,$$

et l'on voit qu'en la multipliant par 2, elle devient intégrable; l'autre équation l'étant aussi, on trouvera, en les intégrant,

$$z^2 + y^2 = a, \quad xy = b;$$

d'où l'on conclura que

$$z^2 + y^2 = \Phi xy.$$

486. Nous terminerons ce que nous avons à dire sur les équations différentielles partielles du premier ordre, par la solution de ce problème : *Une équation qui contient une fonction arbitraire d'une ou de plusieurs variables étant donnée, trouver l'équation différentielle partielle qui l'a produite.*

Supposons donc que l'on ait

$$z = F(x^2 + y^2);$$

nous ferons

$$x^2 + y^2 = u. \ldots \quad (228),$$

et notre équation deviendra

$$z = Fu;$$

la différentielle de Fu devant être, en général, une fonction de u multipliée par du, nous pourrons écrire

$$dz = \varphi u\, du;$$

si nous prenons la différentielle de z, par rapport à x seulement, c'est-à-dire en regardant y comme une constante, nous devrons prendre aussi la différentielle de u dans la même hypothèse; par conséquent, en divisant par dx l'équation précédente, nous aurons

$$\frac{dz}{dx} = \varphi u \frac{du}{dx} \cdots \ (229);$$

si nous regardons ensuite x comme constant, et y comme variable, nous trouverons, par un procédé analogue,

$$\frac{dz}{dy} = \varphi u \frac{du}{dy} \cdots \ (230);$$

les valeurs des coefficiens différentiels $\dfrac{du}{dx}$ et $\dfrac{du}{dy}$, qui entrent dans les équations (229) et (230), s'obtiendront en différenciant successivement l'équation (228), par rapport à x et à y, ce qui nous donnera

$$\frac{du}{dx} = 2x, \quad \frac{du}{dy} = 2y;$$

substituant ces valeurs dans les équations (229) et (230), nous aurons

$$\frac{dz}{dx} = 2x\varphi u, \quad \frac{dz}{dy} = 2y\varphi u;$$

éliminant φu entre ces équations, nous trouverons enfin

$$y \frac{dz}{dx} = x \frac{dz}{dy}.$$

487. Prenons encore pour exemple l'équation

$$z^2 + 2ax = F(x - y);$$

faisant

$$x - y = u \cdots \ (231),$$

cette équation devient

$$z^2 + 2ax = Fu;$$

et en différenciant, on a

$$d\,(z^2 + 2ax) = \varphi u\,du\,;$$

prenant, par rapport à x, la différentielle indiquée, nous regarderons z comme variable en vertu de x qui y est contenu, et divisant par dx, nous aurons

$$2z\,\frac{dz}{dx} + 2a = \varphi u\,\frac{du}{dx}\ldots\ (232)\,;$$

opérant d'une manière analogue, par rapport à y, en regardant z comme une fonction qui ne varie qu'à cause de y, et divisant par dy, nous trouverons

$$2z\,\frac{dz}{dy} = \varphi u\,\frac{du}{dy}\ldots\ (233)\,;$$

pour éliminer les coefficiens différentiels de du, l'équation (231) nous donne

$$\frac{du}{dx} = 1,\quad \frac{du}{dy} = -1\,;$$

substituant ces valeurs dans les équations (232) et (233), nous aurons

$$2z\,\frac{dz}{dx} + 2a = \varphi u,\quad 2z\,\frac{dz}{dy} = -\varphi u\,;$$

éliminant φu entre ces équations, nous obtiendrons

$$\frac{dz}{dx} + \frac{dz}{dy} + \frac{a}{z} = 0.$$

De la détermination des fonctions arbitraires qui entrent dans les intégrales des équations différentielles partielles du premier ordre.

488. Les fonctions arbitraires qui complètent les intégrales des équations différentielles partielles, doivent se

déterminer par des conditions qui tiennent à la nature des problèmes qui ont donné lieu à ces équations, problèmes qui la plupart appartiennent à des questions physico-mathématiques. Ne voulant point nous écarter de notre sujet, nous nous bornerons à des considérations purement analytiques, et nous chercherons d'abord quelles sont les conditions renfermées dans l'équation

$$\frac{dz}{dx} = a \ldots \ (234).$$

489. Dès que z est une fonction de x et de y, cette équation peut être regardée comme celle d'une surface. Cette surface, d'après la nature de son équation, jouit de la propriété suivante, que $\dfrac{dz}{dx}$ doit toujours être une quantité constante. Il suit de là que toute section EF, fig. 91, de cette surface faite par un plan CD, parallèle à celui des x, z, est une ligne droite. En effet, quelle que soit la nature de cette section, si on la partage en un nombre infini de parties mm', $m'm''$, $m''m'''$, etc., ces parties, vu leur peu d'étendue, pourront être regardées comme des lignes droites, et représenteront les élémens de la section ; l'un de ces élémens mm' faisant, avec une parallèle mn à l'axe des abscisses, un angle dont la tangente trigonométrique est représentée par $\dfrac{dz}{dx}$, comme cet angle est constant, il s'ensuit que tous les angles $m'mn$, $m''m'n'$, $m'''m''n''$, etc., formés par les élémens de la courbe, avec des parallèles mn, $m'n'$, $m''n''$, etc., à l'axe des abscisses, seront tous égaux ; ce qui prouve que la section EF est une ligne droite.

490. On parviendrait au même résultat en considérant l'intégrale de l'équation $\dfrac{dz}{dx} = a$, que nous avons vu être,

art. 466,

$$z = ax + \varphi y \ldots \ (235);$$

car, pour tous les points de la surface qui sont dans le plan CD, l'ordonnée est égale à une constante c, repré-

Fig. 91. sentée dans la fig. 91, par AB ; remplaçant donc φy par φc, et faisant $\varphi c = C$, l'équation (235) deviendra

$$z = ax + C \ldots \ (236);$$

cette équation étant celle d'une droite, et appartenant à la section EF, il s'ensuit que cette section est une ligne droite.

491. La même chose ayant lieu par rapport aux autres plans sécans qu'on mènerait parallèlement à celui des x, z, concluons que tous ces plans couperont la surface suivant des lignes droites, qui seront parallèles, puisqu'elles formeront chacune, avec une parallèle à l'axe des x, un angle dont la tangente trigonométrique sera a.

492. Si maintenant nous faisons $x = o$, l'équation (235) se réduira à $z = \varphi y$, et sera celle d'une courbe GHK tracée sur le plan des y, z ; cette courbe renfermant tous les points de la surface, dont les coordonnées sont $x = o$,

Fig. 91. rencontrera la plan CD en un point m, fig. 91, qui aura $x = o$ pour l'une de ses coordonnées ; et puisqu'on a aussi $y = AB = c$, la troisième coordonnée, en vertu de l'équation (236), sera $z = C$, valeur représentée dans la figure par Bm. Ce que nous disons du plan CD pouvant s'appliquer à tous les autres plans qui lui sont parallèles, il en résulte que par tous les points de la courbe dont $z = \varphi y$ est l'équation, et qui est tracée sur le plan des y, z, partiront des droites parallèles à l'axe des x. Voilà tout ce que nous disent les équations (234) et (235); et comme cette condition est toujours remplie, quelle que soit la figure de la courbe dont $z = \varphi y$ est l'équation, on voit que cette courbe est arbitraire.

493. Il suit de ce qui précède, que la courbe GHK, dont $z = \varphi y$ est l'équation, peut être composée d'arcs de différentes courbes, qui se joignent les uns les autres, ou qui laissent entre eux des interruptions, en certaines parties, comme dans la figure 92. Une courbe de ce dernier Fig. 92. genre est appelée *discontinue*. Une courbe peut être aussi discontiguë ; c'est ce qui arrive lorsqu'il y a interruption dans ses parties, sans que, dans l'endroit où a lieu cette interruption, son cours soit suspendu. La courbe, fig. 93, Fig. 93. nous en offre un exemple aux points M et N qui ne se succèdent pas, et pourtant ne laissent entre eux aucun vide. Remarquons qu'en pareille circonstance, deux ordonnées différentes telles que PM et PN, fig. 93, ou que QR et QS, correspondent à une même abscisse. Enfin, il est possible que la courbe soit composée d'une suite infinie d'arcs infiniment petits, qui appartiennent chacun à des courbes différentes ; dans ce cas, la courbe est irrégulière, comme seraient, par exemple, des traits de plume que l'on tracerait au hasard ; mais de quelque manière que soit formée la courbe dont l'équation est $z = \varphi y$, il suffira pour construire la surface, de faire mouvoir une droite toujours parallèlement à elle-même, avec cette condition, que son point m parcoure la courbe GHK dont $z = \varphi y$ est l'équation, et qui est tracée au hasard sur le plan des y, z.

494. Si au lieu de l'équation $\dfrac{dz}{dx} = a$, nous avions

celle-ci : $\dfrac{dz}{dx} = X$, dans laquelle X fût une fonction de x,

alors en menant un plan CD, fig. 91, parallèle à celui Fig. 91. des x, z, la surface serait coupée suivant une certaine section EF, qui ne serait plus une ligne droite, comme dans le cas précédent. En effet, pour tout point m', pris sur cette section, la tangente trigonométrique de l'angle $n'm'm''$ formé par le prolongement de l'élément $m'm''$ de la section, avec une parallèle à l'axe des x, sera égale à une fonction X de l'abscisse x de ce point; et comme l'abscisse x est différente pour chaque point, il s'ensuit que l'angle $n'm'm''$ sera différent à chaque point de la section; ce qui nous montre que EF ne sera plus, comme précédemment, une ligne droite. La surface se construira de même que dans le problème précédent, en faisant mouvoir la section EF parallèlement à elle-même, de manière que son point m touche continuellement la courbe GHK, dont l'équation est $z = \varphi y$.

495. Supposons maintenant que, dans l'équation précédente, au lieu de X, on ait une fonction P de x et de y; l'équation $\dfrac{dz}{dx} = P$, contenant trois variables, appartiendra encore à une surface courbe. Si nous coupons cette surface par un plan parallèle à celui des x, z, nous aurons une section dans laquelle y sera constant; et comme dans tous ses points, $\dfrac{dz}{dx}$ égalera une fonction de la variable x, il faudra donc, ainsi que dans le cas précédent, que cette section soit une courbe. L'équation $\dfrac{dz}{dx} = P$, étant intégrée, nous aurons, pour celle de la surface,

$$z = \int P dx + \varphi y;$$

si dans cette équation nous donnons successivement à y les valeurs croissantes y', y'', y''', y^{iv}, etc., et que nous appellions P', P'', P''', P^{iv}, etc., ce que devient alors la fonction P, nous aurons les équations

$$z = \int P' dx + \varphi y', \quad z = \int P'' dx + \varphi y'',$$
$$z = \int P'' dx + \varphi y''', \quad z = \int P'' dx + \varphi y^{\mathrm{iv}}, \text{ etc.} \Big\} \cdots (237);$$

et l'on voit que ces équations appartiendront à des courbes de même nature, mais différentes de formes, puisque les valeurs de la constante y n'y sont pas les mêmes. Ces courbes ne seront autre chose que les sections de la surface par des plans parallèles à celui des x, z ; et, en rencontrant le plan des y, z, elles formeront une courbe dont l'équation s'obtiendra en égalant à zéro la valeur de x dans celle de la surface. Appelons Y, ce que devient $\int P d x$ dans ce cas, nous aurons

$$z = Y + \varphi y \ldots \ldots \ (238);$$

et l'on voit qu'à cause de φy, la courbe, déterminée par cette équation, doit être arbitraire ; ainsi, ayant tracé à volonté, fig. 94, la courbe QRS sur le plan des y, z, si nous représentons par RL la section dont $z = \int P' d x + \varphi y'$ est l'équation, on fera mouvoir cette section, en tenant son extrémité R toujours appliquée à la courbe QRS ; mais de manière que, dans ce mouvement, cette section RL prenne les formes successives déterminées par les équations (237), et l'on construira la surface à laquelle appartiendra l'équation $\dfrac{d z}{d x} = P$.

496. Considérons enfin l'équation générale

$$\frac{d z}{d x} + M \frac{d z}{d y} + N = 0,$$

dont l'intégrale est $U = \Phi V$, art. 484. Dès que nous avons $U = a$ et $V = b$, ces équations existant chacune entre trois coordonnées, nous pouvons les regarder comme celles de deux surfaces; et puisque ces coordonnées sont communes, elles doivent appartenir à la courbe d'intersection de ces deux surfaces. Cela posé, a et b étant des constantes arbitraires, si dans $U = a$ nous donnons à x et à y les valeurs x' et y', nous obtiendrons pour z une fonction de x', de y' et de a, qui déterminera un point de la surface dont $U = a$ est l'équation. Ce point quelconque variera de position si nous donnons successivement diverses valeurs à la constante arbitraire a, ce qui revient à dire qu'en faisant varier a, nous ferons passer la surface dont $U = a$ est l'équation, par un nouveau système de points. Ce que nous disons de $U = a$, pouvant s'appliquer à $V = b$, concluons que la courbe d'intersection des deux surfaces changera continuellement de position, et par conséquent décrira une surface courbe, dans laquelle a et b pourront être considérés comme deux coordonnées; et puisque la relation $a = \Phi b$, qui lie entre elles ces deux coordonnées, est arbitraire, on sent que la détermination de la fonction Φ revient au problème de faire passer une surface par une courbe tracée arbitrairement.

497. Pour montrer comment ces sortes de problèmes peuvent conduire à des conditions analytiques, examinons quelle est la surface dont l'équation est

$$y \frac{dz}{dx} = x \frac{dz}{dy} \ldots \ (239).$$

Nous avons vu, art. 475, que cette équation avait pour intégrale

$$z = \varphi (x^2 + y^2) \ldots \ (240),$$

réciproquement on tire de cette intégrale

$$x^2 + y^2 = \Phi z \, ;$$

si l'on coupe la surface par un plan parallèle à celui des x, y, la section aura pour équation

$$x^2 + y^2 = \Phi c \, ;$$

et en représentant par a^2 la constante Φc, on aura

$$x^2 + y^2 = a^2.$$

Cette équation appartient au cercle; par conséquent la surface jouira de cette propriété, que toute section faite par un plan parallèle à celui des x, y, sera un cercle.

498. Cette propriété est encore indiquée par l'équation (239), car on tire, en vertu de l'article 26,

$$x = y\,\frac{dy}{dx}.$$

Cette équation nous apprend que la sous-normale doit être toujours égale à l'abscisse, ce qui est la propriété du cercle.

499. L'équation (240) ne nous disant donc autre chose, si ce n'est que toutes les sections parallèles au plan des x, y, sont des cercles, il s'ensuit que la loi suivant laquelle les rayons de ces sections doivent s'augmenter, n'est pas comprise dans l'équation (240), et que, par conséquent, toute surface de révolution satisfera au problème; car on sait que dans ces sortes de surfaces, les sections parallèles au plan des x, y sont toujours des cercles, et il n'est pas besoin de dire que la génératrice qui, dans une révolution, décrit la surface, peut être une courbe discontinue, discontiguë, régulière ou irrégulière.

500. Cherchons donc la surface pour laquelle cette génératrice serait une parabole AN, fig. 95, et supposons que, dans cette hypothèse, la surface soit coupée par un plan AB, qui passerait par l'axe des z; la trace de ce plan sur celui des x, y sera une droite AL qui, menée par l'origine, aura pour équation $y = ax$; si nous représentons par t l'hypoténuse AQ du triangle rectangle APQ, construit sur le plan des x, y, nous aurons

Fig. 95.

$$t^2 = x^2 + y^2\,;$$

mais t étant l'abscisse AQ de la parabole AN, dont QM $= z$ est l'ordonnée, nous avons, par la nature de cette courbe,

$$t^2 = bz\,;$$

mettant pour t^2 sa valeur $x^2 + y^2$, il nous viendra

$$z = \frac{1}{b}(y^2 + x^2), \quad \text{ou} \quad z = \frac{1}{b}(a^2 x^2 + x^2) = \frac{1}{b} x^2 (a^2 + 1);$$

et en faisant $\frac{1}{b}(a^2 + 1) = m$, nous obtiendrons

$$z = mx^2 ;$$

de sorte que la condition prescrite dans l'hypothèse où la génératrice doit être une parabole, est que l'on doive avoir

$$z = mx^2 \quad \text{lorsque} \quad y = ax.$$

501. Cherchons maintenant à déterminer, au moyen de ces conditions, la fonction arbitraire qui entre dans l'équation (240). Pour cet effet, nous représenterons par U la quantité $x^2 + y^2$ qui est affectée du signe φ, et l'équation (240) deviendra

$$z = \varphi U \ldots \ (241),$$

et nous aurons les trois équations

$$x^2 + y^2 = U, \quad y = ax, \quad z = mx^2.$$

Au moyen des deux premières nous éliminerons y, et nous obtiendrons la valeur de x^2 qui, étant mise dans la troisième, nous donnera

$$z = m \frac{U}{a^2 + 1},$$

équation qui se réduit à

$$z = \frac{1}{b} U ;$$

parce qu'on a vu que nous avions supposé $\frac{1}{b}(a^2 + 1) = m$;

la valeur de z étant substituée dans l'équation (241), la changera en

$$\varphi U = \frac{1}{b} U ;$$

mettant la valeur de U dans cette équation, nous trouverons

$$\varphi\,(x^2 + y^2) = \frac{1}{b}\,(x^2 + y^2),$$

et l'on voit que la fonction est déterminée; substituant cette valeur de $\varphi\,(x^2 + y^2)$ dans l'équation (240), nous aurons pour l'intégrale cherchée

$$z = \frac{1}{b}\,(x^2 + y^2);$$

équation qui jouit de la propriété requise, puisque l'hypothèse de $y = ax$ nous donne

$$z = mx^2.$$

502. Ce procédé est général; car supposons que les conditions qui doivent déterminer la constante arbitraire, soient que l'intégrale donne $F\,(x,\,y,\,z) = 0$, lorsqu'on a $f\,(x,\,y,\,z) = 0$, nous nous procurerons une troisième équation en égalant à U la quantité qui est précédée de φ; et alors, en éliminant successivement deux des variables $x,\,y,\,z$, on obtiendra chacune de ces variables en fonction de U. Mettant ces valeurs dans l'intégrale, on parviendra à une équation dont le premier membre sera φU, et dont le second membre sera une expression composée en U; remettant la valeur de U en fonction des variables, la fonction arbitraire se trouvera déterminée.

Des équations différentielles partielles du second ordre.

503. Une équation différentielle partielle du second ordre, dans laquelle z est une fonction de deux variables x et y, doit toujours contenir un ou plusieurs de ces coefficiens différentiels $\dfrac{d^2 z}{dx^2}$, $\dfrac{d^2 z}{dy^2}$, $\dfrac{d^2 z}{dx\,dy}$, indépendamment

des coefficiens différentiels du premier ordre qu'elle peut renfermer.

5o4. Nous nous bornerons à intégrer les plus simples des équations différentielles partielles du second ordre, et nous commencerons par celles-ci :

$$\frac{d^2z}{dx^2} = 0 \, ;$$

multipliant pas dx, et intégrant par rapport à x, nous ajouterons à l'intégrale une constante arbitraire fonction de y, et nous aurons

$$\frac{dz}{dx} = \varphi y \, ;$$

multipliant de nouveau par dx, et désignant par ψy une fonction de y, qu'on doit ajouter à l'intégrale, nous trouverons

$$z = x\varphi y + \psi y.$$

5o5. Proposons-nous maintenant d'intégrer l'équation

$$\frac{d^2z}{dx^2} = P,$$

dans laquelle P est une fonction de x et de y ; en opérant comme dans l'intégration précédente, nous trouverons d'abord

$$\frac{dz}{dx} = \int P dx + \varphi y \, ;$$

une seconde intégration nous donnera

$$z = \int \left[\int P dx + \varphi y \right] dx + \psi y.$$

5o6. On intégrerait de la même manière

$$\frac{d^2z}{dy^2} = P,$$

et l'on trouverait

$$z = [\textstyle\int \mathrm{P}\,\mathrm{d}y + \phi x]\,\mathrm{d}y + \psi x.$$

507. L'équation

$$\frac{\mathrm{d}^2 z}{\mathrm{d}y\,\mathrm{d}x} = \mathrm{P}$$

s'intégrerait d'abord par rapport à l'une des variables, et ensuite par rapport à l'autre, ce qui donnerait

$$z = \int [\textstyle\int \mathrm{P}\,\mathrm{d}x + \varphi y]\,\mathrm{d}y + \varphi x.$$

508. En général, on traitera de la même manière l'une des équations

$$\frac{\mathrm{d}^n z}{\mathrm{d}y^n} = \mathrm{P}, \quad \frac{\mathrm{d}^n z}{\mathrm{d}x\,\mathrm{d}y^{n-1}} = \mathrm{Q}, \quad \frac{\mathrm{d}^n z}{\mathrm{d}x^2\,\mathrm{d}y^{n-2}} = \mathrm{R}, \quad \text{etc.,}$$

dans lesquelles P, Q, R, etc., sont des fonctions de x et de y, ce qui donnera lieu à une suite d'intégrations qui introduiront chacune une fonction arbitraire dans l'intégrale.

509. Après les équations que nous venons de considérer, l'une des plus faciles à intégrer est celle-ci :

$$\frac{\mathrm{d}^2 z}{\mathrm{d}y^2} + \mathrm{P}\frac{\mathrm{d}z}{\mathrm{d}y} = \mathrm{Q};$$

par P et par Q nous désignons toujours deux fonctions de x et de y. Faisons

$$\frac{\mathrm{d}z}{\mathrm{d}y} = u \dots \ (242),$$

nous transformerons cette équation en

$$\frac{\mathrm{d}u}{\mathrm{d}y} + \mathrm{P}u = \mathrm{Q} \dots \ (243).$$

Pour intégrer, nous regarderons x comme constant, et alors cette équation ne renfermera que deux variables y et u, et sera de même forme que l'équation

$$dy + Pydx = Qdx\ldots\ (244),$$

traitée art. 385, et dont l'intégrale, page 286, est

$$y = e^{-\int Pdx}\left[\int Qe^{\int Pdx}dx + C\right]\ldots\ (245);$$

comparant donc les équations (243) et (244), nous aurons

$$y = u, \quad x = y;$$

substituant ces valeurs dans la formule (245), et changeant C en φx, nous obtiendrons

$$u = e^{-\int Pdy}\left[\int Qe^{\int Pdy}dy + \varphi x\right];$$

mettant cette valeur de u dans l'équation (242), multipliant par dy, et intégrant, on trouvera

$$z = \int\left[e^{-\int Pdy}\left(\int Qe^{\int Pdy}dy + \varphi x\right)\right]dy + \psi x.$$

510. On intégrerait par le même moyen les équations

$$\frac{d^2z}{dxdy} + P\frac{dz}{dx} = Q, \quad \frac{d^2z}{dxdy} + P\frac{dz}{dy} = Q,$$

dans lesquelles P et Q représentent des fonctions de x; et, à cause du diviseur $dxdy$, on sent que la valeur de z ne renfermerait pas des fonctions arbitraires de la même variable.

511. Proposons-nous encore d'intégrer l'équation

$$\frac{d^2y}{dt^2} = a^2\frac{d^2y}{dx^2}\ldots\ (246)\ (*).$$

Pour cela, nous remarquerons d'abord que y étant une fonction de x et de t, sa différentielle doit être représentée par

---

(*) Cette équation est celle du fameux problème des cordes vibrantes.

$$d y = \frac{d y}{d x} d x + \frac{d y}{d t} d t \dots \ (247);$$

et en faisant

$$\frac{d y}{d x} = p, \quad \frac{d y}{d t} = q,$$

on change l'équation (247), en

$$d y = p d x + q d t \dots \ (248),$$

et la proposée on

$$\frac{d q}{d t} = a^2 \frac{d p}{d x} \dots \ (249).$$

L'équation (248), étant une différentielle exacte, on aura, art. 401,

$$\frac{d q}{d x} = \frac{d p}{d t} \dots \ (250);$$

et comme p et q sont des fonctions de x et de t, leurs différentielles seront

$$d p = \frac{d p}{d x} d x + \frac{d p}{d t} d t \dots \ (251),$$
$$d q = \frac{d q}{d x} d x + \frac{d q}{d t} d t \dots \ (252);$$

mettant dans l'équation (252) les valeurs de $\frac{d q}{d t}$ et de $\frac{d q}{d x}$, données par les équations (249) et (250), cette équation (252) deviendra

$$d q = \frac{d p}{d t} d x + a^2 \frac{d p}{d x} d t \dots \ (253).$$

Représentant par des mêmes lettres les quantités communes aux équations (251) et (253), ces équations pourront s'écrire ainsi :

$$d p = m d x + n d t \dots \ (254),$$
$$d q = n d x + a^2 m d t \dots \ (255).$$

Multipliant la première de ces équations par a, et l'ajoutant à l'autre, on trouvera

$$a d p + d q = (a m + n) d x + a (a m + n) d t,$$

équation qui, à cause du facteur commun, peut s'écrire ainsi :

$$a d p + d q = (a m + n) (d x + a d t),$$

ou plutôt de la sorte

$$a\,dp + dq = (am + n)\,d\,(x + at)\ldots\ (256).$$

Retranchant ensuite l'équation (255) de l'équation (254), multipliée par a, on trouvera, par une opération analogue à la précédente,

$$a\,dp - dq = (am - n)\,(dx - a\,dt)\ldots\ (257),$$

et par conséquent

$$a\,dp - dq = (am - n)\,d\,(x - at)\ldots\ (258).$$

512. Or, si l'on remarque que quand on différencie une fonction de z, la différentielle doit être de forme $fz\,.\,dz$ (*), on conclura que dans l'équation (256), où la différentielle, au lieu d'être z, est $x + at$, on doit avoir

$$am + n = \mathrm{F}\,(x + at).$$

De même, en désignant par F' la caractéristique d'une autre fonction, on tirera de l'équation (258),

$$am - n = \mathrm{F}'(x - at);$$

ce qui changera les équations (256) et (258), en

$$a\,dp + dq = \mathrm{F}(x + at)\,d\,(x + at)\ldots\ (259),$$

et en

$$a\,dp - dq = \mathrm{F}'(x - at)\,d\,(x - at)\ldots\ (260);$$

et comme l'intégrale d'une expression de la forme $fz\,.\,dz$ est une autre fonction de z, nous aurons en intégrant les équations (259) et (260), et en représentant par f et par f' les caractéristiques de deux fonctions différentes,

$$\left.\begin{array}{l} ap + q = f(x + at) \\ ap - q = f'(x - at) \end{array}\right\}\ \ldots\ (261).$$

513. Ajoutant les équations (261), pour éliminer q, elles nous donnent

$$2ap = f(x + at) + f'(x - at);$$

retranchant les équations (261) l'une de l'autre pour éliminer p, on

---

(*) z pourrait n'entrer qu'à la puissance zéro, cas où fz se réduirait à une constante.

aura

$$2q = f(x + at) - f'(x - at);$$

divisant l'un de ces résultats par $2a$, et l'autre par 2, les valeurs de p et de q sont ainsi déterminées :

$$p = \frac{f(x + at) + f'(x - at)}{2a},$$

$$q = \frac{f(x + at) - f'(x - at)}{2};$$

mettant ces valeurs dans l'équation (248), nous obtiendrons

$$dy = \frac{f(x + at) + f'(x + at)}{2a} \, dx + \frac{f(x + at) - f'(x - at)}{2} \, dt \, ;$$

et en multipliant les deux termes de la seconde fraction par a, pour lui donner le dénominateur de l'autre fraction, nous aurons

$$dy = \frac{f(x + at) + f'(x - at)}{2a} \, dx + \frac{af(x + at) - af'(x - at)}{2a} \, dt \, ;$$

rassemblant les termes qui ont pour facteur $f(x + at)$, et ceux qui ont pour facteur $f(x - at)$, on trouvera

$$dy = \frac{f(x + at)\,(dx + a\,dt) + f(x - at)\,(dx - a\,dt)}{2a} \, ;$$

équation qui revient à

$$dy = \frac{1}{2}\frac{f(x + at)\,d(x + at)}{a} + \frac{1}{2}\frac{f'(x - at)\,d(x - at)}{a} \, ;$$

et nous fondant sur la même raison qui nous a fait parvenir, art. 512, à la première intégration, nous trouverons en désignant par φ et par ψ les caractéristiques de deux fonctions différentes,

$$y = \frac{1}{2}\frac{\varphi(x + at)}{a} + \frac{1}{2}\frac{\psi(x - at)}{a} \, ;$$

et si l'on observe que le dénominateur a peut être compris dans la fonction, on aura enfin

$$y = \frac{1}{2}\varphi(x + at) + \frac{1}{2}\psi(x - at) \ldots \, (262).$$

Des fonctions arbitraires qui entrent dans les intégrales des équations différentielles partielles du second ordre.

514. Les équations différentielles partielles du second ordre conduisent à des intégrales qui renferment deux fonctions arbitraires ; la détermination de ces fonctions revient à faire passer la surface par déux courbes qui peuvent être discontinues et discontiguës. Pour en donner un exemple, prenons l'équation

$$\frac{d^2z}{dx^2} = 0,$$

dont l'intégrale, art. 504, est

$$z = x\varphi y + \psi y \ldots \ (263).$$

Fig. 96. Soient Ax, Ay et Az, fig. 96, les axes coordonnés ; si l'on mène un plan KL parallèlement à celui des x, z, la section de la surface, par ce plan, sera une ligne droite ; car, pour tous les points de cette section, y étant égal à Ap, si nous représentons Ap par une constante c, les fonctions φy et ψy deviendront φc et ψc, et par conséquent pourront être remplacées par deux constantes a et b ; de sorte que l'équation (263) deviendra

$$z = ax + b \ldots \ (264),$$

et sera celle de la section faite par le plan KL.

515. Pour connaître le point où cette section rencontre le plan des y, z, faisons $x = 0$; l'équation (263) nous donne, dans cette hypothèse,

$$z = \psi y,$$

ce qui nous indique une courbe amb tracée sur le plan

des y, z. Il nous serait facile de démontrer, comme dans l'art. 492, que la section rencontre la courbe amb en un point m ; et comme cette section est une ligne droite, il ne s'agit, pour en déterminer la position, que de trouver un second point par lequel passe cette ligne. Pour cet effet, observons que lorsque x est égal à zéro, l'équation (263) se réduit à

$$z = \psi y,$$

tandis que lorsque x est égal à l'unité, la même équation se réduit à

$$z = \varphi y + \psi y ;$$

faisant, comme précédemment, $y = Ap = c$, ces deux valeurs de z deviennent

$$z = b, \quad z = a + b,$$

et déterminent deux points m et r pris sur la même section mr que nous avons vue être en ligne droite. Pour construire ces points, on opérera de la manière suivante : on tracera arbitrairement sur le plan des y, z la courbe amb, et par le point p, où le plan sécant KL rencontre l'axe des y, on élèvera la perpendiculaire $pm = b$, qui sera une ordonnée à la courbe ; on prendra ensuite à l'intersection HL du plan sécant et de celui des x, y, la partie pp' égale à l'unité, et par le point p' on mènera un plan parallèle à celui des y, z, et dans ce plan on construira la courbe $a'm'b'$, sur le modèle de la courbe amb, et de manière qu'elle soit semblablement disposée ; alors l'ordonnée $m'p'$ sera égale à mp ; et si l'on prolonge $m'p'$ d'une quantité arbitraire $m'r$, qui représentera a, on déterminera le point r de la section.

Si l'on prolonge ensuite, par le même procédé, toutes les ordonnées de la courbe $a'm'b'$, on construira une nouvelle courbe $a'rb'$ qui sera telle, qu'en menant par cette courbe et par amb, un plan parallèle à celui des x, z, les deux points où les courbes seront rencontrées appartiendront à la même section de la surface.

Il suit de ce qui précède, que la surface peut être construite, en faisant mouvoir la droite mr, de manière qu'elle touche continuellement les deux courbes amb, $a'rb'$.

516. Cet exemple suffit pour faire entrevoir comment la détermination des fonctions arbitraires, qui complètent les intégrales des équations différentielles partielles du second ordre, revient à faire passer la surface par deux courbes qui, ainsi que les fonctions arbitraires qui servent à les construire, peuvent être discontinues, discontiguës, régulières ou irrégulières.

FIN DU CALCUL INTÉGRAL.

CALCUL
DES DIFFÉRENCES.

Du calcul direct des différences.

517. La différence d'une fonction variable est l'accroissement ou la diminution que cette fonction reçoit lorsqu'elle passe d'un certain état de grandeur à un autre.

Cette différence s'indique par le caractère grec Δ, placé devant la fonction variable. Par exemple, lorsque la fonction $y = x^2$ devient y' par un accroissement h donné à la variable x, on a

$$y' - y = 2xh + h^2,$$

ou

$$\Delta y = 2xh + h^2.$$

En général, si x se changeant en $x + h$, la fonction y de x devient y', le théorème de Taylor nous donne, pour le développement de y', une suite de cette forme,

$$y' = y + Ah + Bh^2 + Ch^3 + Dh^4, \text{ etc.};$$

et l'on voit que la différence de la fonction sera exprimée par

$$y' - y \quad \text{ou} \quad \Delta y = Ah + Bh^2 + Ch^3 + \text{etc.},$$

tandis que la différentielle ne se composera, art. 13, que du premier terme de cette différence, dans lequel on changera l'accroissement h en dx.

518. Par la même raison que nous plaçons la caractéristique Δ devant y, pour indiquer l'accroissement positif

ou négatif de cette fonction, nous indiquerons par Δx l'accroissement de x qui, suivant le cas, sera positif ou négatif.

Ainsi, pour connaître la différence de y, lorsque la fonction est $y = x^m$, nous développerons, par la formule du binome, l'équation

$$y' = (x + \Delta x)^m,$$

et nous trouverons

$$y' - y \text{ ou } \Delta y = m x^{m-1} \Delta x + m \frac{m-1}{2} (\Delta x)^2 + m \frac{m-1}{2} \frac{m-2}{3} (\Delta x)^3 \text{ etc}$$

On peut se dispenser de renfermer Δx entre des paren-thèses, en convenant que Δx^2, Δx^3, Δx^4, etc., représente-ront la seconde, la troisième, la quatrième puissance, etc., de Δx; mais pour n'être pas dans le cas de confondre Δx^2, Δx^3, etc., avec les différences de x^2, de x^3, etc., nous dési-gnerons ces différences de cette manière : $\Delta . x^2$, $\Delta . x^3$, etc. Au moyen de cette observation, nous pourrons écrire ainsi l'équation précédente :

$$\Delta y = m x^{m-1} \Delta x + m \frac{m-1}{2} \Delta x^2 + m \frac{m-1}{2} \frac{m-2}{3} \Delta x^3, \text{ etc. };$$

et nous voyons que quand la différence devient infiniment petite, cas auquel Δx et Δy se changent en dx et en dy, on doit supprimer, art. 236, les termes affectés de dx^2, de dx^3, etc., comme des infiniment petits des ordres su-périeurs : par conséquent la formule se réduit à

$$dy = m x^{m-1} dx;$$

ce qui est conforme au résultat que nous avons obtenu art. 17, par un autre moyen.

519. Il n'est pas même nécessaire de développer toujours la fonction y de x suivant les puissances ascendantes de Δx pour obtenir la différence Δy : par exemple, si l'on avait

$$y = \frac{x^2 - a^2}{x},$$

en retranchant la fonction primitive de la fonction accrue, il viendrait

$$y' - y \text{ ou } \Delta y = \frac{(x + \Delta x)^2 - a^2}{x + \Delta x} - \frac{(x^2 - a^2)}{x};$$

élevant $x + \Delta x$ au carré, réduisant ensuite au même dénominateur, et effectuant la réduction, on trouverait

$$\Delta y = \frac{a^2 \Delta x + x^2 \Delta x + x \Delta x^2}{x(x + \Delta x)},$$

ou en rassemblant les termes en Δx,

$$\Delta y = \frac{(a^2 + x^2)\Delta x + x\Delta x^2}{x(x + \Delta x)}.$$

520. Si la différence Δx était négative, et qu'on voulût déterminer la valeur de Δy, pour la fonction

$$y = \frac{\sqrt[3]{a^2 + bx}}{c},$$

on changerait x en $x - \Delta x$, et en retranchant la fonction primitive de la nouvelle, on trouverait

$$\Delta y = \frac{\sqrt[3]{a^2 + bx - b\Delta x} - \sqrt[3]{a^2 + bx}}{c}.$$

521. Cherchons maintenant la différence de y, lorsqu'on a

$$y = \log x.$$

On déduit de cette équation

$$y' = \log(x + \Delta x),$$

et par conséquent

$$y' - y = \log(x + \Delta x) - \log x;$$

ou, d'après la propriété des logarithmes,

$$y' - y = \log \frac{(x + \Delta x)}{x},$$

et en effectuant la division par x,

$$y' - y \text{ ou } \Delta y = \log\left(1 + \frac{\Delta x}{x}\right) \ldots \ (1).$$

Or, on a, page 39,

$$\log(x + h) = \log x + \frac{h}{x} - \frac{h^2}{2x^2} + \frac{h^3}{3x^3} - \text{etc.};$$

et en faisant passer $\log x$ dans le premier membre, on a

$$\log(x + h) - \log x = \frac{h}{x} - \frac{h^2}{2x^2} + \frac{h^3}{3x^3} - \frac{h^4}{4x^4} + \text{etc.}$$

Cette équation nous donne, par la nature des logarithmes,

$$\log\left(\frac{x + h}{x}\right) \text{ ou } \log\left(1 + \frac{h}{x}\right) = \frac{h}{x} - \frac{h^2}{2x^2} + \frac{h^3}{3x^3} - \text{etc.};$$

remplaçant ensuite h par Δx, on aura

$$\log\left(1 + \frac{\Delta x}{x}\right) = \frac{\Delta x}{x} - \frac{\Delta x^2}{2x^2} + \frac{\Delta x^3}{3x^3} - \text{etc.};$$

mettant cette valeur dans l'équation (1), on trouvera

$$\Delta y = \frac{\Delta x}{x} - \frac{\Delta x^2}{2x^2} + \frac{\Delta x^3}{3x^3} - \text{etc.} \ldots \ (2).$$

Cherchons ensuite la différence de $y = a^x$; pour cela nous avons

$$y' - y \text{ ou } \Delta y = a^{x + \Delta x} - a^x = a^x\left(a^{\Delta x} - 1\right),$$

et, en mettant la valeur de y,

$$\Delta a^x = a^x\left(a^{\Delta x} - 1\right).$$

522. Soit encore $y = \sin x$, on a

$$y' = \sin(x + \Delta x),$$

et par conséquent

$$y' - y \text{ ou } \Delta y = \sin x \cos \Delta x + \sin \Delta x \cos x - \sin x,$$

et en réduisant

$$\Delta y = \sin \Delta x \cos x + (\cos \Delta x - 1) \sin x.$$

De même, si l'on nous donne $y = \cos x$, on trouvera

$$y' = \cos(x + \Delta x),$$

et en développant, il viendra

$$y' = \cos x \cos \Delta x - \sin x \sin \Delta x,$$

d'où l'on déduira

$$y' - y = \cos x \cos \Delta x - \sin x \sin \Delta x - \cos x,$$

et par conséquent

$$\Delta y = - \sin x \sin \Delta x + \cos x(\cos \Delta x - 1).$$

523. Si la fonction y, outre la variable x, contenait encore d'autres variables z, t, u, etc., on prendrait la différence Δy en remplaçant x par $x + \Delta x$, z par $z + \Delta z$, t par $t + \Delta t$, etc., et en opérant comme ci-dessus.

Par exemple, si l'on voulait déterminer la différence de $y = azu$, on aurait

$$y' = a(z + \Delta z)(u + \Delta u),$$

développant et retranchant la fonction primitive, on trouverait

$$y' - y \text{ ou } \Delta y = az\Delta u + au\Delta z + a\Delta z\Delta u;$$

et l'on voit que lorsque Δy et Δz deviennent infiniment petits, cette différence se réduit à

$$dy = azdu + audz,$$

résultat conforme à la règle de l'art. 14.

524. Enfin, si l'on se proposait de déterminer la diffé-rence de la fraction $\dfrac{u}{z}$, on aurait

$$y' = \frac{u + \Delta u}{z + \Delta z},$$

et par conséquent

$$y' - y \text{ ou } \Delta y = \frac{u + \Delta u}{z + \Delta z} - \frac{u}{z};$$

et en réduisant au même dénominateur, on trouverait, après avoir supprimé les termes qui se détruisent,

$$\Delta y = \frac{z\Delta u - u\Delta z}{z(z + \Delta z)}.$$

Quand les différences sont infiniment petites, Δz s'évanouit au dénominateur, Δy, Δu et Δz se changent en dy, en du et en dz, et la formule précédente se réduit à

$$dy = \frac{zdu - udz}{z^2};$$

ce qui est conforme à la règle établie, art. 14, pour trou-ver la différentielle d'une fraction.

525. Dans le calcul différentiel, on considère des diffé-rentielles de divers ordres. Une semblable division a lieu dans le calcul des différences : ainsi en regardant Δx, Δy, Δz, etc., comme les différences premières de x, de y, de z, etc., ces fonctions auront $\Delta^2 x$, $\Delta^2 y$, $\Delta^2 z$, etc., pour diffé-rences secondes, et $\Delta^3 x$, $\Delta^3 y$, $\Delta^3 z$, etc., pour différences troisième, ainsi de suite.

526. La différence seconde d'une fonction représentée par $y = fx$, n'étant autre chose que la différence de la différence, on pourra regarder M'Q, fig. 97, comme une ordonnée, dont l'abscisse comptée de l'origine M, serait MQ $= \Delta x$; par conséquent si MQ reçoit un accroissement QR, l'abscisse

Fig. 97.

MR correspondra à l'ordonnée M″R ; et la différence M″S, qui existe entre M″R et M′Q, sera la différence de M′Q ou la différence seconde de MP ; et, comme QR équivaut à P′P″, nous avons donc ici deux sortes d'accroissemens à considérer , savoir : PP′ que nous avons appelé Δx, et P′P″ que nous désignerons momentanément par h. Si nous regardons maintenant les ordonnées comme des fonctions des abscisses correspondantes, nous aurons évidemment, d'après l'inspection de la figure 97 ,

Fig. 97.

$$ \text{M}'\text{Q} = \text{M}'\text{P}' - \text{MP}, $$

ou

$$ \Delta y = \varphi\,(x + \Delta x) - \varphi x \ldots \ (3) ; $$

et ensuite

$$ \text{M}''\text{S} = \text{M}''\text{P}'' - \text{M}'\text{P}', $$

ou

$$ \Delta^2 y = \varphi\,(x + \Delta x + h) - \varphi\,(x + \Delta x) \ldots \ (4). $$

Or, il peut arriver deux cas : ou la différence P′P″ $= h$ sera égale à PP′ $= \Delta x$, ou elle ne le sera pas. Dans le premier cas, l'équation (4) deviendra

$$ \Delta^2 y = \varphi\,(x + 2\Delta x) - \varphi\,(x + \Delta x) \ldots \ (5) ; $$

et l'on voit qu'elle se déduit de l'équation (3), en regardant Δx comme une quantité constante, et en changeant x en $x + \Delta x$; mais dans l'hypothèse où h différera de Δx, nous indiquerons cette différence, qui pourra être positive ou négative, par $\Delta^2 x$; en sorte que nous aurons

$$ h = \Delta x + \Delta^2 x, $$

ce qui changera l'équation (4) en

$$ \Delta^2 y = \varphi\,(x + 2\Delta x + \Delta^2 x) - \varphi\,(x + \Delta x) \ldots \ (6) ; $$

et l'on voit que dans le second cas, la valeur de $\Delta^2 y$ se déduira de celle de Δy, [équation (3)], en changeant

$$ \Delta x \text{ en } \Delta x + \Delta^2 x \text{ et } x \text{ en } x + \Delta x. $$

25..

527. Par exemple, si l'on voulait avoir la différence seconde de la fonction $y = x^2$, dans laquelle on supposerait Δx constant, on trouverait d'abord

$$\Delta y = 2x\Delta x + \Delta x^2 \ldots \ (7);$$

et en changeant seulement x en $x + \Delta x$, on obtiendrait ensuite

$$\Delta^2 y = 2(x + \Delta x)\Delta x + \Delta x^2 - (2x\Delta x + \Delta x^2) \ldots \ (8);$$

faisant la réduction, il resterait,

$$\Delta^2 y = 2\Delta x^2 \ldots \ (9).$$

528. Si au contraire on regardait Δx comme une quantité variable, l'équation (7), au lieu de donner l'équation (8), amènerait celle-ci,

$$\Delta^2 y = 2(x + \Delta x)(\Delta x + \Delta^2 x) + (\Delta x + \Delta^2 x)^2 - (2x\Delta x + \Delta x^2),$$

et en réduisant, donnerait

$$\Delta^2 y = 2\Delta x^2 + (2x + 4\Delta x)\Delta^2 x + (\Delta^2 x)^2 \ldots \ (10).$$

529. Par des considérations analogues, on prouverait de même qu'en donnant l'accroissement $\Delta^3 x$ à $\Delta^2 x$, on devrait, dans cette hypothèse, changer x en $x + \Delta x$, Δx en $\Delta x + \Delta^2 x$ et $\Delta^2 x$ en $\Delta^2 x + \Delta^3 x$ dans la fonction (10), pour obtenir la valeur de $\Delta^3 y$, ainsi de suite.

530. Quant au choix de l'une des hypothèses que nous avons considérées, il n'est pas douteux que lorsque rien ne s'y oppose, il vaut toujours mieux faire accroître x par des différences égales; aussi est-ce l'hypothèse que l'on choisit ordinairement. Cependant il peut arriver qu'il ne dépende pas de notre choix de donner des valeurs constantes à Δx. Par exemple, si x et y étaient des fonctions d'une troisième variable t et que l'on eût $x = \varphi t$, et $y = \psi t$, on sent que l'accroissement Δx de x dépendrait, comme celui

de y, de l'accroissement Δt, et ainsi n'étant plus arbitraire, ne pourrait être supposé constant.

531. Si nous remplaçons maintenant par h la différence Δx que nous avons prise pour constante, et que nous cherchions les différences successives d'une fonction $y = x^3$, nous trouverons

$$\Delta y = 3x^2 h + 3xh^2 + h^3,$$
$$\Delta^2 y = 3(x+h)^2 h + 3(x+h)h^2 - 3x^2 h - 3xh^2 = 6xh^2 + 6h^3,$$
$$\Delta^3 y = 6(x+h)h^2 - 6xh^2 = 6h^3,$$
$$\Delta^4 y = 0 ;$$

et l'on voit que dans cet exemple, comme dans tout autre semblable d'une fonction rationnelle, les exposans de h diminuant successivement d'une unité, les différences qu'on déduit ainsi les unes des autres doivent diminuer, et finir par devenir nulles.

532. Par exemple, si l'on écrit dans une ligne horizontale la suite des nombres triangulaires, et que l'on place au-dessous leurs différences successives, comme cela est indiqué ici:

$$1, \quad 3, \quad 6, \quad 10, \quad 15, \quad 21, \quad 28, \text{ etc.,}$$
$$2, \quad 3, \quad 4, \quad 5, \quad 6, \quad 7, \text{ etc.,}$$
$$1, \quad 1, \quad 1, \quad 1, \quad 1, \text{ etc.,}$$
$$0, \quad 0, \quad 0, \quad 0, \text{ etc.,}$$

on verra qu'à la 4e ligne seulement les différences finissent par être nulles.

533. Prenons maintenant une suite de termes

$$a, \quad a_1, \quad a_2, \quad a_3, \quad a_4, \ldots a_n \ldots \quad (11),$$

qui aient pour premières différences,

$$b, \quad b_1, \quad b_2, \quad b_3, \quad b_4, \ldots b_n \ldots \quad (12),$$

pour secondes différences,

$$c, \quad c_1, \quad c_2, \quad c_3, \quad c_4, \ldots c_n \ldots \quad (13),$$

pour troisièmes différences ,

$$d, \quad d_1, \quad d_2, \quad d_3, \quad d_4, \ldots d_n \ldots \quad (14),$$

ainsi de suite.

On en déduira

$$\left.\begin{array}{l} a_1-a=b,\ a_2-a_1=b_1,\ a_3-a_2=b_2,\ a_4-a_3=b_3,\ \text{etc.}, \\ b_1-b=c,\ b_2-b_1=c_1,\ b_3-b_2=c_2,\ b_4-b_3=c_3,\ \text{etc.}, \\ c_1-c=d,\ c_2-c_1=d_1,\ c_3-c_2=d_2,\ c_4-c_3=d_3,\ \text{etc.}, \\ d_1-d=e,\ d_2-d_1=e_1,\ d_3-d_2=e_2,\ d_4-d_3=e_3,\ \text{etc.}, \\ \quad\text{etc},\qquad \text{etc.},\qquad\quad \text{etc.},\qquad\quad \text{etc.} \end{array}\right\} \quad (15).$$

On tirera de la première colonne de ces équations ,

$$a_1=a+b, \quad b_1=b+c, \quad c_1=c+d, \quad d_1=e+d, \quad \text{etc.} \ldots \quad (16);$$

de la seconde colonne ,

$$a_2 = a_1 + b_1, \quad b_2 = b_1 + c_1, \quad c_2 = c_1 + d_1, \quad \text{etc.} \ldots \quad (17);$$

de la troisième colonne ,

$$a_3 = a_2 + b_2, \quad b_3 = b_2 + c_2, \quad c_3 = c_2 + d_2;$$

ainsi de suite.

534. Cherchons maintenant à exprimer les différens termes des suites (11) et (12) , en fonctions des quantités a, b, c, d, etc. Pour cet effet, nous avons d'abord , par les premières des équations (16) ,

$$a_1 = a + b, \quad b_1 = b + c;$$

nous trouverons ensuite la valeur de a_2 en substituant celles de a_1 et de b_1 dans la première des équations (17), ce qui nous donnera

$$a_2 = a_1 + b_1 = a + b + b + c = a + 2b + c;$$

d'un autre côté, nous trouverons à l'aide des équations (17) et (16) ,

$$b_2 = b_1 + c_1 = b + c + c + d = b + 2c + d,$$
$$c_2 = c_1 + d_1 = c + d + c + d = c + 2d + e;$$

substituant les valeurs de a_2 et de b_2 dans celle de a_3, nous obtiendrons

$$a_3 = a_2 + b_2 = a + 3b + 3c + d.$$

On trouvera de même

$$b_3 = b_2 + c_2 = b + 2c + d + c + 2d + e = b + 3c + 3d + e.$$

En continuant ainsi, on trouvera encore

$$a_4 = a + 4b + 6c + 4d + e \ldots \quad (18),$$
$$b_4 = b + 4c + 6d + 4e + f \ldots \quad (19);$$

et en général,

$$a_n = a + \frac{n}{1} b + \frac{n(n-1)}{1.2} c + \frac{n(n-1)(n-2)}{1.2.3} d + \text{etc}\ldots \quad (20),$$

$$b_n = b + \frac{n}{1} c + \frac{n(n-1)}{1.2} d + \frac{n(n-1)(n-2)}{1.2.3} e + \text{etc}\ldots \quad (21).$$

535. Cette série s'arrête si l'on tombe sur des différences constantes dans l'une des lignes horizontales des équations (15). Par exemple, si l'on avait

$$b = b_1 = b_2 = b_3, \text{ etc.},$$

qu'on substituât ces valeurs dans les équations (15), les premiers membres de celles qui composent la seconde ligne, se réduiraient à zéro, ce qui donnerait

$$c = 0, \quad c_1 = 0, \quad c_2 = 0, \quad c_3 = 0, \text{ etc.};$$

ces valeurs de c, de c_1, de c_2, etc., feraient à leur tour évanouir les premiers membres des équations de la troisième ligne, d'où il résulterait

$$d = 0, \quad d_1 = 0, \quad d_2 = 0, \quad d_3 = 0 \text{ etc.};$$

et en continuant ainsi on voit que les équations des lignes suivantes comprises dans les etc., se réduiraient à zéro.

536. L'équation (20), dans laquelle rentre celle qui est comprise sous le n° (21) n'ayant été trouvée que par analogie, il s'agit maintenant d'en prouver la légitimité.

Or, quand $n = 4$, les équations (20) et (21) deviennent les équations (18) et (19) (*), et comme celles-ci sont démontrées, voilà donc une valeur de n pour laquelle les équations (20) et (21) se vérifient; mais nous ne savons pas si, en augmentant n d'une unité, les valeurs de a_n et de b_n se composeront d'une manière analogue, et si, par conséquent les équations (20) et (21), subsisteront encore; autrement ce serait conclure du particulier au général; tout ce que nous pouvons admettre, c'est que la démonstration ayant eu lieu pour le cas où $n = 4$, il est du moins constaté que dans une certaine hypothèse de n (celle de 4), les valeurs a_n et b_n se forment suivant la loi qui est indiquée par les équations (20) et

---

(*) Pour concevoir par quelle raison l'équation (20) d'un nombre illimité de termes se réduit aux cinq termes de l'équation (18), soient M, N, P, Q, R, S, etc., les facteurs successifs $\frac{n}{1}$, $\frac{n(n-1)}{1.2}$, $\frac{n(n-1)(n-2)}{1.2.3}$, etc., nous pourrons écrire ainsi l'équation (20) :

$$a_n = a + \frac{n}{1}b + M\frac{(n-1)}{2}c + N\frac{(n-2)}{3}d + P\frac{(n-3)}{4}e + Q\frac{(n-4)}{5}f$$
$$+ R\frac{(n-4)}{5}\frac{(n-5)}{6}g + S\frac{(n-4)}{5}\frac{(n-5)}{6}\frac{(n-6)}{7}h + \text{etc.};$$

et l'on voit que, dans l'hypothèse de $n = 4$, le facteur $\frac{n-4}{5}$ devient nul, ce qui fait évanouir tous les termes de la seconde ligne, c'est-à-dire tous ceux qui sont compris depuis le rang $4+2$: car les secondes parties des quantités renfermées entre les parenthèses étant successivement 1, 2, 3, 4, il est évident que le nombre donné 4 indique le rang à partir du deuxième terme, ou le rang $4+2$ à partir du premier. Cette observation peut s'appliquer à toute autre hypothèse de n.

(21) ; démontrons que si l'on augmente n d'une unité et que l'on obtienne par conséquent

$$a_{n+1}=a+(n+1)b+\frac{(n+1)n}{1.2}c+\frac{(n+1)n(n-1)}{1.2.3}d+\text{etc}\ldots (22),$$

la valeur de a_{n+1} ne sera point absurde.

Pour cela, nous partirons de ce point que, puisque nous regardons les équations (20) et (21), qui ont lieu pour une hypothèse de n, comme légitimes, nous obtiendrons un résultat qui sera encore exempt d'erreur, si nous ajoutons ensemble ces équations : en opérant ainsi, nous trouverons

$$a_n+b_n=a+nb+\frac{n(n-1)}{2}c+\frac{n(n-1)(n-2)}{1.2.3}d+\text{etc.},$$

$$+\,b\,+\,nc\,+\,\frac{n(n-1)}{2}d+\text{etc.}$$

Réduisant et mettant a_{n+1} à la place de a_n+b_n, comme on en a le droit en vertu des équations (17), il reste

$$a_{n+1}=a+(n+1)b+\frac{(n+1)n}{1.2}c+\frac{(n+1)n(n-1)}{1.2.3}d+\text{etc}\ldots (23).$$

Équation démontrée exacte, et qui, étant la même que l'équation (22), prouve que celle-ci est vraie.

Il suit donc de là que puisque l'équation (20) subsiste pour l'indice $n=4$, l'équation (22), qui a lieu pour l'indice $n+1=5$, sera vraie encore. Faisant ensuite $n=5$, l'équation (20) sera donc vraie pour cet indice, et par conséquent l'équation (22) prouvera qu'il en sera de même de l'indice $n+1=6$. En continuant ainsi, on prouvera que l'équation (20) aura lieu en augmentant successivement l'indice depuis la valeur 4 jusqu'à une valeur quelconque n.

537. Maintenant, puisque b est la différence des deux premiers termes de la suite (11), l'accroissement de a qu'on désigne par Δa sera donc égal à b ; ce que nous disons de b pou-

vant s'appliquer à c, à d, à e, etc., à l'égard des termes dont ces lettres désignent les accroissemens, on a évidemment

$$b = \Delta a, \; c = \Delta b, \; d = \Delta c, \; e = \Delta d, \text{ etc.} \ldots \quad (24) ;$$

éliminant b de la seconde de ces équations (24), au moyen de la première, on aura

$$c = \Delta . \Delta a = \Delta^2 a ;$$

mettant cette valeur dans la troisième des équations (24), nous trouverons

$$d = \Delta . \Delta^2 a = \Delta^3 a ;$$

cette valeur substituée dans la quatrième des équations (24), on obtiendra

$$e = \Delta . \Delta^3 a = \Delta^4 a ,$$

ainsi de suite.

Substituant ces valeurs de c, de d, de e, etc., dans l'équation (20), cette équation deviendra

$$a_n = a + \frac{n}{1}\Delta a + \frac{n(n-1)}{1}\Delta^2 a + \frac{n(n-1)(n-2)}{1.2}\Delta^3 a, \text{ etc.} \ldots \quad (25).$$

Telle est la formule de Newton.

538. Si l'on prend pour la suite $a, a_1, a_2, a_3 \ldots a_n$, les ordonnées pm, $p'm'$, $p''m''$, etc., d'une courbe AM, fig. 98, et que la première et la dernière de ces ordonnées soient désignées par y et par y', nous aurons donc

$$a = y, \quad a_n = y'.$$

Substituant ces valeurs dans l'équation (25), nous obtiendrons

$$y' = y + \frac{n}{1}\Delta y + \frac{n(n-1)}{1.2}\Delta^2 y + \frac{n(n-1)(n-2)}{1.2.3}\Delta^3 y + \text{etc.} \ldots \quad (26).$$

Fig. 98.   Supposons maintenant que l'accroissement $h = p\mathrm{P}$, fig. 98, donné à l'abscisse Ap soit partagé en n parties pp', $p'p''$, $p''p'''$, etc., égales chacune à Δx, comme le nombre de ces parties sera exprimé par n, nous aurons

$$h = n\Delta x,$$

d'où l'on tirera

$$n = \frac{h}{\Delta x} \dots (27).$$

Au moyen de cette valeur l'équation (26) deviendra

$$y' = y + \frac{h}{\Delta x}\Delta y + \frac{\frac{h}{\Delta x}\left(\frac{h}{\Delta x}-1\right)}{1.2}\Delta^2 y + \frac{\frac{h}{\Delta x}\left(\frac{h}{\Delta x}-1\right)\left(\frac{h}{\Delta x}-2\right)}{1.2.3}\Delta^3 y + \text{etc.};$$

réduisant les quantités qui sont entre les parenthèses au même dénominateur, et mettant les Δx sous les Δy, nous obtiendrons

$$y' = y + h\frac{\Delta y}{\Delta x} + \frac{h(h-\Delta x)}{1.2}\frac{\Delta^2 y}{\Delta x^2} + \frac{h(h-\Delta x)(h-2\Delta x)}{1.2.3}\frac{\Delta^3 y}{\Delta x^3}\text{ etc...} (28).$$

Quand les ordonnées sont infiniment proches les unes des autres, Δx, qui exprime la distance de l'une à l'autre, devient une quantité infiniment petite qui s'évanouit, art. 230, devant la quantité finie h, représentée par pP, fig. 98; alors les rapports $\frac{\Delta y}{\Delta x}$, $\frac{\Delta^2 y}{\Delta x^2}$, $\frac{\Delta^3 y}{\Delta x^3}$ etc., se réduisent

aux coefficiens différentiels $\frac{dy}{dx}$, $\frac{d^2 y}{dx^2}$, $\frac{d^3 y}{dx^3}$, etc., et la formule (28), devient

$$y' = y + \frac{dy}{dx}h + \frac{d^2 y}{dx^2}\frac{h^2}{1.2} + \frac{d^3 y}{dx^3}\frac{h^3}{2.3} + \text{etc.} \dots (29);$$

c'est ainsi que le calcul des différences nous conduit au théorème de Taylor, dont on reconnaît ici la formule.

539. Dans la démonstration précédente, nous avons partagé l'accroissement pP, fig. 98, en un certain nombre de parties égales, et nous avons pris pour Δx l'une de ces par-

Fig. 98.

ties ; on pourrait au contraire nommer Δx l'accroisse~ment $p\mathrm{P}$, et regarder Δx comme composé d'un nombre n de parties égales chacune à une quantité constante h. Si l'on adopte cette seconde hypothèse, on aura

$$x' - x \quad \text{ou} \quad \Delta x = nh,$$

d'où nous tirerons

$$n = \frac{\Delta x}{h} \ldots \ (30) ;$$

substituant cette valeur dans l'équation (26), nous obtiendrons, après avoir réduit les quantités qui sont entre parenthèses au même dénominateur,

$$y' = y + \frac{\Delta x}{h} \Delta y + \frac{\Delta x}{h} \frac{(\Delta x - h)}{2h} \Delta^2 y + \frac{\Delta x}{h} \frac{(\Delta x - h)}{2h} \frac{(\Delta x - 2h)}{3h} \Delta^3 y$$
$$+ \text{ etc}\ldots \ (31),$$

et en prenant h pour unité, l'équation (31) deviendra

$$y' = y + \Delta x \Delta y + \Delta x \frac{(\Delta x - 1)}{2} \Delta^2 y + \frac{\Delta x(\Delta x - 1)(\Delta x - 2)}{2.3} \Delta^3 y \ldots \ (32).$$

Cette équation peut se mettre sous une autre forme ; car l'hypothèse de $h = 1$, réduit l'équation (30) à $\Delta x = n$. Cette valeur de Δx change l'équation (32) en

$$y' = y + n \Delta y + \frac{n(n-1)}{2} \Delta^2 y + \frac{n(n-1)(n-2)\Delta^3 y}{1.2.3} + \text{etc}\ldots \ (33).$$

ce qui nous fait retomber sur l'équation (26).

540. Remarquons que ce que nous appelons Δy, dans la formule (31), n'est pas la même chose que $y' - y$; car Δy exprime la différence $m'n'$, fig. 98, qui existe entre les deux ordonnées consécutives mp et $m'p'$; tandis que $y' - y$ est la différence MN qui se trouve entre $\mathrm{MP} = y'$ et $mp = y$.

Fig. 98.

541. Pour donner une application de la formule (33), cherchons l'ordonnée qui répond à l'indice n dans la suite

$$5, \quad 9, \quad 15, \quad 23, \quad 33, \quad \text{etc} \ldots \ (34):$$

comparant cette suite à celle-ci :

$$a, \quad a_1, \quad a_2, \quad a_3, \quad a_4, \quad \text{etc.} ;$$

et désignant le premier terme par y, nous avons

$$\Delta y \text{ ou } b = a_1 - a = 9 - 5 = 4,$$
$$b_1 \text{ ou } a_2 - a_1 = 15 - 9 = 6,$$
$$b_2 \text{ ou } a_3 - a_2 = 23 - 15 = 8,$$
$$b_3 \text{ ou } a_4 - a_3 = 33 - 23 = 10,$$
$$\dots\dots\dots\dots\dots\dots\dots\dots$$
$$\Delta^2 y \text{ ou } c = b_1 - b = 2,$$
$$c_1 = b_2 - b_1 = 2,$$
$$c_2 = b_3 - b_2 = 2,$$
$$\dots\dots\dots\dots\dots$$
$$\Delta^3 y \text{ ou } d = c_1 - c = 0 ;$$

toutes les autres différences sont également nulles.

Par conséquent l'équation (33) se réduit à ces premiers termes

$$y' = y + n.\Delta y = n\frac{(n-1)}{2}\Delta^2 y \dots \quad (35) ;$$

mettant dans cette équation la valeur 5 du premier terme y et celles de Δy et de $\Delta^2 y$, elle devient

$$y' = 5 + 4n + (n^2 - n),$$

valeur qui se réduit à

$$y' = 5 + 3n + n^2 \dots \quad (36).$$

Cette formule donnera le moyen de déterminer le terme de la suite (34), qui répond à l'indice n. Par conséquent si l'on donne successivement à n ces valeurs

$$0, \quad 1, \quad 2, \quad 3, \quad 4, \quad 5, \quad 6, \quad \text{etc.},$$

et qu'on les mette dans la formule (36), on retrouvera tous les termes de la suite (34).

542. Une formule qui, comme la formule (36), détermine tous les termes d'une suite, à commencer par la valeur $n = 0$, en est appelée le *terme général*. Soit donc cette suite de termes

$$a, \quad a_1, \quad a_2, \quad a_3, \quad a_4, \ldots a_n, \ldots \quad (37),$$

correspondant aux indices

$$0, \quad 1, \quad 2, \quad 3, \quad 4, \ldots n;$$

il est visible que a_n sera le terme général de la suite (37); car un terme quelconque de cette suite, a_4, par exemple, s'obtient en donnant à n la valeur particulière 4. Le premier terme a équivaut donc à a_0, ce qui ne signifie autre chose, si ce n'est que a n'a point d'indice. A l'égard de a_n, l'indice de ce terme indique le nombre de ceux qui le précèdent; car en comptant les termes de la suite (37), à partir seulement de a_1 inclusivement, ce nombre de termes sera exprimé par n, et par conséquent deviendra $n + 1$, si nous y réunissons a. D'où il suit que le nombre total des termes qui précédent a_n dans la suite (37) aura n pour expression.

Cette observation repose entièrement sur ce que la première des valeurs qu'on substitue à n, pour obtenir tous les termes de la série, doit être zéro.

Ainsi ce que nous appellerons le terme général de la suite des nombres naturels

$$1, \quad 2, \quad 3, \quad 4, \quad 5, \quad 6, \quad 7, \quad 8, \text{ etc.} \ldots \quad (38),$$

ne sera pas n, parce que, bien qu'on obtienne tous les termes de cette suite en faisant successivement

$$n = 1, \quad n = 2, \quad n = 3, \quad \text{etc.,}$$

nous ne commençons point par $n = 0$.

543. On voit que, d'après cette définition, le terme général de la suite (38) sera $n + 1$. De même, en cherchant

les termes généraux des suites

$$1^2 + 2^2 + 3^2 + 4^2 + 5^2 + \ldots\; n^2,$$
$$1^3 + 2^3 + 3^3 + 4^3 + 5^3 + \ldots\; n^3,$$

qui sont celles des nombres carrés et des nombres cubes, on a

$(n+1)^2$, *terme général de la suite des carrés,*

$(n+1)^3$, *terme général de la suite des cubes.*

544. Si l'on demandait le terme général de la suite des nombres triangulaires (*), qui est

$$1,\; 3,\; 6,\; 10,\; 15,\; 21,\; 28,\; 36,\; \text{etc.} \ldots\; (39),$$

en écrivant au-dessous

$$a,\; a_1,\; a_2,\; a_3,\; a_4,\; a_5,\; a_6,\; a_7,\; a_8,\; \text{etc.} \ldots\; (40),$$

nous aurions

$$y = 1,$$

$$\Delta y \text{ ou } b = a_1 - a = 3 - 1 = 2,$$
$$b_1 \text{ ou } a_2 - a_1 = 6 - 3 = 3,$$
$$b_2 \text{ ou } a_3 - a_2 = 10 - 6 = 4,$$
$$b_3 \text{ ou } a_4 - a_3 = 15 - 10 = 5,$$
$$\ldots\ldots\ldots\ldots\ldots\ldots\ldots\ldots\ldots\ldots$$
$$\Delta^2 y \text{ ou } c = b_1 - b = 3 - 2 = 1,$$
$$c_1 = b_2 - b_1 = 4 - 3 = 1,$$
$$\Delta^3 y \text{ ou } d = 0,$$
$$\Delta^4 y = 0,\quad \Delta^5 y = 0,\; \text{etc.}$$

et comme les indices 0, 1, 2, 3, 4, etc., suivent l'ordre des nombres naturels, leur différence est l'unité, ce qui nous donne $h = 1$. Cette hypothèse est celle de la formule (33); et comme dans le cas présent nous avons, par ce qui précède, $y = 1$, $\Delta y = 2$, $\Delta^2 y = 1$, et que toutes les autres différences $\Delta^3 y$, $\Delta^4 y$, etc., sont nulles, on obtient en mettant ces valeurs dans la formule (33),

---

(*) Elle s'obtient en ajoutant à l'unité les sommes des deux, des trois, des quatre premiers termes, etc. de la suite (38) des nombres naturels.

$$y' = 1 + 2n + \frac{n(n-1)}{2};$$

réduisant les deux derniers termes au même dénominateur, on trouve enfin

$$1 + \frac{3n + n^2}{2} = \textit{terme gén. de la suite des nomb. triang}\ldots(41).$$

545. Remarquons que, dans le cas où les ordonnées dont on connaît les valeurs sont équidistantes, et où par conséquent on a le droit de prendre h pour unité, il est possible que n soit fractionnaire. C'est effectivement ce qui aura lieu, fig 99, si le point P, déterminé par l'abscisse $x' = x + nh$, ne tombe pas sur un des pieds p, p', p'', etc., des ordonnées équidistantes pm, $p'm'$, $p''m''$, etc. Par exemple, si l'on prend la courbe déterminée par les termes de la série (39), dont nous construirons les trois ordonnées, en faisant, fig. 100,

$$pp' = p'p'' = 1,$$

et en prenant, comme le prescrit la suite (39),

$$pm = 1,\quad p'm' = 3,\quad p''m'' = 6,$$

et que l'on demande quelle sera l'ordonnée correspondante à l'indice $n = 1 + \dfrac{2}{3}$, on mettra cette valeur dans la formule (41), qui est l'expression générale de l'ordonnée de la courbe proposée, et l'on trouvera

$$y' = 1 + \frac{3(1 + \frac{2}{3}) + (1 + \frac{2}{3})^2}{2} = 1 + \frac{35}{9} = 4 + \frac{8}{9}.$$

Ainsi l'ordonnée $PM = 4 + \dfrac{8}{9}$ sera celle qui correspond à l'indice $1 + \dfrac{2}{3}$, ou, ce qui est la même chose, à l'abscisse $pP = 1 + \dfrac{2}{3}$, fig. 100.

Le problème que nous venons de résoudre nous conduit à la recherche du logarithme d'un nombre qui ne se trouve pas compris dans les tables.

546. Proposons-nous, par exemple, de déterminer le logarithme du nombre 2,718281828 qui, art. 38, sert de base au système népérien. Comme en déplaçant la virgule on ne change pas les chiffres décimaux du logarithme, nous la placerons de manière que la partie entière du nombre proposé soit aussi grande que les tables la puissent contenir; et pour cela, au lieu du nombre proposé, nous écrirons 271,8281828, parce que plus un nombre entier est grand, plus son logarithme est donné avec exactitude dans les tables.

Notre recherche se réduisant ainsi à trouver le loga-rithme de 271,8281828 (*), imaginons que l'on ait cons-truit les points m, m', m'', m''', m^{IV}, etc., fig. 101, à l'aide des coordonnées suivantes :

$$\begin{aligned}
Ap &= 271, & pm &= \log \text{ de } 271, \\
Ap' &= 272, & p'm' &= \log \text{ de } 272, \\
Ap'' &= 273, & p''m'' &= \log \text{ de } 273, \\
Ap''' &= 274, & p'''m''' &= \log \text{ de } 274, \\
Ap^{IV} &= 275, & p^{IV}m^{IV} &= \log \text{ de } 275,
\end{aligned}$$

il est certain que si les points m, m', m'', etc., se succédaient immédiatement, ils constitueraient une ligne courbe; mais étant séparés les uns des autres, si l'on fait passer par ces points une ligne $mm'm''m'''$, etc., cette ligne pourra être regardée comme une courbe approximative BC, dont l'inflexion se rapprochera beaucoup de celle de la véritable courbe. Par conséquent si l'on mène par le point P une ordonnée PM qui aille rencontrer en M notre courbe ap-

Fig. 101.

(*) Le logarithme du nombre entier 2718281828, ne différant de celui de 2,7181828 que par la caractéristique, qui au lieu d'être o est 9, on voit que ce logarithme se détermine par le même procédé.

Élém. de Calc. diff, 26

proximative, on sent que cette ordonnée différera peu de l'ordonnée qui appartiendrait à la véritable courbe ; et cela proviendra de l'influence que les ordonnées pm, $p'm'$, $p''m''$, ont exercée sur l'inflexion de la courbe approximative ; de sorte qu'on pourra regarder PM comme une fonction de ces ordonnées : c'est aussi la conséquence que l'on tire de la formule (33), dans laquelle l'ordonnée PM, représentée par y', est une fonction de y et de ses accroissemens successifs. Aussi allons-nous déterminer la valeur de PM au moyen de cette formule.

Fig. 101.

Pour cela, nous avons, fig. 101, par l'état de la question,

$$x \text{ ou } Ap = 271, \quad y \text{ ou } pm = \log \text{ de } 271,$$
$$x' \text{ ou } AP = x + \Delta x = 271,8281828,$$

ce qui nous donne

$$\Delta x = 0,8281828;$$

et il s'agit de déterminer y'.

Cela posé, les abscisses Ap, Ap', Ap'', Ap''', etc., étant représentées par les nombres 271, 272, 273, 274, etc., on voit que la différence de l'une à l'autre est égale à l'unité : nous avons donc, dans le cas présent, $h = 1$; par conséquent nous emploierons la formule (32) pour la solution du problème ; et, puisque nous connaissons Δx, et le premier terme y, nous n'avons plus besoin que de connaître Δy, $\Delta^2 y$, $\Delta^3 y$, etc. Pour obtenir ces différences, posant d'abord, comme dans l'art. 533, la suite

$$a, \ a_1, \ a_2, \ a_3, \ a_4, \ \text{etc.},$$

nous aurons pour déterminer ces valeurs

$$a \ = \ \log \text{ de } 271 \ = \ 2.4329692909,$$
$$a_1 \ = \ \log \text{ de } 272 \ = \ 2.4345689040,$$
$$a_2 \ = \ \log \text{ de } 273 \ = \ 2.4361626470,$$
$$a_3 \ = \ \log \text{ de } 274 \ = \ 2.4377505628,$$
$$a_4 \ = \ \log \text{ de } 275 \ = \ 2.4393326938,$$
$$\text{etc.} \qquad \text{etc.} \qquad \text{etc.} \qquad \text{etc.} \ ;$$

on déduira de là

$$\Delta y \text{ ou } b \text{ ou } a_1 - a = \quad\quad 0,0015996131,$$
$$b_1 \text{ ou } a_2 - a_1 = \quad\quad 0,0015937430,$$
$$b_2 \text{ ou } a_3 - a_2 = \quad\quad 0,0015879158,$$
$$b_3 \text{ ou } a_4 - a_3 = \quad\quad 0,0015821310,$$
$$\Delta^2 y \text{ ou } c \text{ ou } b_1 - b = -\ 0,0000058701,$$
$$c_1 \text{ ou } b_2 - b_1 = -\ 0,0000058272,$$
$$c_2 \text{ ou } b_3 - b_2 = -\ 0,0000057848,$$
$$\Delta^3 y \text{ ou } d \text{ ou } c_1 - c = -\ 0,0000000429.$$

Formant d'abord le terme $\Delta x \Delta y$, nous trouverons

$$\Delta x \Delta y = (0,8281828)\,(0,0015996) = 0,0013247 6 \ldots \ (42).$$

La valeur de Δx qui compose le premier facteur n'est qu'approximative, puisque nous avons négligé les chiffres décimaux qui passent le septième rang, comme on peut le voir par cette valeur plus approchée de la base du système népérien

$$e = 2,718281828459045, \text{ etc. };$$

il suit de là que le premier facteur de la valeur de $\Delta x \Delta y$, n'est exact que quand l'on se borne aux sept premiers chiffres décimaux. Les deux zéros du second facteur de l'expression (42), reculent la virgule de deux rangs dans le produit, ce qui donnerait neuf chiffres décimaux; mais à cause des retenues, ne pouvant compter sur l'exactitude du dernier chiffre, nous n'en prendrons que huit; et comme la fraction décimale qui est la valeur de Δx est moindre que l'unité, nous remplacerons $\Delta x - 1$ par $-(1 - \Delta x)$, et nous trouverons

$$\Delta x \frac{(\Delta x - 1)}{2}, \text{ ou } -\Delta x \frac{(1 - \Delta x)}{2} = -(0,07113426 4).$$

Multipliant cette valeur par celle de $\Delta^2 y$, qui est aussi négative, nous obtiendrons ce produit positif

$$\Delta x \, \frac{(\Delta x - 1)}{2} \, \Delta^2 y = 0,0000004175.$$

Nous ne tiendrons pas compte des termes en $\Delta^3 y$, en $\Delta^4 y$, etc., parce qu'en considérant seulement le premier, qui est

$$\Delta x \, \frac{(\Delta x - 1)}{2} \, \frac{(\Delta x - 2)}{3} \, \Delta^3 y,$$

nous voyons que la valeur de ce terme n'a aucun chiffre significatif dans les huit premières décimales ; à plus forte raison en doit-il être de même des termes en $\Delta^4 y$, en $\Delta^5 y$, etc., qui sont moindres. De sorte que la valeur de y' ne dépend que des huit premières décimales de celle de Δx.

Nous aurons donc en résumé

$$y \ldots\ldots\ldots\ldots\ldots\ldots\ldots\ldots\ldots \quad 2,43296929$$
$$\Delta y \Delta x \ldots\ldots\ldots\ldots\ldots\ldots\ldots \quad 0,00132476$$
$$\Delta x \frac{(\Delta x - 1)}{2} \ldots\ldots\ldots\ldots\ldots\ldots \quad 0,00000041$$

$$\overline{\text{log de } 271,8281828 = 2,43429446.}$$

Diminuant la caractéristique de deux unités, on conclura que le logarithme de

$$e = 2,718281828, \quad \text{est} \quad 0,4342944 \; (*).$$

Nous ne prenons que sept décimales dans la valeur du lo-

____

garithme, parce qu'on ne peut compter sur la huitième, qui, quoique exacte dans chacun des nombres que nous additionnons, peut se trouver fautive dans leur somme, à cause des retenues qui pourraient provenir des chiffres négligés à partir de la neuvième décimale.

Du calcul inverse des différences.

547. Le calcul inverse des différences a pour but de remonter de la différence à la quantité qui l'a produite. Cette opération, qu'on appelle *intégration,* s'indique par la caractéristique Σ, qui signifie somme.

Par exemple, étant donnée la différence Δx, supposée constante, il est évident qu'on aura

$$\Sigma \Delta x = x.$$

548. On peut mettre cette équation sous une autre forme, si l'on considère que l'unité y entrant comme facteur, peut être remplacée par x^0, on aura donc

$$\Sigma \Delta x . x^0 = x \, ;$$

et alors on pourra faire passer la constante Δx en dehors

---

au lieu de cette équation, nous aurions, dans le cas actuel,

$$x = b^y = b^{\log x}, \quad \text{ou} \quad y = \log x;$$

ce qui nous conduirait à

$$d \log x = \frac{dx}{x} \, \frac{\log c}{\log b}.$$

Cette équation appartiendrait à une logarithmique aussi bien que celle-ci :

$$d \log y = \frac{dy \, \log e}{y \, \log a} :$$

mais dans cette dernière l'abscisse devenant l'ordonnée et l'ordonnée l'abscisse, la courbe n'aurait pas la même position.

du signe d'intégration, ce qui donnera

$$\Delta x \Sigma x^0 = x,$$

et par conséquent

$$\Sigma x^0 = \frac{x}{\Delta x} \ldots \ (43).$$

549. Dans la même hypothèse de Δx constant, soit

$$y = x^m,$$

on a

$$y' = (x + \Delta x)^m,$$

et par conséquent

$$y' - y \quad \text{ou} \quad \Delta y = (x + \Delta x)^m - x^m;$$

développant par la formule du binome, et effaçant les termes en x^m qui se détruisent, on trouve

$$\Delta y = m x^{m-1} \Delta x + \frac{m}{1} \cdot \frac{m-1}{2} x^{m-2} \Delta x^2 + \text{etc.};$$

intégrant et faisant passer les constantes hors du signe Σ, il vient

$$y = m \Sigma x^{m-1} \Delta x + \frac{m}{1} \cdot \frac{m-1}{2} \Sigma x^{m-2} \Delta x^2 + \text{etc. ;}$$

remettant la valeur de y, on a

$$x^m = m \Delta x \Sigma x^{m-1} + \frac{m}{1} \cdot \frac{m-1}{2} \Delta x^2 \Sigma x^{m-2} + \frac{m}{1} \cdot \frac{m-1}{2} \cdot \frac{m-2}{3} \Delta x^3 \Sigma x^{m-3} + \text{etc.}$$

On déduit de cette équation

$$x^2 = 2 \Delta x \Sigma x + \Delta x^2 \Sigma x^0,$$
$$x^3 = 3 \Delta x \Sigma x^2 + 3 \Delta x^2 \Sigma x + \Delta x^3 \Sigma x^0,$$
$$x^4 = 4 \Delta x \Sigma x^3 + 6 \Delta x^2 \Sigma x^2 + 4 \Delta x^3 \Sigma x + \Delta x^4 \Sigma x^0,$$
$$\text{etc.} \qquad\qquad \text{etc.} \qquad\qquad \text{etc.}$$

Tirant de ces équations les valeurs de Σx, Σx^2, Σx^3, etc., de Σx^3, etc., données par le premier terme de leurs seconds membres et divisant par la partie qui est hors du signe Σ, on trouvera

$$\Sigma x = \frac{x^2}{2\Delta x} - \frac{\Delta x^2 \Sigma x^0}{2\Delta x},$$

$$\Sigma x^2 = \frac{x^3}{3\Delta x} - \frac{3\Delta x^2 \Sigma x}{3\Delta x} - \frac{\Delta x^3 \Sigma x^0}{3\Delta x},$$

$$\Sigma x^3 = \frac{x^4}{4\Delta x} - \frac{6\Delta x^2 \Sigma x^2}{4\Delta x} - \frac{4\Delta x^3 \Sigma x}{4\Delta x} - \frac{\Delta x^4 \Sigma x^0}{4\Delta x},$$

etc.   etc.   etc.   etc.

Réduisant les termes en Δx, qui, dans chaque fraction, sont communs au numérateur et au dénominateur, on obtiendra

$$\Sigma x = \frac{x^2}{2\Delta x} - \frac{\Delta x \Sigma x^0}{2},$$

$$\Sigma x^2 = \frac{x^3}{3\Delta x} - \Delta x \Sigma x - \frac{\Delta x^2}{3} \Sigma x^0,$$

$$\Sigma x^3 = \frac{x^4}{4\Delta x} - \tfrac{3}{2} \Delta x \Sigma x^2 - \Delta x^2 \Sigma x - \frac{\Delta x^3}{4} \Sigma x^0,$$

$$\left. \right\} \dots (44).$$

etc.   etc.   etc.   etc.

Mettant dans la première des équations (44), la valeur de Σx^0, tirée de l'équation (43), page 406, on obtiendra

$$\Sigma x = \frac{x^2}{2\Delta x} - \frac{x}{2} \dots (45);$$

substituant ensuite cette valeur de Σx et celle de Σx^0, dans la seconde des équations (44), on trouvera

$$\Sigma x^2 = \frac{x^3}{3\Delta x} - \frac{x^2}{2} + \Delta x \left(\frac{x}{2} - \frac{x}{3} \right),$$

ou, en réduisant les deux derniers termes,

$$\Sigma x^2 = \frac{x^3}{3\Delta x} - \frac{x^2}{2} + \frac{x\Delta x}{2.3} \dots (46).$$

Enfin, si, dans la troisième des équations (44), on introduit les valeurs de Σx^0, de Σx et de Σx^2, données par les équations (43), (45) et (46), on trouvera

$$\Sigma x^3 = \frac{x^4}{4\Delta x} - \tfrac{1}{2} x^3 + \tfrac{1}{4} x^2 \Delta x \ldots \ (47).$$

Et comme l'accroissement Δx, qui est constant, est d'une grandeur arbitraire, nous pourrons le remplacer par h, pour ôter l'idée d'opération renfermée dans Δx, et nous aurons

$$\left. \begin{aligned}
\Sigma x^0 &= \frac{x}{h}, \\
\Sigma x &= \frac{x^2}{2h} - \frac{x}{2}, \\
\Sigma x^2 &= \frac{x^3}{3h} - \frac{x^2}{2} + \frac{hx}{2.3}, \\
\Sigma x^3 &= \frac{x^4}{4h} - \frac{x^3}{2} + \frac{x^2 h}{4},
\end{aligned} \right\} \ \ldots \ (48).$$

550. En général, une fonction rationnelle entière de x, lorsqu'on développe les opérations, se réduisant à une somme de quantités de la forme Δx^m, on voit que l'intégration en peut toujours être obtenue par ce qui précède.

551. Cherchons, par exemple, l'intégrale de la fonction

$$(a + bx)^2.$$

Pour cela on développera le carré, ce qui donnera

$$(a + bx)^2 = a^2 + 2abx + b^2 x^2;$$

multipliant a^2 par x^0, intégrant et mettant les constantes en dehors, nous obtiendrons

$$\Sigma (a + bx)^2 = a^2 \Sigma x^0 + 2ab \Sigma x + b^2 \Sigma x^2;$$

remplaçant Σx^0, Σx et Σx^2, par leurs valeurs, que nous donnent les équations (48), nous trouverons

$$\Sigma\,(a+bx)^2$$
$$=\frac{a^2x}{h}+\frac{abx^2}{h}-abx+\frac{b^2x^3}{3h}-\frac{b^2x^2}{2}+\frac{b^2hx}{2.3}+constante,$$

ou, en ordonnant par rapport aux puissances de x,

$$=\frac{b^2x^3}{3h}+\left(\frac{ab}{h}-\frac{b^2}{2}\right)x^2+\left(\frac{a^2}{h}-ab+\frac{b^2h}{2.3}\right)x+const.$$

Nous ajoutons une constante, parce que l'intégrale d'une différence Δx est aussi bien x que $a+x$, ces fonctions ayant la même différence Δx.

552. Soit encore le produit

$$(x+a)\ (x+b)\ (x+c)\,;$$

en le développant on aura

$$(x+a)\,(x+b)\,(x+c)=x^3+\left.\begin{array}{c}a\\+b\\+c\end{array}\right|x^2+\left.\begin{array}{c}ab\\+ac\\+cb\end{array}\right|x+abc\,;$$

et en intégrant, on trouvera

$$\Sigma(x+a)\,(x+b)\,(x+c)=\Sigma x^3+\left.\begin{array}{c}a\\+b\\+c\end{array}\right|\Sigma x^2+\left.\begin{array}{c}ab\\+ac\\+cb\end{array}\right|\Sigma x+abc\,\Sigma x^0+const.$$

Il ne s'agira plus que de mettre dans le second membre les valeurs de Σx^3, de Σx^2, de Σx et de Σx^0, données par les équations (48).

553. Il est un cas particulier où un produit de divers facteurs présente une intégration aussi élégante que facile; c'est celui où la différence Δx étant constante et représentée par h, on se propose d'intégrer

$$x\,(x+h)\,(x+2h)\,(x+3h)\ldots\ (x+nh).$$

Pour cela, nous différencierons le produit

$$y = (x-h)\, x(x+h)\,(x+2h)\,(x+3h)\ldots(x+nh)\ldots \quad (49),$$

qui contient de plus, sur la gauche, le facteur $(x - h)$; remplaçant x par $(x + h)$, y deviendra

$$y + \Delta y,$$

et nous aurons

$$y+\Delta y = x(x+h)\,(x+2h)\,(x+3h)\ldots(x+nh)\,(x+h+nh);$$

ôtant de ce résultat l'équation primitive, il restera

$$\Delta y = x\,(x+h)\,(x+2h)\ldots(x+nh)\,(x+h+nh)$$
$$- (x-h)\,x\,(x+h)\ldots(x+nh).$$

La partie $x\,(x+h)\ldots(x+nh)$ étant commune aux deux produits qui composent le second membre de cette équation, nous pouvons la mettre en facteur commun, et nous aurons

$$\Delta y = [x(x+h)\,(x+2h)\ldots(x+nh)]\,[x+h+nh-(x-h)].$$

Le second facteur se réduit à $(n+2)h$, et comme il est constant, nous pourrons le faire passer hors du signe Σ; intégrant, nous aurons

$$y = (n+2)\,h\,\Sigma\,[x\,(x+h)\,(x+2h)\ldots(x+nh)].$$

Mettant la valeur de y donnée par l'équation (49), changeant les deux membres de place et divisant par $(n+2)\,h$, nous trouverons enfin

$$\Sigma x(x+h)(x+2h)\ldots(x+nh) = \frac{x-h}{(n+2)h}[x(x+h)\ldots(x+nh)].$$

Application du calcul des différences à la sommation des termes d'une série.

554. Un des grands avantages du calcul des différences finies, consiste à déterminer le terme sommatoire d'une série, c'est-à-dire l'expression algébrique au moyen de laquelle on peut trouver la somme des termes de cette série.

Nous allons examiner comment le terme sommatoire peut être obtenu lorsqu'on connaît le terme général d'une série. Pour cela, soit la suite

$$a, \ a_1, \ a_2, \ a_3, \ a_4, \ \ldots \ a_{n-1}, \ a_n \ldots \ (50),$$

qui correspond aux indices

$$0, \ 1, \ 2, \ 3, \ 4, \ \ldots \ n-1, \ n.$$

Nous voyons qu'en donnant successivement à n les valeurs $0, 1, 2, 3, 4, \ldots n$, on formera avec a_n tous les termes de la suite (50); a_n en est donc le terme général. Mais ce terme général peut être regardé comme la différence dont s'accroîtrait

$$a + a_1 + a_2 + a_3 \ldots + a_{n-1} \ldots \ (51),$$

pour former la suite (50).

Par conséquent, si nous désignons par S la somme des termes de la suite (51), nous aurons

$$\Delta S = a_n;$$

d'où nous tirerons, en intégrant,

$$S = \Sigma a_n \ldots \ (52).$$

555. Telle sera la somme des termes compris inclusivement depuis a jusqu'à a_{n-1}, c'est-à-dire jusqu'au terme qui occupe le $(n-1)^{i\grave{e}me}$ rang, à partir de a_1; mais si, au lieu de compter les rangs depuis a_1, nous les comptons depuis a, le terme a_{n-1} occupera le $n^{i\grave{e}me}$ rang; et alors les indices

$$0, \; 1, \; 2, \; 3, \ldots (n-1),$$

de la suite (51) se changeront en ces autres indices,

$$1, \; 2, \; 3, \; 4, \ldots n;$$

de cette manière, le terme sommatoire S exprimera la suite des termes compris depuis $n=1$ jusqu'à $n=n$.

556. Pour en donner un exemple, cherchons le terme sommatoire de la suite

$$3, \; 7, \; 11, \; 15, \; 19, \; 23 \ldots \; (53),$$

dont le terme général est $4n+3$. Cette formule nous don-nera

$$S = \Sigma(4n+3),$$

ou

$$S = 4\Sigma n + 3\Sigma n^0 \ldots \; (54);$$

mettant n à la place de x, dans les équations (43) et (45), et faisant $\Delta x = 1$, parce que les indices croissent d'une unité, nous déduirons de ces équations

$$\Sigma n^0 = n, \quad \Sigma n = \tfrac{1}{2} n^2 - \tfrac{1}{2} n \; ;$$

substituant ces valeurs dans l'équation (54), réduisant et ajoutant une constante, nous trouverons

$$S = 2n^2 + n + constante \ldots \; (55).$$

On déterminera la constante, en remarquant que quand $n=0$, la somme S des termes est nulle, ce qui réduit l'équation (55) à

$$constante = 0.$$

Supprimant donc la constante, nous aurons

$$S = 2n^2 + n \ldots \ (56).$$

557. Pour appliquer cette formule à la sommation des termes de la suite (53), nous observerons que ces termes étant au nombre de six, nous avons, art. 555,

$$n = 6;$$

mettant cette valeur dans l'équation (54), nous trouverons

$$S = 78.$$

558. Cherchons encore les quinze premiers termes de la suite des nombres naturels, c'est-à-dire sommons la série

$$1, \ 2, \ 3, \ 4, \ldots \ 15;$$

le terme général de cette suite étant $n + 1$, art. 543, nous avons pour son terme sommatoire

$$S = \Sigma x + \Sigma x^0.$$

Au moyen de la première des équations (45) et (43), dans lesquelles nous changerons x en n et Δx en l'unité, nous réduirons celle-ci à

$$S = \tfrac{1}{2} n^2 + \tfrac{1}{2} n.$$

Cette équation, comme celle de l'exemple précédent, ne comporte point de constante.

Les indices ne différant pas des termes de la série, nous trouverons, en faisant $n = 15$, que la somme de ces termes est

$$S = 120.$$

559. Pour troisième application, sommons la suite

$$1 + 4 + 9 + 16 + 25 + 36 + 49 + 64 + 81 + 100,$$

qui est celle des dix premiers termes des carrés de la suite des nombres naturels. Le terme général de cette suite étant $(x+1)^2$, art. 543, nous aurons pour le terme sommatoire

$$S = \Sigma\,(n+1)^2 = \Sigma\,(n^2 + 2n + 1) = \Sigma n^2 + 2\Sigma n + \Sigma n^0 ;$$

substituant dans cette expression les valeurs de Σn^2, de Σn^1, et de Σn^0, données par les équations (46), (45) et (43), dans lesquelles on changera x en n et Δx en l'unité, le terme sommatoire aura pour expression

$$S = \tfrac{1}{3}\,n^3 + \tfrac{1}{2}\,n^2 + \tfrac{1}{6}\,n + \textit{constante}\ldots\ (57);$$

et comme le nombre des termes de la série est 10, nous trouverons en faisant $n = 10$,

$$S = 385.$$

Nous n'ajoutons point de constante, par la raison que nous avons expliquée art. 556; mais si, au lieu de compter la suite depuis le nombre 1, on la comptait depuis le nombre 36, la somme des termes qui précèdent 36 devrait être nulle. Par conséquent en faisant $n = 5$, on devrait avoir $S = 0$. Cette hypothèse réduirait l'équation (57) à

$$\textit{constante} = -55;$$

cette valeur changerait l'équation (57) en

$$S = \frac{1}{3}\,n^3 + \frac{1}{2}\,n^2 + \frac{1}{6}\,n - 55;$$

et comme le nombre des termes de la suite proposée est 10, en faisant $n = 10$, on aurait pour la somme des termes de cette série, compris depuis 36 jusqu'à 100 inclusivement,

$$S = \frac{1000}{3} + \frac{100}{2} + \frac{10}{6} - 55,$$

ou

$$S = 385 - 55 = 33o.$$

De l'interpolation.

56o. L'interpolation a pour but d'insérer dans une suite de termes qui suivent une certaine loi, d'autres termes subordonnés à cette même loi.

56I. Si l'on nous donnait, par exemple, les coordonnées AP et PM, fig. 102, AQ et QN de deux points M et N, situés sur un plan, il suffirait de faire passer la droite MN par ces deux points pour résoudre le problème; car il est évident que les coordonnées AP et PM, AQ et QN, et toutes celles de la droite AN seraient enchaînées par une même loi. Fig.102.

562. Si trois points L, M et N, fig. 1o3, donnés sur le même plan, étaient déterminés par les coordonnées AI, IL, AP, PM, AQ et QN, en faisant passer l'arc de cercle LMN par ces trois points, on satisferait encore au problème; mais l'arc LMN ne pourra plus nous en offrir la solution, lorsqu'on nous donnera un plus grand nombre de points. D'ailleurs, quoique le cercle soit une courbe facile à décrire, il n'est point, par son équation, celle qu'on pourrait regarder comme la plus convenable au cas présent. Nous en choisirons donc une autre qui se prête plus facilement aux hypothèses que nous pourrons établir sur le nombre de points par où la courbe doit passer. Cette courbe est la parabole de tous les genres, qui est comprise dans l'équation Fig.1o3.

$$y = M + Nx + Px^2 + Qx^3 + \text{etc.....} \quad (58).$$

563. Supposons donc que par l'observation, ou par tout autre moyen, on soit parvenu à savoir que les abscisses AI, AP, AQ, AR, fig. 1o4, ont pour ordonnées correspondantes IL, PM, QN, RS, etc.; si ces abscisses sont représentées Fig.1o4.

de la sorte, a, b, c, d, etc., et que leurs ordonnées le
soient par A, B, C, D, etc., l'équation (58), dans laquelle les coefficiens M, N, P, Q, etc., sont indéterminés, sera satisfaite aussi bien par les valeurs a et A
que par les valeurs b et B, et ainsi de suite ; de sorte que
l'on aura pour déterminer les coefficiens N, M, P, Q, etc.,
les équations

$$\left.\begin{aligned}
A &= M + Na + Pa^2 + Qa^3 + \text{etc.} \\
B &= M + Nb + Pb^2 + Qb^3 + \text{etc.} \\
C &= M + Nc + Pc^2 + Qc^3 + \text{etc.} \\
D &= M + Nd + Pd^2 + Qd^3 + \text{etc.} \\
\text{etc.} & \qquad\quad \text{etc.} \qquad\qquad \text{etc.}
\end{aligned}\right\} \dots (59).$$

Ces équations devront être en même nombre que les coefficiens M, N, P, Q, etc., qui sont à déterminer. Si la première est retranchée de la seconde, et que la seconde le soit
de la troisième, et ainsi de suite, on obtiendra

$$B - A = N(b - a) + P(b^2 - a^2) + Q(b^3 - a^3) + \text{etc.},$$
$$C - B = N(c - b) + P(c^2 - b^2) + Q(c^3 - b^3) + \text{etc.},$$
$$D - C = N(d - c) + P(d^2 - c^2) + Q(d^3 - c^3) + \text{etc.},$$
$$\text{etc.} \qquad\quad \text{etc.} \qquad\qquad \text{etc.} \qquad\qquad \text{etc.} \; ;$$

et en divisant par ce qui multiplie N, on aura

$$\left.\begin{aligned}
\frac{B - A}{b - a} &= N + P\frac{(b^2 - a^2)}{b - a} + Q\frac{(b^3 - a^3)}{b - a} + \text{etc.} \\
\frac{C - B}{c - b} &= N + P\frac{(c^2 - b^2)}{c - b} + Q\frac{(c^3 - b^3)}{c - b} + \text{etc.} \\
\frac{D - C}{d - c} &= N + P\frac{(d^2 - c^2)}{d - c} + Q\frac{(d^3 - c^3)}{d - c} + \text{etc.} \\
\text{etc.} & \qquad\quad \text{etc.} \qquad\qquad \text{etc.}
\end{aligned}\right\} \dots (6o).$$

Les termes qui se trouvent compris entre les parenthèses
étant la différence de deux quantités élevées à une même
puissance, sont de la forme $u^m - v^m$; or on sait qu'une expression de ce genre, lorsque m est un nombre entier, est

exactement divisible par $u - v$ et donne (*note dix-sep-tième*),

$$u^m - v^m = (u-v)[u^{m-1} + vu^{m-2} + v^2 u^{m-3} \ldots v^{n-2}u + v^{n-1}] \ldots (61),$$

et comparant les quantités $(b^2 - a^2)$, $(b^3 - a^3)$, $(c^2 - b^2)$, etc., de cette formule, on peut les décomposer ainsi

$$(b - a)(b + a), \quad (b - a)(b^2 + ab + a^2) \text{ etc.},$$

et en substituant ces valeurs dans les équations (60), on obtient ces résultats

$$\left.\begin{aligned}
\frac{B - A}{b - a} &= N + P(b+a) + Q(b^2 + ab + a^2) + \text{etc.} \\
\frac{C - B}{c - b} &= N + P(c+b) + Q(c^2 + cb + b^2) + \text{etc.} \\
\frac{D - C}{d - c} &= N + P(c+d) + Q(d^2 + cd + c^2) + \text{etc.} \\
\text{etc.} \quad\quad \text{etc.} \quad\quad \text{etc.}
\end{aligned}\right\} \ldots (62).$$

Si l'on suppose

$$\frac{B - A}{b - a} = B', \quad \frac{C - B}{c - b} = C', \quad \frac{D - C}{d - [c} = D', \text{ etc.},$$

B', C', D', se composant de valeurs données, seront encore des quantités connues ; et en les substituant dans les équations (62), on aura

$$\left.\begin{aligned}
B' &= N + P(b + a) + Q(b^2 + ab + a^2) + \text{etc.} \\
C' &= N + P(c + b) + Q(c^2 + cb + b^2) + \text{etc.} \\
D' &= N + P(c + d) + Q(d^2 + cd + c^2) + \text{etc.} \\
\text{etc.} \quad\quad \text{etc.} \quad\quad \text{etc.}
\end{aligned}\right\} \ldots (63),$$

alors ces équations remplaceront les équations (59) dont le nombre sera diminué d'une unité ; et au lieu des inconnues M, N, P, Q, etc., elles ne renfermeront plus que N, P, Q, etc., c'est-à-dire une de moins. Si en continuant d'opérer comme ci-dessus on prend les différences $C' - B'$, $D' - C'$, etc., on aura, en divisant par le multiplicateur de P,

$$\frac{C' - B'}{c - a} = P + Q\frac{[c^2 - a^2 + b(c - a)]}{c - a} + \text{etc.}$$

$$\frac{D' - C'}{d - b} = P + Q\frac{[d^2 - b^2 + c(d - b)]}{d - b} + \text{etc.}$$

etc.   etc.   etc.

et l'on voit que les diviseurs $c - a$ et $d - b$ disparaîtront encore des seconds membres de ces équations (*), délivrées des inconnues M et N. En continuant d'opérer ainsi l'on parviendra à éliminer toutes les inconnues moins une seule, et l'on obtiendra ensuite les valeurs de M, de N, de P, de Q, etc., qu'on substituera dans l'équation (58).

564. La méthode d'interpolation dont nous venons d'exposer la théorie appartient à Newton. Lagrange en a donné une qui repose également sur le facteur commun que nous avons supprimé, et dont on peut donner la démonstration suivante : soient donc p, q, r, s, etc., différentes abscisses auxquelles on a reconnu que correspondaient les ordonnées P, Q, R, S, etc. ; si l'on regarde p, q, r, s, etc.,

---

(*) Pour s'assurer qu'il en est de même de tout terme des équations (63), soient

$$\frac{k(b^n - a^n)}{b - a}, \quad \frac{k(c^n - b^n)}{c - b}, \quad \frac{k(d^n - c^n)}{d - c}, \text{ etc.,}$$

les valeurs générales du dernier terme des équations (63), nous trouverons en les développant à l'aide de la formule (61),

$$C' = N + \text{etc.} \dots + k(c^{n-1} + bc^{n-2} + b^2c^{n-3} \dots + b^{n-1}),$$
$$B' = N + \text{etc.} \dots + k(a^{n-1} + ba^{n-2} + b^2a^{n-3} \dots + b^{n-1}).$$

Nous avons écrit dans un ordre inverse la quantité renfermée entre les dernières parenthèses, pour qu'elle soit ordonnée par rapport à b, comme l'autre.

Prenant la différence, nous trouverons

$$C' - B' = \dots k[c^{n-1} - a^{n-1} + b(c^{n-2} - a^{n-2}) + b^2(c^{n-3} - a^{n-3}) \text{ etc.}];$$

quantité qui est divisible exactement par $c - a$.

Il en serait de même des autres différences $D' - C'$, etc.

comme des valeurs qui, mises à la place de x dans une certaine équation, amènent pour y celles-ci : P, Q, R, S, etc., cette équation devra avoir la forme suivante

$$y = AP + BQ + CR + DS + \text{etc.} \dots \quad (64).$$

En effet, la condition exigée sera remplie, si en faisant

$$x = p, \text{ on a } A = 1,\ B = 0,\ C = 0,\ D = 0, \text{ etc.} \dots \quad (65),$$
$$x = q, \text{ on a } B = 1,\ A = 0,\ C = 0,\ D = 0, \text{ etc.} \dots \quad (66),$$
$$x = r, \text{ on a } C = 1,\ A = 0,\ B = 0,\ D = 0, \text{ etc.} \dots \quad (67),$$
$$\text{etc.} \qquad \text{etc.} \qquad \text{etc.}$$

Pour satisfaire aux équations (65) $B = 0$, $C = 0$, $D = 0$, etc., il faut que B, C, D, etc., soient des formes suivantes

$$B = (x - p)Q',\quad C = (x - p)R',\quad D = (x - p)S',\quad \text{etc.} \dots \quad (68).$$

On prouverait de même que pour satisfaire aux équations $A = 0$, $C = 0$, $D = 0$, etc., du n° (66), le facteur $x - q$ doit appartenir à tous les coefficiens A, C, D, etc., hors à celui de Q, et qu'il en sera de même de facteurs $x - r$, $x - s$, etc., à l'égard des coefficiens de P, de Q, de S, et de ceux de P, de Q et de R, etc.

Si nous nous bornons aux quatre premiers termes du second membre de l'équation (64), c'est-à-dire à ceux qui ne sont pas compris dans l'etc., on voit donc que la valeur de y sera de la forme

$$\left.\begin{aligned}
y = {}& \alpha\,(x - q)\,(x - r)\,(x - s)\,\mathrm{P} \\
&+ \beta\,(x - p)\,(x - r)\,(x - s)\,\mathrm{Q} \\
&+ \gamma\,(x - p)\,(x - q)\,(x - s)\,\mathrm{R} \\
&+ \varepsilon\,(x - p)\,(x - q)\,(x - r)\,\mathrm{S}.
\end{aligned}\right\} \dots \quad (69).$$

Or, pour que le coefficient de P se réduise à l'unité quand $x = p$, il faut que α soit de la forme $\dfrac{1}{(p - q)\,(p - r)\,(p - s)}$.

On démontrerait de même qu'on doit avoir

$$\beta=\frac{1}{(q-p)(q-r)(q-s)},\ \gamma=\frac{1}{(r-p)(r-q)(r-s)},\ \varepsilon=\frac{1}{(s-p)(s-q)(s-r)},$$

substituant ces valeurs et celle de α dans l'équation (69), on aura donc cette formule d'interpolation

$$y=\left.\begin{array}{l}\dfrac{(x-q)(x-r)(x-s)}{(p-q)(p-r)(p-s)}\,P+\dfrac{(x-p)(x-r)(x-s)}{(q-p)(q-r)(q-s)}Q\\[2ex]+\dfrac{(x-p)(x-r)(x-s)}{(r-p)(r-q)(r-s)}\,R+\dfrac{(x-p)(x-q)(x-r)}{(s-p)(s-q)(s-r)}S\end{array}\right\}\dots(70).$$

Par conséquent, si, fig. 105, à l'aide des coordonnées

$$\begin{array}{ll} Ap = p, & pk = P, \\ Aq = q, & ql = Q, \\ Ar = r, & rm = R, \\ As = s, & sn = S, \end{array}$$

on construit les points k,l,m,n, par lesquels passe une courbe $klmn$, une valeur arbitraire AP donnée à l'abscisse x, étant mise dans l'équation (70), déterminera toujours pour y la valeur PM, qui correspondra à cette abscisse.

Dans ce qui précède, les accroissemens donnés à x peuvent être quelconques; mais s'ils étaient égaux, en les représentant par Δx, la formule de Newton, démontrée page 394, et dans laquelle on ferait Δx constant, pourrait servir à l'interpolation; c'est ainsi que nous en avons fait usage, art. 546, pour trouver le logarithme d'un nombre donné.

Théorème d'Euler sur les conditions nécessaires pour déterminer l'intégrale Σu d'une fonction u de x. — Analogie des différences avec les puissances.

565. La différentielle d'une variable d'une fonction pouvant être représentée par l'expression $u\,dx$, dans laquelle u est une fonction de x, si

l'on nomme z l'intégrale de cette expression, on aura

$$dz = udx \dots (71);$$

et comme z, en vertu de cette équation, ne peut être qu'une fonction de x, si nous donnons à x l'accroissement h, nous aurons, par le théorème de Taylor,

$$z' = z + \frac{dz}{dx} h + \frac{d^2z}{dx^2} \frac{h^2}{1.2} + \frac{d^3z}{dx^3} \frac{h^3}{1.2.3}, \text{ etc. };$$

nous tirerons de là

$$z' - z = \frac{dz}{dx} h + \frac{d^2z}{dx^2} \frac{h^2}{1.2} + \frac{d^3z}{dx^3} \frac{h^3}{1.2.3}, \text{ etc. };$$

et en observant que $z' - z$ n'est autre chose que la différence Δz, nous aurons

$$\Delta z = \frac{dz}{dx} h + \frac{d^2 z}{dx^2} \frac{h^2}{1.2} + \frac{d^3z}{dx^3} \frac{h^3}{1.2.3} + \text{ etc.} \dots (72);$$

intégrant et regardant h comme une constante que l'on peut mettre en dehors du signe d'intégration, nous obtiendrons

$$z = h\Sigma \frac{dz}{dx} + \frac{h^2}{1.2} \Sigma \frac{d^2z}{dx^2} + \frac{h^3}{1.2.3} \Sigma \frac{d^3z}{dx^3} + \text{ tc.} \dots (73).$$

Cela posé, l'équation (71) nous donne

$$z = \int udx, \quad \frac{dz}{dx} = u, \quad \frac{d^2z}{dx^2} = \frac{du}{dx}, \quad \frac{d^3z}{dx^3} = \frac{d^2u}{dx^2}, \text{ etc. };$$

mettant ces valeurs dans l'équation (73), nous aurons

$$\int udx = h\Sigma u + \frac{h^2}{1.2} \Sigma \frac{du}{dx} + \frac{h^3}{1.2.3} \Sigma \frac{d^2u}{dx^2} + \text{ etc. };$$

nous tirerons de cette équation

$$\Sigma u = \frac{1}{h} \int udx - \frac{h}{1.2} \Sigma \frac{du}{dx} - \frac{h^2}{1.2.3} \Sigma \frac{d^2u}{dx^2} - \text{ etc.,}$$

ou en replaçant (*) la constante h sous le signe Σ,

$$\Sigma u = \frac{1}{h} \int udx - \frac{1}{1.2} \Sigma \frac{du}{dx} h - \frac{1}{1.2.3} \Sigma \frac{d^2u}{dx^2} h^2 - \text{ etc.} \dots (74).$$

(*) Ce qui me dirige ici lorsque, contre l'usage je transporte une

Si, dans cette équation, nous prenons pour u la fonction $\frac{du}{dx}$, il faudra changer $\frac{du}{dx}$ en $\frac{d^2u}{dx^2}$, $\frac{d^2u}{dx^2}$ en $\frac{d^3u}{dx^3}$, etc., et nous aurons, en faisant passer de nouveau h sous le signe Σ,

$$\Sigma \frac{du}{dx} = \frac{1}{h}\int du - \frac{1}{1.2}\Sigma \frac{d^2u}{dx^2}h - \frac{1}{1.2.3}\Sigma \frac{d^3u}{dx^3}h^2 - \text{etc.};$$

remplaçant $\int du$ par u, et pour nous débarrasser du diviseur qui affecte $\int du$, multipliant par h que nous ferons passer sous les signes d'intégration, nous aurons

$$\Sigma \frac{du}{dx}h = u - \frac{1}{1.2}\Sigma \frac{d^2u}{dx^2}h^2 - \frac{1}{1.2.3}\Sigma \frac{d^3u}{dx^3}h^3 - \text{etc.} \dots (75);$$

changeant dans cette équation u en $\frac{du}{dx}$, et par conséquent $\frac{du}{dx}$ en $\frac{d^2u}{dx^2}$, $\frac{d^2u}{dx^2}$ en $\frac{d^3u}{dx^3}$, etc., nous obtiendrons

$$\Sigma \frac{d^2u}{dx^2}h = \frac{du}{dx} - \frac{1}{1.2}\Sigma \frac{d^3u}{dx^3}h^2 - \frac{1}{1.2.3}\Sigma \frac{d^4u}{dx^4}h^3, \text{etc.},$$

multipliant par h, qu'on fera passer sous le signe Σ, on trouvera

$$\Sigma \frac{d^2u}{dx^2}h^2 = \frac{du}{dx}h - \frac{1}{1.2}\Sigma \frac{d^3u}{dx^3}h^3 - \frac{1}{1.2.3}\Sigma \frac{d^4u}{dx^4}h^4, \text{etc.} \dots (76).$$

565. Par un procédé analogue, on obtiendra ensuite

---

constante sous le signe d'intégration, c'est que h entrant de la même manière que $\frac{du}{dx}$, dans le développement de Σu, j'entrevois que h se trouvera élevé, dans ce développement, aux mêmes puissances que le sera $\frac{du}{dx}$. Par conséquent, lorsqu'on aura prouvé, comme on va le faire, que le développement de Σu renferme une suite de termes en $\frac{du}{dx}$ en $\frac{d^2u}{dx^2}$ en $\frac{d^3u}{dx^3}$, etc., il en résultera que ces termes seront multipliés respectivement par h, par h^2, par h^3, etc., c'est-à-dire donneront lieu à une suite de cette forme

$$M\frac{du}{dx}h + N\frac{d^2u}{dx^2}h^2 + P\frac{d^3u}{dx^3}h^3, \text{etc.}$$

$$\Sigma \frac{\mathrm{d}^3u}{\mathrm{d}x^3}\, h^3 = \frac{\mathrm{d}^2u}{\mathrm{d}x^2}\, h^2 - \frac{1}{1.2}\, \Sigma \frac{\mathrm{d}^4u}{\mathrm{d}x^4}\, h^4 - \frac{1}{1.2.3}\, \Sigma \frac{\mathrm{d}^5u}{\mathrm{d}x^5}\, h^5 - \text{etc.}$$
$$\Sigma \frac{\mathrm{d}^4u}{\mathrm{d}x^4}\, h^4 = \frac{\mathrm{d}^3u}{\mathrm{d}x^3}\, h^3 - \frac{1}{1.2}\, \Sigma \frac{\mathrm{d}^5u}{\mathrm{d}x^5}\, h^5 - \frac{1}{1.2.3}\, \Sigma \frac{\mathrm{d}^6u}{\mathrm{d}x^6}\, h^6 - \text{etc.}$$
$$\text{etc.} \qquad \text{etc.} \qquad \text{etc.} \qquad \text{etc.} \tag{77}$$

Écrivons les équations (74) et (75) de cette manière abrégée,

$$\Sigma u = \frac{1}{h} \int u\, dx + \textit{termes en } \Sigma \frac{\mathrm{d}u}{\mathrm{d}x}\, h, \textit{ en } \Sigma \frac{\mathrm{d}^2u}{\mathrm{d}x^2}\, h^2, \text{etc....} \tag{78}$$

$$\Sigma \frac{\mathrm{d}u}{\mathrm{d}x}\, h = u + \textit{termes en } \Sigma \frac{\mathrm{d}^2u}{\mathrm{d}x^2}\, h^2, \textit{ en } \Sigma \frac{\mathrm{d}^3u}{\mathrm{d}x^3}\, h^3, \text{etc....} \tag{79}$$

Nous pourrons, à l'aide de l'équation (79), éliminer $\Sigma \dfrac{\mathrm{d}u}{\mathrm{d}x}\, h$ de l'équation (78) et obtenir ce résultat,

$$\Sigma u = \frac{1}{h} \int u\, dx + \textit{termes en } u, \textit{ en } \Sigma \frac{\mathrm{d}^2u}{\mathrm{d}x^2}\, h^2, \textit{ en } \Sigma \frac{\mathrm{d}^3u}{\mathrm{d}x^3}\, h^3, \text{etc.}$$

L'équation (76), dans laquelle les intégrales du second membre ne commencent qu'à partir du troisième ordre, servira ensuite à éliminer $\Sigma \dfrac{\mathrm{d}^2u}{\mathrm{d}x^2}\, h^2$; et en continuant ainsi on obtiendra une équation dont le premier terme sera $\dfrac{1}{h} \int u\, dx$, et qui, étant une fonction des quantités non éliminées u, $\dfrac{\mathrm{d}u}{\mathrm{d}x}\, h$, $\dfrac{\mathrm{d}^2u}{\mathrm{d}x^2}\, h^2$, $\dfrac{\mathrm{d}^3u}{\mathrm{d}x^3}\, h^3$, etc., et des fonctions numériques, devra être de la forme,

$$\Sigma u = \frac{1}{h} \int u\, dx + Au + B \frac{\mathrm{d}u}{\mathrm{d}x}\, h + C \frac{\mathrm{d}^2u}{\mathrm{d}x^2}\, h^2 + \text{etc....} \tag{80}$$

567. Pour déterminer les coefficiens A, B, C, etc., supposons $u = e^x$, nous aurons, art. 39,

$$du = de^x = e^x dx.... \tag{81}$$

et par conséquent,

$$\frac{\mathrm{d}u}{\mathrm{d}x} = e^x, \quad \frac{\mathrm{d}^2u}{\mathrm{d}x^2} = e^x, \quad \frac{\mathrm{d}^3u}{\mathrm{d}x^3} = e^x, \text{ etc....} \tag{82}$$

Substituant ces valeurs et celles de u, dans l'équation (80), nous trouverons

$$\Sigma e^x = \frac{1}{h} \int e^x dx + Ae^x + Bhe^x + Ch^2e^x + \text{etc.,}$$

et comme la première des équations (82) nous donne $\int e^x dx = u$ et que u équivaut à e^x, par hypothèse, on aura

$$\Sigma e^x = \frac{e^x}{h} + Ae^x + Bhe^x + Ch^2e^x + \text{etc....} \tag{83}$$

Le premier membre de cette équation peut se mettre sous une autre forme. En effet, nous avons trouvé, art. 521, que la différence de a^x était

$$\Delta a^x = a^x \left(a^{\Delta x} - 1 \right);$$

dans le cas présent, nous avons

$$\Delta x = h \quad \text{et} \quad a = e;$$

par conséquent,

$$\Delta e^x = e^x \left(e^h - 1 \right);$$

intégrant, on obtient

$$e^x = \Sigma e^x \left(e^h - 1 \right);$$

et comme $e^h - 1$ est un facteur constant, nous pouvons le mettre en dehors du signe Σ, ce qui nous donnera, en mettant le premier membre à la place du second,

$$\left(e^h - 1 \right) \Sigma e^x = e^x,$$

d'où nous tirerons

$$\Sigma e^x = \frac{e^x}{e^h - 1}.$$

Substituant cette valeur dans l'équation (83), e^x disparaîtra comme facteur commun, et en transposant le premier terme du second membre, il restera

$$\frac{1}{e^h - 1} - \frac{1}{h} = A + Bh + Ch^2 + \text{etc.} \dots \quad (84);$$

et l'on voit que les coefficiens A, B, C, etc., de l'équation (80), ne sont autre chose que les termes qui multiplient les puissances de h dans le développement de

$$\frac{1}{e^h - 1} - \frac{1}{h},$$

suivant les puissances ascendantes de h.

Ce beau théorème appartient à Euler, et, comme le montre l'équation (80), fait dépendre l'intégrale Σu de $\int u\,dx$, ainsi que des coefficiens différentiels

$$\frac{du}{dx}, \quad \frac{d^2u}{dx^2}, \quad \frac{d^3u}{dx^3}, \quad \text{etc.}$$

568. Pour déterminer les coefficiens A, B, C, D, etc., cherchons préliminairement le développement de e^h. Pour cela nous avons vu, art. 38, page 27, qu'on avait

$$a^x = 1 + \frac{Ax}{1} + \frac{A^2x^2}{2} + \frac{A^3x^3}{1.2.3} + \text{etc.} \dots \quad (85),$$

et que A, d'après l'équation 26 de la page 27, était égal à $\dfrac{\log a}{\log e}$. Par conséquent, lorsqu'on prend $a = e$, la constante A se réduisant à l'unité, l'équation (85) se change en

$$c^x = 1 + x + \frac{x^2}{1.2} + \frac{x^3}{1.2.3} + \frac{x^4}{1.2.3.4} + \text{etc.} \ldots (86),$$

et en faisant $x = h$, l'équation (86) devient

$$e^h = 1 + h + \frac{h^2}{1.2} + \frac{h^3}{1.2.3} + \text{etc.} \ldots (87).$$

Cela posé, l'équation (84) nous donne, en faisant évanouir les dénominateurs, et en transposant $e^h - 1$ dans le second membre,

$$h = e^h - 1 + (e^h - 1) h (A + Bh + Ch^2 + Dh^3 + \text{etc.}),$$

ou

$$h = (e^h - 1)(1 + Ah + Bh^2 + Ch^3 + Dh^4 + \text{etc.});$$

mettant dans ce résultat la valeur de $e^h - 1$, donnée par l'équation (87), on aura

$$h = \left(h + \frac{h^2}{1.2} + \frac{h^3}{1.2.3} + \frac{h^4}{1.2.3.4} + \text{etc.} \right)(1 + Ah + Bh^2 + Ch^3, \text{etc.})$$

ou, en exécutant les opérations indiquées,

$$
\begin{aligned}
h = h &+ Ah^2 + Bh^3 + Ch^4 + Dh^5 + \text{etc.} \\
&+ \frac{h^2}{1.2} + A\frac{h^3}{1.2} + B\frac{h^4}{1.2} + C\frac{h^5}{1.2} + \text{etc.} \\
&\qquad + \frac{h^3}{2.3} + A\frac{h^4}{2.3} + B\frac{h^5}{2.3} + \text{etc.} \\
&\qquad\qquad + \frac{h^4}{2.3.4} + A\frac{h^5}{2.3.4} + \text{etc.} \\
&\qquad\qquad\qquad + \frac{h^5}{2.3.4.5} + \text{etc.} \\
&\qquad\qquad\qquad\qquad + \text{etc., etc.}
\end{aligned}
$$

Cette équation ayant lieu quel que soit h, nous égalerons à zéro les coefficiens des mêmes puissances de h (*voyez* la *note sixième*), ce qui nous fournira les équations

$$A + \frac{1}{1.2} = 0,$$

$$B + \frac{A}{1.2} + \frac{1}{2.3} = 0,$$

$$C + \frac{B}{1.2} + \frac{A}{2.3} + \frac{1}{2.3.4} = 0,$$

$$D + \frac{C}{1.2} + \frac{B}{2.3} + \frac{A}{2.3.4} + \frac{1}{2.3.4.5} = 0;$$

ces équations nous donneront

$$A = -\frac{1}{2}, \quad B = \frac{1}{3.4}, \quad C = 0, \quad D = -\frac{1}{2}\frac{1}{3.4}\frac{1}{5.6}, \text{ etc.}$$

569. Nous terminerons cette matière par l'analogie qui existe entre les différences et les puissances. Pour cela, si, dans l'équation (86), on fait $x = \dfrac{du}{dx} h$, on trouvera, en transposant l'unité dans le premier membre,

$$e^{\frac{du}{dx}h} - 1 = \frac{du}{dx}\frac{h}{1} + \frac{du^2}{dx^2}\frac{h^2}{1.2} + \frac{du^3}{dx^3}\frac{h^3}{1.2.3} + \text{etc.} \dots \text{(88)}.$$

Or, u étant une fonction de x, l'équation (72), qui a lieu pour la fonction z de x, nous donne, en changeant z en u,

$$\Delta u = \frac{du}{dx}h + \frac{d^2u}{dx^2}\frac{h^2}{1.2} + \frac{d^3u}{dx^3}\frac{h^3}{1.2.3} + \text{etc.} \dots \text{(89)}.$$

En comparant entre eux les seconds membres des équations (88) et (89), on verra que l'on peut les déduire l'un de l'autre, en changeant du^2 en d^2u, du^3 en d^3u, etc., par conséquent, on pourra écrire

$$\Delta u = e^{\frac{du}{dx}h} - 1 \dots \text{(90)},$$

pourvu que dans le développement de $e^{\frac{du}{dx}h}$ on transporte à la caractéristique d les exposans qui affectent les diverses puissances de $\dfrac{du}{dx}$.

570. Sous cette même condition, on a encore

$$\Delta^n u = \left(e^{\frac{du}{dx}h} - 1 \right)^n \dots \text{(91)}.$$

Pour le démontrer, cherchons le développement de $\Delta^n u$, et commençons par déterminer celui de $\Delta^2 u$. Or, puisqu'on a en général

$$f(x + h) = fx + \frac{dfx}{dx}h + \frac{d^2fx}{dx^2}\frac{h^2}{1.2} + \frac{d^3fx}{dx^3}\frac{h^3}{1.2.3} + \text{etc.};$$

si nous changeons fx en Δx, et que nous appellions Δu_1 ce que devient Δu lorsque x se change en $x + h$, nous trouverons

$$\Delta u_1 - \Delta u \text{ ou } \Delta^2 u = \frac{d\Delta u}{dx}h + \frac{d^2\Delta u}{dx^2}\frac{h^2}{1.2} + \frac{d^3\Delta u}{dx^3}\frac{h^3}{2.3} + \text{etc.}; \text{(92)}.$$

mais h étant constant, l'équation (89) nous donne par la différenciation.

$$d\Delta u = \frac{d^2 u}{dx^2} h + \frac{d^3 u}{dx^3} \frac{h^2}{1.2} + \frac{d^4 u}{dx^4} \frac{h^3}{1.2.3} + \text{etc.},$$

$$d^2 \Delta u = \frac{d^3 u}{dx} h + \frac{d^4 u}{dx^2} \frac{h^2}{1.2} + \frac{d^5 u}{dx^3} \frac{h^3}{1.2.3} + \text{etc.},$$

substituant ces valeurs dans l'équation (92), nous obtiendrons un développement de la forme

$$\Delta^2 u = \frac{d^2 u}{dx^2} \frac{h^2}{1} + A \frac{d^3 u}{dx^3} \frac{h^3}{1.2} + B \frac{d^4 u}{dx^4} \frac{h^4}{1.2.3} + \text{etc.},$$

et, en général, on trouvera par ce même procédé, pour le premier membre de l'équation (91), un développement de cette forme

$$\Delta^n u = \frac{d^n u}{dx^n} h^n + A \frac{d^{n+1} u}{dx^{n+1}} h^{n+1} + B \frac{d^{n+2} u}{dx^{n+2}} h^{n+2} + \text{etc.....} \quad (93).$$

Si nous élevons ensuite chacun des deux membres de l'équation (88) à la puissance n, nous trouverons que le développement de $\left(e^{\frac{du}{dx} h} - 1\right)^n$ est de la forme

$$\frac{du^n}{dx^n} h^n + A \frac{du^{n+1}}{dx^{n+1}} h^{n+1} + B \frac{h^{n+2}}{dx^{n+2}} h^{n+2} \text{ etc.} ;$$

et nous verrons qu'il est identique à celui de l'équation (93), pourvu qu'on transporte les exposans de u à la caractéristique. Moyennant cette condition, l'équation (91) sera donc démontrée.

571. On peut même se dispenser de remplir cette condition en écrivant ainsi les équations (90) et 91),

$$\Delta u = \left(e^{\frac{d}{dx} h} - 1\right) u, \quad \Delta^n u = \left(e^{\frac{d}{dx} h} - 1\right)^n u..... \quad (94);$$

et en convenant que jusqu'à la fin de l'opération indiquée par l'une des équations (94), la caractéristique d, séparée de la variable qu'elle accompagne toujours, sera traitée comme une quantité algébrique.

En effet, supprimant momentanément u, si nous développons $e^{\frac{d}{dx} h}$, et que nous mettions $\frac{d}{dx} h$, à la place de x dans l'équation (86), nous aurons, en transposant l'unité dans le premier membre,

$$e^{\frac{d}{dx} h} - 1 = \frac{d}{dx} h + \frac{d^2}{dx^2} \frac{h^2}{1.2} + \frac{d^3}{dx^3} \frac{h^3}{1.2.3} + \text{etc.}$$

Effectuant ensuite la multiplication, indiquée par u, dans la première des équations (94), on trouvera à la fin de l'opération,

$$\frac{du}{dx}h + \frac{d^2u}{dx^2}\,\frac{h^2}{1.2} + \frac{d^3u}{dx^3}\,\frac{h^3}{1.2.3} + \text{etc.};$$

ce qui est le développement de Δu (*voyez* l'équation 89), exécuté sans transposition d'exposans.

Ce que nous disons de la première des équations (94) s'applique à la seconde.

FIN DU CALCUL DES DIFFÉRENCES.

CALCUL
DES VARIATIONS.

Du calcul des variations.

Principes fondamentaux de ce calcul.

573. Si un point M, fig. 106, pris sur une courbe ou Fig.106.
surface courbe, est transporté en N, l'ordonnée $y = $ PM,
qui détermine ce point M, recevra un accroissement MN
qu'on nomme la *variation* de y.

574. Par exemple, lorsque la courbe BC, fig. 107, change Fig.107.
d'inflexion et devient Bc, la variation de l'ordonnée PM
sera Mn ; et la même abscisse AP appartiendra à l'ordonnée primitive PM et à l'ordonnée Pn ainsi accrue de la
variation. Enfin, si l'ordonnée PM, fig. 107, en se pro- Fig.107.
longeant, rencontre d'autres courbes Bc, Bc', Bc'', etc. ;
les parties interceptées Mn, Mn', Mn'', etc., seront les variations dont cette ordonnée s'accroîtra successivement.

575. On peut remarquer que ce qui distingue une variation d'une différence, c'est que nous changeons de courbe
lorsque l'ordonnée PM, fig. 108, reçoit une variation MN ; Fig. 108.
tandis que nous restons sur la même courbe lorsque l'ordonnée PM, devenant P′M′, s'accroît d'une différence M′Q,
qui, comme on l'a vu, art. 517, se change en différentielle
dans le cas où cette différence est infiniment petite.

576. Dans ce qui va suivre, nous conserverons la notation dy pour exprimer la différentielle de PM $= y$,
fig. 108, et nous emploierons la caractéristique D pour Fig.108.
exprimer la différence finie M′Q $= $ Dy, dont s'accroît une

ordonnée ; et nous désignerons par Δy la variation MN de y, et par δy cette variation lorsqu'elle deviendra infiniment petite.

577. D'après ce qui précède, une variation ayant donc lieu lorsqu'on passe d'une courbe à l'autre, cela peut arriver de différentes manières. Par exemple, si dans la Fig. 109. parabole CBD, fig. 109, dont l'équation est

$$y = b + ax^2 \ldots \ (1),$$

la constante a devient a', la courbe se rétrécira ou s'élargira, suivant que a' sera plus grand ou moindre que a (*).

578. Si au contraire, la constante b de l'équation (1) variait seule, cette constante ne ferait que changer la Fig. 110. position de la courbe en la transportant, fig. 110, de CBD en C'B'D', ou en C"B"D".

579. En général, on voit que lorsqu'une courbe est transportée dans l'espace, les coordonnées de l'origine qui entrent comme constantes dans son équation changent de valeurs ; d'où il suit que c'est encore par la variation des constantes qu'une courbe change de position. Aussi les géomètres sont-ils en usage d'affecter la caractéristique δ aux différentielles qui se rapportent à des points de l'espace, différentielles qui, comme on le voit, ne sont autre chose que des variations, et de donner la caractéristique d aux différentielles qui se rapportent à des points pris sur une courbe ou sur une surface courbe, et en général à tout système de points composant un solide ou le terminant.

580. La constante qui, par sa variation, a donné celle de y, était en évidence dans l'équation (1) ; mais le plus

---

 (*) Il est facile de s'en convaincre ; car si, pour une même abscisse $AP = x$, fig. 109, a s'augmente, l'équation (1) montre que l'ordonnée s'augmente aussi. Cette ordonnée PM devenant PN, appartient nécessairement à une parabole EBN moins évasée que la parabole CBM.

souvent cette constante ne paraît pas même dans l'équation de la courbe.

Prenons pour exemple l'équation

$$(y + bx - a)^2 = e^2 x + 2a^2 \ldots \ldots (2),$$

qui est celle d'une parabole représentée par la fig. 111 (*), Fig.111. et supposons que l'on fasse varier le paramètre, la courbe écartera ses branches plus ou moins. Or, le paramètre n'est ni a, ni b, ni e, mais est une fonction de ces constantes (*voyez* ma *Théorie des Courbes* (**), page 247); d'où il suit que dans la parabole même la constante qui varie n'est pas toujours une de celles que renferme son équation.

Nous verrons bientôt qu'on peut se dispenser de connaître cette constante, et qu'il suffit de déterminer les coordonnées sur lesquelles elle porte son influence.

581. Soit maintenant V une fonction des variables x et y, et de leurs coefficiens différentiels ; nous pourrons regarder V comme l'ordonnée PM, fig. 112, d'une courbe située Fig.112. dans l'espace, qui aurait x et y pour ses autres coor-

---

(*) En effet, faisant $x = 0$, y a deux valeurs qui déterminent les points B et C ; faisant ensuite $y = 0$, on trouve les abscisses AD et AE, ce qui annonce que la courbe passe encore par les points D et E ; nous voyons de plus qu'elle ne peut s'étendre indéfiniment dans le sens des x négatifs ; car l'équation (2) nous donnant

$$y = a - bx \pm \sqrt{e^2 x + 2a^2},$$

si l'on y remplace x par $- x$, la valeur de y deviendrait imaginaire lorsque $e^2 x$ surpasserait $2a^2$. Cette courbe ne peut donc être située que comme nous l'avons représentée, fig. 111. Elle est une parabole, parce Fig.111. que si l'on développe le carré du premier membre de l'équation (2), il est manifeste que le carré du coefficient $2b$ de xy sera égal à quatre fois le produit des coefficiens de x^2 et de y^2, ce qui est le caractère de la parabole. (*Théorie des courbes du second ordre*, page 87.)

(**) Il n'est point venu à ma connaissance qu'avant la publication de l'ouvrage cité, on eût assigné la forme de cette fonction.

données. Supposons que l'on passe de l'ordonnée PM $=$ V à une autre ordonnée P′M′, la différence M′r de ces ordonnées sera en général une quantité finie que, conformément à l'art. 576, nous représenterons par DV (*); nous aurons donc

$$P'M' = PM + M'r,$$

ou

$$V' = V + DV.$$

Cela posé, supposons que, par la variation de la courbe MM′, les ordonnées PM et P′M′ deviennent PN et P′N′; si, art. 576, nous nous servons de la caractéristique Δ pour indiquer l'accroissement dû à la variation, et que par conséquent nous représentions par ΔV et ΔV′ les variations MN et M′N′, nous aurons

$$PN = V + \Delta V, \quad P'N' = V' + \Delta V' \ldots \ (3);$$

mettant dans cette dernière équation V $+$ DV à la place de V′, nous trouverons

$$P'N' = V + DV + \Delta (V + DV).$$

D'une autre part, on peut regarder PN et P′N′ comme les ordonnées d'une certaine courbe NN′ qui passerait par les points N et N′; et de même que dans la courbe MM′, y devient $y + Dy$ lorsqu'on passe de MP à M′P′, de même PN ou V $+ \Delta$V se changera en

$$V + \Delta V + D (V + \Delta V),$$

lorsqu'on passera de PN à P′N′ dans la courbe NN′. On aura donc encore

---

 (*) Nous supposons cette différence positive dans la courbe, fig. 112;
 mais il est évident que cette différence Mr serait négative, fig. 113, si l'ordonnée P′M′=V, au lieu d'être plus grande que PM, était moindre.

comparant ces deux valeurs de P'N', on trouvera

$$V + DV + \Delta(V + DV) = V + \Delta V + D(V + \Delta V).$$

Effectuant les opérations indiquées par les parenthèses, et réduisant, il restera

$$\Delta DV = D\Delta V \dots (4),$$

ce qui nous apprend que *la variation de la différence d'une fonction* V *est égale à la différence de la variation de cette fonction.*

582. Dans le cas où, au lieu de $V = f(x, y)$, nous aurions $y = fx$, la courbe MM' deviendrait une courbe plane; et alors on regarderait l'ordonnée PM comme une fonction y de x. La démonstration étant la même, dans cette hypothèse on trouverait

$$\Delta Dy = D\Delta y \dots (5).$$

583. Dans cette démonstration, nous regardons la variation ΔV et la différence DV comme des quantités finies ; mais les équations (4) et (5) ne subsistent pas moins si ΔV et DV sont des quantités infiniment petites. Adoptant pour ce cas, art 576, les caractéristiques δ et d, les équations (4) et (5) deviendront

$$\delta dV = d\delta V \dots (6),$$
$$\delta dy = d\delta y \dots (7).$$

584. Jusqu'à présent nous n'avons attribué des variations qu'à y, et en cela nous nous accordons avec cette observation de Lagrange : *Dans les différenciations par* δ, *il faut regarder comme constante la variable dont la différentielle a été prise pour constante.* Ainsi, dans l'hypothèse la plus fréquente où cette différentielle est dx, il s'ensuit que x doit être regardé comme constant quand on prend les variations. Et en effet, nous avons vu que la même abscisse AP, fig. 107, répondait à diverses valeurs PM, Pn,

Pn', Pn'', etc., de l'ordonnée. Cependant, Lagrange sembla se mettre lui-même en contradiction avec les paroles que nous venons de citer, lorsque, dans les *Mémoires de l'Académie de Turin*, année 1759, il donna, sans en expliquer la raison, des variations aussi bien à x qu'à y. Ce changement important dans la marche qu'avaient suivie jusque alors les géomètres, fit faire un grand pas à cette partie de l'analyse et en changea absolument la face ; mais cela nécessitait encore plus de démontrer sur quoi se fondait le procédé de Lagrange. Prétendre que l'on donne par là plus de généralité à la méthode, ce serait éluder la difficulté qu'on ne peut lever qu'en montrant de quelle manière la position des plans coordonnés détermine x à recevoir des variations aussi bien que y. Pour cela, nous ferons préliminairement remarquer que, dans le cas de l'art. 574, les variations étaient supposées perpendiculaires au plan des x, y ; mais quelle que soit la cause qui produise ces variations, on voit qu'elle ne dépend pas de notre volonté, et qu'il en est de même de la fixation des plans coordonnés, qui peut être subordonnée à certaines conditions du problème, et même avoir été déterminée avant que les points de la courbe aient changé de place.

Il suit de là que dès qu'entre mille positions différentes que peut prendre la direction de la variation qui affecte un point M, il n'y en a qu'une où elle soit perpendiculaire au plan des x, y, nous devons, en thèse générale, regarder cette variation comme inclinée à ce plan. Cela posé, nous allons démontrer que, dans ce cas, non-seulement y, en variant, fera varier x, mais que leurs variations dépendront encore l'une de l'autre.

Pour cet effet, soit MN, fig. 114, la variation qu'aura reçue le point M d'une courbe, et imaginons qu'un plan $y'Ax'$, auquel la direction de MN était perpendiculaire, passe par l'origine des coordonnées : ce plan ayant

une position différente de celle de yAx, MN sera donc
incliné à ce dernier; d'où il suit que lorsque le point M
sera transporté en N, les coordonnées AL, LP et PM
deviendront AH, HQ et QN, et s'accroîtront des différences LH, QR et NI; ce qui montre évidemment que
quand une ordonnée $MP = V$ subit une variation, il en
doit être de même des coordonnées $AL = x$ et $LP = y$.

585. Il s'agit maintenant de démontrer la dépendance
qui existe entre les variations de ces coordonnées.

Pour cela, soit toujours, fig. 114, MN la variation qu'aura Fig.114.
reçue le point M perpendiculairement à un plan $y'Ax'$; menons par ce point M la perpendiculaire MP au plan donné
des x, y, et prolongeons PM jusqu'en S; il s'ensuit que
l'angle SMN formé par deux perpendiculaires MS et MN
aux plans yAx et $y'Ax'$, en mesurera l'inclinaison, et que
ces plans se confondront lorsque l'angle SMN sera nul.
Cela posé, menons les perpendiculaires MI et NS sur la
direction des ordonnées MP et NQ, le triangle MSN sera
rectangle en S; et comme l'angle SMN, qui mesure l'inclinaison des plans, est déterminé, il suffira que l'on nous
donne, dans le triangle MSN, le côté SM pour que le côté
$SN = MI$ en résulte.

Or, $\quad SM = NI = NQ - MP = \Delta V$, et $SN = PQ$;

et comme PQ détermine la différence $LH = AH - AL = \Delta x$,
on voit que Δx dépend immédiatement de ΔV, et qu'il en
est de même de Δy à l'égard de Δx.

586. Lorsqu'on passe des différences aux différentielles,
la même dépendance aura donc lieu entre δx et δy, ce
qui est bien différent de ce que l'on remarque dans le
calcul différentiel, où, lorsque V est déterminé à l'aide
des coordonnées x et y, ces coordonnées pouvant varier
chacune séparément, il n'y a en général aucune dépendance entre dx et dy.

587. Examinons maintenant comment se modifient les théorèmes démontrés art. 581 et 582, lorsque les variations ont des directions inclinées aux plans des x, y, et où par conséquent le point M, fig. 115, pour arriver en N, ne suit plus la direction du prolongement de l'ordonnée PM, comme le supposaient les démonstrations des art. 581, 582 et 583.

Dans ce cas, le point M, parvenu en N, aura reçu un accroissement d'ordonnée qui sera exprimé par la différence QN — PM : nous aurons donc

$$\textit{variation de } \text{PM} \text{ ou } \Delta\text{V} = \text{QN} - \text{PM} \dots \quad (8).$$

D'un autre côté, l'ordonnée PM de la courbe primitive, lorsqu'elle deviendra P′M′, s'accroîtra d'une différence que nous représenterons par

$$\text{DV} = \text{P}'\text{M}' - \text{PM} \dots \quad (9).$$

Nous déduirons de cette équation

$$\Delta\text{DV} = \textit{variation de } \text{P}'\text{M}' - \textit{variation de } \text{PM} \dots \quad (10).$$

Il s'agit de démontrer que cette quantité est égale à $\text{D}\Delta\text{V}$. Pour cela, nous voyons, par l'équation (10), qu'il faut d'abord déterminer la variation de P′M′. Or, cette variation se trouve en supposant qu'après qu'elle a transporté M′ en un certain lieu N′, on prenne la différence des ordonnées de ces points. On aura, de la sorte,

$$\textit{variation de } \text{P}'\text{M}' = \text{Q}'\text{N}' - \text{P}'\text{M}' \,;$$

et, comme le prescrit l'équation (10), retranchant de cette variation celle de PM, donnée équation (8), nous trouverons

$$\Delta\text{DV} = \text{Q}'\text{N}' - \text{P}'\text{M}' - (\text{QN} - \text{PM}),$$

ou plutôt

$$\Delta\text{DV} = \text{Q}'\text{N}' - \text{P}'\text{M}' - \text{QN} + \text{PM} \dots \quad (11).$$

D'un autre côté nous avons

$$\text{différence de } QN = Q'N' - QN ;$$

et en mettant la valeur de QN, tirée de l'équation (8), dans laquelle on remplacera PM par V, on aura

$$D(V + \Delta V) = Q'N' - QN,$$

retranchant de cette équation celle-ci,

$$DV = P'M' - PM,$$

il restera après avoir réduit

$$D\Delta V = Q'N' - QN - P'M' + PM \ldots \ (12).$$

Les seconds membres des équations (11) et (12) étant égaux, il en résulte

$$\Delta DV = D\Delta V \ldots \ (13).$$

Si l'on passe aux limites, ou, ce qui est la même chose, aux infiniment petits, on aura donc encore

$$\delta dV = d\delta V \ldots \ (14),$$

équation qui nous fournit encore celles-ci :

$$\delta dy = d\delta y, \quad \delta dx = d\delta x \ldots \ (15).$$

588. Les équations (13), (14) et (15) ont un degré de généralité que nous n'attribuons pas aux équations (4), (5), (6) et (7); car elles supposent, comme l'admettait Lagrange, que la variable x, renfermée dans V, est une quantité dont on peut prendre la variation tout aussi bien que celle de y comprise également dans V.

589. Les équations (14) et (15) vont maintenant nous servir à modifier convenablement les formules qui contiennent des différentielles et des variations; car les formules qui ne contiendraient que des variations ne diffèrent pas des différentielles. Aussi, comme le dit Lagrange,

le calcul des variations a-t-il *pour but de différencier sous un nouveau point de vue des quantités qui ont été différenciées sous un autre.* C'est ce que l'on sentira, si l'on fait attention que déterminer la variation d'une fonction V de y, se réduit à trouver l'accroissement de cette fonction lorsque y s'augmente de la quantité infiniment petite δy ; il est évident que cette question doit conduire aux mêmes règles que celles que l'on emploie pour obtenir les différentielles ordinaires.

590. Par exemple, si l'on voulait avoir la variation de

$$V = a + ny^2 :$$

nommant V' ce que devient V lorsque y s'accroît de la quantité infiniment petite δy, on aurait

$$V' = a + n(y + \delta y)^2,$$

d'où l'on déduirait

$$V' - V \quad \text{ou} \quad \delta V = 2ny\delta y + n\delta y^2 ;$$

passant à la limite, ou, ce qui revient au même, effaçant le terme $n\delta y^2$, qui, étant un infiniment petit du second ordre, doit être supprimé à côté du terme $2ny\delta y$, art. 230, il resterait pour la variation cherchée

$$\delta V = 2ny\delta y,$$

et l'on voit que le procédé est absolument le même que celui qui déterminerait la différentielle de V, qu'on sait être

$$dV = 2ny\,dy.$$

591. En général, pour trouver la variation d'une fonction V, dont la différentielle est

$$dV = M dx + N dy + P dp + Q dq + \text{etc.} \dots \text{(16)},$$

il suffira de changer la caractéristique d en δ, ce qui donnera

$$\delta V = M \delta x + N \delta y + P \delta p + Q \delta q + \text{etc.} \dots \quad (17).$$

Nous pouvons même remplacer M, N, P, Q, etc., par les coefficiens différentiels que ces lettres représentent, et nous aurons

$$\delta V = \frac{dV}{dx} \delta x + \frac{dV}{dy} \delta y + \frac{dV}{dp} \delta p + \frac{dV}{dq} \delta q + \text{etc.} \dots \quad (18).$$

592. Nous ne changeons pas dy en δy dans les coefficiens différentiels; car l'un de ces coefficiens différentiels, le premier, par exemple, étant le quotient de Mdx par dx, on doit avoir M pour résultat, tout aussi bien que si l'on divisait $M\delta x$ par δx; il en est de même des autres. Aussi les coefficiens différentiels $\dfrac{dV}{dx}$, $\dfrac{dV}{dy}$, $\dfrac{dV}{dp}$, etc., ne renferment-ils dx, dy, dp, qu'en apparence, et ne sont-ils dans le fond que de véritables fonctions de y, de p, de q, etc.

593. Remarquons que, quoique les variations soient des différentielles d'un genre particulier, il ne faut pas croire que δx soit à l'égard de δy ce que dx est à l'égard de dy. En effet, on choisit ordinairement dx pour variable indépendante, et l'on ne peut faire la même chose à l'égard de δx; car nous avons vu, art. 586, que δx dépendait de δy. Aussi la variable indépendante qui détermine l'accroissement de y n'est pas x, mais la constante, qui devient variable lorsque les points de la courbe changent de position. L'hypothèse de différenciation est donc différente. Par exemple, si l'on a l'équation

$$b^3 y = a^2 x^2,$$

et qu'en supposant x constant et a variable, on cherche le coefficient différentiel, nous trouverons, en désignant par k

l'accroissement de a,

$$\frac{y' - y}{accroiss.\ de\ a} = \frac{\dfrac{(a+k)^2}{b^3}x^2 - \dfrac{a^2x^2}{b^3}}{k} = \frac{2ax^2}{b^3} + \frac{x^2}{b^3}k;$$

si, au contraire, regardant a comme constant, on fait varier seulement x, dont nous représenterons l'accroissement par h, on a

$$\frac{y' - y}{accroiss.\ de\ x} = \frac{\dfrac{a^2}{b^3}(x+h)^2 - \dfrac{a^2}{b^3}x^2}{h} = \frac{2a^2x}{b^3} + \frac{a^2}{b^3}h.$$

La première hypothèse appartient à la courbe variée, et la seconde à la courbe primitive; et l'on voit qu'en passant à la limite, on obtient

$$\frac{dy}{dx} = \frac{2a^2x}{b^3}, \quad \frac{\delta y}{\delta a} = \frac{2ax^2}{b^3};$$

ce qui montre évidemment que la variable indépendante, dans le cas que nous considérons, loin d'être δx, est δa; mais lorsque nous déterminons la variation d'une fonction V de y, nous n'examinons pas si y varie par l'accroissement que reçoit x, ou par celui que reçoit une constante; aussi le procédé qui détermine la variation est-il le même que celui qui sert à différencier.

594. Cependant, on se tromperait bien si, parce que δx, δy, δp, etc., entrent dans δV comme dx, dy, dp, etc., entrent dans dV, on concluait que δV est égal à dV. Ce qui établit une différence entre ces expressions, c'est qu'on ne saurait assimiler δx, δy, δp, etc., dont se compose la première, aux différentielles dx, dy, dp, etc., qui constituent la seconde. En effet, δx, δy, δp, etc., d'après ce qui précède, comportant une autre variable indépendante que celle qui a lieu pour les différentielles dx, dy, dp, etc., il en résulte qu'on doit être conduit, par des

hypothèses différentes de différentiation, à des résultats différens. Aussi, lorsqu'une formule contient à la fois des différentielles et des variations, nous ne devons point confondre ces deux sortes de quantités ; dans le cas où une semblable formule a lieu, le théorème de l'art. 581 devient applicable, et nous allons voir qu'il suffit pour établir une différence entre les résultats amenés par le *Calcul des variations* et ceux qui nous sont fournis par le *Calcul différentiel.*

Cherchons, par exemple, la variation de la formule

$$p = \frac{dy}{dx}.$$

Pour cet effet, on déterminera la variation par la règle des fractions, donnée art. 16, et nous obtiendrons

$$\delta p = \frac{dx\,\delta dy - dy\,\delta dx}{dx^4} = \frac{\delta dy}{dx} - \frac{p\,\delta dx}{dx},$$

transposant les signes, ainsi que les équations (15), art. 587, en donnent le droit, on aura pour la variation de p

$$\delta p = \frac{d\delta y}{dx} - p\,\frac{d\delta x}{dx} \ \dots \ (19).$$

En cherchant ensuite la variation des formules

$$q = \frac{dp}{dx}, \quad r = \frac{dq}{dx},$$

on trouverait de même

$$\delta q = \frac{dx\,\delta dp - dp\,\delta dx}{dx^2}, \quad \delta r = \frac{dx\,\delta dq - dq\,\delta dx}{dx^2} ;$$

effectuant la division et remplaçant $\dfrac{dp}{dx}$ et $\dfrac{dq}{dx}$ par q et par r, on trouverait

$$\delta q = \frac{\delta dp}{dx} - q\,\frac{\delta dx}{dx}, \quad \delta r = \frac{\delta dq}{dx} - r\,\frac{d\delta x}{dx} ;$$

et en transposant les signes,

$$\delta q = \frac{d\delta p}{dx} - q\frac{d\delta x}{dx}, \quad \delta r = \frac{d\delta q}{dx} - r\frac{d\delta x}{dx} \dots \ (20).$$

Remarquons que la formule (17) ne ressemble à la formule (16), dont elle a été déduite, que parce qu'on n'a pas mis en évidence les différentielles renfermées implicitement dans les fonctions p, q, r, etc.; mais si nous remplaçons δp, δq et δr, par les valeurs que fournissent les équations (19) et (20), et que nous rassemblions d'une part les termes positifs et de l'autre les termes négatifs, nous trouverons

$$\delta V = M\delta x + N\delta y + \frac{1}{dx}(Pd\delta y + Qd\delta p + Rd\delta q + \text{etc.})$$
$$- \frac{d\delta x}{dx}(Pp + Qq + Rr, \text{etc.}).$$

Lorsque y seul reçoit des variations, cette équation se réduit à

$$\delta V = N\delta y + P\frac{d\delta y}{dx} + Q\frac{d\delta p}{dx} + R\frac{d\delta q}{dx} + \text{etc.} \dots \ (21);$$

et comme en transposant les caractéristiques, on obtient

$$\frac{d\delta p}{dx} = \frac{\delta dp}{dx} = \frac{\delta d.dy}{dx^2} = \frac{d^2\delta y}{dx^2},$$
$$\frac{d\delta q}{dx} = \frac{\delta d.d^2 y}{dx^3} = \frac{d^3\delta y}{dx^3};$$

on aura, en substituant ces valeurs dans l'équation (21),

$$\delta V = N\delta y + P\frac{d\delta y}{dx} + Q\frac{d^2\delta y}{dx^2} + R\frac{d^3\delta y}{dx^3} + \text{etc.}$$

595. Appliquons maintenant la formule (19) à la recherche de la variation de la sous-tangente. Pour cet effet, si dans l'expression de la sous-tangente qui, art. 71, est $y\frac{dx}{dy}$, nous éliminons le coefficient différentiel au moyen

de l'équation $\dfrac{\mathrm{d}y}{\mathrm{d}x} = p$, nous aurons $\dfrac{y}{p}$ pour cette sous-tangente ; prenant la variation par la règle des fractions, art. 16, nous trouverons

$$\delta\ \textit{sous-tangente} = \frac{\delta y}{p} - \frac{y\delta p}{p^2} ;$$

mettant dans cette équation la valeur de δp, donnée par l'équation (19), nous trouverons

$$\delta\ \textit{sous-tangente} = \frac{\delta y}{p} - \frac{y\,\mathrm{d}\delta y}{p^2\mathrm{d}x} + \frac{y\,\mathrm{d}\delta x}{p\mathrm{d}x} ;$$

remplaçant p par sa valeur $\dfrac{\mathrm{d}y}{\mathrm{d}x}$, nous obtiendrons

$$\delta\ \textit{sous-tangente} = \frac{\mathrm{d}x}{\mathrm{d}y}\,\delta y - \frac{y\,\mathrm{d}x}{\mathrm{d}y^2}\,\mathrm{d}\delta y + \frac{y}{\mathrm{d}y}\,\mathrm{d}\delta x .$$

596. Le théorème renfermé dans l'équation (14) art. 587, qui seul jusqu'à présent nous a servi à établir une différence entre les résultats fournis par la différenciation et ceux qui sont donnés par le calcul des variations, va nous offrir encore des corollaires très remarquables. En effet, si dans l'équation (14), page 437, ou change V en dV, on aura

$$\delta \mathrm{d}^2 V = \mathrm{d}\delta \mathrm{d}V ;$$

transposant la caractéristique du second membre, on obtiendra

$$\delta \mathrm{d}^2 V = \mathrm{d}^2 \delta V .$$

Par des procédés analogues, on parviendrait à cette équation générale

$$\delta \mathrm{d}^n V = \mathrm{d}^n \delta V .$$

597. La même équation (14) va nous conduire à un théorème non moins important. Pour cela, si nous représentons par U une certaine fonction de x, de y, de $\mathrm{d}x$, de d^2x, de d^3x, etc., de $\mathrm{d}y$, de d^2y, de d^3y, etc., et que

nous appelions V l'intégrale de cette fonction, nous trouverons

$$\textstyle\int U = V \ldots (22);$$

différenciant, il viendra

$$U = dV.$$

et, par conséquent,

$$\delta U = \delta dV;$$

transposant le caractéristique du second membre, en vertu de l'équation (14), on trouvera

$$\delta U = d\delta V;$$

intégrant, il viendra

$$\textstyle\int \delta U = \delta V;$$

éliminant V au moyen de l'équation (22), on obtiendra enfin

$$\textstyle\int \delta U = \delta\!\int U \ldots (23) \; (^*);$$

ce qui nous apprend que l'intégrale de la variation d'une fonction est égale à la variation de cette intégrale.

598. On peut déduire de ce théorème un autre qui lui est analogue pour les intégrales doubles.

En effet, si nous supposons.

$$U = \textstyle\int \lambda,$$

l'équation (23) nous donnera

(*) Le théorème renfermé dans cette équation a lieu également pour les différences finies. En effet, si dans l'équation (13), page 437, on fait $DV = U$, cette équation deviendra

$$\Delta U = D\Delta V,$$

intégrant, on aura

$$\Sigma \Delta U = \Delta V \ldots (24);$$

mais de l'équation $DV = U$, on tire

$$V = \Sigma U;$$

substituant cette valeur dans l'équation (24), on obtiendra

$$\Sigma \Delta U = \Delta \Sigma U.$$

$$\int \delta \int \lambda = \delta \int \int \lambda \; ; $$

et en transposant les signes $\int$ et δ, art. 599, on obtiendra

$$\int \int \delta \lambda = \delta \int \int \lambda .$$

On trouvera de même

$$\int \int \int \delta \lambda = \delta \int \int \int \lambda \; ; $$

ainsi de suite.

599. Les théorèmes démontrés dans les articles 597 et 598 nous offrent de nouveaux principes que nous pouvons maintenant employer simultanément avec celui que renferment les équations (15), page 437 (c'est ce que nous allons faire en cherchant quelle est la variation de la formule intégrale indéfinie $\int U$, dans laquelle U est une fonction de x, de y et des différentielles dx, d^2x, d^3x, etc., dy, d^2y, d^3y, etc. Pour cet effet, supposons qu'on ait trouvé par les procédés du calcul différentiel

$$dU = m\,dx + n\,d^2x + p\,d^3x + q\,d^4x + \text{etc.}$$
$$+ M\,dy + N\,d^2y + P\,d^3y + Q\,d^4y + \text{etc.}$$

Nous pouvons regarder cette équation comme provenant de celle d'un ordre immédiatement inférieur, dont on voudrait prendre la variation. La dernière différenciation qui nous a fourni la valeur de dU, nous ayant donné

$$dU = m\,dx + n\,d.dx + p\,d.d^2x + q\,d.d^3x$$
$$+ M\,dy + N\,d.dy + P\,d.d^2y + Q\,d.d^3y,$$

et notre intention étant de faire rapporter cette dernière opération à une variation, nous avons séparé par un point sur la droite la caractéristique qui y est relative dans les termes qui, autres que $m\,dx$ et $M\,dy$, ont subi plusieurs différenciations, et alors, ainsi que nous l'avons fait, art. 591, pour l'équation (16), changeant cette caractéristique en δ, nous obtiendrons

$$\delta U = m\delta x + n\delta dx + p\delta d^2 x + q\delta d^3 x + \text{etc.} \left.\begin{array}{l} \\ \end{array}\right\} \dots (25);$$
$$+ M\delta y + N\delta dy + P\delta d^2 y + Q\delta d^3 y + \text{etc.}$$

intégrant et mettant ensuite, dans le premier membre de cette équation, la caractéristique δ devant le signe d'intégration $\int$, comme on en a le droit, art. 597, on aura

$$\delta\int U = \int m\delta x + \int n\delta dx + \int p\delta d^2 x + \int q\delta d^3 x + \text{etc.} \left.\begin{array}{l} \\ \end{array}\right\} \dots (26).$$
$$+ \int M\delta y + \int N\delta dy + \int P\delta d^2 y + \int Q\delta d^3 y + \text{etc.}$$

Si dans le second terme, $\int n\delta dx$, on transpose la caractéristique, et que l'on intègre ensuite par parties, art. 279, on trouvera d'abord

$$\int nd\delta x = n\delta x - \int \delta x dn.$$

Pour faire subir la même opération au troisième terme, nous obtiendrons préliminairement, en transposant les signes du second membre,

$$\int p\delta d^2 x = \int p d^2 \delta x,$$

équation qu'on peut écrire ainsi :

$$\int p\delta d^2 x = \int p d(d\delta x),$$

et en intégrant ensuite par parties, on trouvera

$$\int p\delta d^2 x = p d\delta x - \int dp d\delta x \dots (27).$$

L'intégration par parties pouvant s'appliquer aussi à la dernière intégrale de cette équation, dans laquelle le double signe $d\delta$ affecte x, nous aurons de même

$$\int dp d\delta x = dp\delta x - \int d^2 p\delta x;$$

substituant cette valeur dans l'équation (27), nous obtiendrons

$$\int p\delta d^2 x = p d\delta x - dp\delta x + \int d^2 p\delta x.$$

Appliquant un même procédé aux intégrales $\int q\delta d^3 x$, etc., nous continuerons à intégrer par parties jusqu'à ce que nous parvenions à une intégrale qui ne contienne plus de différentielles de x mêlées à des intégrales, et nous trouverons

$$\int q \delta \mathrm{d}^3 x = q \mathrm{d}^2 \delta x - \mathrm{d}q \mathrm{d}\delta x + \mathrm{d}^2 q \delta x - \int \mathrm{d}^3 q \delta x ,$$

ainsi de suite.

Opérant de même pour y, et réunissant d'une part les termes qui sont délivrés du signe $\int$, et de l'autre ceux qui en sont affectés, on aura ce résultat

$$\begin{aligned}
\delta \int \mathrm{U} = & (n - \mathrm{d}p + \mathrm{d}^2 q - \text{etc.}) \, \delta x \\
& + (p - \mathrm{d}q + \text{etc.}) \, \mathrm{d}\delta x \\
& + (q - \text{etc.}) \, \mathrm{d}^2 \delta x + \text{etc.} \\
& + (\mathrm{N} - \mathrm{d}\mathrm{P} + \mathrm{d}^2\mathrm{Q} - \text{etc.}) \, \delta y \\
& + (\mathrm{P} - \mathrm{d}\mathrm{Q} + \text{etc.}) \, \mathrm{d}\delta y \\
& + (\mathrm{Q} - \text{etc.}) \, \mathrm{d}^2\delta y + \text{etc.} \\
& + \int (m - \mathrm{d}n + \mathrm{d}^2 p - \mathrm{d}^3 q + \text{etc.}) \, \delta x \\
& + \int (\mathrm{M} - \mathrm{d}\mathrm{N} + \mathrm{d}^2\mathrm{P} - \mathrm{d}^3\mathrm{Q} + \text{etc.}) \, \delta y
\end{aligned} \quad \Bigg\} \dots (28).$$

600. Par exemple, si l'on a

$$\mathrm{U} = \frac{\sqrt{\mathrm{d}x^2 + \mathrm{d}y^2}}{\sqrt{y}},$$

en écrivant ainsi cette équation

$$\mathrm{U} = \sqrt{\mathrm{d}x^2 + \mathrm{d}y^2} \times \frac{1}{\sqrt{y}},$$

on différenciera par la règle de l'art. 14, en se servant de la caractéristique δ au lieu de d, et l'on aura

$$\delta \mathrm{U} = \sqrt{\mathrm{d}x^2 + \mathrm{d}y^2} \times \frac{1}{\delta \sqrt{y}} + \frac{1}{\sqrt{y}} \, \delta \sqrt{\mathrm{d}x^2 + \mathrm{d}y^2} \dots (29);$$

les valeurs des variations indiquées étant ensuite déterminées par les règles des n°s 16 et 21, on trouvera

$$\delta \frac{1}{\sqrt{y}} = -\tfrac{1}{2}\frac{\delta y}{y\sqrt{y}}, \quad \delta\sqrt{dx^2+dy^2} = \frac{2\,dx\,\delta\,dx + 2\,dy\,\delta\,dy}{2\sqrt{dx^2+dy^2}},$$

mettant ces valeurs dans l'équation (29), et exécutant les opérations indiquées, on obtiendra

$$\delta U = -\tfrac{1}{2}\frac{\sqrt{dx^2+dy^2}}{y\sqrt{y}}\,\delta y + \frac{1}{\sqrt{y}}\cdot\frac{dx\,\delta\,dx + dy\,\delta\,dy}{\sqrt{dx^2+dy^2}};$$

faisant pour simplifier

$$\sqrt{dx^2+dy^2} = ds,$$

cette valeur de δU se réduira à

$$\delta U = -\tfrac{1}{2}\frac{ds}{y\sqrt{y}}\,\delta y + \frac{dx}{ds\sqrt{y}}\cdot\delta\,dx + \frac{dy}{ds\sqrt{y}}\cdot\delta\,dy.$$

En comparant cette équation à la formule (25), on trouvera

$$M = -\tfrac{1}{2}\frac{ds}{y\sqrt{y}}, \quad n = \frac{dx}{ds\sqrt{y}}, \quad N = \frac{dy}{ds\sqrt{y}};$$

$$m = 0, \quad p = 0, \quad q = 0, \quad P = 0, \quad Q = 0, \text{ etc.};$$

et l'équation (28), réduite dans notre cas, à

$$\delta \int U = n\,\delta x + N\,\delta y + \int [-dn\,\delta x + (M - dN)\,\delta y],$$

devient

$$\delta \int U = \frac{dx}{ds\sqrt{y}}\,\delta x + \frac{dy}{ds\sqrt{y}}\,\delta y$$

$$-\int\left[d\left(\frac{dx}{ds\sqrt{y}}\right)\delta x + \frac{ds}{2y\sqrt{y}}\,\delta y - d\left(\frac{dy}{ds\sqrt{y}}\right)\delta y \right]\dots(30).$$

Cette manière de déterminer la variation de $\int U$ appartient à Lagrange; mais, quoique la marche de ses opérations soit assez simple, on peut trouver à son procédé

l'inconvénient de confondre trop les quantités différentielles avec les quantités finies. Euler, qui donna au Calcul
des variations une forme plus en concordance avec sa vraie
métaphysique, remplaça U par la fonction $V\,dx$, dans laquelle V est une fonction des variables x, y, et de leurs
coefficiens différentiels successifs p, q, etc., et en trouva à
peu près de la manière suivante la variation (*).

601. On a d'abord par le théorème renfermé dans l'équation (23), art. 597,

$$\delta \textstyle\int V\,dx = \int \delta(V\,dx)\ldots \ (31)\ ;$$

la variation de $V\,dx$, indiquée dans le second membre de
cette équation, se déterminera par le procédé de l'art. 14,
et en cela nous agirons d'une manière entièrement conforme à l'hypothèse où l'on regarde ces variations comme
des quantités infiniment petites ; car, dans cet art. 14,
nous n'obtenons la différentielle d'un produit de deux variables qu'en nous bornant au premier terme de la différence, ou, ce qui est la même chose, en négligeant les
termes en h^2, en h^3, etc., du produit $z'\,y'$. Ainsi en déterminant la variation comme on le ferait pour un produit
de deux variables, nous aurons

$$\delta V\,dx = V\delta\,dx + dx\,\delta V\ ;$$

et en transposant les signes δ et d, en vertu de l'équation (13), page 437, on trouvera

$$\delta(V\,dx) = Vd\delta x + dx\,\delta V.$$

Au moyen de cette valeur, l'équation (31) deviendra

$$\delta \textstyle\int V\,dx = \int Vd\delta x + \int dx\,\delta V\ldots \ (32).$$

(*) Euler et Lagrange considéraient encore dans V d'autres variables
r, t, u, v, etc. ; c'est une hypothèse que nous examinerons bientôt, et
nous verrons qu'elle ne complique pas la solution du problème.

Appliquant au premier terme du second membre de cette équation l'intégration par parties, qui, comme conséquence de l'article 14, suppose encore que δ affecte des quantités infiniment petites, ce premier terme deviendra

$$\int V d\delta x = V\delta x - \int dV\delta x;$$

cette valeur changera l'équation (32) en

$$\delta \int V dx = V\delta x + \int (dx\delta V - dV\delta x)\dots \quad (33).$$

Développons maintenant la quantité qui est entre les parenthèses : pour cela, nous aurons préliminairement

$$dV = \frac{dV}{dx}dx + \frac{dV}{dy}dy + \frac{dV}{dp}dp + \frac{dV}{dq}dq + \frac{dV}{dr}dr, \text{etc. (34)};$$

remplaçant les coefficiens différentiels par les lettres M, N, P, Q, etc., cette équation nous donnera

$$dV = Mdx + Ndy + Pdp + Qdq + Rdr + \text{etc}\dots \quad (35).$$

Changeant la caractéristique d en δ, nous obtiendrons pour la variation de V

$$\delta V = M\delta x + N\delta y + P\delta p + Q\delta q + R\delta r + \text{etc.};$$

équation dans laquelle les fonctions M, N, P, Q, R, etc., des variables y, p, q, r, etc., sont les mêmes que dans l'équation précédente, art. 592.

Substituant ces valeurs de δV et de dV dans l'expression renfermée entre les parenthèses de l'équation (33), nous changerons cette expression en

$$\begin{aligned}
dx\delta V - dV\delta x = \; & N(dx\delta y - dy\delta x)\\
& + P(dx\delta p - dp\delta x)\\
& + Q(dx\delta q - dq\delta x)\\
& + R(dx\delta r - dr\delta x) + \text{etc.};
\end{aligned}$$

faisant dans ces équations

$$d y = p dx, \quad dp = q dx, \quad dq = r dx, \quad dr = s dx, \text{ etc.},$$

nous aurons

$$dx\delta V - dV\delta x = \begin{aligned} &Ndx\,(\delta y - p\delta x) \\ &+ Pdx\,(\delta p - q\delta x) \\ &+ Qdx\,(\delta q - r\delta x) \\ &+ Rdx\,(\delta r - s\delta x) \\ &\text{etc.} \end{aligned} \quad \Big\} \ldots (36).$$

Soit
$$\delta y - p\delta x = \omega \ldots (37);$$

et différencions en employant pour $p\delta x$ le procédé de la différenciation des produits de deux variables, art. 14, nous trouverons

$$d\delta y - pd\delta x - dp\delta x = d\omega \ldots (38);$$

prenons ensuite, par le même procédé, la variation de

$$dy = pdx,$$

nous aurons

$$\delta dy = p\delta dx + dx\delta p;$$

et en transposant les signes δ et d,

$$d\delta y = pd\delta x + dx\delta p \ldots (39).$$

Au moyen de cette valeur de $d\delta y$, nous convertirons l'équation (38) en

$$dx\delta p - dp\delta x = d\omega;$$

remplaçant dp par qdx, cette équation deviendra

$$dx\,(\delta p - q\delta x) = d\omega,$$

et par conséquent

$$\delta p - q\delta x = \frac{d\omega}{dx},$$

ce qui est la valeur comprise entre les parenthèses dans la seconde ligne de l'équation (36).

On trouvera de même

$$dx(\delta q - r\delta x) = d.\frac{d\omega}{dx}, \quad d\dot x\,(\delta r - s dx) = d\left(\frac{1}{dx}\,d.\frac{d\omega}{dx}\right), \text{ etc. ;}$$

par ces valeurs l'équation (36) deviendra

$$dx\delta V - dV\delta x = N\omega d\dot x + Pd\omega + Qd.\frac{d\omega}{dx} + Rd\left(\frac{1}{dx}.d\frac{d\omega}{dx}\right), \text{ etc.}$$

Par conséquent, l'intégrale que renferme le second membre de l'équation (33) sera

$$\int(dx\delta V - dV\delta x) = \int N\omega dx + \int Pd\omega + \int Qd.\frac{d\omega}{dx} + \int R.d\left(\frac{1}{dx}.d\frac{d\omega}{dx}\right), \text{ etc...(40)};$$

intégrant par parties tous les termes qui, dans ce second membre, contiennent des différentielles de ω, du 1ᵉʳ, du 2ᵉ, et du 3ᵉ ordre, etc., nous aurons

$$\int Pd\omega = P\omega - \int \frac{dP}{dx}\omega dx,$$

$$\int Qd\frac{d\omega}{dx} = Q\frac{d\omega}{dx} - \int \frac{d\omega}{dx}dQ;$$

et, parce que la différentielle de Q se prend par rapport à x, on pourra écrire ainsi cette dernière équation,

$$\int Qd\frac{d\omega}{dx} = Q\frac{d\omega}{dx} - \int \frac{dQ}{dx}d\omega;$$

intégrant de nouveau par parties le dernier terme de cette équation, elle nous donnera

$$\int Qd.\frac{d\omega}{dx} = Q\frac{d\omega}{dx} - \frac{dQ}{dx}\omega + \int \omega d.\frac{dQ}{dx}.$$

En opérant de même pour le terme en R, on trouvera

$$\int R.d\left(\frac{1}{dx}d.\frac{d\omega}{dx}\right) = R\frac{1}{dx}d.\frac{d\omega}{dx} - \frac{dR}{dx}.\frac{d\omega}{dx} + \frac{1}{dx}\left(d.\frac{dR}{dx}\right)\omega$$
$$- \int \omega d\left(\frac{1}{dx}d.\frac{dR}{dx}\right).$$

Substituant les valeurs de $\int P d\omega$, de $\int Q d.\dfrac{d\omega}{dx}$, de $\int R . d$ $\left(\dfrac{1}{dx} d.\dfrac{d\omega}{dx}\right)$, etc., dans l'équation (40), ordonnant par rapport à ω et à ses coefficiens différentiels, et réunissant ensuite les termes qui sont affectés du signe d'intégration, nous trouverons

$$\int(dx\,\delta V - dV\,\delta x) = \omega\left(P - \frac{dQ}{dx} + \frac{1}{dx}d.\frac{dR}{dx} - \text{etc.}\right)$$
$$+ \frac{d\omega}{dx}\left(Q - \frac{dR}{dx} + \text{etc.}\right) + \frac{1}{dx}d.\frac{d\omega}{dx}(R - \text{etc.}),\ \text{etc.}$$
$$+ \int\omega dx\left(N - \frac{dP}{dx} + \frac{1}{dx}d.\frac{dQ}{dx} - \frac{1}{dx}d.\frac{1}{dx}d.\frac{dR}{dx} + \text{etc.}\right).$$

Substituant cette valeur dans l'équation (33), à laquelle on ajoutera une constante, pour tenir lieu de toutes celles que l'intégration par parties exigera, on aura enfin

$$\delta\int V dx = V\delta x + \omega\left(P - \frac{dQ}{dx} + \frac{1}{dx}d.\frac{dR}{dx} - \text{etc.}\right)$$
$$+ \frac{d\omega}{dx}\left(Q - \frac{dR}{dx} + \text{etc.}\right),\ \text{etc.} + \frac{1}{dx}d.\frac{d\omega}{dx}(R - \text{etc.}),\ \text{etc.}$$
$$+ \int\omega dx\left(N - \frac{dP}{dx} + \frac{1}{dx}d.\frac{dQ}{dx} - \frac{1}{dx}d.\frac{1}{dx}d.\frac{dR}{dx},\ \text{etc.}\right).$$

Et en prenant dx pour variable indépendante, cette équation pourra se mettre sous la forme

$$\left.\begin{aligned}
\delta\int V dx = {}&V\delta x + \omega\left(P - \frac{dQ}{dx} + \frac{d^2R}{dx^2} - \text{etc.}\right)\\
&+ \frac{d\omega}{dx}\left(Q - \frac{dR}{dx} + \text{etc.}\right) + \frac{d^2\omega}{dx^2}(R - \text{etc.}),\ \text{etc.}\\
&+ \int\omega dx\left(N - \frac{dP}{dx} + \frac{d^2Q}{dx^2} - \frac{d^3R}{dx^3},\ \text{etc.}\right)\\
&+ \textit{constante.}
\end{aligned}\right\}\ \ldots (41).$$

602. Cette solution d'Euler suppose donc que la fonction

U de x, de y et des différentielles des différens ordres de x et de y puisse se ramener à la forme $V dx$. Or, cela n'est pas toujours possible; car si, par exemple, on avait

$$U = \frac{d^2 y}{dx} + \frac{dy}{dx}\frac{d^2 x}{dx} \ldots \quad (42),$$

et que l'on fît

$$dy = p dx,$$

on trouverait par la différenciation,

$$d^2 y = dp dx + p d^2 x \ldots \quad (43) ;$$

mettant ces valeurs dans l'équation (42), on obtiendrait

$$U = \frac{dp}{dx} dx + 2p \frac{d^2 x}{dx},$$

ou plutôt

$$U = d.\frac{dy}{dx} + 2 \frac{dy}{dx} \cdot \frac{d^2 x}{dx} ;$$

et l'on voit que le second membre ne se réduit pas à la forme $V dx$.

Mais cela aurait lieu si, au contraire, on avait

$$U = \frac{d^2 y}{dx} - \frac{dy}{dx}\frac{d^2 x}{dx} ;$$

car la valeur de $d^2 y$, donnée par l'équation (43), étant mise dans celle-ci, la réduirait à

$$U = \frac{dp}{dx} dx.$$

Des maxima et minima des formules intégrales indéterminées.

603. La principale application du calcul des variations se rapporte à la solution d'un genre de problèmes de maxima et de minima, qu'on tenterait en vain de résoudre

par la méthode exposée art. 97 et 98. On a vu que cette méthode consistait à déduire de l'équation $y = fx$ du problème, la valeur de $\dfrac{\mathrm{d}y}{\mathrm{d}x}$, qu'on devait égaler à zéro ou à l'infini, pour obtenir la relation entre x et y, qui doit avoir lieu au maximum ou au minimum ; mais si, dans le problème proposé, on nous donnait seulement la formule intégrale $\int V\mathrm{d}x$, dans laquelle V serait une fonction de x, de y, de p, de q, etc., et qu'on demandât quelle est, parmi toutes les courbes qui jouissent de la propriété commune $\int V\mathrm{d}x$, celle pour laquelle $\int V\mathrm{d}x$ est un maximum, un tel problème serait d'une nature bien différente que ceux que nous avons résolus sur les maxima ou minima. On se tromperait donc bien si l'on croyait que, pour en obtenir la solution, il suffirait de passer à la différentielle en ôtant le signe d'intégration, et en écrivant $V\mathrm{d}x$. Cela ne conduirait à rien, puisque la caractéristique $\int$, qui ici nous indique que c'est x que l'on fait varier, n'est plus le signe de l'opération contraire à celle qui se rapporte à des variations. Aussi voit-on qu'au lieu de passer d'une courbe à l'autre, on resterait sur la même courbe, ce que nous ne pouvons admettre, d'après ce que nous avons vu art. 577. Ce ne sera donc point $V\mathrm{d}x$ que, d'après la méthode ordinaire des maxima et minima, on devra égaler à zéro, mais $\delta\!\int V\mathrm{d}x$, parce qu'alors, quoique nous ignorions la relation qui existe entre x et y renfermés dans V, nous ne considérons pas moins y comme une fonction de x, et par conséquent $\int V\mathrm{d}x$ comme une autre fonction de x, dont la variation est indiquée par le signe δ, variation due aux accroissemens successifs que reçoit une constante qui, le plus souvent, ne paraît pas dans les calculs.

L'intégration de $\int V\mathrm{d}x$ ne pouvant donc s'exécuter sans qu'il ne soit établi une relation entre x et y, nous allons voir que cette valeur va nous être fournie par la condition même du maximum. En effet, la variation de $\int V dx$ ayant été déterminée par l'équation (41), nommons pour plus de simplicité λ la partie qui s'y trouve hors du signe d'intégration ; la variation $\delta \int V dx$ étant nulle, dans le cas du maximum, nous aurons donc

$$\lambda + \int \omega dx \left(N - \frac{dP}{dx} + \frac{d^2 Q}{d x^2} - \text{etc.} \right) + constante = 0. \quad (44).$$

604. On reconnaît dans le facteur $N - \dfrac{dP}{dx} + \dfrac{d^2 Q}{d x^2} - \text{etc.}$,

de cette équation, la quantité qui, égalée à zéro, exprime, équation (122), art. 404, la condition d'intégrabilité de $V dx$; par conséquent, il suffit que $V dx$ soit susceptible d'intégration pour que le terme affecté du signe $\int$ s'évanouisse dans l'équation (44). Ce terme s'évanouit également lorsque $V dx$ n'est pas intégrable ; car alors les termes en x et en y, renfermés sous ce signe, ne peuvent opérer la destruction des termes en x et en y des autres termes de l'équation (44), qui, étant délivrés du signe d'intégration, sont d'une nature différente. Il suit de là que si l'on représente l'équation (41) par

$$\lambda + \int \mu dx + constante = 0 \ldots \quad (45),$$

on ne peut satisfaire à cette équation qu'en faisant

$$\lambda + constante = 0, \quad \int \mu dx = 0.$$

605. Cette dernière équation détermine en général une courbe, et n'exprime autre chose que la sommation d'une infinité d'élémens que l'intégration convertit en courbe. Nous entrevoyons déjà que la partie $\lambda + constante$ de l'équation (45) ne peut se rapporter qu'à des points isolés. En effet, l'équation

$$\lambda + constante = 0,$$

étant une équation rationnelle en x et en y renfermés dans λ, il s'ensuit que cette équation ne comporte qu'un nombre limité de valeurs, qui seront déterminées par le degré de cette équation lorsqu'on y aura mis la valeur de y en x ; je dis de plus que les points déterminés par ces valeurs ne se rapportent qu'aux extrémités de la courbe. En effet, lorsqu'on donnera des valeurs particulières a et b aux variables x et y, on ne fera que déterminer la valeur de la constante qui entre dans l'équation (45), en fonction de a et de b, valeur qui se rapporte toujours au commencement et à la fin de l'intégrale.

606. La condition $\int \mu\, dx = 0$ nous donne

$$\int \left(N - \frac{dP}{dx} + \frac{d^2Q}{dx^2} - \text{etc.} \right) \omega\, dx = 0 \, ;$$

et comme la différentielle d'une fonction égale à zéro est nulle aussi bien que cette fonction, art. 63, on peut ôter le signe d'intégration, ce qui nous donnera

$$\left(N - \frac{dP}{dx} + \frac{d^2Q}{dx^2} - \text{etc.} \right) \omega\, dx = 0 \ldots (46),$$

équation à laquelle on satisfera en faisant

$$N - \frac{dP}{dx} + \frac{d^2Q}{dx^2} - \text{etc.} = 0 \ldots (47).$$

Cette équation établit la relation qui doit exister entre x et y pour la courbe du maximum et du minimum.

607. Observons que la propriété $\int V dx$ appartient à toutes les courbes que nous considérons, et que nous pouvons passer de l'une à l'autre par degrés imperceptibles, en faisant accroître V d'une quantité infiniment petite δV. Dans cette hypothèse, V devenant $V + \delta V$, la formule $\int V dx$ se change en $\int (V + \delta V) dx$, et s'accroît de la quantité $\int \delta V dx$, quantité qui, par la transposition des signes

$\int$ et δ, revient à $\delta\int V dx$. On reconnaît dans cette expression la variation dont nous avons déterminé la valeur par l'équation (41), art. 601, et qui devant, comme $\int V dx$, appartenir à toutes les courbes du genre que nous considérons, n'en spécifie aucune en particulier. En égalant ensuite à zéro la variation $\delta\int V dx$, nous déterminons cette courbe quelconque qui jouit de la propriété requise, à devenir, entre toutes les autres, celle qui convient au maximum ou au minimum; nous franchissons en idée toutes les courbes intermédiaires comprises entre la courbe primitive et la courbe du maximum ou minimum, pour que l'une de ces courbes se change en l'autre; alors l'ordonnée PM, devenue P'M', aura reçu un accroissement fini, composé de tous les accroissemens successifs que la courbe aura reçus en passant par toutes ces positions intermédiaires; et, comme PM représente une ordonnée quelconque, la même chose aura lieu pour tous les points de la courbe variée, qui, par conséquent, sera entièrement distincte de la courbe primitive; mais la variation δV indiquant la variation qui a lieu lorsqu'on passe de la courbe primitive à la courbe infiniment proche qui lui succède, cette variation, lorsque la courbe primitive deviendra la courbe variée, se rapportera alors à la courbe infiniment proche qui succédera à la courbe variée, et restera par conséquent une quantité infiniment petite.

608. Après avoir parlé du premier facteur de l'équation (46), occupons-nous du second. Pour cet effet, si nous mettons dans l'équation (46) la valeur de ω, que nous donne l'équation (37), page 451, nous aurons

$$\left(N - \frac{dP}{dx} + \frac{d^2Q}{dx^2} \text{ etc.} \right)(\delta y - p\,\delta x) = 0 \dots \ (48),$$

et l'on satisfera encore à cette équation en faisant

$$\delta y - p\delta x = 0 ;$$

la relation que nous établissons ainsi entre δy et δx, est une chose conforme à ce que nous avons démontré art. 598, que δx et δy étaient dépendans l'un de l'autre. Une autre conséquence, qui s'accorde avec le même article, c'est que l'équation (47) subsiste encore lorsqu'on ne tient pas compte de δx; car alors l'équation (48) se réduisant à

$$\delta y \left(N - \frac{dP}{dx} + \frac{d^2 Q}{dx^2} \text{ etc.} \right) = 0,$$

on en déduit également

$$N - \frac{dP}{dx} + \frac{d^2 Q}{dx^2} \text{ etc.} = 0.$$

On peut remarquer que quand on a $\delta x = 0$, on tombe dans le cas où la variation de y se confond avec la direction de cette ordonnée, ce qui n'empêche pas que la condition du maximum ou minimum, entre toutes les courbes, ne subsiste également.

609. Lorsque les variations n'ont lieu que dans le sens des ordonnées, il est évident que celles des points extrêmes C et D sont des lignes droites CC′ et DD′, fig. 116, dirigées Fig.116. suivant le prolongement de ces ordonnées.

610. Mais dans le cas où x varie aussi bien que y, les extrémités C et D, fig. 117, des ordonnées AC et BD dé- Fig.117. crivent des courbes CC′ et DD′ ; car les points C et D se mouvant dans des directions qui ne sont plus celles de AC et de BD, décrivent en général des courbes, sauf à supposer, si le cas l'exige, que ces courbes sont des lignes droites CC′, DD′, fig. 118. Fig.118.

611. Nous avons vu, art. 404, que lorsque $V dx$ était une différentielle exacte, l'équation

$$N - \frac{dP}{dx} + \frac{d^2 Q}{dx^2} \text{ etc.} = 0,$$

avait lieu par elle-même, et qu'alors la valeur de $\delta \int V dx$, ou plutôt celle de $\int V dx$, ne pouvait renfermer que des quantités intégrées. Or, $\delta \int V dx$, par la transposition des signes, art. 597, devenant $\int \delta V dx$, si l'on regarde y renfermé dans V comme une fonction de x, le produit $V dx$ ne sera autre chose qu'une fonction V de x multipliée par dx; et $\int V dx$ représentera, art. 348 et 349, l'aire d'une certaine courbe. La variation de cette aire étant exprimée par $\delta \int V dx$, ne sera donc elle-même qu'un accroissement de l'aire dont nous parlons; par conséquent $\int \delta V dx$ sera la somme de toutes ces aires élémentaires. Désignons cette intégrale par $\varphi x + c$, et prenons-la entre les limites

$$x = a \quad \text{et} \quad x = b,$$

nous aurons cette intégrale définie

$$\varphi a - \varphi b ;$$

et l'on voit qu'elle ne dépendra pas des coordonnées des points intermédiaires de la courbe variée, mais de a et b, Fig.117. qui sont les abscisses des extrémités A et B, fig. 117, de cette courbe.

612. Réciproquement, lorsqu'on nous donne l'expression $\int V dx$, si l'on a

$$N - \frac{dP}{dx} + \frac{d^2Q}{dx^2} \text{ etc.} = o,$$

la variation $\delta \int V dx$ ne renfermera aucune formule intégrale; d'où il suit que $\int V dx$ sera une fonction déterminée des expressions x, y, p, q, etc., c'est-à-dire sera une fonction délivrée du signe d'intégration, ou, ce qui revient au même, sera une quantité immédiatement intégrable.

613. La partie de l'équation (45), art. 604, qui n'est point affectée du signe d'intégration, et que nous avons représentée par

$$\lambda + \textit{constante},$$

s'évanouit lorsque les extrémités de la courbe sont des points fixes.

En effet, la variation cessant d'avoir lieu en ces points, si nous en représentons les coordonnées par x' et y', et par x'' et y'', δx et δy ne subsisteront plus lorsqu'on donnera à x et à y les valeurs x' et y', x'' et y'', ce qui nécessitera que les termes compris dans λ (équation 45), s'évanouissent lorsqu'on prend l'intégrale définie. Il ne restera donc de l'équation (45) que $\int \mu dx = 0$, pour déterminer la relation qui devra exister entre x et y, afin que $\int V dx$ soit un maximum ou un minimum.

614. Le problème général qui nous occupe est donc en quelque sorte l'inverse de celui que nous offrent les maxima et minima ordinaires ; car, dans ceux-ci, la relation entre x et y est donnée immédiatement, au lieu que dans notre cas, elle résulte de la condition même du maximum ou minimum.

615. Pour donner une application de cette théorie, proposons-nous de trouver *quelle est la plus courte des courbes menées entre deux points sur un plan.*

L'expression d'un arc de courbe étant

$$\sqrt{dx^2 + dy^2}, \quad \text{ou} \quad dx\sqrt{1 + \frac{dy^2}{dx^2}},$$

sera, dans le cas présent, celle que nous avons représentée par $V dx$; nous aurons donc

$$V = \sqrt{1 + \frac{dy^2}{dx^2}},$$

et en remplaçant $\dfrac{dy}{dx}$ par p, cette équation deviendra

$$V = \sqrt{1 + p^2}.$$

Cette formule, qui ne contient que la variable p, déterminera l'expression $\dfrac{dV}{dp}$ du coefficient différentiel P : nous aurons donc

$$M = 0, \; N = 0, \; P = \frac{dV}{dp} = \frac{p}{\sqrt{1+p^2}}, \; Q = 0, \; \text{etc.} \ldots \; (49).$$

Par ces valeurs, on voit que les termes où entrent V, P et $\dfrac{dP}{dx}$, doivent être seuls conservés dans la formule (41), qui par conséquent devient, dans notre cas,

$$\delta \!\int\! V dx = V \delta x + P \omega + \int dx \left(- \frac{dP}{dx} \right) ;$$

substituant $\delta y - p \delta x$ à la place de ω, on a

$$\delta \!\int\! V dx = (V - Pp) \delta x + P \delta y - \int (\delta y - p \delta x) \frac{dP}{dx} dx \ldots \; (50).$$

Le premier membre de cette équation étant nul par la condition du maximum ou minimum, et la partie qui est indépendante du signe d'intégration n'existant pas dans l'hypothèse où les extrémités A et B sont des points fixes, l'équation (50) se réduit à

$$- \int (\delta y - p \delta x) \frac{dP}{dx} dx = 0 ;$$

cette intégrale étant égale à zéro, il en est de même de sa différentielle, art. 606; on a donc

$$(\delta y - p \delta x) \frac{dP}{dx} dx = 0.$$

616. On satisfait à cette équation en faisant

$$\frac{dP}{dx} dx = 0 \ldots \ldots \; (51).$$

La valeur de P nous étant donnée par la troisième des

équations (49), on trouvera en la différenciant [art. 26,
équation (13)],

$$\frac{d\mathrm{P}}{dx} = \frac{d\mathrm{P}}{dp}\,\frac{dp}{dx} = d\,\frac{p}{\sqrt{1+p^2}} \times \frac{dp}{dx}\,;$$

et en différenciant par la règle des fractions, art. 16, on
obtiendra

$$d\,\frac{p}{\sqrt{1+p^2}} = \frac{dp \times \sqrt{1+p^2} - d\,\dfrac{p\,dp}{\sqrt{1+p^2}}}{1+p^2}\,;$$

réduisant au même dénominateur et faisant la réduction,
on trouvera

$$d\,\frac{p}{\sqrt{1+p^2}} = \frac{dp}{(1+p^2)\,\sqrt{1+p^2}}\,;$$

par conséquent, on aura

$$\frac{d\mathrm{P}}{dx} = \frac{1}{(1+p^2)\,\sqrt{1+p^2}} \times \frac{dp}{dx}.$$

Égalant cette quantité à zéro, et supprimant le premier
facteur, il reste

$$\frac{dp}{dx} = 0,$$

ou plutôt

$$dp = 0\,;$$

intégrant, on obtient

$$p = constante\,;$$

et en désignant cette nouvelle constante par b, on a

$$p = b,$$

et par conséquent

$$\frac{\mathrm{d}y}{\mathrm{d}x} = b, \quad \text{ou} \quad \mathrm{d}y = b\,\mathrm{d}x\,;$$

intégrant de nouveau, on trouve

$$y = bx + c \ldots \text{ (52)}.$$

617. Pour déterminer les constantes b et c, les points extrêmes A et B, fig. 119, étant fixes, si leurs coordonnées sont

$$x = \alpha, \quad y = \beta, \quad \text{et} \quad x = \alpha', \quad y = \beta',$$

ces coordonnées devant satisfaire à l'équation (52), on a

$$\beta = b\alpha + c, \quad \beta' = b\alpha' + c\,;$$

d'où l'on déduit

$$b = \frac{\beta' - \beta}{\alpha' - \alpha}, \quad c = \frac{\alpha'\beta - \alpha\beta'}{\alpha' - \alpha}\,;$$

par conséquent, l'équation (52) devient

$$y = \frac{\beta' - \beta}{\alpha' - \alpha} x + \frac{\alpha'\beta - \alpha\beta'}{\alpha' - \alpha}.$$

618. Si les extrémités A et B de la courbe ne sont pas des points fixes, la partie $(V - Pp)\,\delta x + P\delta y$, de l'équation (50), qui est représentée par λ dans l'équation (45), page 456, ne s'évanouit plus à cause de la non-existence des variations δy et δx; mais comme le premier membre de l'équation (45) est égal à zéro, la partie $\int \mu\,\mathrm{d}x$ ne peut, comme nous l'avons vu art 604, anéantir λ; il faut donc, pour que la condition $\lambda + \int \mu\,\mathrm{d}x = 0$ soit remplie, que λ soit nul séparément, et qu'on ait par conséquent l'équation

$$(V - Pp)\,\delta x + P\delta y = 0.$$

Remplaçant V et P par leurs valeurs $\sqrt{1+p^2}$ et $\dfrac{p}{\sqrt{1+p^2}}$, cette équation devient

$$\left(\sqrt{1+p^2} - \frac{p^2}{\sqrt{1+p^2}}\right)\delta x + \frac{p}{\sqrt{1+p^2}}\,\delta y = 0,$$

et après qu'on l'aura réduite au même dénominateur, le diviseur commun $\sqrt{1+p^2}$ étant supprimé, il restera

$$\delta x + p\,\delta y = 0.$$

Mettant la valeur de p, cette équation donnera

$$\frac{\delta y}{\delta x}\,\frac{dy}{dx} = -1 \ldots\ (53),$$

et ne pourra être satisfaite que par les coordonnées des points extrêmes de la courbe, coordonnées qui varient avec ces points. Supposons donc que l'un de ces points soit variable et que l'autre soit fixe; si nous nommons x' et y' les coordonnées du premier, et x'', y'', les coordonnées du second, l'équation (53) sera satisfaite en faisant

$$x = x' \quad \text{et} \quad y = y',$$

et se changera en

$$\frac{\delta y'}{\delta x'}\,\frac{dy'}{dx'} = -1.$$

Telle sera la condition qui exprime que la courbe que décrit le point mobile x', y', soit coupée à angle droit par la courbe cherchée (*).

(*) En effet, $\dfrac{dy'}{dx'}$ et $\dfrac{\delta y'}{\delta x'}$ exprimant les tangentes trigonométriques,

art. 73, que la courbe proposée et la courbe variée forment à leurs points

Cette condition et celle de la fixité de l'autre point, donné par les coordonnées x'' et y'', suffiront pour déterminer les deux constantes de l'équation (52).

619. Mais si les deux points extrêmes ne sont fixes ni l'un ni l'autre, l'équation (53) devant être satisfaite par leurs coordonnées, on aura ainsi

$$\frac{\delta y'}{\delta x'}\frac{dy'}{dx'} = -1, \quad \frac{\delta y''}{\delta x''}\frac{dy''}{dx''} = -1 \ldots (54);$$

équations qui nous apprennent que les courbes GK et IL, fig. 120, décrites par les points extrêmes, doivent être normales à la courbe cherchée, qui, dans le cas présent, se réduit à une ligne droite AB, art. 616. La relation qui existe entre les coordonnées de cette courbe cherchée nous étant fournie par l'équation

$$N - \frac{dP}{dx} + \text{etc.} = 0 ;$$

cette équation devient dans notre cas

$$dP = 0,$$

et nous ramène à l'équation (51). Or, nous avons vu, art. 616, que cette équation nous conduisait à $dp = 0$, et que l'intégrale de cette dernière était $p = b$; remplaçant p par sa valeur $\frac{dy}{dx}$, on a

$$\frac{dy}{dx} = b ;$$

d'où l'on déduit

---

de contact, la condition nécessaire pour que ces tangentes se coupent à angles droits, sera exprimée (*Théorie des Courbes*, art. 103), par

$$\frac{\delta y'}{\delta x'}\frac{dy'}{dx'} + 1 = 0.$$

$$\frac{\mathrm{d}y'}{\mathrm{d}x'} = b, \quad \frac{\mathrm{d}y''}{\mathrm{d}x''} = b.$$

Au moyen de ces valeurs, les équations (54) deviennent

$$\frac{\delta y'}{\delta x'} = -\frac{1}{b}, \quad \frac{\delta y''}{\delta x''} = -\frac{1}{b} \cdots (55),$$

et ne contiennent plus que les variations des points extrêmes ; or, il sera possible d'éliminer ces variations, si l'on
nous donne les courbes que ces points seront assujettis
à parcourir. Supposons que ces courbes aient pour équations différentielles

$$\mathrm{d}y = \varphi (x, y) \, \mathrm{d}x \quad \text{et} \quad \mathrm{d}y = \psi (x, y) \, \mathrm{d}x \, ;$$

on en déduira, art. 591,

$$\delta y = \varphi (x, y) \, \delta x, \quad \delta y = \psi (x, y) \, \delta x. \quad \cdot$$

Ces équations devant être satisfaites l'une par les coordonnées x', y', et l'autre par les coordonnées x'', y'', nous
aurons donc

$$\delta y' = \varphi (x', y') \, \delta x', \quad \delta y'' = \psi (x, y) \, \delta x''.$$

Au moyen de ces équations nous pourrons éliminer les
variations des équations (55), ce qui nous donnera

$$\varphi (x', y') = \frac{1}{b}, \quad \varphi (x'', y'') = \frac{1}{b}.$$

620. Si, outre x et y fonctions de x, et leurs coefficiens
différentiels successifs, la fonction V contenait encore une
ou plusieurs autres variables z, t, u, v, etc., et leurs coefficiens différentiels successifs, l'équation (35), page 450,
deviendrait

$$V = \mathrm{M}dx + \mathrm{N}dy + \mathrm{P}dp + \mathrm{Q}dq + \mathrm{R}dr + \text{etc.,}$$
$$+ \mathrm{N}_{,}dz + \mathrm{P}_{,}dp_{,} + \mathrm{Q}_{,}dq_{,} + \mathrm{R}_{,}dr_{,} + \text{etc.,}$$
$$+ \mathrm{N}_{,,}dt + \mathrm{P}_{,,}dp_{,,} + \mathrm{Q}_{,,}dq_{,,} + \mathrm{R}_{,,}dr_{,,} + \text{etc.,} \Bigg\} \cdots (56);$$
$$+ \text{etc.} + \text{etc.} + \text{etc.} + \text{etc.}$$

Dans ce cas, l'équation (41), page 453, s'augmenterait des termes relatifs aux variables z, t, u, v, etc., et nous aurions

$$\delta\!\int V dx = V\delta x$$

$$+ \omega\left(\mathrm{P} - \frac{d\mathrm{Q}}{dx}, \text{etc.}\right) + \frac{d\omega}{dx}\left(\mathrm{Q} - \frac{d\mathrm{R}}{dx}, \text{etc.}\right), \text{etc.} + \int\!\omega dx\left(\mathrm{N} - \frac{d\mathrm{P}}{dx}, \text{etc.}\right)$$

$$+ \omega_{,}\left(\mathrm{P}_{,} - \frac{d\mathrm{Q}_{,}}{dx}, \text{etc.}\right) + \frac{d\omega_{,}}{dx}\left(\mathrm{Q}_{,} - \frac{d\mathrm{R}_{,}}{dx}, \text{etc.}\right), \text{etc.} + \int\!\omega_{,}dx\left(\mathrm{N}_{,} - \frac{d\mathrm{P}_{,}}{dx}, \text{etc.}\right)$$

$$+ \omega_{,,}\left(\mathrm{P}_{,,} - \frac{d\mathrm{Q}_{,,}}{dx}, \text{etc.}\right) + \frac{d\omega_{,,}}{dx}\left(\mathrm{Q}_{,,} - \frac{d\mathrm{R}_{,,}}{dx}, \text{etc.}\right), \text{etc.} + \int\!\omega_{,,}dx\left(\mathrm{N}_{,,} - \frac{d\mathrm{P}_{,,}}{dx}, \text{etc.}\right)$$

$$+ \text{etc.} \qquad\qquad + \text{etc.} \qquad\qquad + \text{etc.}$$
$$+ \textit{constante.}$$

Dans le cas du maximum ou du minimum, le second membre de l'équation (57) devant être nul, il faut pour que cette condition soit remplie que, conformément à l'observation qui a été faite art. 604, page 456, la partie affectée du signe d'intégration soit nulle d'elle-même, ce qui nous fournit l'équation

$$\int\!\omega dx\left(\mathrm{N} - \frac{d\mathrm{P}}{dx}, \text{ etc.}\right) + \int\!\omega_{,}dx\left(\mathrm{N}_{,} - \frac{d\mathrm{P}_{,}}{dx}, \text{etc.}\right) + \int\!\omega_{,,}\left(\mathrm{N}_{,,} - \frac{d\mathrm{P}_{,,}}{dx}, \text{etc.}\right) = 0$$

or, les variables y, z, t, etc., étant indépendantes, cette équation ne pourra se réaliser qu'autant qu'on aura séparément

$$\int\!\omega dx\left(\mathrm{N} - \frac{d\mathrm{P}}{dx}, \text{ etc.}\right) = 0,$$
$$\int\!\omega_{,}dx\left(\mathrm{N}_{,} - \frac{d\mathrm{P}_{,}}{dx}, \text{etc.}\right) = 0, \Bigg\} \ldots (58),$$
$$\int\!\omega_{,,}dx\left(\mathrm{N}_{,,} - \frac{d\mathrm{P}_{,,}}{dx}, \text{etc.}\right) = 0,$$

ce qui donnera en différenciant et en développant un peu plus ces expressions,

$$
\left.
\begin{aligned}
N &- \frac{dP}{dx} + \frac{d^2Q}{dx^2} - \frac{d^3R}{dx^3} + \text{etc.} = 0, \\
N_{,} &- \frac{dP_{,}}{dx} + \frac{d^2Q_{,}}{dx^2} - \frac{d^3R_{,}}{dx^3} + \text{etc.} = 0, \\
N_{,,} &- \frac{dP_{,,}}{dx} + \frac{d^2Q_{,,}}{dx^2} - \frac{d^3R_{,,}}{dx^3} + \text{etc.} = 0,
\end{aligned}
\right\} \dots (59);
$$

$$\text{etc.} \qquad \text{etc.} \qquad \text{etc.}$$

ces équations déterminent les relations qui doivent avoir lieu pour que la courbe appartienne à un maximum ou à un minimum.

621. Donnons une application de cette théorie en nous proposant de trouver les relations qui doivent exister entre x, y et z, pour que

$$\frac{\sqrt{dx^2 + dy^2 + dz^2}}{\sqrt{x}} \,(*) \dots (60),$$

soit un minimum.

(*) Cette équation est celle à laquelle conduit le problème de la brachystochrone, ou ligne de la plus vite descente. En effet, la question se réduisant à déterminer la courbe pour laquelle l'élément de temps dt doit être un minimum, on a (*voyez* l'équation (200) de mes *Élémens de Mécanique*, page 211),

$$dt = \frac{\sqrt{dx^2 + dy^2 + dz^2}}{\sqrt{2gz + V^2}};$$

V étant nul lorsqu'on part du repos, et la constante $2g$ pouvant se supprimer, art. 105, cette formule se réduit à

$$dt = \frac{\sqrt{dx^2 + dy^2 + dz^2}}{\sqrt{z}};$$

et l'on voit qu'elle rentre dans celle de notre problème, en changeant z en x, c'est-à-dire en regardant l'axe des x de la formule (60) comme

Si, pour simplifier, nous faisons

$$\frac{dy}{dx} = p, \quad \frac{dz}{dx} = p_{,},$$

la formule précédente deviendra

$$\frac{\sqrt{1 + p^2 + p_{,}^{\,2}}}{\sqrt{x}}\, dx.$$

Nous avons donc dans le cas présent,

$$V = \frac{\sqrt{1 + p^2 + p_{,}^{\,2}}}{\sqrt{x}} \dots \ (62.)\ ;$$

et puisque le problème ne comporte que les variables x, y, z, la troisième ligne des équations (57) et les suivantes comprises dans les etc., n'existent pas ; à l'égard des deux premières lignes, elles se modifient par ces valeurs qu'il faut y introduire

---

l'axe des coordonnées verticales. On pourrait peut-être dire qu'il eût été plus simple de conserver l'axe des z pour celui des coordonnées verti- cales, en employant au lieu de la formule (60), la formule

$$\frac{\sqrt{dx^2 + dy^2 + dz^2}}{\sqrt{z}} \dots \ (61).$$

Je répondrai qu'en choisissant l'axe sur lequel se compte la variable in- dépendante pour l'axe vertical, cela nous procure l'avantage d'avoir à la fois $N = 0$ et $N_{,} = 0$, [*voyez*, ci-après, les formules (62)], tandis que si nous eussions employé la formule (61), au lieu de la formule (60), on aurait eu

$$N = 0 \text{ et } N_{,} = \frac{dV}{dz} = \sqrt{1 + p^2 + p_{,}^{\,2}} \cdot \frac{d \cdot z^{-\frac{1}{2}}}{dz} = -\frac{1}{2}\frac{\sqrt{1 + p^2 + p_{,}^{\,2}}}{z\sqrt{z}},$$

ce qui nous eût conduit à des calculs plus compliqués, tant il est vrai que le choix des coordonnées n'est pas une chose indifférente.

$$N = \frac{dV}{dy} = 0, \quad N_{,} = \frac{dV}{dz} = 0 \dots (63),$$

$$P = \frac{dV}{dp}, \quad P_{,} = \frac{dV}{dp_{,}} \dots (64),$$

$$Q = 0, \quad R = 0, \text{ etc.}, \quad Q_{,} = 0, \quad R_{,} = 0, \text{ etc.};$$

ne conservant donc que les termes V, P, $P_{,}$, $\dfrac{dP}{dx}$, $\dfrac{dP_{,}}{dx}$, l'équation (57) se réduit à

$$\delta\!\int V dx = V \delta x + \omega P + \omega_{,} P_{,} + \int \omega dx \left(-\frac{dP}{dx}\right) + \int \omega_{,} dx \left(-\frac{dP}{dx}\right)$$
$$+ \text{constante.}(65);$$

et comme les formules intégrales du second membre de cette équation doivent être nulles séparément, art. 620, on a donc

$$\int \omega dx \left(-\frac{dP}{dx}\right) = 0, \quad \int \omega_{,} dx \left(-\frac{dP}{dx}\right) = 0;$$

on tire de ces équations, art. 620,

$$- \omega dx \frac{dP}{dx} = 0, \quad - \omega_{,} dx \frac{dP_{,}}{dx} = 0,$$

et en supprimant les facteurs $- \omega dx$ et $- \omega_{,} dx$, il reste

$$\frac{dP}{dx} = 0, \quad \frac{dP_{,}}{dx} = 0,$$

et en passant aux différentielles, on a

$$dP = 0, \quad dP_{,} = 0.$$

Les intégrales de ces équations seront

$$P = constante, \quad P_{,} = constante,$$

ou plutôt

$$P = a, \quad P_{,} = b \dots (66);$$

mais nous avons

$$P = \frac{dV}{dp} \quad \text{et} \quad P_{,} = \frac{dV}{dp_{,}} ;$$

différencions donc l'équation (62) par rapport à p et à $p_{,}$, nous trouverons

$$P = \frac{p}{\sqrt{x}\sqrt{1 + p^2 + p_{,}^2}}, \quad P_{,} = \frac{p_{,}}{\sqrt{x}\sqrt{1 + p^2 + p_{,}^2}} ;$$

mettant ces valeurs de P et de $P_{,}$ dans les équations (66), nous obtiendrons

$$\frac{p}{\sqrt{x}\sqrt{1 + p^2 + p_{,}^2}} = a, \quad \frac{p_{,}}{\sqrt{x}\sqrt{1 + p^2 + p_{,}^2}} = b ;$$

éliminant $\dfrac{1}{\sqrt{x}\sqrt{1 + p^2 + p_{,}^2}}$ entre ces équations, on trouvera

$$\frac{p}{a} = \frac{p_{,}}{b}, \quad \text{ou} \quad b\frac{dy}{dx} = a\frac{dz}{dx} ;$$

intégrant, on aura

$$y = \frac{a}{b} z + c \dots (67) ;$$

Fig.121. ce qui est l'équation d'une droite RS, fig. 121, tracée sur le plan des y, z, et dans laquelle les coordonnées

du point M sont : $AP = y$, $PM = z$;
du point M′ sont : $AP' = y$, $P'M' = z$;
du point M″ sont : $AP'' = y$, $P''M'' = z$;
      etc.   etc.   etc.

L'équation (67) nous apprend que, quelle que soit l'abscisse $AP = y$ que l'on prenne, l'ordonnée $PM = z$ déterminera, sur la droite RS, le point M par où l'on doit mener la troisième coordonnée x. Il suit de là que cette droite RS contiendra les pieds de toutes les troisièmes coordonnées, qui, étant parallèles à l'axe des x, sont nécessairement parallèles entre elles. Or, des parallèles qui

interceptent une même droite RS, fig. 122, ne peuvent Fig.122.
qu'être comprises dans un même plan ; car, si une droite
menée par un point M″ sortait de ce plan, elle cesserait
d'être parallèle aux autres. Concluons de ce qui précède
que les troisièmes coordonnées étant comprises dans un
même plan, il en doit être de même de leurs extrémités
N, N′, N″, etc., fig. 121, qui constituent la courbe KL ; Fig.121.
cette courbe cherchée KL, sera donc plane.

622. Maintenant que nous savons que la courbe est à
simple courbure, et par conséquent peut être déterminée
par deux coordonnées x et z, dont l'une est verticale,
remplaçons cette coordonnée verticale par y, l'équation
du problème deviendra

$$\mathrm{V}dx = \frac{\sqrt{dx^2 + dy^2}}{\sqrt{y}} ;$$

et en mettant $(1 + p^2)\, dx^2$ au lieu de $dx^2 + dy^2$, on aura

$$\mathrm{V} = \frac{\sqrt{1 + p^2}}{\sqrt{y}} \ldots\ (68).$$

Dans le cas présent, l'équation (41), page 453, ou, ce qui
revient au même, l'équation (65), se réduit à

$$\delta\!\int\! \mathrm{V}dx = \mathrm{V}\delta x + \mathrm{P}\omega + \int\!\omega dx\left(\mathrm{N} - \frac{d\mathrm{P}}{dx}\right) \ldots\ (69);$$

et l'on voit que cette équation nous donne pour notre cas

$$\mathrm{N}\ \text{ou}\ \frac{d\mathrm{V}}{dy} = \sqrt{1 + p^2}\, d\,\frac{1}{\sqrt{y}} = -\tfrac{1}{2}\,\frac{\sqrt{1 + p^2}}{y\sqrt{y}},$$

$$\mathrm{P}\ \text{ou}\ \frac{d\mathrm{V}}{dp} = \frac{d\sqrt{1 + p^2}}{dp\sqrt{y}} = \frac{p}{\sqrt{y}\sqrt{1 + p^2}} \ldots\ (70).$$

623. Dans l'hypothèse où les points extrêmes sont fixes,

la partie $V \partial x + P \omega$, indépendante du signe d'intégration, s'évanouit, art. 613, et il ne reste que l'équation de condition

$$N - \frac{dP}{dx} = 0,$$

qui donne

$$Ndx = dP ;$$

et en la multipliant par p, on a

ou
$$Npdx = pdP,$$

$$Nd\mathcal{y} = pdP ;$$

mettant cette valeur dans celle de dV, qui est pour notre cas,

$$dV = Mdx + Nd\mathcal{y} + Pdp,$$

et observant que, dans le cas de l'équation (68), $M = \dfrac{dV}{dx}$ se réduit à zéro, il restera

$$dV = pdP + Pdp;$$

intégrant, il vient

$$V = Pp + constante \dots . (71).$$

P et V étant déterminés par les équations (68) et (70), nous en mettrons les valeurs dans l'équation (71), et nous obtiendrons

$$\frac{\sqrt{1 + p^2}}{\sqrt{\mathcal{y}}} = \frac{p^2}{\sqrt{1 + p^2}\sqrt{\mathcal{y}}} + constante ;$$

multipliant les deux termes de la première fraction par $\sqrt{1 + p^2}$, et rassemblant les termes en p dans le premier membre, il vient

$$\frac{1}{\sqrt{\mathcal{y}}}\left(\frac{1 + p^2}{\sqrt{1 + p^2}} - \frac{p^2}{\sqrt{1 + p^2}} \right) = constante ;$$

réduisant, il reste

$$\frac{1}{\sqrt{y(1+p^2)}} = \text{constante} ;$$

et en élevant au carré, on a

$$\frac{1}{y(1+p^2)} = (\text{constante})^2,$$

d'où l'on tire

$$y(1+p^2) = \frac{1}{(\text{constante})^2} ;$$

et comme l'unité divisée par le carré d'une constante est encore une quantité constante, représentons cette quantité par b, notre équation devient

$$y(1+p^2) = b ;$$

et, en divisant par y, on a

$$1 + p^2 = \frac{b}{y},$$

et par conséquent

$$p^2 = \frac{b}{y} - 1 = \frac{b-y}{y} = \frac{by-y^2}{y^2} \ldots (72) ;$$

mettant $\dfrac{dy}{dx}$ au lieu de p, et passant à la racine, on obtient

$$\frac{dy}{dx} = \frac{\sqrt{by-y^2}}{y} \ldots (73) ,$$

ce qui donne enfin

$$dx = \frac{y\,dy}{\sqrt{by-y^2}}.$$

En comparant cette équation à l'équation (141), page 149,

on la reconnaît pour être celle d'une cycloïde AMB à base
horizontale, fig. 122, dans laquelle b serait le diamètre CD
du cercle générateur. Soit a le rayon OM de ce cercle, on
pourra mettre $2a$ à la place de b, et l'équation de notre
cycloïde deviendra

$$\mathrm{d}x = \frac{y\,\mathrm{d}y}{\sqrt{2ay - y^2}} \dots (74).$$

624. Pour intégrer cette équation faisons

$$a - y = z:$$

élevant au carré, on obtiendra, en transposant et réduisant,

$$2ay - y^2 = a^2 - z^2.$$

D'un autre côté, l'équation

$$a - y = z,$$

nous donne

$$\mathrm{d}y = -\mathrm{d}z;$$

substituant ces valeurs dans la formule (74), on a

$$\frac{y\,\mathrm{d}y}{\sqrt{2ay - y^2}} = -\frac{(a-z)\,\mathrm{d}z}{\sqrt{a^2 - z^2}};$$

et en exécutant la multiplication indiquée par les parenthèses, il vient

$$\frac{y\,\mathrm{d}y}{\sqrt{2ay - y^2}} = \frac{z\,\mathrm{d}z}{\sqrt{a^2 - z^2}} - \frac{a\,\mathrm{d}z}{\sqrt{a^2 - z^2}} \dots (75);$$

et en intégrant, on aura

$$\int \frac{y\,\mathrm{d}y}{\sqrt{2ay - y^2}} = \int \frac{z\,\mathrm{d}z}{\sqrt{a^2 - z^2}} - \int \frac{a\,\mathrm{d}z}{\sqrt{a^2 - z^2}} \dots (76).$$

629. Pour effectuer l'intégration indiquée [équ. (76)], par
la formule $\int \dfrac{z\,\mathrm{d}z}{\sqrt{a^2 - z^2}}$, on multipliera par 2 les deux
termes de la fraction, et l'on reconnaîtra ensuite qu'au signe

près le numérateur est la différentielle de l'expression qui est sous le radical. Par conséquent, on aura, art. 71,

$$\int \frac{z\,dz}{\sqrt{a^2 - z^2}} = -\int -\frac{2z\,dz}{2\sqrt{a^2 - z^2}} = -\sqrt{a^2 - z^2}.$$

D'une autre part, pour déterminer la seconde intégrale du second membre de l'équation (76), nous avons [équat. (12), art. 275],

$$\int -\frac{a\,dz}{\sqrt{a^2 - z^2}} = a\,\mathrm{arc}\left(\cos = \frac{z}{a}\right);$$

les valeurs des intégrales que nous venons de déterminer étant substituées dans l'équation (76), nous aurons

$$\int \frac{y\,dy}{\sqrt{2ay - y^2}} = -\sqrt{a^2 - z^2} + a\,\mathrm{arc}\left(\cos = \frac{z}{a}\right);$$

remettant dans cette équation la valeur $a - y$ de z, et nommant C la nouvelle constante qu'on doit y ajouter, on aura enfin, en transposant les termes du second membre,

$$\int \frac{y\,dy}{\sqrt{2ay - y^2}} = a\,\mathrm{arc}\left(\cos = \frac{a - y}{a}\right) - \sqrt{2ay - y^2} + C,$$

et, en remplaçant le premier membre par sa valeur x, on obtiendra

$$x = a\,\mathrm{arc}\left(\cos = \frac{a - y}{a}\right) - \sqrt{2ay - y^2} + C\,(^*) \ldots \quad (77).$$

(*) Cette équation, lorsqu'on fait $C = 0$, art. 626, étant mise sous cette forme

$$x + \sqrt{2ay - y^2} = a\,\mathrm{arc}\left(\cos = \frac{a - y}{a}\right) \ldots \quad (78),$$

exprime la condition que la droite AD, fig. 122, est égale à l'arc MD. Fig. 122. En effet, nommons AP $= x$, PM $= y$, OM $= a$, on aura

Ayant deux constantes, il faudra deux conditions pour les déterminer.

$$\sqrt{2ay - y^2} \text{ ou } \sqrt{(2a - y)\,y} = \sqrt{(CD - DE)\,DE} = \sqrt{CE \times DE}$$

$$= \sqrt{\overline{ME^2}} = ME = PD\,;$$

donc

$$x + \sqrt{2ay - y^2} = AP + PD = AD\,;$$

si l'on décrit ensuite avec l'unité pour rayon l'arc nr, on a

$$\text{arc } nr = \text{arc}\,(\cos = Oe),$$

et la similitude des secteurs OMD, Onr nous fournit la proportion

$$a : OE :: 1 : Oe,$$

d'où l'on tire

$$Oe = \frac{OE}{a} = \frac{a - y}{a},$$

et par conséquent

$$\text{arc } nr = \text{arc}\left(\cos = \frac{a - y}{a}\right).$$

On passera ensuite de l'arc nr à l'arc MD par cette autre proportion

$$a : 1 :: \text{arc MD} : \text{arc } nr,$$

qui nous donnera

$$a \,\text{arc}\left(\cos \frac{a - y}{a}\right) = \text{arc MD}\,;$$

cette valeur et celle de $x + \sqrt{2a - y^2}$, mises dans l'équation (78), la réduiront à

$$AD = \text{arc MD}\,;$$

ce qui est la propriété de la cycloïde.

Et si l'on remarque que l'arc MD ayant pour cosinus OD — DE, c'est-à-dire $a - y$, a pour sinus ME, et que ce sinus est déterminé par la proportion

$$DE : ME :: ME : EO$$

ou

$$y : ME :: ME : 2ay,$$

on peut remplacer arc $\cos = (a - y)$ par arc $\sin = \sqrt{y(2a - y)}$, et par conséquent

$$\text{arc } \cos = \frac{a - y}{a} \quad \text{par} \quad \text{arc } \sin = \frac{\sqrt{2ay - y^2}}{a}\,;$$

ce qui fait coïncider l'équation 78 avec celle de la note de la page 150.

626. Par exemple , si les coordonnées des limites de l'intégrale sont, pour le point A, fig. 122, $x = 0$ et $y = 0$, et, pour le point B, $x = m$ et $y = 0$, en substituant ces valeurs dans l'équation (74), on aura dans le premier cas ,

Fig. 122.

$$0 = a \operatorname{arc} (\cos = 1) + C \dots (79),$$

et dans le second

$$m = a \, (\operatorname{arc} \cos = 1) + C;$$

et comme l'arc qui a l'unité pour cosinus est égal à zéro ou à un multiple de la circonférence, nous adopterons pour le point A la première hypothèse, parce que la figure 122 nous montre qu'en A les points D et M coïncident; et l'équation (79) se réduira à

Fig. 122.

$$0 = C.$$

Nous voyons d'une autre part qu'au point B, l'arc qui a l'unité pour cosinus est égal à la circonférence. Désignant donc par 2π la circonférence dont le rayon est 1, nous remplacerons arc $(\cos = 1)$ par $2\pi a$, et nous aurons

$$m = 2\pi a.$$

Ainsi les constantes seront déterminées par les équations

$$C = 0, \quad a = \frac{m}{2\pi}.$$

627. Dans le cas où les extrémités de la courbe ne sont pas des points fixes, on doit tenir compte des termes.... $V\delta x + P\omega$ de l'équation (50), qui, quoique renfermant des quantités infiniment petites δx et δy, ne sont pas à négliger. En effet, la somme de ces termes étant égale à zéro, par suite de l'indépendance de la partie intégrale de l'équation (45), art. 604, il en résulte

$$V\delta x + P\omega = 0 \dots (80);$$

et l'on voit que cette équation, comme toute équation différentielle, doit, en thèse générale, conduire à une intégrale qui renferme nécessairement une relation entre les variables.

628. Pour donner plus de développement à l'équation (80), nous y mettrons les valeurs de V, de P et de ω, fournies par les équations (68), (70) et (37), et nous la réduirons à

$$\frac{V\overline{1+p^2}}{V\overline{y}}\,\delta x + \frac{p}{V\overline{y}\,V\overline{1+p^2}}\,(\delta y - p\delta x) = 0\,;$$

réduisant au même dénominateur ; en multipliant et divisant la première expression par $V\overline{1+p^2}$, nous obtiendrons

$$\frac{(1+p^2)}{V\overline{y}\,V\overline{1+p^2}}\,\delta x + \frac{p}{V\overline{y}\,V\overline{1+p^2}}\,(\delta y - p\delta x) = 0,$$

équation qui se réduit à

$$\frac{\delta x}{V\overline{y}\,V\overline{1+p^2}} + \frac{p\delta y}{V\overline{y}\,V\overline{1+p^2}} = 0\,..\quad (81)\,,$$

et qu'on peut encore simplifier si l'on désigne par ds l'élément d'un arc de courbe ; car alors nous aurons

$$V\overline{dx^2 + dy^2} = ds\,;$$

d'où nous tirerons, après avoir divisé par dx^2 sous le radical et multiplié par dx en dehors,

$$dx\sqrt{1 + \frac{dy^2}{dx^2}} = ds;$$

et en faisant

$$\frac{dy}{dx} = p\,,$$

on obtiendra

$$\sqrt{1 + p^2} = \frac{ds}{dx}.$$

Au moyen de cette équation, nous éliminerons le radical de l'équation (81), laquelle se réduira, en changeant pdx en dy, à

$$\frac{dx}{ds\sqrt{y}}\,\delta x + \frac{dy}{ds\sqrt{y}}\,\delta y = 0.$$

629. Remarquons que cette équation n'aura lieu que pour les coordonnées x', y', et x'', y'', des points extrêmes A et B, en sorte qu'on aura

au point A, $\dfrac{dx'}{ds\sqrt{y'}}\,\delta x' + \dfrac{dy'}{ds\sqrt{y'}}\,\delta y' = 0 \ldots$ (82),

au point B, $\dfrac{dx''}{ds\sqrt{y''}}\,\delta x'' + \dfrac{dy''}{ds\sqrt{y''}}\,\delta y'' = 0 \ldots$ (83);

ces points extrêmes A et B n'étant pas fixes, peuvent être assujettis à se mouvoir sur les courbes KM, LN, fig. 123, dont les équations sont

Fig. 123.

$$M = 0, \quad \text{et} \quad N = 0;$$

et comme M et N sont des fonctions, l'une de x' et de y', et l'autre de x'' et de y'', nous aurons

$$\frac{dM}{dx'}\,\delta x' + \frac{dM}{dy'}\,\delta y' = 0, \quad \frac{dN}{dx''}\,\delta x'' + \frac{dN}{dy''}\,\delta y'' = 0.$$

Ces équations nous serviront à éliminer l'une des variations contenues dans les équations (82) et (83), et alors l'autre de ces variations deviendra un facteur commun que nous supprimerons.

Tirant donc des équations $M = 0$ et $N = 0$ les valeurs

$$\frac{\delta y'}{\delta x'} = M', \quad \frac{\delta y''}{\delta x''} = N'',$$

et les substituant dans les équations (82) et (83), on obtiendra

$$\frac{dx'}{ds\sqrt{y'}} + \frac{dy'}{ds\sqrt{y'}}M' = 0, \quad \frac{dx''}{ds\sqrt{y''}} + \frac{dy''}{ds\sqrt{y''}}N'' = 0;$$

et l'on tirera de ces équations

$$\frac{dy'}{dx'} = -\frac{1}{M'}, \quad \frac{dy''}{dx''} = -\frac{1}{N''}.$$

630. Maintenant, si, au moyen de l'équation (77), nous éliminons la valeur de x contenue avec y dans les fonctions M' et N'', ces fonctions se changeront en des fonctions $M_{,}$ et $N_{,}$ qui seront composées en y de la même manière; de sorte que si l'on fait $y = 0$ dans l'une et dans l'autre, ces fonctions se réduiront à une même constante a, qui, suivant le cas, pourra être zéro; nous aurons donc alors

$$\frac{dy'}{dx'} = a, \quad \frac{dy''}{dx''} = a.$$

Or, il est facile de voir que ces valeurs sont précisément celles qui ont lieu aux points A et B, fig. 123; car en ces points on a $y = 0$, comme nous venons de le supposer; et si l'on considère que $\frac{dy}{dx}$ représente en général l'angle que l'élément de la courbe fait au point x, y, avec l'axe des abscisses, on verra que ces élémens forment des angles égaux, et que par conséquent les tangentes en A et en B sont parallèles.

Fig. 123.

631. Les problèmes que nous avons résolus jusqu'à présent par le *Calcul des variations*, se rapportent à des maxima ou à des minima absolus; il existe une autre classe de

problèmes, qu'on peut comprendre sous la dénomination de maxima ou de minima relatifs. Dans ces derniers, on considère des courbes qui jouissent d'une propriété commune, et l'on demande quelle est, parmi ces courbes, celle pour laquelle une certaine formule intégrale est un maximum ou un minimum. En voici un exemple : *entre toutes les courbes planes de même longueur, déterminer quelle est celle pour laquelle la formule intégrale $\int Y dx$ est un maximum ou un minimum.*

L'élément d'une courbe plane étant

$$\sqrt{dx^2 + dy^2},$$

la longueur de cette courbe aura pour expression

$$\int \sqrt{dx^2 + dy^2},$$

et en mettant le facteur dx en dehors du radical, deviendra

$$\int dx \sqrt{1 + \frac{dy^2}{dx^2}} ;$$

or, on veut que cette expression d'un arc de courbe soit une quantité constante, on aura donc, par la première condition du problème,

$$\int dx \sqrt{1 + \frac{dy^2}{dx^2}} = constante = A \ldots \ (84).$$

Cela posé, la variation d'une constante étant égale à zéro, on déduit de cette équation

$$\delta \int dx \sqrt{1 + \frac{dy^2}{dx^2}} = 0 \ldots \ (85).$$

La seconde condition du problème nous donne

$$\int Y dx = maximum \ \text{ou} \ minimum.$$

Cette seconde condition sera remplie si l'on a

$$\delta\int Y\,\mathrm{d}x = 0\ldots\ (86).$$

Sous un certain point de vue, on peut considérer $\int Y\,\mathrm{d}x$ comme l'expression d'une surface, lors même que Y ne serait pas d'une seule dimension, ainsi que l'exige la formule 81 (art. 348, page 259). En effet, en prenant autant d'unités linéaires que Y, selon le cas (*), renferme d'unités, ou carrées, ou cubiques, ou autres, on pourra toujours ramener cette fonction à prendre la forme d'une quantité d'une seule dimension.

Fig. 124. — Cela posé, si nous représentons, fig. 124, par AMP la surface qui a $\int Y\,\mathrm{d}x$ pour expression, nous ne pouvons, en thèse générale, placer l'origine au point où $\int Y\,\mathrm{d}x$ devient nul ; car ce serait trop se restreindre dans le choix que nous pouvons faire de cette origine. Ainsi, pour conserver en cela toute la latitude possible, au lieu de compter les x depuis le point A, nous les compterons à partir d'un point quelconque O ; de sorte que si la formule qui nous est donnée est exprimée par

$$\int(Y\mathrm{d}x) = fx,$$

c'est-à-dire par

$$AMP = fx\ldots\ (87),$$

et se rapporte à l'abscisse $x = AP$ qui s'évanouit avec l'intégrale, et qu'on veuille compter les abscisses d'une origine O, il faudra remplacer $x = AP$ par

---

(*) Par exemple, si Y représentait la fonction ay^2, qui est de trois dimensions, et que le centimètre fût l'unité, en prenant autant de centimètres cubes qu'il y a d'unités dans ay^2, on aurait pour Y un parallélépipède dont la longueur serait ay^2 et qui aurait l'unité pour ses deux autres dimensions. Représentant donc par a^2 le carré de l'unité, on remplacerait ay^2 par $\dfrac{ay^2}{a^2}$, et alors Y prendrait la forme d'une expression linéaire.

$$x + a = OP + AO,$$

et alors nous aurons

$$\int (Y dx) = aire\, OBMP + aire\, ABO \dots (88). \qquad \text{Fig.124.}$$

L'aire ABO se déterminera en supposant que l'espace AMP se réduise à ABO lorsque $x = a$, ce qui changera l'équation (87) en

$$aire\ ABO = fa;$$

substituant cette valeur dans l'équation (88), et remplaçant *aire* OBMP par $\int Y dx$, nous obtiendrons

$$\int(Y dx) = \int Y dx + fa.$$

Dans la première intégrale, indiquée par $\int(Y dx)$, nous comptons les x depuis le point A, tandis que dans la seconde, nous les comptons depuis le point O, ce qui revient à supposer que la formule $\int Y dx$, renfermée dans l'équation (86), au lieu de se rapporter à l'origine A, se rapporte à une origine quelconque O, pourvu qu'on y ajoute une constante fa, que nous représenterons par C; dans cette hypothèse, la formule (86) deviendra donc

$$\delta\left(\int Y dx + C\right) = 0 \dots (89).$$

La constante C qui entre dans cette expression étant arbitraire, ne diffère de la constante déterminée A qu'en ce qu'elle peut devenir A par une valeur particulière, ce qui exige qu'on ait

$$C = nA \dots (90),$$

n étant un facteur indéterminé qui se réduit à l'unité quand $C = A$; remplaçant A par sa valeur constante,

$$\int dx \sqrt{1 + \frac{dy}{dx^2}},$$

que nous donne l'équation (84), nous aurons

$$C = n\int dx \sqrt{1 + \frac{dy^2}{dx^2}};$$

et par conséquent la formule $\int Y dx + C$ deviendra

$$\int Y dx + n\int dx \sqrt{1 + \frac{dx^2}{dy^2}},$$

ou, en comprenant toute l'expression sous le signe d'inté-gration,

$$\int \left(Y dx + n dx \sqrt{1 + \frac{dx^2}{dy^2}} \right);$$

de sorte que l'équation (89) peut être remplacée par celle-ci :

$$\delta \int dx \left(Y + n \sqrt{1 + \frac{dy^2}{dx^2}} \right) = 0,$$

équation qui, en faisant $\frac{dy}{dx} = p$, peut s'écrire ainsi

$$\delta \int dx (Y + n \sqrt{1 + p^2}) = 0 \dots \ (91).$$

632. Cette équation exprime d'ailleurs d'une manière implicite une condition de maximum ou de minimum ; car la partie constante $\int dx \sqrt{1 + p^2}$ étant commune à toutes les courbes que comprend cette équation, si ces courbes ont un maximum ou un minimum, cela ne pourra provenir que de la partie $\int Y dx$, si cette partie en est susceptible.

Le problème ne dépend donc plus que de la formule (91), qui change la question de maximum ou de minimum relatif en celle de maximum ou de minimum absolu.

633. Le procédé auquel nous sommes conduits par cette théorie revient évidemment à multiplier la formule. . . . .

$dx\sqrt{1+p^2}$ par une constante arbitraire et à l'ajouter à l'autre.

C'est la règle qu'Euler proposa le premier pour convertir un maximum ou minimum relatif en maximum ou minimum absolu. (*Note dix-huitième*)

634. Il suit de ce qui précède qu'on peut maintenant appliquer la formule (41) à l'équation (91). Ainsi, en adoptant l'hypothèse que les points extrêmes de la courbe soient fixes, cette équation (41) se réduisant à la partie qui est sous le signe d'intégration, nous donnera

$$N - \frac{dP}{dx} + \frac{d^2Q}{dx^2} \text{ etc.} = 0 \dots \dots (92);$$

et si l'on compare la partie qui est affectée du signe d'intégration, dans l'équation (91), à cette formule

$$V dx = M dx + N dy + P dp + Q dq + \text{etc.},$$

on aura

$$V = Y + n\sqrt{1+p^2},$$

et par conséquent

$$M = 0, \quad N \text{ ou } \frac{dV}{dy} = \frac{dY}{dy}, \quad P \text{ ou } \frac{dV}{dp} = \frac{np}{\sqrt{1+p^2}}, \quad Q = 0;$$

au moyen de ces valeurs, la formule (92), donnera

$$\frac{dY}{dy} - \frac{d\frac{np}{\sqrt{1+p^2}}}{dx} = 0;$$

effectuant la différenciation du second terme par la règle des fractions, et mettant le diviseur dx en dehors, on trouvera

$$\frac{dY}{dy} - \frac{1}{dx} n \frac{\left(\sqrt{1+p^2} - \frac{p^2}{\sqrt{1+p^2}}\right)}{1+p^2} dp = 0;$$

réduisant au même dénominateur, et effaçant les termes qui se détruisent, on trouvera

$$\frac{dY}{dy} - \frac{1}{dx}\frac{ndp}{(1+p^2)^{\frac{3}{2}}} = 0;$$

multipliant par dy, et changeant $\frac{dy}{dx}$ en p, on aura

$$dY - \frac{npdp}{(1+p^2)^{\frac{3}{2}}} = 0 \dots\ (93);$$

observant que le numérateur $npdp$, est, à un facteur constant près, la différentielle du dénominateur, on intégrera par l'article 271, la fraction qui forme le second terme de l'équation (93), et l'on trouvera

$$Y + n(1+p^2)^{-\frac{1}{2}} = b;$$

on tire de cette équation

$$Y + \frac{n}{(1+p^2)^{\frac{1}{2}}} = b;$$

et par conséquent

$$\frac{n}{(1+p^2)^{\frac{1}{2}}} = b - Y,$$

ce qui donne

$$\frac{n}{b-Y} = (1+p^2)^{\frac{1}{2}},$$

ou, en changeant l'exposant fractionnaire en radical,

$$\frac{n}{b-Y} = \sqrt{1+p^2};$$

mettant $\frac{dy}{dx}$ à la place de p, et multipliant ensuite par dx on obtient ce résultat,

$$\frac{ndx}{b-Y} = \sqrt{dx^2 + dy^2}.$$

d'où l'on déduit, en élevant les deux membres au carré

$$\frac{n^2}{(b - Y)^2}\, dx^2 = dx^2 + dy^2 ;$$

faisant passer dx^2 dans le premier membre, et le mettant en facteur commun, on obtiendra

$$\left[\frac{n^2}{(b - Y)^2} - 1 \right] dx^2 = dy^2 ;$$

ou en réduisant au même dénominateur,

$$\frac{n^2 - (b - Y)^2}{(b - Y)^2}\, dx^2 = dy^2 ;$$

tirant la valeur de dx^2, on aura enfin

$$dx^2 = \frac{(b - Y)^2}{n^2 - (b - Y)^2}\, dy^2 ,$$

équation qui donne, en passant à la racine,

$$dx = \frac{(b - Y)\, dy}{\sqrt{n^2 - (b - Y)^2}} \dots \ (94) ;$$

et en intégrant, on trouve enfin

$$x = \int \frac{(b - Y)\, dy}{\sqrt{n^2 - (b - Y)^2}} + c \dots \ (95).$$

Quand on aura donné la fonction Y, cette équation sera celle de la courbe cherchée.

Les constantes b, c et n se déterminent par les conditions que la courbe passe par les points fixes A et B, et que la partie de la courbe comprise entre ces limites ait une longueur donnée.

635. Supposons maintenant que la fonction Y de y soit cette ordonnée même. L'intégrale $\int Y\, dx$ représentera alors, art. 348 et 349, l'aire d'une courbe plane, et le problème énoncé art. 631, se réduira à celui-ci :

Déterminer, parmi toutes les courbes planes de même

longueur, quelle est celle dont la superficie, exprimée par $\int y\,dx$, *est un maximum ou un minimum.*

Dans ce cas, l'équation (95) se réduit à

$$dx = \frac{(b - y)\,dy}{\sqrt{n^2 - (b - y)^2}} \dots \quad (96);$$

et comme le numérateur est, à une constante près, la différentielle du dénominateur, nous parviendrons à intégrer le second membre de l'équation (96), en supposant, art. 271,

$$n^2 - (b - y)^2 = z,$$

ce qui nous donnera

$$dz = 2\,(b - y)\,dy,$$

et nous changerons l'équation (96) en

$$dx = \frac{dz}{2\sqrt{z}} = \tfrac{1}{2}\,z^{-\frac{1}{2}}dz,$$

et en intégrant, nous aurons

$$x = z^{\frac{1}{2}} + constante;$$

rétablissant la valeur de z en mettant c à la place de la constante, nous trouverons

$$x = c + \sqrt{n^2 - (b - y)^2},$$

et si l'on observe que le carré de $b - y$ est le même que celui de $y - b$, cette équation pourra se mettre sous cette forme

$$(x - c)^2 + (y - b)^2 = n^2,$$

ce qui est l'équation d'un cercle décrit avec le rayon n, et qui aurait c et b pour coordonnées du centre.

636. Cet exemple suffit pour montrer comment, en donnant une forme particulière à la fonction Y, on peut obtenir la solution d'une foule de problèmes de même genre.

FIN DU CALCUL DES VARIATIONS.

NOTES.

NOTE PREMIÈRE (page 23).

Démonstration de la formule de Newton, par le calcul différentiel.

Procédant comme dans la méthode des coefficiens indéterminés, soit

$$(1 + z)^m = A + Bz + Cz^2 + Dz^3 + Ez^4,\ \text{etc.}$$

En faisant $z = 0$, cette équation se réduit à

$$1 = A\,;$$

et par conséquent on peut écrire

$$(1 + z)^m = 1 + Bz + Cz^2 + Dz^3 + Ez^4 + \text{etc.} \dots\ (1)$$

Différenciant les deux membres de cette équation, on a

$$m(1 + z)^{m-1}\,dz = Bdz + 2Czdz + 3Dz^2dz + 4Ez^3dz + \text{etc.}$$

Supprimant le facteur commun dz, il reste

$$m(1 + z)^{m-1} = B + 2Cz + 3Dz^2 + 4Ez^3 + \text{etc.}$$

Cette équation ayant lieu, quel que soit z, je fais $z = 0$, et elle se réduit à

$$m = B.$$

Différenciant de nouveau, et divisant par dz, on aura

$$m(m-1)(1 + z)^{m-2} = 2C + 2.3Dz + 3.4Ez^2 + \text{etc.}$$

Faisant encore $z = 0$, on obtiendra

$$m(m - 1) = 2C,$$

et par conséquent

$$C = \frac{m\,(m-1)}{2},$$

on déterminera de même tous les autres coefficiens, et en mettant leurs valeurs dans l'équation (1), cette équation deviendra

$$(1+z)^m = 1 + mz + \frac{m(m-1)}{1.2}z^2 + \frac{m(m-1)(m-2)}{1.2.3}z^3 + \text{etc.}$$

Faisant $z = \dfrac{x}{a}$ on aura

$$\left(1+\frac{x}{a}\right)^m = 1 + m\frac{x}{a} + \frac{m(m-1)}{1.2}\frac{x^2}{a^2} + \frac{m(m-1)(m-2)}{1.2.3}\frac{x^3}{a^3} + \text{etc.}$$

Réduisant le premier membre au même dénominateur, on le convertira en

$$\left(\frac{a+x}{a}\right)^m \quad \text{ou plutôt en} \quad \frac{(a+x)^m}{a^m}.$$

Substituant cette valeur dans l'équation précédente et chassant le dénominateur du premier membre, on obtiendra

$$(a+x)^m = a^m + ma^{m-1}x + \frac{m(m-1)}{1.2}a^{m-2}x^2$$
$$+ \frac{m(m-1)(m-2)}{1.2.3}a^{m-3}x^3 + \text{etc.},$$

ce qui est la formule de Newton.

NOTE SECONDE (page 24).

Moyen usité pour trouver promptement la différentielle de a^x.

On peut supprimer tout le reste de cet article et le remplacer par ce qui suit, où l'on prendra connaissance d'un procédé en usage pour parvenir plus vite au même résultat, mais qui se rattache moins à la théorie générale que nous avons exposée.

Si de l'équation (19), page 24, on retranche l'équation primitive, $y = a^x$, on aura

$$y' - y = a^x a^h - a^x.$$

Mettant a^x en facteur commun, dans le second membre de cette équation, on trouvera

$$y' - y = a^x (a^h - 1) \dots \quad (1)$$

Faisant $a = 1 + b$ pour que a^h puisse se développer par la formule du binome, cette formule donne

$$a^h = 1 + h \frac{b}{1} + h(h-1) \frac{b^2}{1.2} + h(h-1)(h-2) \frac{b^3}{2.3}$$
$$+ h(h-1)(h-2)(h-3) \frac{b^4}{2.3.4} + \text{etc.}$$

Multipliant les deux membres de cette équation par a^x, après qu'on aura fait passer l'unité dans le premier, on obtiendra

$$a^x(a^h - 1) = a^x\left(h \frac{b}{1} + h(h-1) \frac{b^2}{1.2} + h(h-1)(h-2) \frac{b^3}{2.3} + \text{etc.} \right)$$

En vertu de l'équation (1) on peut remplacer le premier membre de celle-ci par $y' - y$, et en divisant par h, on aura enfin

$$\frac{y' - y}{h} = a^x\left[\frac{b}{1} + (h-1) \frac{b^2}{2} + (h-1)(h-2) \frac{b^3}{2.3} + \text{etc.} \right]$$

Passant à la limite, on fera $h = 0$, et cette équation deviendra

$$\frac{dy}{dx} = a^x\left(b - \frac{b^2}{2} + \frac{b^3}{3} - \frac{b^4}{4} + \text{etc.} \right),$$

ou en remettant la valeur de y,

$$\frac{da^x}{dx} = a^x\left(b - \frac{b^2}{2} + \frac{b^3}{3} - \frac{b^4}{4} + \text{etc.} \right).$$

Représentons par A la suite qui est entre les parenthèses, c'est-à-dire posons

$$A = b - \frac{b}{2} + \frac{b^3}{3} - \frac{b^4}{4} + \text{etc.},$$

et l'équation précédente deviendra

$$\frac{da^x}{dx} = Aa^x.$$

NOTE TROISIÈME (page 39).

Manière de trouver le développement du logarithme de x + h.

Voici un des procédés employés pour trouver le logarithme de $x + h$. On cherchera d'abord le développement de $\log(1 + x)$ en opérant de la sorte : on égalera $\log(1+h)$ à une suite de termes ordonnés suivant les puissances de x, en observant préliminairement que, dans cette suite, il ne peut y avoir un terme indépendant de x. En effet, si l'on avait

$$\log(1 + x) = A + Bx + Cx^2 + \text{etc.},$$

cette équation devant avoir lieu, quel que soit x, il en résulterait qu'en faisant $x = 0$, on trouverait $A = \log 1 = 0$; ainsi nous écrirons

$$\log(1 + x) = Ax + Bx^2 + Cx^3 + Dx^4 + \text{etc.....} \quad (1);$$

changeant x en z, on aura pareillement

$$\log(1 + z) = Az + Bz^2 + Cz^3 + \text{etc.};$$

z étant arbitraire, nous pourrons supposer qu'il y a entre x et z la relation

$$(1 + x)^2 \quad \text{ou} \quad 1 + 2x + x^2 = 1 + z;$$

tirant de cette équation la valeur de z, et la substituant dans l'équation (1), nous trouverons

$$\log(1+x)^2 = A(2x+x^2) + B(2x+x^2)^2 + C(2x+x^2)^3 + \text{etc.} \, ;$$

ou, en développant et ordonnant par rapport à x,

$$\log(1+x)^2 = 2Ax + \left.\begin{matrix} A \\ +4B \end{matrix}\right\} x^2 + \left.\begin{matrix} 4B \\ +8C \end{matrix}\right\} x^3 + \left.\begin{matrix} B \\ +12C \\ +16D \end{matrix}\right\} x^4 + \text{etc.} \quad \dots (2).$$

D'une autre part, la propriété des logarithmes étant exprimée par cette équation $\log a^n = n \log a$, nous avons

$$\log (1 + x)^2 = 2 \log (1 + x),$$

ou, en mettant pour $1 + x$ son développement (1),

$$\log (1 + x)^2 = 2 (Ax + Bx^2 + Cx^3 + \text{etc.}) \, ;$$

substituant cette valeur de $\log(1 + x)^2$ dans le premier membre de l'équation (2), nous aurons une équation qui aura lieu, quel que soit x; par conséquent, en égalant entre eux les termes affectés des mêmes puissances de x, nous obtiendrons

$$2A = 2A, \quad A + 4B = 2B, \quad 4B + 8C = 2C, \quad \text{etc.} \, ;$$

d'où nous tirerons

$$B = -\frac{A}{2}, \quad C = -\frac{2B}{3} = \frac{A}{3}, \text{ etc.} \, ;$$

substituant ces valeurs, nous trouverons

$$\log (1 + x) = A\left(x - \frac{x^2}{2} + \frac{x^3}{3} - \frac{x^4}{4} + \text{etc.} \right) + C.$$

La constante est nulle, car $x = 0$ donne $C = \log 1 = 0$.

Faisons $x = \dfrac{h}{x}$, nous aurons $1 + x = \dfrac{h + x}{x}$; substituant, et changeant en différence le logarithme du quotient, il vient

$$\log(x + h) - \log x = A\left(\frac{h}{x} - \frac{h^2}{2x^2} + \frac{h^3}{3x^3} - \frac{h^4}{4x^4} + \text{etc.}\right);$$

cette équation donne, lorsqu'on passe à la limite,

$$\frac{d\log x}{dx} = \frac{A}{x}, \quad \text{et par conséquent} \quad d\log x = \frac{dx}{x} A,$$

équation de même forme que l'équation (30), page 28.

NOTE QUATRIÈME (page 46).

Supplément à la différenciation des fonctions de plusieurs variables.

Si, comme dans l'art. 68, u est une fonction de trois variables indépendantes x, y, z, nous en trouverons la différentielle seconde en réunissant les différentielles de

$$\frac{du}{dx} dx + \frac{du}{dy} dy + \frac{du}{dz} dz\ldots \ (1),$$

prises par rapport à chacune des variables; mais pour cela il faudra observer que dx n'ayant point de différentielle seconde à cause de l'indépendance de x, il en sera de même de dy et de dz, à l'égard de y et de z. Ainsi, en différenciant, nous traiterons les facteurs dx, dy et dz de l'équation (1) comme des constantes, et nous aurons, en différenciant,

par rapport à x, $\quad \dfrac{d^2u}{dx^2}dx^2 + \dfrac{d^2u}{dydx} dydx + \dfrac{d^2u}{dzdx}dzdx,$

par rapport à y, $\quad \dfrac{d^2u}{dxdy} dxdy + \dfrac{d^2u}{dy^2} dy^2 + \dfrac{d^2u}{dzdy} dzdy,$

par rapport à z, $\quad \dfrac{d^2u}{dxdz}dxdz + \dfrac{d^2u}{dydz} dydz + \dfrac{d^2u}{dz^2} dz^2;$

ajoutant ces résultats, on aura pour la différentielle totale de l'expression (1),

$$d^2u = \frac{d^2u}{dx^2}\,dx^2 + \frac{d^2u}{dy^2}\,dy^2 + \frac{d^2u}{dz^2}\,dz^2 \\ + \frac{2d^2u}{dxdy}\,dxdy + \frac{2d^2u}{dxdz}\,dxdz + \frac{2d^2u}{dydz}\,dydz \Bigg\} \cdots (2).$$

Si (u) n'était fonction que de deux variables x et y, ce résultat se réduirait à

$$d^2u = \frac{d^2u}{dx^2}\,dx^2 + \frac{d^2u}{dy^2}\,dy^2 + \frac{2d^2u}{dxdy}\,dxdy \dots (3);$$

en continuant de différencier de la même manière les équations (2) et (3), on trouverait les différentielles troisièmes, quatrièmes, etc., de u; et, dans ces différentielles successives, on remarquerait aisément l'analogie qu'elles ont avec les puissances d'un binome, d'un trinome, etc., selon que la fonction se composerait de deux, de trois, ou d'un plus grand nombre de variables.

Dans l'hypothèse de l'art. 71, où parmi les trois variables x, y, z que renferme u, il n'y a que les deux premières qui soient indépendantes, il faut regarder z comme une fonction de x et de y dont on tiendra compte dans la différentielle. Par conséquent, en remplaçant dz par..... $\frac{dz}{dx}\,dx + \frac{dz}{dy}\,dy$, la formule (1) pourra s'écrire ainsi :

$$d(u) = \left(\frac{du}{dx} + \frac{du}{dz}\frac{dz}{dx}\right)dx + \left(\frac{du}{dy} + \frac{du}{dy}\frac{dy}{dz}\right)dy;$$

et u contenant z implicitement, sera ramené à une fonction de deux variables. La différentielle seconde de u se déterminera donc par la formule (3), pourvu que nous traitions z comme une fonction de x et de y; et la question se réduira à obtenir les valeurs que prendront alors

$\dfrac{d^2u}{dx^2}$, $\dfrac{d^2u}{dy^2}$, $\dfrac{d^2u}{dxdy}$, et à les substituer dans la formule (3).

Pour cet effet, les équations (46) et (47), art. 69, page 46, nous donneront d'abord pour les coefficiens différentiels du premier ordre de u, par rapport à x, à y et à la variable z considérée comme fonction des deux autres

$$\frac{d(u)}{dx} = \frac{du}{dx} + \frac{du}{dz} \cdot \frac{dz}{dx}, \quad \frac{d(u)}{dy} = \frac{du}{dy} + \frac{du}{dz} \cdot \frac{dz}{dy} \cdots (4);$$

différenciant la première de ces équations par rapport à x seul, d'après l'art. 14, on aura ce coefficient différentiel

$$1^{\text{re}} \textit{ partie de } \frac{d^2(u)}{dx^2} = \frac{d^2u}{dx^2} + \frac{d^2u}{dzdx}\frac{dz}{dx} + \frac{d^2u}{dz}\frac{d^2z}{dx^2} \cdots (5);$$

différenciant ensuite la première des équations (4) par rapport à z, fonction de x, on aura cet autre coefficient différentiel,

$$2^{e} \textit{ partie de } \frac{d^2(u)}{dx^2} = \frac{d^2u}{dxdz} \cdot \frac{dz}{dx} + \frac{d^2u}{dz^2} \cdot \frac{dz}{dx} \cdot \frac{dz}{dx} \cdots (6);$$

nous n'ajoutons point à ce résultat le terme $\dfrac{du}{dz}\dfrac{d^2z}{dxdz}$ que devrait amener la règle de l'art. 14, parce qu'en mettant ce terme sous cette forme

$$\frac{du}{dz}\frac{d^2z}{dzdx} = \frac{du}{dz}\frac{d\left(\frac{dz}{dz}\right)}{dx} = \frac{du}{dz}\frac{d1}{dx} = \frac{du}{dz}\frac{d.\textit{constante}}{dx},$$

on voit qu'il s'évanouit, par la raison qu'une constante n'a point de différentielle. Ajoutant donc les résultats (5) et (6), nous aurons pour le coefficient différentiel par rapport à x,

$$\frac{d^2(u)}{dx^2} = \frac{d^2u}{dx^2} + \frac{2d^2u}{dxdz} \cdot \frac{dz}{dx} + \frac{du}{dz} \cdot \frac{d^2z}{dx^2} + \frac{d^2u}{dz^2}\frac{dz^2}{dx^2} \cdots (7);$$

opérant de même pour y, on trouvera

$$\frac{d^2(u)}{dy^2} = \frac{d^2u}{dy^2} + \frac{2d^2u}{dydz}\frac{dz}{dy} + \frac{du}{dz}\frac{d^2z}{dy^2} + \frac{d^2u}{dz^2}\frac{dz^2}{dy^2} \cdots (8).$$

Il ne s'agit plus que de trouver $\dfrac{d^2(u)}{dx\,dy}$. On y peut parvenir de deux manières différentes, soit que l'on différencie la première des équations (4), par rapport à y et à z traité comme fonction de y, soit qu'on différencie la seconde des équations par rapport à x et à z traité comme fonction de x. Opérant dans la première hypothèse, nous obtiendrons, en différenciant la première des équations (4) par rapport à y,

$$1^{re}\ \textit{partie de}\ \frac{d^2(u)}{dx\,dy} = \frac{d^2u}{dx\,dy} + \frac{d^2u}{dz\,dy}\cdot\frac{dz}{dx} + \frac{du}{dz}\cdot\frac{d^2z}{dx\,dy},$$

et en la différenciant par rapport à z, fonction de y,

$$2^e\ \textit{partie de}\ \frac{d^2(u)}{dx\,dy} = \frac{d^2u}{dx\,dz}\frac{dz}{dy} + \frac{d^2u}{dz^2}\frac{dz}{dy}\cdot\frac{dz}{dx};$$

ajoutant ces deux parties, on trouvera

$$\frac{d^2(u)}{dx\,dy} = \frac{d^2u}{dx\,dy} + \frac{d^2u}{dz\,dy}\cdot\frac{dz}{dx} + \frac{du}{dz}\cdot\frac{d^2z}{dx\,dy} + \frac{d^2u}{dx\,dz}\frac{dz}{dy} + \frac{d^2u}{dz^2}\frac{dz}{dy}\frac{dz}{dx}\cdots(9).$$

Pour obtenir la différentielle de u, dans l'hypothèse où les deux premières des variables x, y, z sont seules indépendantes, il faudra donc, comme le prescrit l'équation (3), multiplier l'équation (7) par dx^2, l'équation (8) par dy^2, et l'équation (9) par $2dx\,dy$, et former la somme de ces produits; mais en prenant cette somme, on aura soin d'opérer quelques réductions, en observant que

$$\frac{dz}{dx}\,dx + \frac{dz}{dy}\,dy = dz;$$

et que cette équation étant différenciée, nous donne

$$\frac{d^2z}{dx^2}\,dx^2 + 2\,\frac{d^2z}{dx\,dy}\,dx\,dy + \frac{d^2z}{dy^2}\,dy^2 = d^2z.$$

32..

NOTE CINQUIÈME (page 47).

Accord de la notation de Fontaine avec le signe de la division.

Voici de quelle manière on pourrait démontrer directement que dans la nouvelle acception que donne le signe de la différentiation à l'équation $\dfrac{dy}{dx} = A$, on a le droit d'en déduire celle-ci :

$$\frac{dx}{dy} = \frac{1}{A}.$$

Soit

$$\frac{y' - y}{x' - x} = A + Bh + Ch^2 + Dh^3 + \text{etc.} ;$$

donc

$$\frac{x' - x}{y' - y} = \frac{1}{A + Bh + Ch^2 + Dh^3 + \text{etc.}} ;$$

effectuant la division ou développant cette fraction à l'aide du théorème de Maclaurin, on obtient

$$\frac{x' - x}{y' - y} = \frac{1}{A} - \frac{B}{A} h + \text{etc.},$$

passant à la limite, on a

$$\frac{dx}{dy} = \frac{1}{A},$$

ce qui montre qu'en regardant x comme une fonction de y, le coefficient différentiel se trouve en divisant l'unité par le coefficient différentiel A, qu'on obtiendrait en regardant y comme une fonction de x.

NOTE SIXIÈME (pages 170 et 174).

Principe de la méthode des coefficiens indéterminés.

On peut démontrer de la manière suivante que , lorsqu'une équation, telle que

$$Ax^m + Bx^{m-1} + Cx^{m-2} \ldots + Dx + E = 0 \ldots (1),$$

a lieu quel que soit x, il faut nécessairement que chacun
des coefficiens A, B, C, D, E, soit nul. En effet, puisque
x peut avoir une valeur quelconque, faisons $x = 0$, l'é-
quation (1) se réduira à $E = 0$; et comme E est indépendant de x , ce terme sera donc encore nul lorsque x n'é-
galera pas zéro ; d'où il suit que l'équation (1) se réduira à

$$Ax^m + Bx^{m-1} + Cx^{m-2} \ldots + Dx = 0 ;$$

supprimant le facteur commun x, il restera

$$Ax^{m-1} + Bx^{m-2} + Cx^{m-3} \ldots + D = 0.$$

Appliquant à cette équation le même raisonnement que
nous avons employé à l'égard de l'équation (1), nous
prouverons que D est nul ; et en continuant ainsi, nous
trouverons successivement que les autres coefficiens le
sont aussi.

Dans mes remarques sur l'algèbre, j'ai donné la démonstration suivante de ce théorème : soit l'équation

$$Ax^m + Bx^{m-1} + Cx^{m-2} \ldots + Mx + N = 0,$$

dans laquelle x reste indéterminée. Il s'agit de prouver
qu'on ne peut satisfaire à cette équation qu'en égalant séparément chaque coefficient à zéro. En effet, ou les termes
de cette équation sont nuls par eux-mêmes, ou ces termes
n'étant pas nuls séparément, composent plusieurs équations qui, étant ajoutées ensemble, forment la proposée ;
ou enfin la proposée ne résulte pas de la somme de plu-

sieurs équations, et ne peut être satisfaite que par la destruction mutuelle de leurs termes.

Dans ce dernier cas on sait, par la théorie générale des équations, que la proposée ne comporte pour x que m valeurs.

Dans le second cas où elle est formée de la somme de plusieurs équations égales à zéro, pour que la valeur de x soit convenable, il faut qu'elle satisfasse en même temps à toutes les équations composantes; ce qui exige qu'elles aient un facteur commun. Par exemple, si les nombres α, ϵ, γ, etc., satisfont à l'équation somme, il faudra que les équations composantes admettent les mêmes racines, et soient divisibles par $x - \alpha$, par $x - \epsilon$, par $x - \gamma$, etc., ou plutôt par $(x - \alpha)(x - \epsilon)(x - \gamma)$, etc. Or, ce facteur commun ne pouvant être d'un degré supérieur à celui de la moins élevée des équations composantes, est nécessairement d'un degré inférieur à celui de la proposée, ce qui limite encore plus les valeurs de x.

Enfin, si les termes sont chacun nuls, on aura les équations

$$A x^{m} = 0, \quad B x^{m-1} = 0, \quad C x^{m-2} = 0, \ldots M x = 0, \quad N = 0,$$

dans lesquels x devant conserver sa valeur indéterminée, ne pourra être égalé à zéro; mais si l'on fait

$$A = 0, \quad B = 0, \quad C = 0 \ldots M = 0, \quad N = 0,$$

la proposée sera satisfaite quel que soit x.

NOTE SEPTIÈME (page 227).

Intégration des fractions rationnelles qui, dans leurs dénominateurs égalés à zéro, contiennent des racines imaginaires et égales.

L'intégration des fractions rationnelles de cette espèce

se réduisant à celle de la formule $\dfrac{M dz}{(6^2 + z^2)^p}$, comme la manière dont nous avons intégré cette expression, page 227, est un peu compliquée, nous allons indiquer un procédé moins direct, mais qui est en usage pour parvenir promptement à ce but.

On supposera

$$\int \frac{dz}{(6^2 + z^2)^p} = \frac{Hz}{(6^2 + z^2)^{p-1}} + K \int \frac{dz}{(6^2 + z^2)^{p-1}} \dots \quad (1),$$

ou, ce qui revient au même,

$$\int \frac{dz}{(6^2 + z^2)^p} = Hz\,(6^2 + z^2)^{1-p} + K \int \frac{dz}{(6^2 + z^2)^{p-1}};$$

différenciant, on a

$$\frac{dz}{(6^2 + z^2)^p} = Hdz\,(6^2 + z^2)^{1-p} + H\,(1-p)\,(6^2 + z^2)^{-p} 2z^2 dz$$
$$+ K \frac{dz}{(6^2 + z^2)^{p-1}},$$

ou

$$\frac{dz}{(6^2 + z^2)^p} = \frac{Hdz(6^2 + z^2)}{(6^2 + z^2)^p} + \frac{2H(1-p)z^2 dz}{(6^2 + z^2)^p} + K \frac{(6^2 + z^2)dz}{(6^2 + z^2)^p};$$

supprimant les facteurs communs, on trouve

$$1 = H\,(6^2 + z^2) + 2H\,(1-p)z^2 + K\,(6^2 + z^2);$$

égalant entre eux les coefficiens de z^2, et, d'une autre part, ceux qui en sont indépendans, on obtiendra

$$1 = H6^2 + K6^2, \quad H + 2(1-p)H + K = 0;$$

ces valeurs donnent

$$H = \frac{1}{2(p-1)6^2}, \quad K = \frac{2p-3}{2(p-1)6^2};$$

H et K étant connus, on en substituera les valeurs dans
l'équation (1), et l'on aura

$$\int \frac{dz}{(b^2+z^2)^p} = \frac{1}{2(p-1)b^2} \cdot \frac{z}{(b^2+z^2)^{p-1}} + \frac{(2p-3)}{2(p-1)b^2} \int \frac{dz}{(b^2+z^2)^{p-1}} \cdots (2);$$

ainsi l'intégrale de $\dfrac{dz}{(b^2 + z^2)^p}$ dépendra d'une autre, dans
laquelle l'exposant de la parenthèse sera moindre d'une
unité. Si dans la formule (2) on suppose ensuite $p = p - 1$,
on fera dépendre l'intégrale de $\dfrac{dz}{(b^2 + z^2)^{p-1}}$ de celle de
$\dfrac{dz}{(b^2 + z^2)^{p-2}}$; et en diminuant ainsi successivement l'exposant de la parenthèse d'une unité, on tombera sur $\displaystyle\int \frac{dz}{b^2+z^2}$
dont l'intégrale est (art. 276) page 192,

$$\frac{1}{b} \operatorname{arc}\left(\operatorname{tang} \frac{z}{b}\right).$$

NOTE HUITIÈME (page 236).

*Démonstration directe de cette proposition, que lorsque
l'équation $x^m + Px^{m-1} + Qx^{m-2} \ldots + Rx + S = 0$, est
satisfaite par une valeur α mise à la place de* x, *cette
équation est divisible par* x — α.

Pour commencer par le cas le plus simple et le plus fré-
quent, prenons l'équation du second degré

$$x^2 - bx - a = 0 \ldots \ (1),$$

et, supposons que α et α' satisfassent à cette équation, nous
aurons

$$\alpha^2 - b\alpha - a = 0 \ldots \ (2),$$
$$\alpha'^2 - b\alpha' - a = 0 \ldots \ (3).$$

l'équation (1) nous fournit cette identité :

$$x^2 - bx - a = x^2 - bx - a \dots (4) ;$$

tirant la valeur de a de l'équation (2), et la substituant dans le second membre de l'équation 4, on obtient

$$x^2 - bx - a = x^2 - bx - \alpha^2 + b\alpha,$$

et par conséquent,

$$x^2 - bx - a = (x - \alpha)(x + \alpha) - b(x - \alpha) \dots (5),$$

$x - \alpha$ étant facteur commun du second membre.

L'équation (5) peut se mettre sous cette forme

$$x^2 - bx - a = (x - \alpha)(x + \alpha - b) \dots (6).$$

Maintenant si l'on retranche l'équation (3) de l'équation (2), on obtiendra

$$\alpha^2 - \alpha'^2 - b(\alpha - \alpha') = 0,$$

ou

$$(\alpha - \alpha')(\alpha + \alpha') - b(\alpha - \alpha') = 0,$$

et comme $\alpha - \alpha'$ est facteur commun, cette équation peut s'écrire ainsi,

$$(\alpha - \alpha')(\alpha + \alpha' - b) = 0,$$

et par conséquent,

$$\alpha + \alpha' - b = 0,$$

d'où l'on tire

$$\alpha - b = - \alpha';$$

substituant cette valeur dans le second membre de l'équation (6), on obtient enfin

$$x^2 - bx - a = (x - \alpha)(x - \alpha').$$

Ceci n'est qu'un cas particulier d'une proposition plus générale qu'on démontre dans les élémens d'algèbre, et qu'il est facile de déduire de la manière suivante de la note dix-septième (page 538).

En effet, soit

$$x^m + Ax^{m-1} + Bx^{m-2}\ldots + Rx + S = 0\ldots\ (7),$$

une équation à laquelle α satisfait, nous avons donc

$$\alpha^m + A\alpha^{m-1} + B\alpha^{m-2}\ldots + R\alpha + S = 0\ldots\ (8).$$

La valeur de S tirée de l'équation (8) étant mise dans l'équation (7), on obtient

$$x^m - \alpha^m + A(x^{m-1} - \alpha^{m-1}) + B(x^{m-2} - \alpha^{m-2})\ldots + R(x - \alpha) = 0\ldots\ (9);$$

tous les binomes qui composent l'équation (9) étant divisibles par $(x - \alpha)$, en vertu du théorème démontré *note* (17), il en résulte que cette équation est divisible par $(x - \alpha)$, et que cela a lieu également pour l'équation (7) qui est la même, quoique sous une forme différente.

Par conséquent, si l'équation (7) est satisfaite par un nombre m de valeurs, α, β, γ etc., cette équation renfermant les facteurs $(x - \alpha)$, $(x - \beta)$, $(x - \gamma)$ etc., qui sont en nombre m, elle sera exprimée par le produit

$$(x - \alpha)(x - \beta)(x - \gamma)\ \text{etc.} = 0.$$

NOTE NEUVIÈME (page 249)

Développement des puissances des cosinus et des sinus en fonctions des arcs multiples, ou théorie des sections angulaires.

Il existe une formule très élégante, qui donne la valeur d'une puissance d'un cosinus en fonction des quantités $\cos x$, $\cos 2x$, $\cos 3x$, etc., et une formule analogue a lieu aussi pour les sinus : il importe de les faire connaître ; mais, avant que de nous occuper de cet objet, nous commencerons par donner la démonstration d'une formule imaginaire remarquable, que nous allons bientôt employer.

Soit donc l'expression $\cos^2\varphi + \sin^2\varphi$, qui est le produit des deux facteurs $\cos\varphi + \sin\varphi\sqrt{-1}$, et $\cos\varphi - \sin\varphi\sqrt{-1}$; si nous faisons $\cos\varphi + \sin\varphi\sqrt{-1} = F\varphi$, nous aurons en différenciant

$$\frac{dF\varphi}{d\varphi} = -\sin\varphi + \cos\varphi\sqrt{-1};$$

cette équation étant multipliée par $-\sqrt{-1}$, devient

$$-\frac{dF\varphi}{d\varphi}\sqrt{-1} = \sin\varphi\sqrt{-1} + \cos\varphi;$$

et puisque par hypothèse son second membre est égal à $F\varphi$, nous avons

$$-\frac{dF\varphi}{d\varphi}\sqrt{-1} = F\varphi,$$

d'où l'on tire

$$\frac{dF\varphi}{F\varphi} = -\frac{d\varphi}{\sqrt{-1}} = -\frac{d\varphi}{\sqrt{-1}} \times \frac{\sqrt{-1}}{\sqrt{-1}} = d\varphi\sqrt{-1};$$

et en intégrant, on trouve

$$\log F\varphi = \varphi\sqrt{-1} = \left(\varphi\sqrt{-1}\right)\log e = \log e^{\varphi\sqrt{-1}};$$

passant aux nombres, on a

$$F\varphi = e^{\varphi\sqrt{-1}},$$

et en mettant pour $F\varphi$ sa valeur, on obtient

$$\cos\varphi + \sin\varphi\sqrt{-1} = e^{\varphi\sqrt{-1}} \ldots . (1).$$

Cette équation ayant lieu, quel que soit φ, on pourra changer φ en $m\varphi$, et l'on aura encore

$$\cos m\varphi + \sin m\varphi\sqrt{-1} = e^{m\varphi\sqrt{-1}}.$$

Il existe une autre expression de cette puissance imaginaire de e ; car l'équation (1) étant élevée à la puissance m, nous donne

$$(\cos \varphi + \sin \varphi \sqrt{-1})^m = e^{(\varphi \sqrt{-1})m} = e^{m\varphi \sqrt{-1}}.$$

Les seconds membres de ces dernières équations étant les mêmes, on a, en égalant les premiers,

$$(\cos \varphi + \sin \varphi \sqrt{-1})^m = \cos m\varphi + \sin m\varphi \sqrt{-1} \dots \text{(2)};$$

si l'on fait $\varphi = -\varphi$ dans les équations (1) et (2), ces équations deviendront

$$\cos - \varphi + \sin - \varphi \sqrt{-1} = e^{-\varphi \sqrt{-1}} \dots \text{(3)},$$
$$(\cos - \varphi + \sin - \varphi \sqrt{-1})^m = \cos - m\varphi + \sin - m\varphi \sqrt{-1} \dots \text{(4)}.$$

Or, si φ est représenté par l'arc AD, fig. 83, $-\varphi$ le sera par AD′ ; et comme ces arcs ont les mêmes cosinus et des sinus de signes contraires, on aura

$$\cos - \varphi = \cos \varphi, \quad \sin - \varphi = - \sin \varphi;$$

on prouverait de même que

$$\cos - m\varphi = \cos m\varphi, \text{ et que } \sin - m\varphi = - \sin m\varphi;$$

substituant ces valeurs dans les équations (3) et (4), on obtiendra

$$\cos \varphi - \sin \varphi \sqrt{-1} = e^{-\varphi \sqrt{-1}} \dots \text{(5)},$$
$$(\cos \varphi - \sin \varphi \sqrt{-1})^m = \cos m\varphi - \sin m\varphi \sqrt{-1} \dots \text{(6)}.$$

Cherchons maintenant le développement de $\cos^m x$ en fonction des arcs multiples de x, et sans employer les puissances des sinus et des cosinus. Pour cet effet, soient

$$\cos x + \sin x \sqrt{-1} = u \dots \text{(7)},$$
$$\cos x - \sin x \sqrt{-1} = v \dots \text{(8)};$$

ces équations étant ajoutées, donnent

$$\cos x = \frac{1}{2}\,(u + v),$$

et par conséquent

$$\cos^m x = \frac{1}{2^m}\,(u + v)^m, \quad \cos^m x = \frac{1}{2^m}\,(v + u)^m;$$

développant ces binomes par la formule usitée, on obtient

$$\cos^m x = \frac{1}{2^m}\left[u^m + mu^{m-1}v + m\,\frac{(m-1)}{2}\,u^{m-2}v^2 + \text{etc.}\right],$$

$$\cos^m x = \frac{1}{2^m}\left[v^m + mv^{m-1}u + m\,\frac{(m-1)}{2}\,v^{m-2}u^2 + \text{etc.}\right];$$

ajoutant ces équations, on trouve

$$2^{m+1}\cos^m x = u^m + v^m + muv(u^{m-2} + v^{m-2})$$
$$+ m\,\frac{(m-1)}{2}\,u^2v^2(u^{m-4} + v^{m-4}) + \text{etc.}\ldots\,(9).$$

On tire des formules (7) et (8),

$$u^m = (\cos x + \sin x \sqrt{-1})^m, \quad v^m = (\cos x - \sin x \sqrt{-1})^m;$$

mettant dans les seconds membres de ces équations leurs valeurs données par les formules (2) et (6), on a

$$\left.\begin{array}{l} u^m = \cos mx + \sin mx \sqrt{-1}, \\ v^m = \cos mx - \sin mx \sqrt{-1}, \end{array}\right\}\ \ldots\,(10);$$

donc

$$u^m + v^m = 2\cos mx, \quad \text{et} \quad u^m v^m = 1,$$

et par conséquent

$$\ldots\ldots\ldots\ldots\ldots\ldots\ldots\ldots\ldots\ldots\ldots\ldots\ uv = 1,$$
$$u^{m-2} + v^{m-2} = 2\cos(m-2)x, \quad u^{m-2}v^{m-2} = 1,$$
$$u^{m-4} + v^{m-4} = 2\cos(m-4)x, \quad u^{m-4}v^{m-4} = 1,$$
$$\text{etc.}\qquad\qquad\ \text{etc.}\qquad\qquad\quad\ \text{etc.}$$

En substituant ces valeurs dans l'équation (9), on trouvera

$$\cos^m x = \frac{1}{2^{m+1}} \left[2 \cos mx + 2m \cos(m-2)x \right.$$

$$\left. + 2m \frac{(m-1)}{1 \cdot 2} \cos(m-4)x + \text{etc.} \right] \dots (11).$$

Ce développement provenant de celui de $(u + v)^m$, contient $m + 1$ termes ; si l'on fait successivement $m = 2$, $m = 3$, $m = 4$, etc., et que l'on change les cosinus d'arcs négatifs en positifs, en vertu de l'équation $\cos - \varphi = \cos \varphi$, on formera le tableau suivant :

$$\cos^2 x = \tfrac{1}{2} \cos 2x + \tfrac{1}{2},$$

$$\cos^3 x = \frac{\cos 3x}{4} + \frac{3 \cos x}{4},$$

$$\cos^4 x = \frac{\cos 4x}{8} + \tfrac{1}{2} \cos 2x + \tfrac{3}{8}.$$

On peut abréger ces calculs, car les termes également distans des extrémités de la série, sont égaux. Pour le démontrer, nous remarquerons que les cosinus qui entrent dans l'équation (11) étant

$$\cos mx, \quad \cos(m-2)x, \quad \cos(m-4)x, \quad \cos(m-2\times 3)x, \quad \text{etc.},$$

ou plutôt

$$\cos mx, \quad \cos(m-2\times 1)x, \quad \cos(m-2\times 2)x,$$
$$\cos(m-2\times 3)x, \quad \text{etc.},$$

en considérant les nombres qui suivent le signe $\times$ dans chaque terme de la série, on voit que l'un de ces nombres indique celui des termes précédens. Ainsi, le terme qui en a n avant lui, sera affecté de $\cos(m-2n)x$. A l'égard du terme qui en a n après lui, comme le nombre total des termes de la série est $m + 1$, celui qui en a n après lui tiendra le rang $m + 1 - n$, et par conséquent, aura $m - n$

termes avant lui; donc il renfermera l'expression

$$\cos\left[m - 2(m - n)\right] x = \cos(- m + 2n) x ;$$

et comme nous avons vu qu'on avait le droit de changer le signe de l'arc dont on a le cosinus, on aura

$$\cos(- m + 2n) x = \cos(m - 2n) x ;$$

donc les termes également distans des extrémités de la série ont les mêmes cosinus, et comme ils ont aussi les mêmes coefficiens (*), puisque ces coefficiens sont ceux de la formule du binome, il en résulte que ces termes sont égaux. Ainsi, lorsque m est impair, le nombre $m + 1$ des termes de la série sera pair, et il suffira de doubler les $\dfrac{m + 1}{2}$ premiers termes, pour avoir la totalité des termes de la série ; si m est pair, $m + 1$ sera impair, alors on ajoutera au terme du milieu, le double de ceux qui le précéderont. Ce terme tiendra le rang $\dfrac{m}{2} + 1$ dans la série, et, par conséquent, il sera affecté de $\cos(m - m) = \cos 0 = 1$; donc il ne contiendra pas de cosinus.

Par un procédé analogue, on peut trouver le développement de $\sin^m x$. Pour cet effet, en retranchant l'équation (8) de l'équation (7), on trouve

$$2 \sin x \sqrt{-1} = u - v ; \quad \text{donc} \quad \sin x = \frac{u - v}{2\sqrt{-1}} ;$$

élevant les deux membres de cette équation à la puissance m, on aura

$$\sin^m x = \frac{1}{(2\sqrt{-1})^m} (u - v)^m ;$$

(*) On peut le reconnaître en comparant le développement de $(a+b)^m$ à celui de $(b+a)^m$, écrit à rebours.

si m est égal à un nombre pair $2p$, on a

$$(u - v)^p = [(u - v)^2]^p = [(v - u)^2]^p = (v - u)^{2p} ;$$

donc

$$(u - v)^m = (v - u)^m.$$

On développera les équations

$$\sin^m x = \frac{1}{(2\sqrt{-1})^m}(u-v)^m \text{ et } \sin^m x = \frac{1}{(2\sqrt{-1})^m}(v-u)^m,$$

et opérant comme nous l'avons fait ci-dessus, on trouvera

$$\sin^m x = \frac{1}{(2\sqrt{-1})^m}\left[\cos mx - m\cos(m-2)x + m\frac{(m-1)}{1.2}\cos(m-4)x + \text{etc.}\right];$$

la quantité imaginaire $(2\sqrt{-1})^m$ disparaîtra du résultat, puisqu'elle est élevée à une puissance paire.

Si m est égal à un nombre impair $2p + 1$, on aura

$$(u - v)^{2p+1} = (u - v)^{2p} \times (u - v) = (v - u)^{2p} \times - (v - u)$$
$$= - (v - u)^{2p+1},$$

par conséquent

$$(u - v)^m = - (v - u)^m,$$

et

$$\sin^m x = \frac{(u-v)^m}{(2\sqrt{-1})^m}, \quad \sin^m x = -\frac{(v-u)^m}{(2\sqrt{-1})^m} \dots\dots (12);$$

développant $(u - v)^m$ et $(v - u)^m$, par la formule du binome, et substituant ces développemens dans les équations (12), qu'on ajoutera, on aura

$$2\sin^m x = \frac{1}{(2\sqrt{-1})^m}\left[u^m - v^m - \frac{m}{1}uv(u^{m-2} - v^{m-2}) + \text{etc.}\right]\dots\dots (13);$$

retranchant les équations (10) l'une de l'autre, multipliant ensuite entre elles ces mêmes équations, et observant que la seconde opération nous donne la somme des carrés de $\sin mx$

et de $\cos mx$, qui équivaut à l'unité, on trouvera

$$u^m - v^m = 2 \sin mx \sqrt{-1}, \quad u^m v^m = 1.$$

En opérant de la même manière que ci-dessus, on changera donc l'équation (13) en

$$\sin^m x = \frac{1}{2(2\sqrt{-1})^{m-1}}\left[\sin mx - \frac{m}{1}\sin (m-2)x + \frac{m(m-1)}{1.2}\sin (m-4)x + \text{etc.}\right].$$

Comme dans cette hypothèse m est impair, la puissance $m-1$, à laquelle la quantité $2\sqrt{-1}$ est élevée, est paire, ce qui fait évanouir l'imaginaire $\sqrt{-1}$.

NOTE DIXIÈME (page 280).

Moyen de déterminer les volumes des corps dont la surface peut être exprimée par une fonction d'une même variable.

Lorsque les solides ne sont pas de révolution, on peut quelquefois en déterminer le volume à l'aide d'une simple intégration, sans faire usage de la formule (96), page 279. C'est ce que nous allons exécuter à l'égard de la pyramide ABCD, fig. 125. Pour cet effet, concevons une section GFE, parallèle à la base DBC, et du sommet A abaissons une perpendiculaire AH sur la base DBC; nommons x et h les parties AI et IH de cette perpendiculaire, comprises entre le point A et les plans DCB, GFE; l'aire du triangle GFE diminuant ou augmentant, selon la valeur que l'on donne à x, est une fonction de x; on a donc

$$\text{GEF} = fx, \quad \text{DBC} = f(x + h).$$

Le volume de la pyramide AGFE étant aussi une fonction de x, nous pourrons supposer

$$\text{vol. AGEF} = \varphi x, \quad \text{vol. ADBC} = \varphi(x + h).$$

Or, il est évident que la pyramide tronquée GB, qui est la différence de ces volumes, sera moindre que le volume du prisme, qui a BCD pour base et h pour hauteur, et surpassera le volume du prisme, qui a EFG pour base et h pour hauteur. Le rapport de ces prismes est

$$\frac{f(x+h)\,h}{fx.h} = \frac{f(x+h)}{fx}\,;$$

dans le cas de la limite, ce rapport devenant égal à l'unité, à plus forte raison le rapport qui existe entre le tronc de pyramide GB et l'un de ces prismes, sera alors égal à l'unité. Le volume du tronc de pyramide étant représenté par $\varphi(x+h)-\varphi x$, le rapport de ce volume à celui du prisme dont GFE est la base et h la hauteur, sera

$$\frac{\varphi(x+h)-\varphi x}{fx.h} = \frac{\dfrac{\mathrm{d}\varphi x}{\mathrm{d}x} + \dfrac{\mathrm{d}^2\varphi x}{\mathrm{d}x^2}\dfrac{h}{2},\ \text{etc.}}{fx}\,;$$

passant à la limite, nous aurons

$$\frac{\mathrm{d}\varphi x}{fx.\mathrm{d}x} = 1, \quad \text{ou} \quad \mathrm{d}\varphi x = fx.\mathrm{d}x \dots\ (1).$$

Par la méthode des infiniment petits, on serait parvenu au même résultat; car, en concevant la pyramide comme composée d'une infinité de tranches parallèles à sa base, chaque tranche pourrait être considérée comme un prisme dont fx serait la base et $\mathrm{d}x$ la hauteur; donc $fx.\mathrm{d}x$ est l'élément de la pyramide.

Pour déterminer maintenant le volume de la pyramide, soient B l'aire de sa base DBC, et A sa hauteur; nous aurons

$$B : fx :: A^2 : x^2;$$

donc

$$fx = \frac{Bx^2}{A^2}\,;$$

substituant cette valeur dans l'équation (1), on trouvera

$$d\varphi x = \frac{Bx^2}{A^2} \, dx,$$

et, en intégrant,

$$\varphi x = \frac{Bx^3}{3A^2}.$$

Le volume AGEF, représenté par φx, s'évanouissant lorsque $x = 0$, il n'y a point de constante à ajouter ; si l'on fait ensuite $x = A$, on aura, pour l'intégrale définie, l'expression $\frac{BA}{3}$, qui est celle du volume de la pyramide ACBD.

En général, si la section GFE, au lieu d'être un triangle, est une surface quelconque, pourvu que cette surface soit une fonction de x, on démontrera, comme nous l'avons fait pour la pyramide, que l'élément du solide a pour expression $fx \, . \, dx$.

NOTE ONZIÈME (page 281).

Expression de la projection sur une surface plane.

Pour démontrer que la projection d'une surface plane sur un plan, est égale au produit de cette surface par le cosinus de son inclinaison, nommons γ l'angle de projection qu'une surface A fait avec une surface B ; la surface A étant inclinée sur l'autre, la rencontrera nécessairement ; plaçons l'axe des x à leur commune section, et supposons que les ordonnées y de la surface B soient perpendiculaires à cet axe ; il est certain que toute ordonnée y de cette surface aura $y \cos a$ pour projection sur l'autre ; par conséquent, l'élément de la surface A étant représenté par $y dx$, article 348, celui de la surface B le sera par $y \cos \gamma dx$; prenant les intégrales, nous aurons

$$A = \int y \, dx, \quad B = \int y \cos \gamma \, dx = \cos \gamma \int y \, dx ;$$

éliminant $\int y \, dx$ entre ces équations, nous trouverons

$$B = A \cos \gamma.$$

NOTE DOUZIÈME (page 281).

*Expression du cosinus de l'angle formé par deux plans,
déterminée directement par un procédé nouveau.*

Proposons-nous directement de résoudre ce problème :
trouver le cosinus de l'inclinaison de deux plans. Soient
DB, DC, CB, fig. 126, les traces d'un plan DBC sur les
plans coordonnés, dont les axes rectangulaires sont dirigés
suivant les droites AB, AC et AD ; nommons AB, a ;
AC, b ; AD, c ; et représentons par α, β, γ, les angles que
le plan DBC forme, avec les plans des y, z, des x, z et des
x, y, les projections de la surface BCD sur ces plans étant,
$\dfrac{bc}{2}$, $\dfrac{ac}{2}$, $\dfrac{ab}{2}$, nous aurons d'après la note précédente ,

$$\text{DBC} \cos\gamma = \frac{ab}{2}, \ \text{DBC} \cos\alpha = \frac{bc}{2}, \ \text{DBC} \cos\beta = \frac{ac}{2} \therefore (1) ;$$

élevant au carré chacune de ces équations, si l'on en prend
la somme, et qu'on remplace par l'unité celle des carrés
des cosinus, on obtiendra, après avoir tiré la racine carrée,

$$\text{DBC} = \tfrac{1}{2} \sqrt{a^2 b^2 + b^2 c^2 + a^2 c^2} ;$$

substituant cette valeur dans la première des équations (1),
on en déduira

$$\cos\gamma = \frac{1}{\sqrt{1 + \dfrac{c^2}{a^2} + \dfrac{c^2}{b^2}}} \ldots (2).$$

Soit maintenant $\text{A}x + \text{B}y + \text{C}z + \text{D} = 0$, l'équation
du plan DBC ; si l'on fait $y = 0$, on aura $\text{A}x + \text{C}z + \text{D} = 0$,
pour l'équation de la trace DB. On tire de cette équation

$$z = - \frac{\text{A}x}{\text{C}} - \frac{\text{D}}{\text{C}}.$$

Comme on sait que dans l'équation de la ligne droite mise sous cette forme, le coefficient de x représente la tangente trigonométrique de l'angle formé par la droite avec l'axe des x, nous aurons donc

$$\tang \mathrm{DBA} = -\frac{\mathrm{A}}{\mathrm{C}};$$

mais le triangle rectangle DBA nous donne

$$\tang \mathrm{DBA} = \frac{c}{a};$$

en comparant ces deux valeurs, on a

$$\frac{c^2}{a^2} = \frac{\mathrm{A}^2}{\mathrm{C}^2};$$

faisant ensuite $x = 0$, dans l'équation du plan, pour avoir celle de sa trace sur le plan des x, y, on trouve de même

$$\frac{c^2}{b^2} = \frac{\mathrm{B}^2}{\mathrm{C}^2};$$

substituant ces valeurs dans l'équation (2), on obtient

$$\cos \gamma = \frac{1}{\sqrt{1 + \dfrac{\mathrm{A}^2}{\mathrm{C}^2} + \dfrac{\mathrm{B}^2}{\mathrm{C}^2}}}.$$

Si l'on divise maintenant l'équation du plan par C, et qu'on la différencie successivement par rapport aux variables x et y, on trouvera

$$\frac{dz}{dx} = -\frac{\mathrm{A}}{\mathrm{C}}, \quad \frac{dz}{dy} = -\frac{\mathrm{B}}{\mathrm{C}};$$

substituant ces valeurs dans celle de $\cos \gamma$, on aura enfin

$$\cos \gamma = \frac{1}{\sqrt{1 + \left(\dfrac{dz}{dx}\right)^2 + \left(\dfrac{dz}{dy}\right)^2}}.$$

NOTE TREIZIÈME (page 320).

Comment une courbe à double courbure peut être construite au moyen de deux équations entre trois variables.

Il est facile de prouver que les équations (154), page 320, appartiennent à une courbe à double courbure. Pour cet effet, changeons les y en z et les z en y, afin de placer les axes coordonnés d'une manière plus commode pour notre démonstration; nous aurons les équations

$$z^2 + 2xy + y^3 = 0 \dots (1),$$
$$2x + 3y^2 - 2 = 0 \dots (2).$$

Si la première existait seule, on pourrait, par son moyen, construire une surface courbe. En effet, si par tous les points du plan des x, y, que nous supposerons, comme l'ordinaire, horizontal, nous élevons des perpendiculaires, les valeurs en seront déterminées au moyen de l'équation (1); et l'on sent que les extrémités de ces ordonnées z constitueront une surface courbe. Lorsque quelques-unes de ces ordonnées sont imaginaires, c'est un indice que la surface ne s'étend pas dans les endroits où subsistent ces ordonnées imaginaires.

Si maintenant nous avons égard à l'équation (2), nous établissons par cela même, entre x et y une relation qui assujettit les pieds des ordonnées z à être sur la courbe qui appartient à l'équation (2), et l'on voit que, dans ce cas, les extrémités des ordonnées z ne forment plus une surface, mais une courbe. Le système de ces ordonnées z constitue alors une surface cylindrique, dont l'intersection avec le plan des x, y, est donnée par l'équation (2). C'est l'intersection de cette surface avec celle que détermine l'équation (1), qui forme la courbe dont nous venons de parler :

et il est évident que cette courbe est à double courbure, puisqu'on sait que l'intersection de deux surfaces courbes forme une courbe à double courbure.

NOTE QUATORZIÈME (page 330).

Valeur indéterminée, que, dans l'hypothèse d'une solution particulière, prend quelquefois la constante éliminée, lorsque l'équation de condition ne renferme que des variables.

La recherche des solutions particulières d'une équation différentielle du premier ordre nous a conduits, art. 439, au cas où l'équation de condition $q = 0$ ne renferme que des variables, et où la combinaison de cette équation avec l'intégrale complète amène ce résultat $c = \dfrac{0}{0}$. C'est ce qui arrive lorsque c n'entre qu'au premier degré dans l'intégrale complète $u = 0$.

En effet, cette intégrale est alors de cette forme :

$$P + cQ = 0 \ldots \ (1) ;$$

et par P et Q nous désignons des fonctions de x et de y. Si nous différencions cette équation par rapport à x, à y et à c, nous aurons

$$dP + cdQ + Qdc = 0 \ldots \ (2) ;$$

et puisque les variables renfermées dans P et dans Q sont x et y, nous pourrons représenter

$$dP \quad \text{par} \quad Mdx + Ndy,$$
$$\text{et} \qquad dQ \quad \text{par} \quad mdx + ndy.$$

Substituant ces valeurs dans l'équation (2), elle nous donnera

$$dy = -\frac{(M + cm)}{N + cn} dx - \frac{Q}{N + cn} dc = 0.$$

Dans l'hypothèse d'une solution particulière, le terme affecté de dc s'évanouit, et nous donne

$$\frac{Q}{N + cn} = 0.$$

Cette équation, qui ne peut se réduire, parce que Q ne
renferme pas c, n'est satisfaite qu'en faisant $N + cn = \infty$,
ce qui donne $c = \infty$, ou en faisant $Q = 0$. Le premier cas
nous fait retomber sur une intégrale particulière, puisque
toutes les intégrales de cette nature sont comprises dans les
valeurs que l'on donne à c depuis zéro jusqu'à l'infini. Nous
n'avons donc, pour déterminer notre solution particulière,
si elle existe, que l'équation $Q = 0$; mais, lorsque $Q = 0$,
l'équation (2) se réduit à

$$dP + cdQ = 0 ;$$

si l'on en tire la valeur de c, et qu'on la substitue dans
l'équation (1), on obtiendra

$$P - \frac{dP}{dQ} Q = 0 ,$$

ou, en chassant les dénominateurs,

$$PdQ - QdP = 0 \ldots \ldots (3);$$

ainsi, dans le cas présent, l'intégrale complète $u = 0$ et la
proposée $U = 0$ ne seront donc autre chose que les équations (1) et (3). On tire de la première

$$c = - \frac{P}{Q} ;$$

cette valeur de c se réduit à $\frac{0}{0}$ lorsque P et Q ont un facteur
commun que fait évanouir une valeur donnée aux varia-
bles, et que nous mettrons en évidence en faisant $P = \lambda P'$

et $Q = \lambda Q'$. Alors les équations (1) et (3) deviendront

$$\lambda(P' + cQ') = 0, \quad \lambda(P'dQ - Q'dP) = 0 \ldots . \ (4).$$

La seconde, qui représente la proposée, renferme par hypothèse des termes en dx et en dy, qui ne peuvent se trouver qu'entre les parenthèses, puisque λ, sous le rapport de facteur de la première des équations (4), ne saurait renfermer que des x et des y; et comme l'opération de la différenciation tend à diminuer les exposans des variables, il faut que les variables soient plus élevées dans la première équation que dans la seconde, qui en dérive, et que, par conséquent, $P' + cQ'$, qui ne leur est pas commun, soit une fonction de x et de y; et comme d'ailleurs $P' + cQ'$ contient une constante arbitraire c qui ne se trouve pas dans λ, on voit que $P' + cQ'$ a tous les caractères de l'intégrale complète, et que λ, au contraire, ne peut être qu'un facteur étranger à l'équation différentielle.

NOTE QUINZIÈME (page 334).

Suite de la Théorie de Lagrange sur les solutions particulières, présentée avec quelques modifications. — Moyen d'obtenir la solution particulière d'une équation différentielle du premier ordre, sans recourir à l'intégrale complète ; démonstration de la propriété des solutions particulières de faire devenir infini le facteur qui rend intégrable une équation différentielle du premier ordre.

Nous avons vu qu'une équation différentielle du premier ordre $Mdx + Ndy = 0$ étant donnée, on pouvait la considérer comme le résultat de l'élimination d'une constante c entre l'intégrale complète et sa différentielle $y = pdx$, et que le résultat était le même que si, en supposant cette constante variable, l'élimination s'effectuait entre l'intégrale complète $F(x, y, c) = 0$ et $dy = pdx + qdc$, mais sous la condition qu'on eût $q = 0$. De même, si l'on admet que l'équation différentielle du second ordre,

$$\mathrm{M}\,\frac{\mathrm{d}^2 y}{\mathrm{d}x^2} + \mathrm{N}\,\frac{\mathrm{d}y}{\mathrm{d}x} + \mathrm{P} = 0,$$

soit le résultat de l'élimination d'une constante que l'on aurait fait varier, comme on a dans ce cas les deux équations

$$\mathrm{d}y = p\,\mathrm{d}x + q\,\mathrm{d}c, \quad \mathrm{d}.\frac{\mathrm{d}y}{\mathrm{d}x} = p'\,\mathrm{d}x + q'\,\mathrm{d}c \ldots\ (1),$$

on voit que pour qu'elles se réduisent à

$$\mathrm{d}y = p\,\mathrm{d}x, \quad \text{et à} \quad \mathrm{d}.\frac{\mathrm{d}y}{\mathrm{d}x} = p'\,\mathrm{d}x,$$

il faut qu'on ait ces deux équations de condition

$$q = 0, \quad q' = 0;$$

et que, pour les réaliser, il ne suffirait pas de disposer seulement de c, car cela ne remplirait qu'une condition ; mais comme l'intégration de l'équation du second ordre a introduit deux constantes arbitraires dans l'intégrale complète, on disposera de ces deux constantes pour que les équations $q = 0$, $q' = 0$ aient lieu ; et il n'est pas besoin de dire que c sera l'une de ces constantes.

Pareillement, la détermination des solutions particulières d'une équation différentielle du troisième ordre, dépend des équations $q = 0$, $q' = 0$, $q'' = 0$; et en général, pour obtenir une solution particulière de l'équation différentielle de l'ordre n, il faut le nombre n d'équations de condition :

$$q = 0, \quad q' = 0, \quad q'' = 0, \quad q''' = 0, \quad \text{etc}\ldots\ (2).$$

Mettons-les sous une autre forme. Pour cela, les équations (1) nous montrent que q et q' ne sont autre chose que ce qui multiple dc dans les différentielles de y et de $\frac{dy}{dx}$ prises par rapport à c. On a donc

$$q = \frac{dy}{dc}, \quad q' = \frac{d^2 y}{dx\,dc},$$

et, en général, on voit que les équations (2) reviennent à

$$\frac{dy}{dc} = 0, \quad \frac{d^2 y}{dc\,dx} = 0, \quad \frac{d^3 y}{dc\,d^2 x} = 0, \quad \frac{d^4 y}{dc\,d^3 x} = 0, \text{ etc.} \dots (3).$$

Il est essentiel de remarquer que ces équations ne peuvent avoir lieu jusqu'à l'infini. En effet, $\frac{dy}{dc}$ étant successivement différencié par rapport à x dans les expressions $\frac{dy}{dc}, \frac{d^2 y}{dc\,dx}, \frac{d^3 y}{dc\,dx^2}$, etc., on peut regarder $\frac{dy}{dc}$ comme une certaine fonction de x, que nous nommerons Y; et, en supposant que x devienne $x + h$, le théorème de Taylor nous fera obtenir ce développement

$$\text{Y} + \frac{d\text{Y}}{dx} h + \frac{d^2 \text{Y}}{dx^2} \frac{h^2}{1.2} + \frac{d^3 \text{Y}}{dx^3} \frac{h^3}{2.3}, \text{ etc.} \dots (4);$$

qu, en restituant la valeur de Y,

$$\frac{dy}{dc} + \frac{d^2 y}{dc\,dx} h + \frac{d^3 y}{dc\,dx^2} \frac{h^2}{2} + \text{ etc.}$$

Or, tous les coefficiens des puissances de h étant nuls en vertu des équations (3), qui, par hypothèse, auraient lieu jusqu'à l'infini, il en résulterait que, quand x deviendrait $x + h$, l'équation (4) se réduirait à son premier terme Y ; ce qui montre que dans ce cas Y, c'est-à-dire $\frac{dy}{dc}$, serait constant. Mais quand $\frac{dy}{dc}$ est constant, c n'étant combiné qu'avec des constantes, l'équation $\dfrac{dy}{dc} = 0$ devrait nous conduire à $c = constante$. On voit donc qu'alors la solution particulière se changerait en une intégrale particulière, ce que nous ne supposons pas.

Il résulte de ce qui précède, que les équations (3) ne peuvent avoir lieu jusqu'à l'infini ; c'est sur cette considération que repose la solution de ce problème important résolu par Lagrange, et à laquelle nous ferons subir quelques modifications : *Une équation différentielle du premier ordre étant donnée, trouver, sans recourir à l'intégrale complète, la solution particulière qu'elle peut avoir.* Soit u l'intégrale complète qui sera une fonction de x, de y et d'une constante arbitraire c ; la différentielle de u sera représentée par

$$m\,dx + n\,dy = 0\dots\ (5),$$

et nous la mettrons sous cette forme :

$$dy = -\frac{m}{n}\,dx\dots\ (6).$$

Dans le cas qui nous occupe, cette équation est censée avoir conservé la constante arbitraire (*) ; par conséquent, nous pourrons éliminer cette constante entre $dy = -\dfrac{m}{n}\,dx$ et $u = 0$. Tirant donc de l'équation (5) la valeur de c en fonction de x, de y et de $\dfrac{dy}{dx}$, nous obtiendrons

$$c = \varphi\left(x, y, \frac{dy}{dx}\right),$$

(*) Si l'intégrale complète ne renfermait la constante arbitraire qu'au premier degré, et dans un terme de cette forme ac, elle s'évanouirait par la différenciation, et l'élimination de c serait impossible ; mais alors q étant constant, la proposée ne comporterait pas de solutions particulières.

équation que, par abréviation, nous écrirons ainsi :

$$c = \varphi \ldots \text{(7)}.$$

Cette valeur étant mise dans l'équation $u = 0$, nous aurons une équation du premier ordre, que nous désignerons par $U = 0$, ou plutôt par

$$M\,dx + N\,dy = 0;$$

cela posé, si nous différencions $U = 0$, par rapport aux trois variables x, y et φ, nous obtiendrons

$$\frac{dU}{dx}\,dx + \frac{dU}{dy}\,dy + \frac{dU}{d\varphi}\,d\varphi = 0;$$

et parce que y ne varie qu'à cause de la valeur arbitraire que nous donnons à x, nous pouvons écrire ainsi cette équation

$$\left(\frac{dU}{dx} + \frac{dU}{dy}\frac{dy}{dx}\right)dx + \frac{dU}{d\varphi}\,d\varphi = 0 \ldots \text{(8)}.$$

Or, si l'on fait attention que, dans une fonction de deux variables, le premier terme de la différentielle s'obtient en regardant l'une de ces variables comme constante, et en faisant varier l'autre; on reconnaîtra que dans l'équation (8), qui, sous un certain point de vue, ne renferme que deux variables, x et φ (*), φ est constant dans le terme

$$\left(\frac{dU}{dx} + \frac{dU}{dy}\frac{dy}{dx}\right).dx.$$

Ce terme n'est autre chose que la différentielle de u prise par rapport aux variables x et y, et dans laquelle le signe φ serait substitué à c. Or, cette différentielle nous est

---

(*) Cela provient de ce que y est traité comme une fonction de x.

donnée par l'équation (5) : et, comme le second membre de cette équation nous indique que la destruction de tous les termes doit s'opérer dans le premier, indépendamment de c, on sent qu'il en sera de même lorsque φ tiendra la place de la constante arbitraire c. Il suit de là que la partie qui est renfermée entre les parenthèses dans l'équation (8) doit être identiquement nulle, et que, par conséquent, cette équation se réduit à

$$\frac{dU}{d\varphi}\, d\varphi = 0 \dots \ (9).$$

On y satisfait en faisant

$$d\varphi = 0 \ \text{ou} \ \frac{dU}{d\varphi} = 0 \dots \ (10);$$

et puisque ce n'est que par abréviation que nous avons remplacé $\varphi\left(x, y, \frac{dy}{dx}\right)$ par φ, on voit que la première des équations (10) revient à

$$d\varphi\left(x, y, \frac{dy}{dx}\right) = 0 \dots \ (11),$$

et par conséquent est une équation différentielle du second ordre. Cette équation étant intégrée, nous donne

$$\varphi\left(x, y, \frac{dy}{dx}\right) = constante \dots \ (12).$$

D'un autre côté, la proposée $U = 0$ subsiste entre les mêmes variables x, y et $\frac{dy}{dx}$. Voilà donc deux équations du premier ordre d'une même équation (11) du second ; par conséquent, en éliminant entre elles $\frac{dy}{dx}$, on obtiendra une fonction de x et de y et de la constante arbitraire c ren--

fermée dans l'équation (12). Le résultat de cette opération sera donc l'intégrale complète, art. 429, page 320. Pour effectuer l'élimination dont il s'agit, il suffit de chasser seulement φ de l'équation $U = o$ à l'aide de celle-ci $\varphi = cons$-*tante*; car alors tous les termes en $\dfrac{dy}{dx}$ contenus dans φ, et qui n'existent pas ailleurs, disparaîtront du résultat. Cela se réduit évidemment à changer φ en c dans l'équation $U = o$, ce qui nous fait retomber sur $u = o$.

Si l'élimination de $\dfrac{dy}{dx}$ entre l'intégrale du second facteur de l'équation (9) et la proposée $U = o$ nous ramène à l'intégrale complète, nous allons reconnaître que l'élimination de $\dfrac{dy}{dx}$ entre $U = o$ et l'autre facteur de l'équation (9) va nous conduire à la solution particulière.

En effet, si l'on élimine $\dfrac{dy}{dx}$ entre $U = o$ et $\dfrac{dU}{d\varphi} = o$, on voit d'abord que nous n'introduisons pas de constante arbitraire dans le résultat, comme par l'opération précédente, attendu qu'ici l'élimination s'effectue sans qu'on intègre préliminairement $\dfrac{dU}{d\varphi}$. Il suit de là que l'élimination de $\dfrac{dy}{dx}$ entre ces deux équations différentielles du premier ordre ne peut nous conduire à l'intégrale complète, qui contient nécessairement une constante arbitraire. Pour procéder à cette élimination, remarquons qu'elle se réduit à celle de φ, puisque $\dfrac{dy}{dx}$ ne se trouvant nulle autre part que dans φ, disparaîtra du résultat avec φ, et comme ce résultat ne conserve aucune trace de φ; qui entre partout où entrait c, on sent que cela se réduit à éliminer c entre $u = o$, et $\dfrac{du}{dc} = o$; qui sont ce que deviennent $U = o$ et $\dfrac{dU}{d\varphi} = o$, lorsqu'on y change φ en c. Or, $\dfrac{du}{dc}$ étant le coefficient diffé-

rentiel de dc, on voit que l'élimination de c entre u et

$\dfrac{du}{dc} = 0$ est précisément l'opération qu'on exécute pour par-

venir à une solution particulière.

Cherchons maintenant à satisfaire à la condition exprimée par la seconde des équations (10). Pour cela, si nous
y remplaçons φ par sa valeur donnée par l'équation (7), nous
obtiendrons

$$\frac{dU}{dc} = 0 \dots (13).$$

On ne voit pas d'abord comment on peut exécuter cette
différenciation par rapport à c, qui ayant été éliminé de U,
ne doit pas se trouver dans dU; cette élimination de c nous
a seulement appris que U est une fonction de x, de y et de

$\dfrac{dy}{dx}$, et que par conséquent dU ne peut être que de cette

forme :

$$Pdx + Qdy + Rd.\frac{dy}{dx} = 0 \dots (14).$$

mais si c n'est pas en évidence dans cette valeur de dU, il
y existe du moins d'une manière implicite ; car nous savons
que y est une fonction de x et de c, et que, par conséquent ,

dy et $d.\dfrac{dy}{dx}$ doivent tenir lieu des valeurs suivantes :

$$\left.\begin{array}{l} dy = \dfrac{dy}{dx}\,dx + \dfrac{dy}{dc}\,dc, \\[2mm] d.\dfrac{dy}{dx} = \dfrac{d^2y}{dx^2}\,dx + \dfrac{d^2y}{dxdc}\,dc. \end{array}\right\} \dots (15).$$

Par l'hypothèse de c constant, ces valeurs se réduisent à

$$dy = \frac{dy}{dx}\,dx;$$

et à

$$d \cdot \frac{\mathrm{d}y}{\mathrm{d}x} = \frac{\mathrm{d}^2 y}{\mathrm{d}x^2} \mathrm{d}x,$$

équations dont les seconds membres expriment la condition expresse que la différenciation soit prise par rapport à x seul, condition que nous admettons tacitement dans l'équation (14), lorsque nous y supposons c constant ; mais lorsque c est variable, il faut mettre dans l'équation (14) les valeurs de $\mathrm{d}y$ et de $\mathrm{d} \cdot \frac{\mathrm{d}y}{\mathrm{d}x}$, données par les équations (15), et nous aurons

$$\mathrm{P}\mathrm{d}x + \mathrm{Q}\Big(\frac{\mathrm{d}y}{\mathrm{d}x}\mathrm{d}x + \frac{\mathrm{d}y}{\mathrm{d}x}\mathrm{d}c\Big) + \mathrm{R}\Big(\frac{\mathrm{d}^2 y}{\mathrm{d}x^2}\mathrm{d}x + \frac{\mathrm{d}^2 y}{\mathrm{d}x\mathrm{d}c}\mathrm{d}c\Big) = 0 \dots (16).$$

Voilà ce que devient dU lorsqu'on regarde c comme variable, et l'on voit qu'on a

$$\frac{\mathrm{dU}}{\mathrm{d}c} = \mathrm{Q}\frac{\mathrm{d}y}{\mathrm{d}c} + \mathrm{R}\frac{\mathrm{d}^2 y}{\mathrm{d}x\mathrm{d}c} \quad (17).$$

Présentement, si l'on passe à l'hypothèse d'une solution particulière, on a, en vertu de l'équation (13), $\frac{\mathrm{dU}}{\mathrm{d}c} = 0$, ce qui réduit l'équation précédente à

$$\mathrm{Q}\frac{\mathrm{d}y}{\mathrm{d}c} + \mathrm{R}\frac{\mathrm{d}^2 y}{\mathrm{d}x\mathrm{d}c} = 0 \dots (18).$$

Si l'on suppose maintenant que cette équation ne renferme point de quantités transcendantes, et qu'on ait eu soin, dans les opérations subséquentes, de se débarrasser des radicaux par des élévations à diverses puissances, et même des fractions, les quantités P et Q que contient l'équation (14), ne pourront devenir infinies. Cela posé, $\frac{\mathrm{d}y}{\mathrm{d}c}$ étant nul en vertu de l'équation (170), page 328, qui exprime la condition de la possibilité de l'existence d'une solution particulière ; on voit que l'équation (18) se réduit à

$$ R \frac{d^2 y}{dx^2} = 0 \dots \ (19) ; $$

or, il peut arriver ces deux cas : ou $\frac{d^2 y}{dx^2}$ est aussi nul, ou il ne l'est pas ; dans cette seconde hypothèse, c'est donc le facteur R qui, devenant nul, satisfait à l'équation (19) ; mais si, au contraire, $\frac{d^2 y}{dx^2}$ est nul, l'équation (18) est satisfaite indépendamment de Q et de R, et par conséquent Q et R peuvent conserver des valeurs finies. Gardons-nous cependant de conclure que R n'est pas nul ; car si, en traitant y comme une fonction de x, l'on différencie l'équation (18) par rapport à cette variable indépendante x, on trouve

$$ R \frac{d^3 y}{d^2 x\, dc} + \frac{d^2 y}{dx\, dc}\left(Q + \frac{dR}{dx}\right) + \frac{dQ}{dx}\frac{dy}{dc} = 0 \ (*) \dots \ (20). $$

Les quantités $\frac{d^2 y}{dx\, dc}$ et $\frac{dy}{dx}$ étant nulles, et leurs coefficiens ne pouvant devenir infinis d'après la remarque faite au sujet de l'équation (18), il en résulte que l'équation (20) se réduit à $R \frac{d^3 y}{d^2 x\, dc} = 0$, et, par conséquent, donne $R = 0$, lorsque $\frac{d^3 y}{d^2 x\, dc}$ n'est pas nul. Si, au contraire, $\frac{d^3 y}{d^2 x\, dc}$ était

---

(*) Observons que ce que nous représentons d'une manière abrégée par $\frac{dR}{dx} dx$ et par $\frac{dQ}{dx} dx$, revient à

$$ \left(\frac{dR}{dx} + \frac{dR}{dy}\frac{dy}{dx}\right) dx \quad \text{et à} \quad \left(\frac{dQ}{dx} + \frac{dQ}{dy}\frac{dy}{dx}\right) dx. $$

nul, on prouverait de même qu'on aurait $R \dfrac{d^4 y}{d^3 x dc} = 0$,

et que $\dfrac{d^4 y}{d^3 x dc}$ devrait être nul pour que R ne le fût pas. En continuant ce même raisonnement, on tombe à la fin sur un coefficient différentiel $\dfrac{d^n y}{d^n x dc}$ qui ne sera pas nul, parce qu'il a été démontré que les équations (3) ne pouvaient avoir lieu jusqu'à l'infini. Il résulte de cette démonstration que R, qui conserve toujours la même valeur, étant nul dans un cas, l'est pour tous. Mais puisque R est nul, l'équation (14), mise sous cette forme,

$$P + Q \frac{dy}{dx} + R \frac{d^2 y}{dx^2} = 0 \dots \ (21),$$

se réduit à

$$P + Q \frac{dy}{dx} = 0 \dots \ (22).$$

D'un autre côté, la même équation (21) nous donnant

$$\frac{d^2 y}{dx^2} = - \frac{P + Q \dfrac{dy}{dx}}{R},$$

on voit que, dans notre hypothèse d'une solution particulière, l'équation (22) et la valeur de R qui est nulle, réduisent celle de $\dfrac{d^2 y}{dx^2}$ à $\dfrac{0}{0}$.

Il résulte de cette théorie que, dans le cas où une solution particulière peut exister, on a l'équation $\dfrac{dU}{dc} = 0$ (*).

(*) Nous avons vu que l'équation $U = 0$ n'était autre chose que la proposée, considérée comme résultat de l'élimination de c ; quant à celle-ci $\dfrac{dU}{dc} = 0$, elle nous dit seulement que les termes qui, dans cette proposée, proviennent de la variation de la constante arbitraire, sont nuls.

et que cette équation entraîne la nécessité que la valeur de $\frac{\mathrm{d}^2 y}{\mathrm{d}x^2}$ se réduise à $\frac{0}{0}$. Les deux termes de cette fraction, c'est-à-dire le numérateur et le dénominateur de celle qui est la valeur de $\frac{\mathrm{d}^2 y}{\mathrm{d}x^2}$, égalés à zéro, nous fourniront deux équations qui, si elles s'accordent avec $U = 0$, donneront la solution particulière.

Prenons pour exemple l'équation

$$x + y \frac{\mathrm{d}y}{\mathrm{d}x} = \frac{\mathrm{d}y}{\mathrm{d}x} \sqrt{x^2 + y^2 - c^2} \dots \ (23);$$

élevant au carré et réduisant, nous ferons disparaître le radical, et nous aurons

$$x^2 + 2xy \frac{\mathrm{d}y}{\mathrm{d}x} + \frac{\mathrm{d}y^2}{\mathrm{d}x^2} (c^2 - x^2) = 0;$$

différencions en regardant $\mathrm{d}x$ comme constant, on obtient

$$\frac{\mathrm{d}^2 y}{\mathrm{d}x^2} = \frac{x\mathrm{d}x + y\mathrm{d}y}{(x^2 - c^2)\,\mathrm{d}y - xy\mathrm{d}x};$$

égalant les deux termes de cette fraction à zéro, et divisant par $\mathrm{d}x$, nous aurons

$$x + y \frac{\mathrm{d}y}{\mathrm{d}x} = 0, \quad (x^2 - c^2) \frac{\mathrm{d}y}{\mathrm{d}x} - xy = 0 \dots \ (24);$$

éliminant $\frac{\mathrm{d}y}{\mathrm{d}x}$ entre ces équations, et supprimant ensuite le facteur commun, on trouvera

$$y^2 + x^2 - c^2 = 0;$$

et comme cette équation satisfait à la proposée, on voit qu'elle est une intégrale particulière.

Cherchons encore à reconnaître si l'équation

$$y - x\frac{\mathrm{d}y}{\mathrm{d}x} = x\sqrt{1 + \frac{\mathrm{d}y^2}{\mathrm{d}x^2}}$$

comporte une solution singulière. Pour cet effet, nous ferons d'abord disparaître le radical, en élevant les deux membres au carré, et réduisant, nous trouverons

$$y^2 - 2xy\frac{\mathrm{d}y}{\mathrm{d}x} - x^2 = 0 ;$$

et, en différenciant, il viendra

$$\frac{\mathrm{d}^2 y}{\mathrm{d}x^2} = -\frac{x\left(\dfrac{\mathrm{d}y^2}{\mathrm{d}x^2} + 1\right)}{xy}.$$

Cette équation se réduit à $\dfrac{0}{0}$ quand $x = 0$; mais cette hypothèse ne satisfaisant pas à la proposée, ne peut nous conduire à une solution particulière.

Conformément à l'observation qui nous a été fournie par les équations (177), page 332, il ne faudra pas se borner à l'hypothèse de y fonction de x ; mais en supposant ensuite x fonction de y, on cherchera les solutions particulières qui peuvent être données en égalant à zéro la valeur de $\dfrac{\mathrm{d}^2 x}{\mathrm{d}y^2}$.

Une solution particulière opérant la destruction mutuelle des termes de l'équation différentielle à laquelle elle appartient, n'en est qu'un facteur qu'on peut mettre en évidence à l'aide d'une transformation. Nous avons vu, par exemple, que $x^2 + y^2 - a^2 = 0$ était la solution particulière de l'équation

$$(x\mathrm{d}x + y\mathrm{d}y)^2 = \mathrm{d}y^2(x^2 + y^2 - a^2) \ldots \ldots (25) ;$$

si nous faisons $x^2 + y^2 - a^2 = z^2$, nous aurons

$$x\mathrm{d}x + y\mathrm{d}y = z\mathrm{d}z;$$

substituant ces valeurs dans l'équation (25), elle deviendra

$$z^2(\mathrm{d}z^2 - \mathrm{d}y^2) = 0;$$

ce qui montre qu'effectivement la solution particulière représentée par z^2 est un facteur commun de la proposée.

Une autre propriété des solutions particulières est de faire devenir infini le facteur qui rend la proposée une différentielle exacte. Pour le démontrer, nous mettrons l'intégrale complète sous cette forme $u = constante$. Une valeur qui satisferait à cette équation devrait donc donner $\mathrm{d}u = 0$, parce que la différentielle d'une constante est nulle. Réciproquement toute valeur qui ne satisfait pas à $u = constante$ ne peut donner $\mathrm{d}u = 0$; or, ce dernier cas est précisément celui d'une solution particulière qui, parce qu'elle ne satisfait pas à l'intégrale complète, ne saurait opérer la destruction mutuelle des termes dont se compose sa différentielle immédiate; or, cette différentielle immédiate n'est autre chose que $\lambda(\mathrm{M}\mathrm{d}x + \mathrm{N}\mathrm{d}y)$. Il faut donc que la solution particulière ne puisse rendre égal à zéro le second membre de cette équation :

$$\lambda\,(\mathrm{M}\mathrm{d}x + \mathrm{N}\mathrm{d}y) = \mathrm{d}u;$$

ou, ce qui revient au même, de celle-ci :

$$\lambda\left(\mathrm{M} + \mathrm{N}\frac{\mathrm{d}y}{\mathrm{d}x}\right) = \frac{\mathrm{d}(u)}{\mathrm{d}x}\ ^{(*)}.$$

(*) Nous désignons ainsi la différentielle totale de u prise en regardant x comme variable indépendante, pour ne pas confondre $\dfrac{\mathrm{d}(u)}{\mathrm{d}x}$ avec le coefficient différentiel $\dfrac{\mathrm{d}u}{\mathrm{d}x}$, qui suppose que toutes les autres variables, hors x, sont regardées comme constantes dans ce terme.

On tire de cette équation

$$\lambda = \frac{\dfrac{d(u)}{dx}}{M + N\,\dfrac{dy}{dx}}\,\ldots\ (26);$$

mais, par sa nature, la solution particulière, quoique ne satisfaisant pas à l'équation $\lambda\left(M + N\,\dfrac{dy}{dx}\right) = 0$, satisfait pourtant à celle-ci, $M + N\,\dfrac{dy}{dx} = 0$, c'est-à-dire en rend nul le premier membre. Cela réduit donc l'équation (26) à

$$\lambda = \frac{\dfrac{d(u)}{dx}}{0} = \infty\,.$$

Par exemple, l'équation

$$x\,dx + y\,dy = dy\,\sqrt{x^2 + y^2 - a^2}\,\ldots\ (27)$$

devient une différentielle exacte lorsqu'on la multiplie par $\dfrac{1}{\sqrt{x^2 + y^2 - a^2}}$, et donne

$$\frac{x\,dx + y\,dy}{\sqrt{x^2 + y^2 - a^2}} = dy\,;$$

aussi voit-on que la solution particulière $x^2 + y^2 - a^2 = 0$ rend le facteur $\dfrac{1}{\sqrt{x^2 + y^2 - a^2}}$ infini.

NOTE SEIZIÈME (page 359).

Nouvelle démonstration concernant l'intégration des équations différentielles partielles.

On a vu, art. 484, que si en intégrant l'équation

$$\frac{dz}{dx} + M\frac{dz}{dy} + N = 0 \dots \ (1),$$

dans laquelle M et N sont des fonctions de x, de y et de z, on obtient deux intégrales $U = a$ et $V = b$, on avait nécessairement $a = \varphi b$. La démonstration de ce théorème étant très importante, nous avons cherché à lui donner le dernier degré de rigueur de la manière suivante :

U et V étant des fonctions de x, de y et de z, les constantes a et b peuvent être aussi considérées comme des fonctions de ces mêmes variables, en vertu des équations $U = a$ et $V = b$; par conséquent, si l'on différencie successivement ces équations, on aura

$$\left.\begin{array}{l} da = Xdx + Ydy + Zdz \\ db = X'dx + Y'dy + Z'dz \end{array}\right\} \dots \ (2);$$

ces différentielles doivent être nulles, par la raison que a et b sont constans; ainsi, les équations $da = 0$, $db = 0$, nécessitent celles-ci :

$$\left.\begin{array}{l} Xdx + Ydy + Zdz = 0 \\ X'dx + Y'dy + Z'dz = 0 \end{array}\right\} \dots \ (3).$$

Si dans ces équations, divisées par dx, on substitue les valeurs de dz et de dy, tirées des équations (221)

$$dz + Ndx = 0, \quad dy - Mdx = 0 \dots \ (4),$$

données page 353, on aura

$$X + YM - ZN = 0, \quad X' + Y'M - Z'N = 0;$$

on tirera de ces équations

$$M = \frac{ZX' - XZ'}{Z'Y - ZY'}, \quad N = \frac{X'Y - Y'X}{Z'Y - ZY'} ;$$

substituant ces valeurs de M et de N dans l'équation (1), on obtiendra

$$\frac{dz}{dx} + \frac{ZX' - XZ'}{Z'Y - ZY'}\frac{dz}{dy} + \frac{X'Y - Y'X}{Z'Y - ZY'} = 0 \dots (5);$$

les coefficiens $\frac{dz}{dx}$ et $\frac{dz}{dy}$ se déduisent des équations (4), qui donnent

$$\frac{dz}{dx} = -N, \quad \frac{dy}{dx} = M, \quad \frac{dz}{dy} = \frac{dz}{dx}\frac{dx}{dy} = -\frac{N}{M} \dots (6);$$

mettant ces valeurs de $\frac{dz}{dx}$ et de $\frac{dz}{dy}$ dans l'équation (5), et faisant évanouir le dénominateur, on trouvera

$$-(Z'Y - ZY')N - (ZX' - XZ')\frac{N}{M} + X'Y - Y'X = 0 \dots (7).$$

Les quantités X, Y, Z, qui entrent dans cette équation, ne sont pas toujours connues, puisqu'elles ne doivent être données qu'en différenciant les équations U $= a$ et V $= b$. Cherchons donc à éliminer X, Y et Z de notre résultat. Pour cet effet, en regardant z comme une fonction de x et de y, nous tirerons des équations (2)

$$\frac{da}{dx} = X + Z\frac{dz}{dx}, \quad \frac{db}{dx} = X' + Z'\frac{dz}{dx},$$

$$\frac{da}{dy} = Y + Z\frac{dz}{dy}, \quad \frac{db}{dy} = Y' + Z'\frac{dz}{dy};$$

mettant dans ces expressions les valeurs de $\frac{dz}{dx}$ et de $\frac{dz}{dy}$, données par les équations (6), et tirant les valeurs de X, de Y, de X′ et de Y′, nous trouverons

$$X = \frac{da}{dx} + ZN, \quad X' = \frac{db}{dx} + Z'N,$$

$$Y = \frac{da}{dy} + \frac{ZN}{M}, \quad Y' = \frac{db}{dy} + \frac{Z'N}{M};$$

substituant ces valeurs de X, de Y, de X′ et de Y′, dans l'équation (7) et réduisant, nous obtiendrons

$$\frac{da}{dx}\frac{db}{dy} = \frac{da}{dy}\frac{db}{dx} \cdots \quad (8).$$

Cette équation nous aprend que a est fonction de b; et en effet, si nous avons $a = Fb$, en différentiant cette équation, nous trouverons

$$da = \varphi b \, db,$$

d'où nous tirerons

$$\frac{da}{dx} = \varphi b \, \frac{db}{dx}, \quad \frac{da}{dy} = \varphi b \, \frac{db}{dy};$$

éliminant φb, nous trouverons l'équation (8).

NOTE DIX-SEPTIÈME (page 477).

Démonstration qui tend à prouver que la différence de deux quantités élevées chacune à une puissance d'un nombre entier est divisible exactement par la différence de ces quantités non élevées à cette puissance.

Voici de quelle manière, dans mes remarques sur l'Algèbre, j'ai démontré que $u^m - v^m$ était divisible exactement par $u - v$; on trouve par la division

$$\frac{y^m - 1}{y - 1} = y^{m-1} + \frac{y^{m-1} - 1}{y - 1},$$

les termes extrêmes de cette équation étant de même forme,
on doit avoir encore

$$\frac{y^{m-1}-1}{y-1} = y^{m-2} + \frac{y^{m-2}-1}{y-1} \, ;$$

substituant cette valeur à la place du dernier terme de l'é-
quation précédente, on aura

$$\frac{y^m-1}{y-1} = y^{m-1} + y^{m-2} + \frac{y^{m-2}-1}{y-1}.$$

Cette transformation pouvant se continuer indéfiniment,
parce que la fraction qui termine le développement est
toujours de même forme, nous voyons que

$$\frac{y^m-1}{y-1} = y^{m-1} + \frac{y^{m-1}-1}{y-1} = y^{m-1} + y^{m-2} + \frac{y^{m-3}-1}{y-1}$$
$$= y^{m-1} + y^{m-2} + y^{m-3} + \frac{y^{m-3}-1}{y-1},$$

et qu'en général, en écrivant une suite dont le premier
terme est y^m, et les autres les puissances immédiatement
inférieures, on peut s'arrêter à un terme quelconque,
pourvu qu'on ajoute une fraction qui ait pour numérateur ce terme diminué d'une unité, et $y-1$ pour dénominateur; si l'on s'arrête donc sur y, la fraction à
ajouter sera $\dfrac{y-1}{y-1}$, et par conséquent vaudra l'unité. On
aura donc alors

$$\frac{y^m-1}{y-1} = y^{m-1} + y^{m-2} + y^{m-3} \ldots + y + 1,$$

et en multipliant le premier membre de cette équation par
$\dfrac{v^m}{v}$, et le second par v^{m-1}, qui a la même valeur, on

obtiendra

$$\frac{v^m y^m - v^m}{vy - v} = v^{m-1}y^{m-1} + v^{m-1}y^{m-2} + v^{m-1}y^{m-3}\ldots$$
$$\ldots + v^{m-1}y + v^{m-1};$$

faisant $vy = u$, cette équation deviendra

$$\frac{u^m - v^m}{u - v} = u^{m-1} + u^{m-2}v + u^{m-3}v^2 \ldots + uv^{m-2} + v^{m-1}.$$

NOTE DIX-HUITIÈME (page 487).

Démonstration par le Calcul des différences de la règle d'Euler, pour ramener un problème de maxima ou de minima relatifs, à un problème de maxima ou de minima absolus.

Lorsqu'un problème de maxima ou de minima relatifs a été réduit à ces conditions

$$\delta \int U dx = 0, \quad \delta \int V dx = 0 \ldots (1),$$

et que dans l'hypothèse où les variations se trouvant perpendiculaires à l'axe des x, les intégrales sont prises entre deux limites, on peut regarder les premiers membres de ces équations comme provenant de ces deux fonctions aux différences finies,

$$\Delta \Sigma U \Delta x, \quad \Delta \Sigma V \Delta x \ldots\ldots (2),$$

qui, dans le cas de la limite, se réduisent aux premiers membres des équations (1), en changeant Δ en δ, et Σ en $\int$.

Si, en vertu du théorème démontré dans la note de l'art. 597, page 444, on transpose les signes, les expressions comprises sous le n° 2, deviendront

$$\Sigma(\Delta U \Delta x), \quad \Sigma(\Delta V \Delta x) \ldots (3);$$

faisons, pour simplifier,

$$\Delta U = u \quad \text{et} \quad \Delta V = v,$$

les fonctions (3) deviendront

$$\diagdown \Sigma u \Delta x, \quad \Sigma v \Delta x ;$$

et en regardant $u\Delta x$ comme un rectangle dont u serait la hauteur et Δx la base, l'expression $\Sigma u \Delta x$ représentera fig. 127, la suite de rectangles, mp', $m'p''$, $m''p'''$, $m'''p^{\mathrm{iv}}$, etc.; de sorte que, si nous faisons

$$pp' = \Delta x, \; p'p'' = \Delta x_1, \; p''p''' = \Delta x_2, \; p'''p^{\mathrm{iv}} = \Delta x_3 + \text{etc.},$$
$$pm = u \;\; p'm' = u_1, \; p''m'' = u_2, \; p'''m''' = u_3 \; + \text{etc.},$$

nous aurons

$$\Sigma u \Delta x = u \Delta x + u_1 \Delta x_1 + u_2 \Delta x_2 + u_3 \Delta x_3 + \text{etc.} \dots (4);$$

l'autre intégrale représentée par la somme des rectangles np', $n'p''$, $n''p'''$, $n'''p^{\mathrm{iv}}$, nous donnera pareillement

$$\Sigma v \Delta x = v \Delta x + v_1 \Delta x_1 + v_2 \Delta x_2 + v_3 \Delta x_3 + \text{etc.} \dots (5).$$

Cela posé, si l'on nomme

$$\Delta u \quad \text{la différence} \quad u_1 - u,$$
$$\Delta u_1 \quad \text{la différence} \quad u_2 - u_1,$$
$$\Delta u_2 \quad \text{la différence} \quad u_3 - u_2,$$
$$\text{etc.,} \qquad \text{etc.,} \qquad \text{etc.,}$$

$$\Delta v \quad \text{la différence} \quad v_1 - v,$$
$$\Delta v_1 \quad \text{la différence} \quad v_2 - v_1,$$
$$\Delta v_2 \quad \text{la différence} \quad v_3 - v_2,$$
$$\text{etc.,} \qquad \text{etc.,} \qquad \text{etc.,}$$

on trouvera

$$u_1 = u + \Delta u,$$
$$u_2 = u_1 + \Delta u_1 = u + \Delta u + \Delta(u + \Delta u) = u + 2\Delta u + \Delta^2 u,$$
$$u_3 = u_2 + \Delta u_2 = u + 3\Delta u + 3\Delta^2 u + \Delta^3 u,$$
$$\text{etc.,} \qquad \text{etc.,} \qquad \text{etc.,}$$

$$v_1 = v + \Delta v,$$
$$v_2 = v + 2\Delta v + \Delta^2 v,$$
$$v_3 = v + 3\Delta v + 3\Delta^2 v + \Delta^3 v,$$
$$\text{etc.,} \qquad \text{etc.};$$

en substituant ces valeurs dans les équations (3) et (4), on obtiendra

$$\Sigma u \Delta x = u\Delta x + (u + \Delta u)\Delta x_1 + (u + 2\Delta u + \Delta^2 u)\Delta x_2$$
$$+ (u + 3\Delta u + 3\Delta^2 u + \Delta^3 u)\Delta x_3 + \text{etc.,}$$
$$\Sigma v \Delta x = v\Delta x + (v + \Delta v)\Delta x_1 + (v + 2\Delta v + \Delta^2 v)\Delta x_2$$
$$+ (v + 3\Delta v + 3\Delta^2 v + \Delta^3 v)\Delta x_3 + \text{etc.};$$

rassemblant les termes analogues, on trouvera

$$\left. \begin{aligned} \Sigma u \Delta x = {}&(\Delta x + \Delta x_1 + \Delta x_2 + \text{etc.})\, u \\ &+ (\Delta x_1 + 2\Delta x_2 + 3\Delta x_3 + \text{etc.})\, \Delta u \\ &+ \textit{termes en } \Delta^2 u, \textit{ en } \Delta^3 u, \text{etc.} \end{aligned} \right\} \dots (5),$$

$$\left. \begin{aligned} \Sigma v \Delta x = {}&(\Delta x + \Delta x_1 + \Delta x_2 + \text{etc.})\, v \\ &+ (\Delta x_1 + 2\Delta x_2 + 3\Delta x_3 + \text{etc.})\, \Delta v \\ &+ \textit{termes en } \Delta^2 v, \textit{ en } \Delta^3 v, \text{etc.} \end{aligned} \right\} \dots (6);$$

désignant par X et par X' les termes entre les parenthèses, qui multiplient u et v, les équations (5) et (6) deviendront

$$\Sigma u \Delta x = Xu + X'\Delta u + \textit{termes en } \Delta^2 u, \textit{ en } \Delta^3 u, \text{etc.} \dots (7),$$
$$\Sigma v \Delta x = Xv + X'\Delta v + \textit{termes en } \Delta^2 v, \textit{ en } \Delta^3 v, \text{etc.} \dots (8).$$

On peut éliminer le terme en X entre ces équations, en multipliant la première par v et la seconde par u, et prenant la différence, on aura

$$u\Sigma v \Delta x - v\Sigma u \Delta x = X'(u\Delta v - v\Delta u) + \textit{termes en } \Delta^2 v, \textit{en } \Delta^2 u, \text{etc.};$$

passant aux limites, on supprimera les termes qui contiennent les différences des ordres supérieurs au premier, et cette équation se réduira à

$$u\int v\,\mathrm{d}x - v\int u\,\mathrm{d}x = \mathrm{X}'\,(u\mathrm{d}v - v\mathrm{d}u)\,;$$

et comme par hypothèse les intégrales qui composent le premier membre sont nulles, en vertu des équations (1) dans lesquelles on transposerait les signes δ et $\int$, il restera

$$\mathrm{X}'\,(u\mathrm{d}v - v\mathrm{d}u) = 0,$$

supprimant le facteur commun X', on aura

$$u\mathrm{d}v - v\mathrm{d}u = 0,$$

équation qui donne

$$\frac{\mathrm{d}v}{v} - \frac{\mathrm{d}u}{u} = 0\,;$$

intégrant, il vient

$$\log v - \log u + constante = 0\,;$$

et, en représentant la constante par $\log n$, on a

$$\log v - \log u + \log n = 0\,;$$

et, par la propriété des logarithmes, cette équation se réduit à

$$\log \frac{v}{u} + \log n = 0\,;$$

passant aux nombres, on obtient

$$\frac{v}{u} + n = 0,$$

d'où l'on tire

$$v + nu = 0\,;$$

remettant à la place de v et de u les variations $\Delta\mathrm{V}$ et $\Delta\mathrm{U}$, qui seront devenues $\delta\mathrm{V}$ et $\delta\mathrm{U}$, on aura

$$\delta\mathrm{V} + n\delta\mathrm{U} = 0\,;$$

multipliant par dx et intégrant, on aura

$$\int \delta V dx + \int n\delta U dx = 0 \, ;$$

et, en transposant les signes, on obtiendra

$$\delta \int V dx + n\delta \int U dx = 0,$$

expression qui peut se mettre sous la forme

$$\delta \int (V + nU)\, dx = 0.$$

ce qui est l'équation 91 (art. 631, page 486).

FIN.

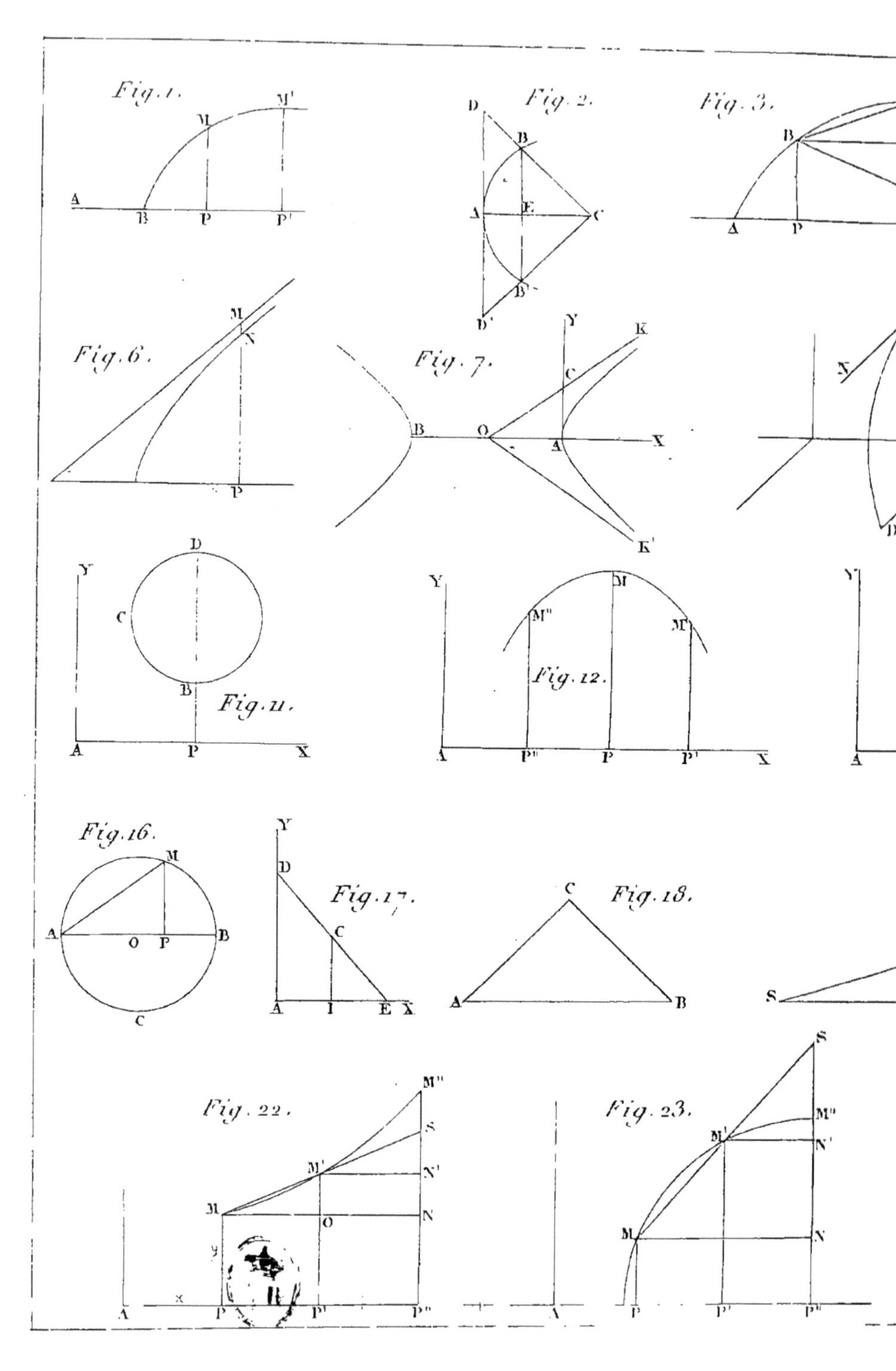

Fig.1.
Fig.2.
Fig.3.
Fig.6.
Fig.7.
Fig.11.
Fig.12.
Fig.16.
Fig.17.
Fig.18.
Fig.22.
Fig.23.

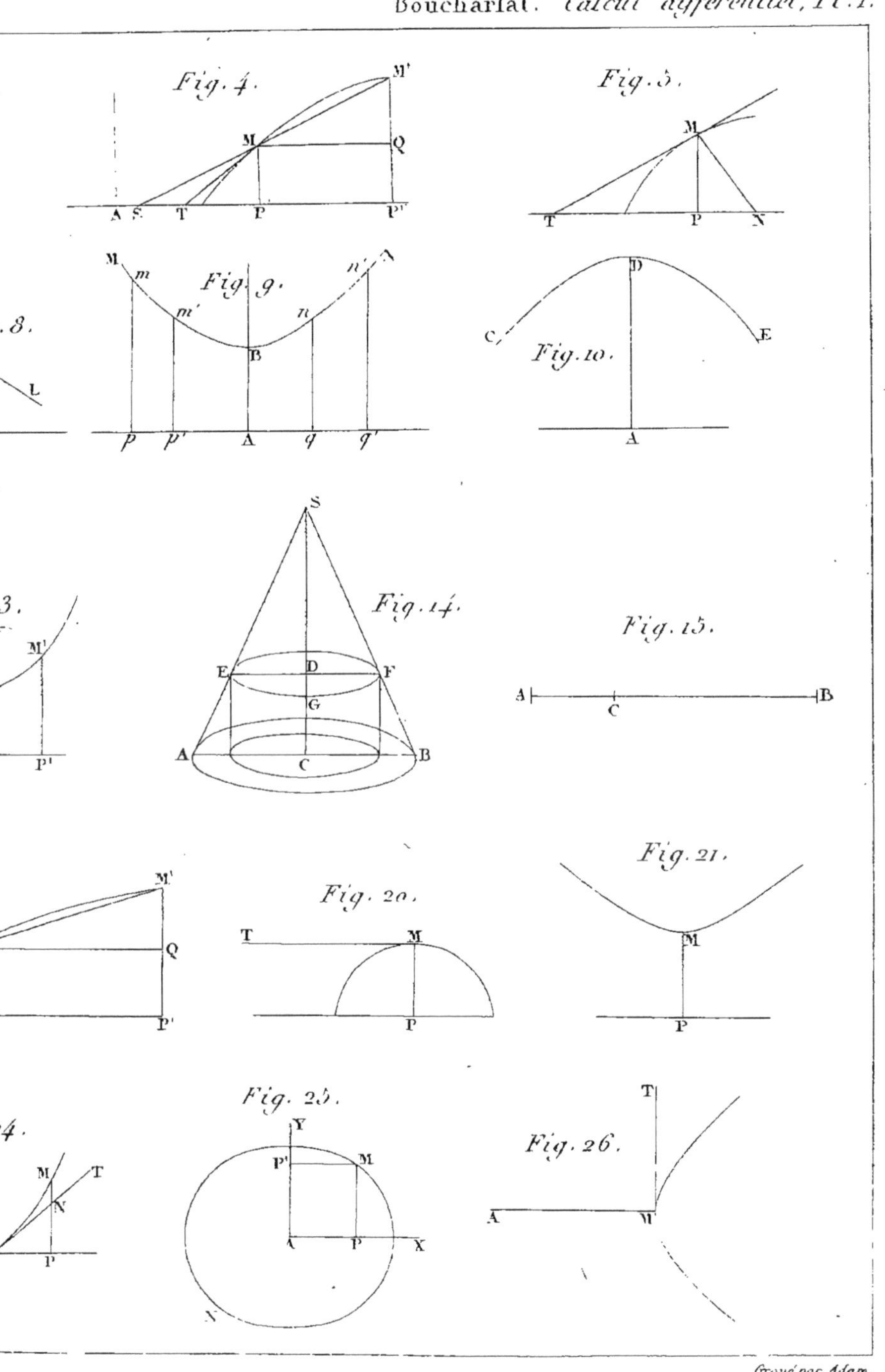

Gravé par Adam.

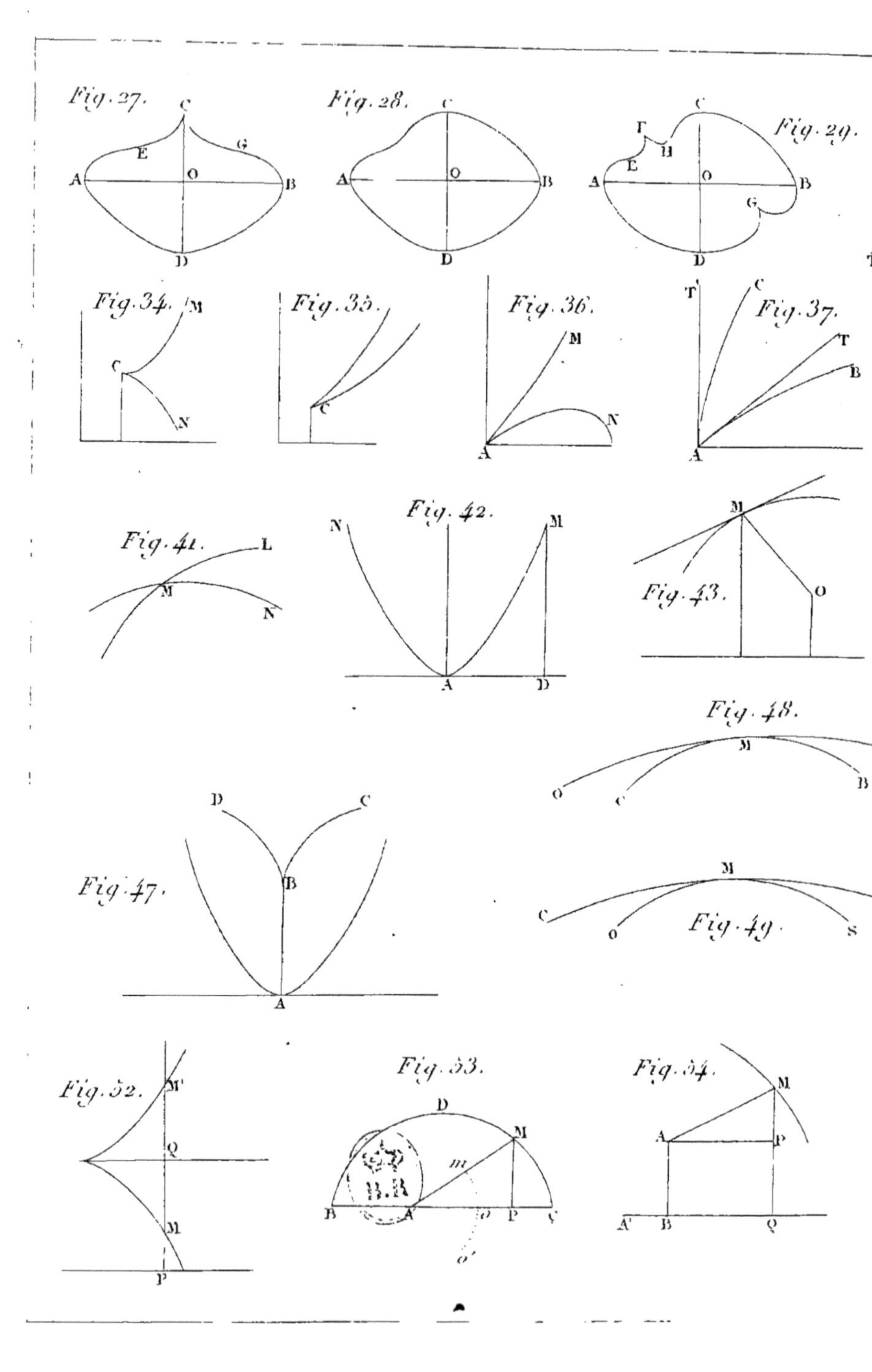

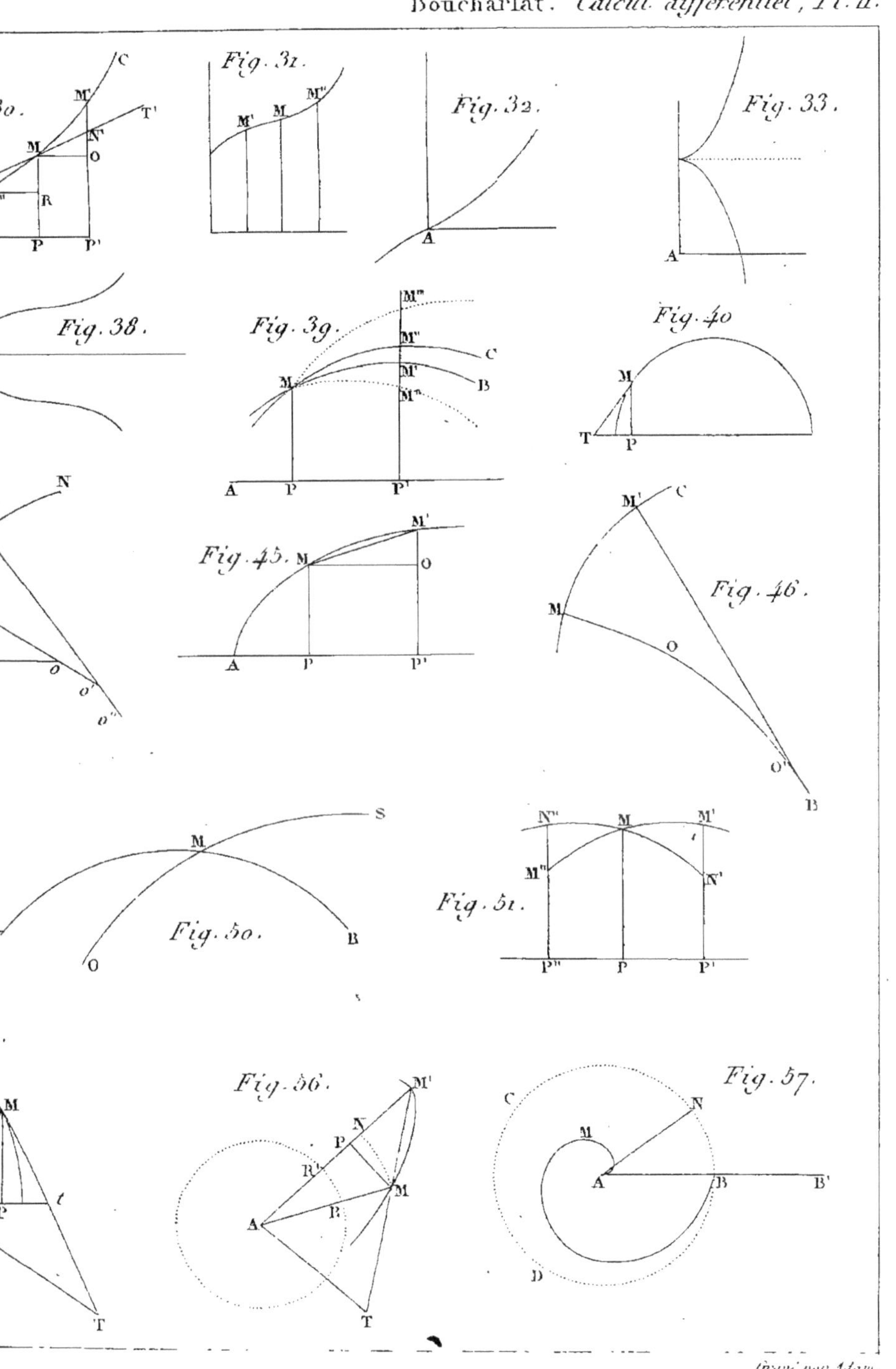
Fig. 31.
Fig. 32.
Fig. 33.
Fig. 38.
Fig. 39.
Fig. 40
Fig. 45.
Fig. 46.
Fig. 50.
Fig. 51.
Fig. 56.
Fig. 57.

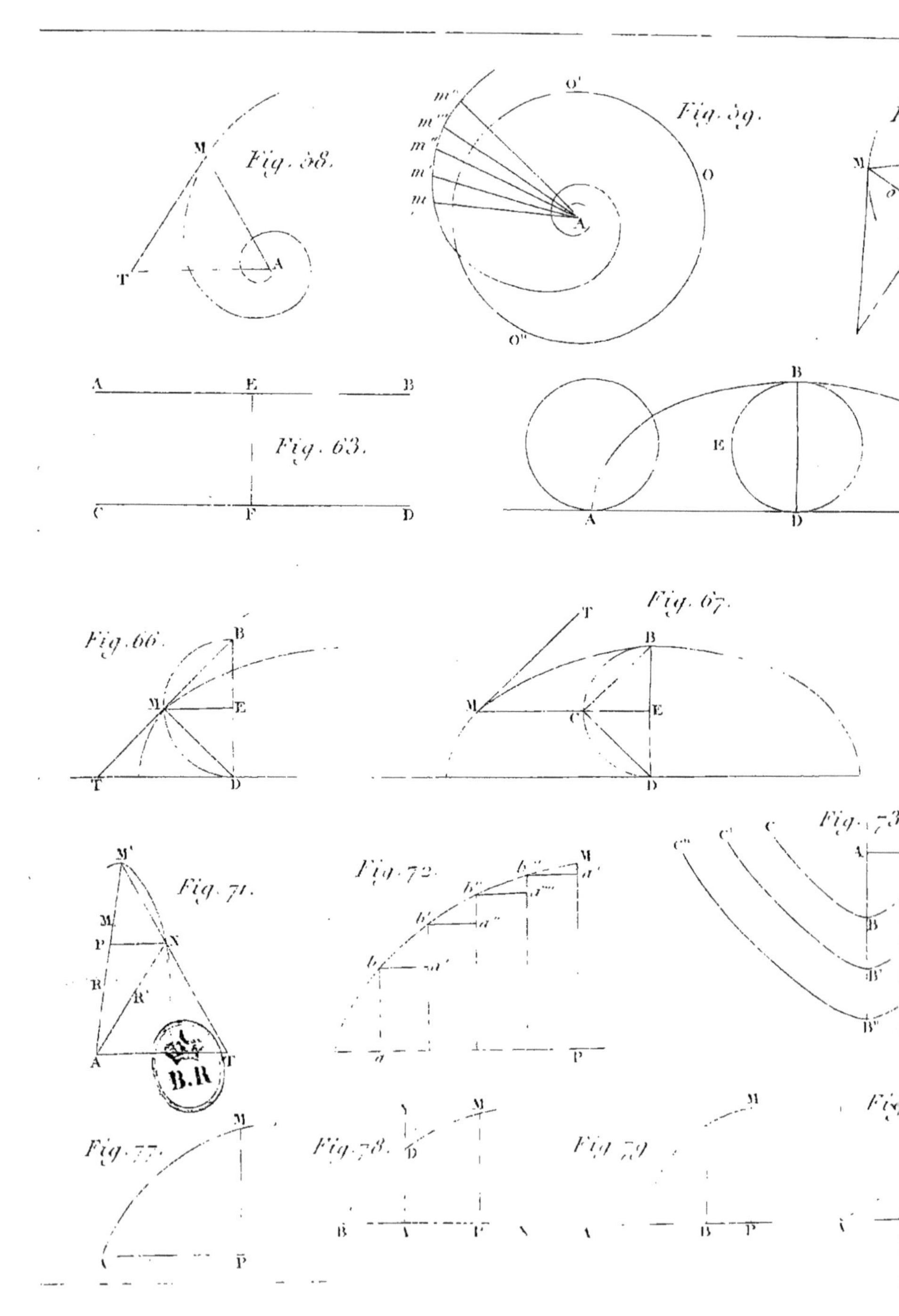

Fig. 58.
Fig. 59.
Fig. 63.
Fig. 66.
Fig. 67.
Fig. 71.
Fig. 72.
Fig. 73.
Fig. 77.
Fig. 78.
Fig. 79.
B.R

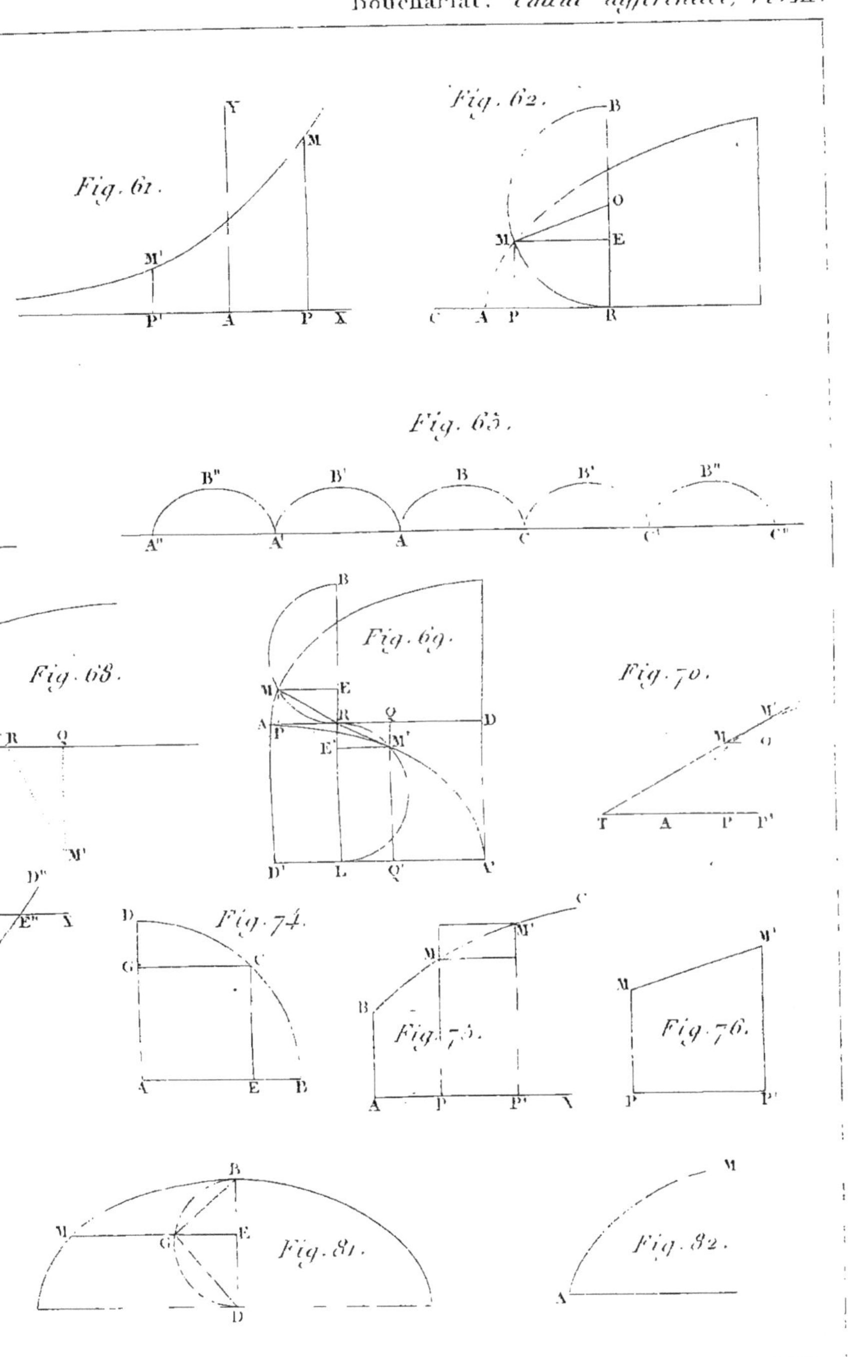
Fig. 61.
Fig. 62.
Fig. 65.
Fig. 68.
Fig. 69.
Fig. 70.
Fig. 74.
Fig. 75.
Fig. 76.
Fig. 81.
Fig. 82.

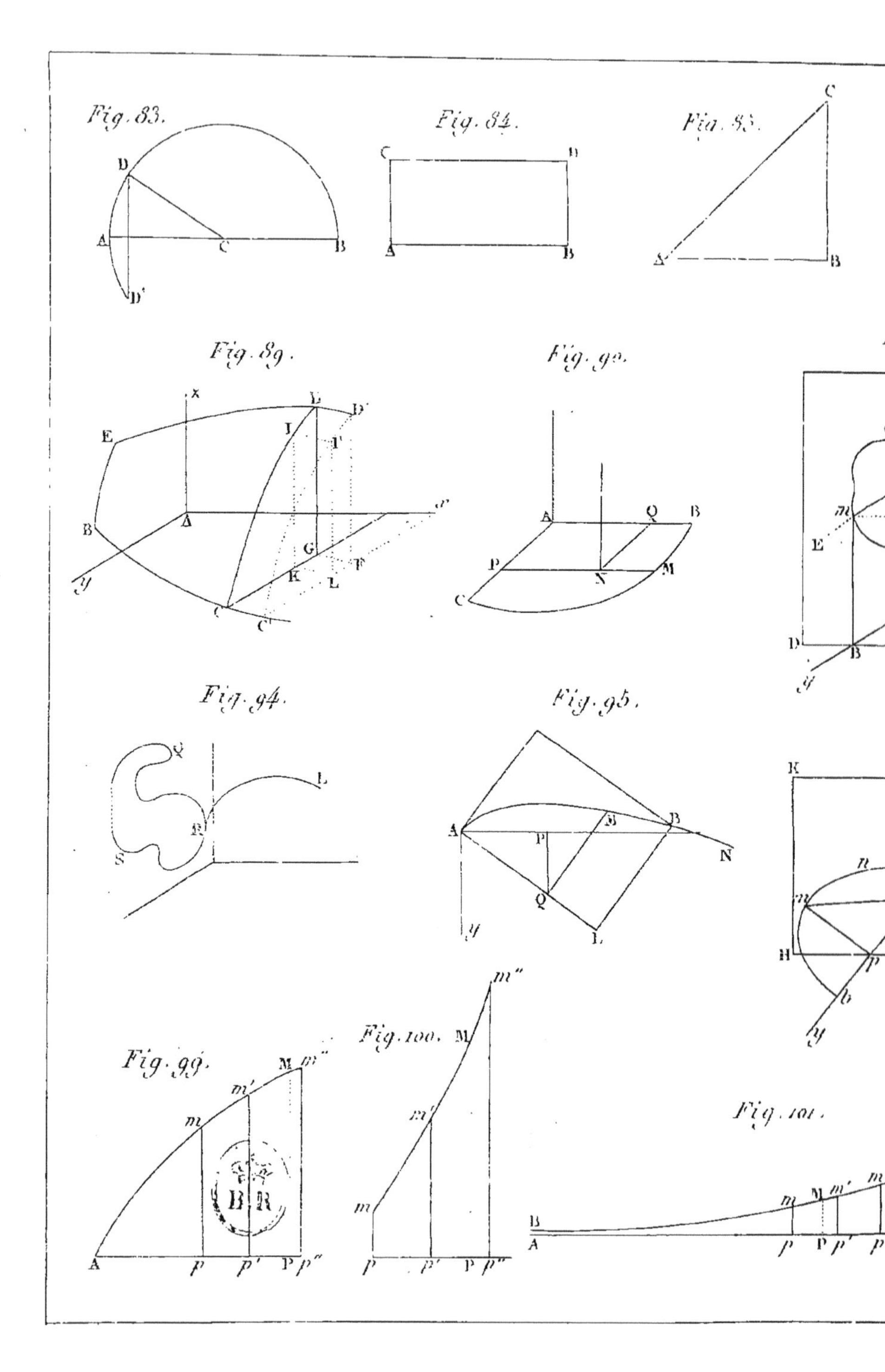

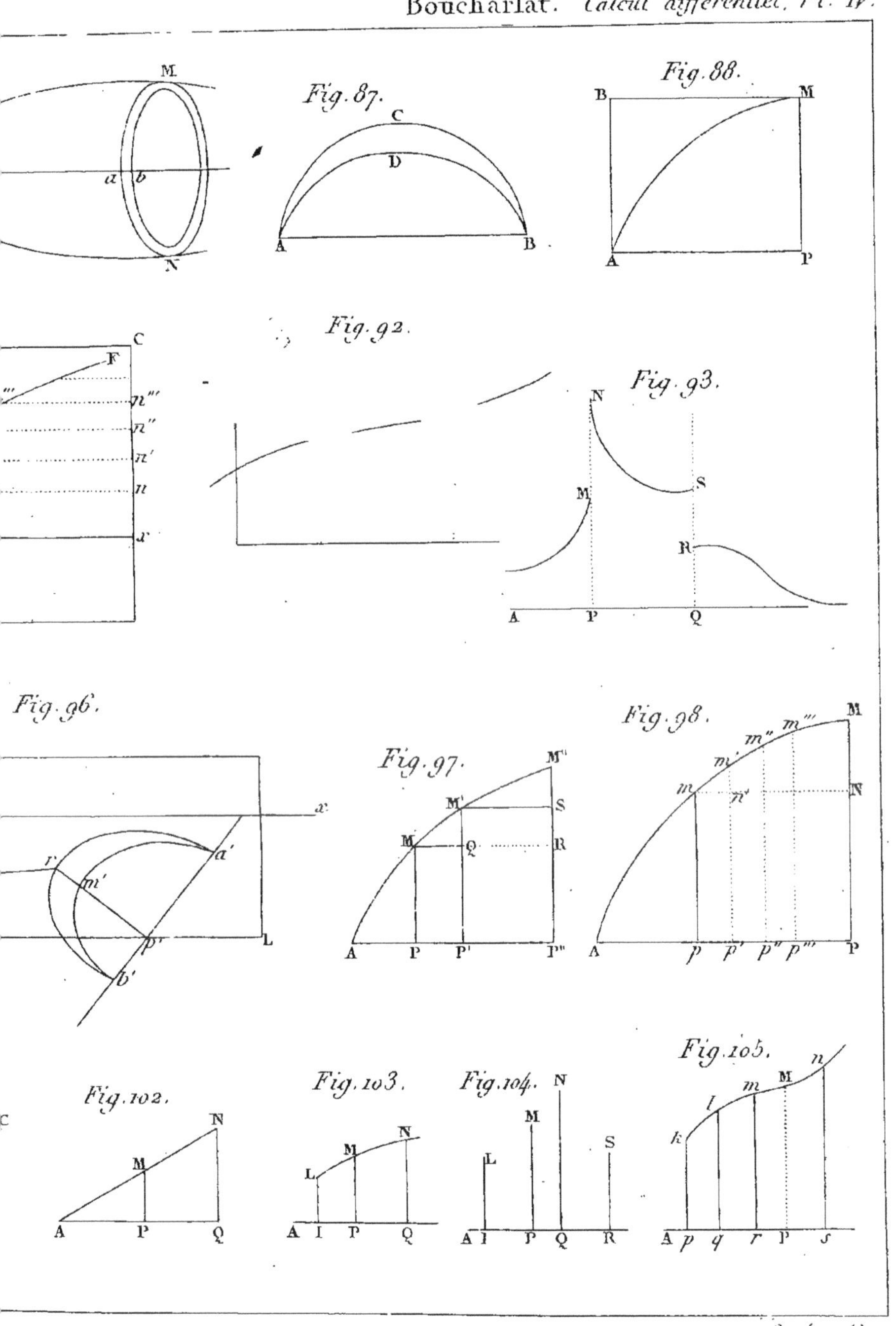
Fig. 87.
Fig. 88.
Fig. 92.
Fig. 93.
Fig. 96.
Fig. 97.
Fig. 98.
Fig. 102.
Fig. 103.
Fig. 104.
Fig. 105.
Gravé par Adam.

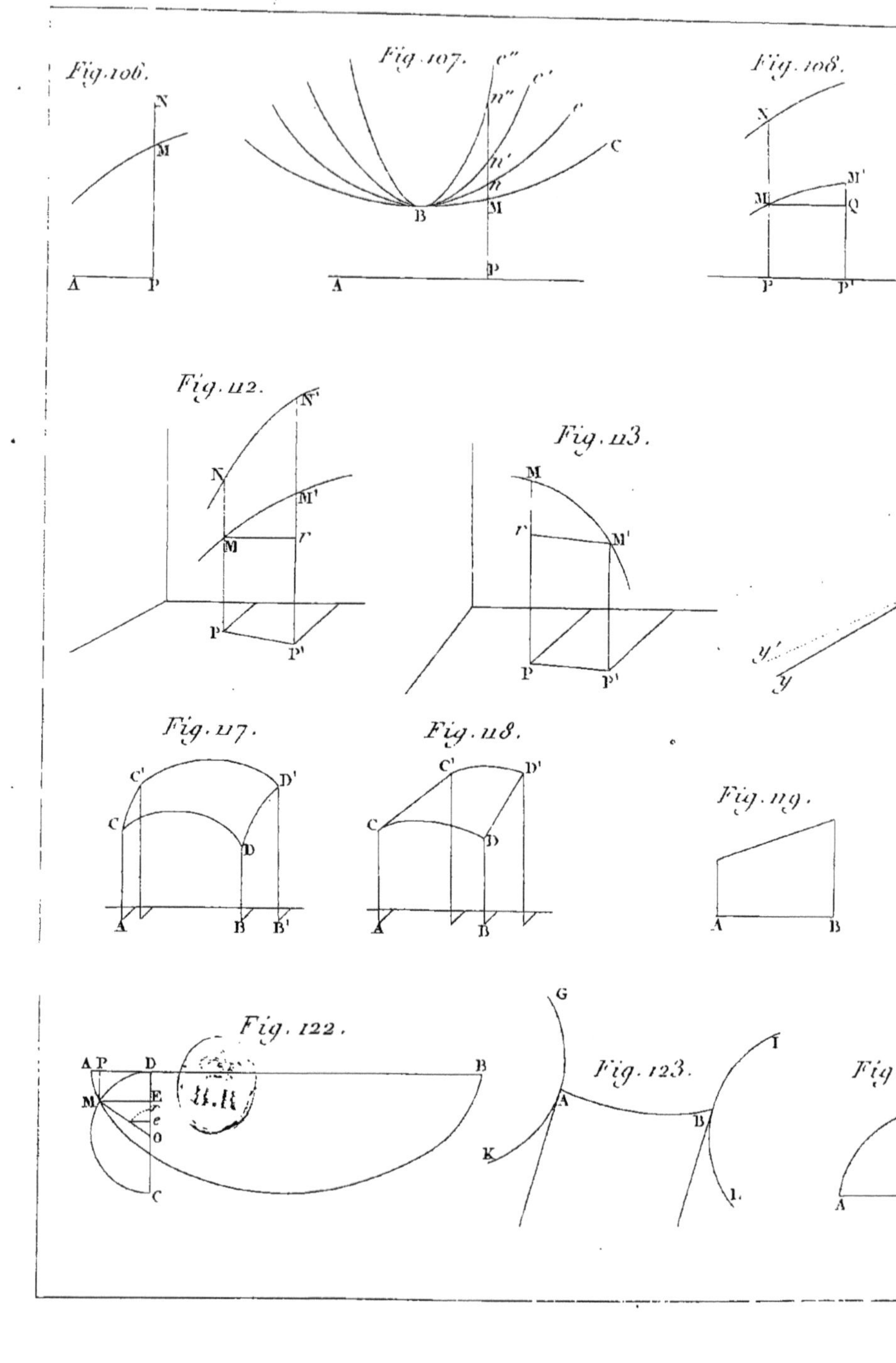

Fig. 106.
Fig. 107.
Fig. 108.
Fig. 112.
Fig. 113.
Fig. 117.
Fig. 118.
Fig. 119.
Fig. 122.
Fig. 123.

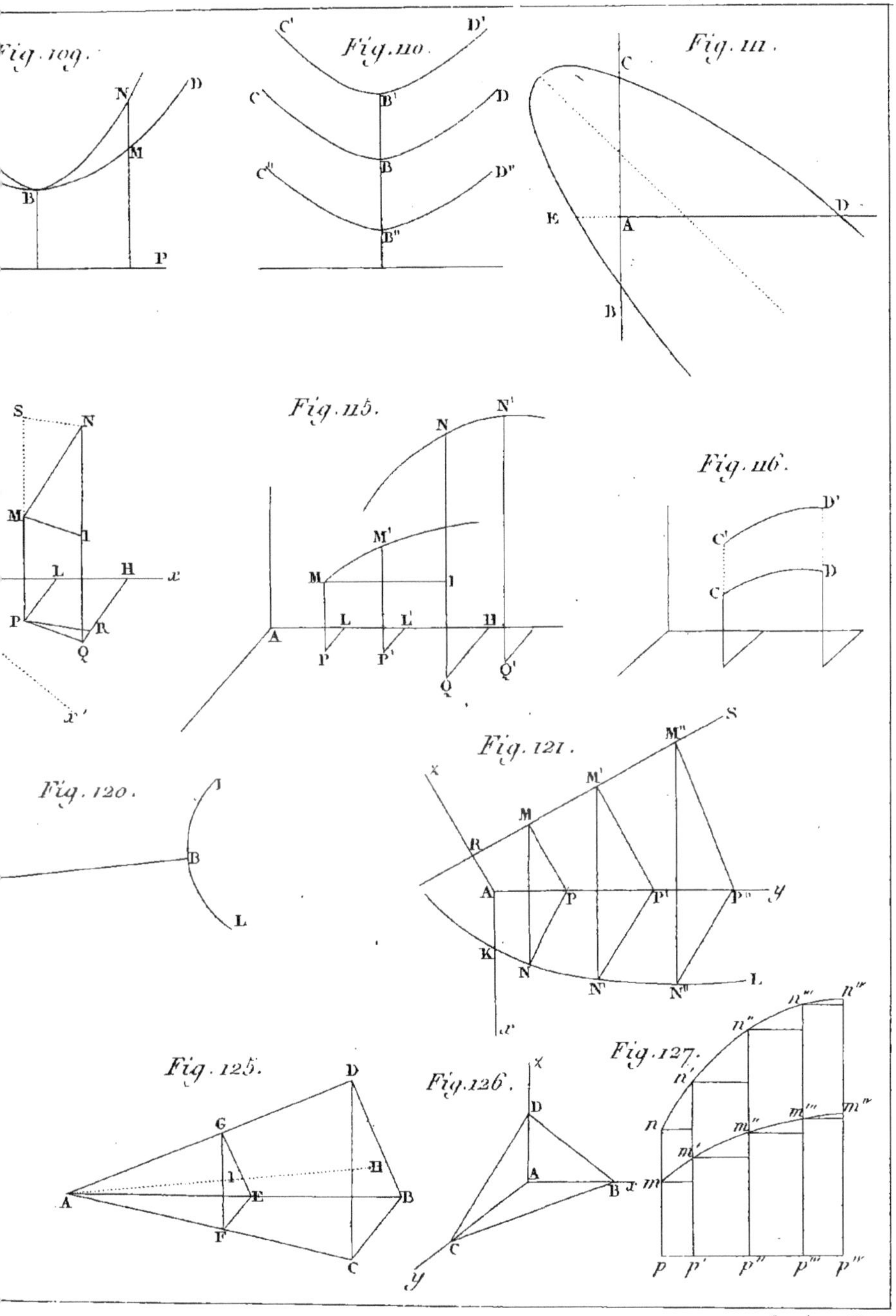

Fig. 109.
Fig. 110.
Fig. 111.
Fig. 115.
Fig. 116.
Fig. 120.
Fig. 121.
Fig. 125.
Fig. 126.
Fig. 127.

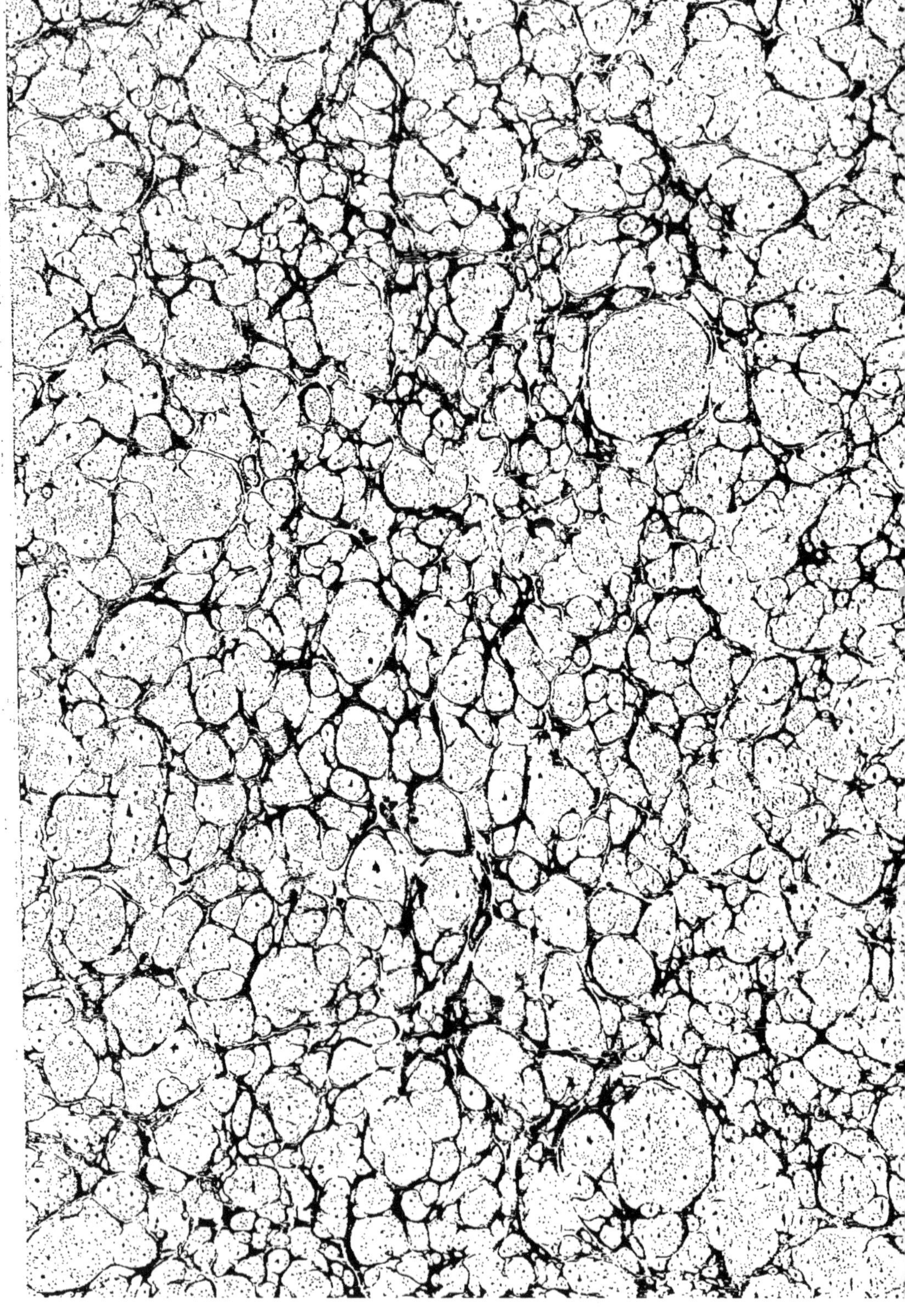

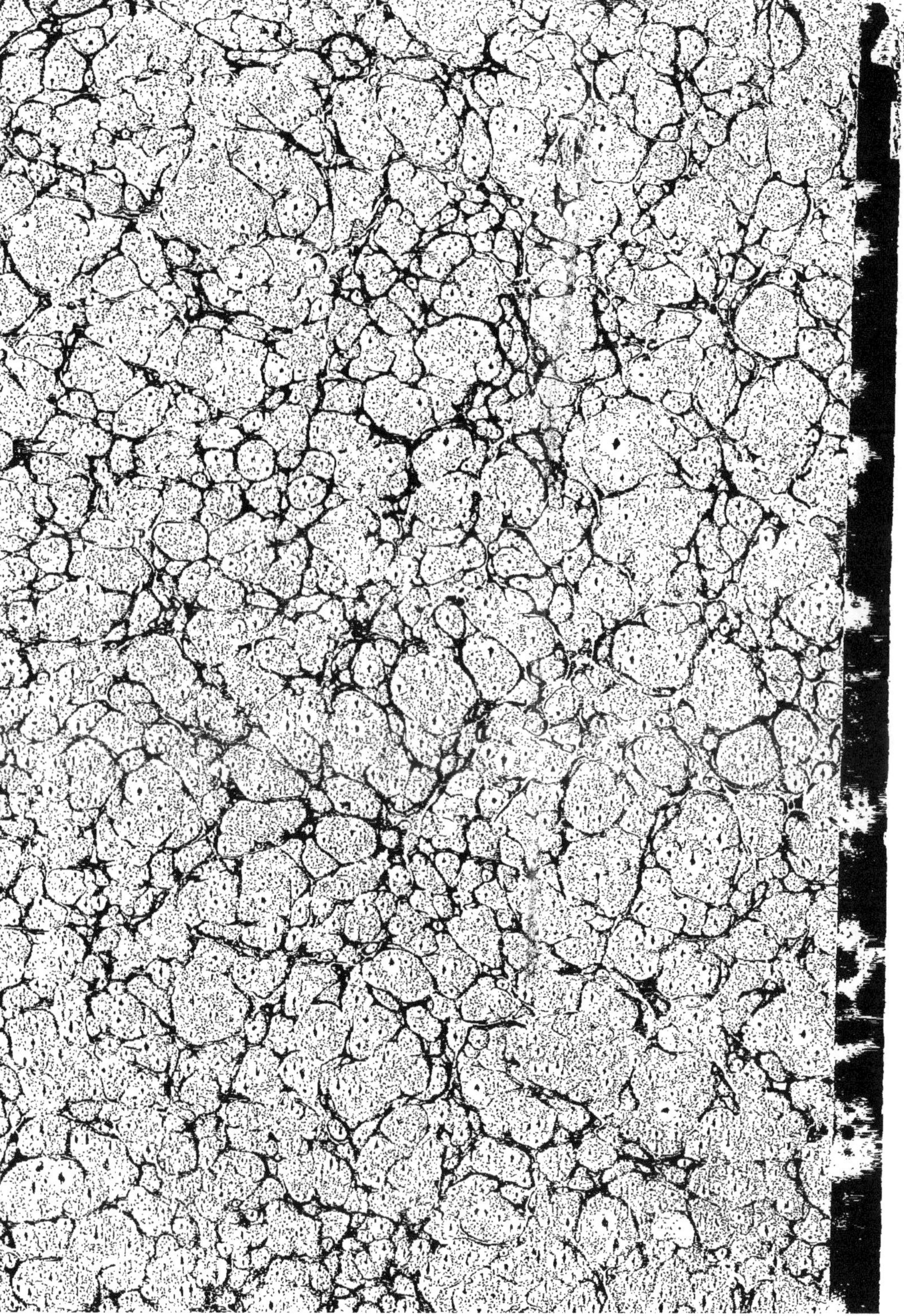

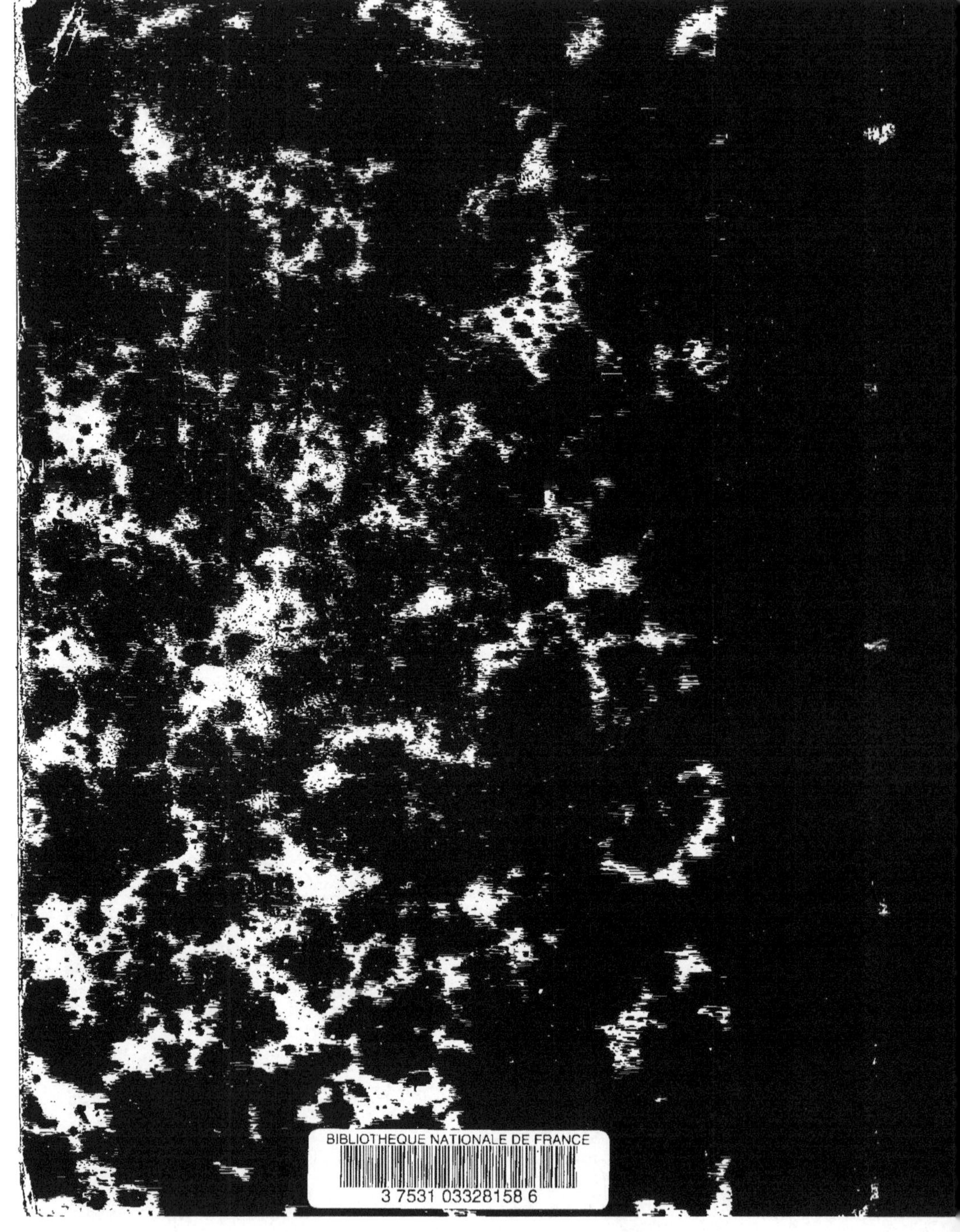